“十二五”普通高等教育本科国家级规划教材

现代教育论（第四版）	黄　济　王策三　主编
比较教育（第五版）	王承绪　顾明远　主编
当代比较教育学（第二版）	冯增俊　陈时见　项贤明　主编
现代教学论基础（第二版）	裴娣娜　主编
课程论（第二版）	靳玉乐　主编
现代课程与教学论（第三版）	黄甫全　主编
小学数学教学论（第四版）	马云鹏　主编
教育法学（第二版）	尹　力　主编
教育经济学新编（第二版）	范先佐　著
心理学导论（第三版）	黄希庭　郑　涌　著
社会心理学（第三版）	章志光　主编
教育心理学（第三版）	冯忠良　等　著
教育心理学（第三版）	张大均　主编
心理与教育测量（第三版）	郑日昌　主编
国际贸易（第二版）	苏科五　主编

本书第一版系《应用心理学书系》之一种。《应用心理学书系》荣获第五届国家图书奖、第二届全国教育图书一等奖、全国普通高等学校优秀教材一等奖。

“十二五”普通高等教育本科国家级规划教材

心理与教育测量

（第三版）

主　编　郑日昌
副主编　吴九君

人民教育出版社
·北京·

图书在版编目（CIP）数据

心理与教育测量/郑日昌主编．—3版．—北京：人民教育出版社，2015.7（2019.11重印）
“十二五”普通高等教育本科国家级规划教材
ISBN 978-7-107-29774-8

Ⅰ．①心… Ⅱ．①郑… Ⅲ．①心理测量学—高等学校—教材 ②教育测验—高等学校—教材
Ⅳ．①B841.7 ②G449

中国版本图书馆CIP数据核字（2015）第173387号

“十二五”普通高等教育本科国家级规划教材 心理与教育测量 第三版

出版发行 人民教育出版社
（北京市海淀区中关村南大街17号院1号楼 邮编：100081）
网　址 http://www.pep.com.cn
经　销 全国新华书店
印　刷 人民教育出版社印刷厂
版　次 2015年7月第3版
印　次 2019年11月第10次印刷
开　本 787毫米×1 092毫米 1/16
印　张 32
字　数 487千字
印　数 49 001~54 000册
定　价 49.90元

前　言

化学家门捷列夫说过，“从开始有测量的时候才开始有科学”。1879 年，冯特在莱比锡大学建立了世界上第一个心理学实验室，对神秘的心理现象做量化研究，使心理学进入了科学之门。此后，研究者们力图准确地描述人类的心理状况，并进行比较和预测，由此产生了心理测量。心理测量的重要性可以用孟子的一句话来概括，即：“权，然后知轻重；度，然后知长短。物皆然，心为甚。”只有当心理测量工具准确可靠时，我们才能对人类的心理状况做出准确的描述、比较和预测。

教育测量是心理测量在教育领域的重要应用，二者几乎同时产生、同步发展，是我中有你、你中有我的姊妹学科。

本书第一版《心理测量学》于 1999 年出版，是《应用心理学书系》中的一本。由于强调应用，加之篇幅所限，第一版对测量理论的介绍有些简单，对测量工具的介绍也不够全面，第二版做了较大修改，增加了许多内容。除系统阐述心理与教育测量的经典理论之外，还补充了当代测量理论，全面介绍了各种心理与教育测量工具——传统的及最新的心理与教育测验。考虑到一些大学的教育系亦将此书作为教材，故增加了与教育测量和学校考试有关的内容，并将书名做了相应改动。

为了便于学生理解和应用，第二版把项目反应理论和概化理论放到测量误差、信度、测验编制等有关章节来讲，希望学生从经典测量理论的问题中看到当代测量理论的发展。在能力测验这一章，特别是关于斯坦福-比内智力量表、韦克斯勒智力量表，我们力图增补其最新进展。在对人格测验的探讨中，除了传统的为大家所熟知的测验外，我们特意增加了一些国内过去介绍不多的测验，如房-树-人测验等。在教育测验部分，增加了美国的托福、大学入学考试和中国的高考、自考等内容。在临床测验里，我们除介绍了常用的测验，还特别增加了关于自杀风险评估的测评方法。在职业测验部分，除介绍了常用的霍兰德职业兴趣测验外，还介绍了国外常用的斯特朗-坎贝尔职业兴趣调查表；另外，在这一章还用较多篇幅介绍了职业能力以及其他与职业规划和生涯辅导有关的测验，如DISC测验、评价中心技术，同时也介绍了职业发展中一些令人瞩目的研究领域，如组织公民行为、职业倦怠、工作满意度等，力争让本书的读者开阔视野。

另外，第二版面向的读者对象是已经具备一定心理学、教育学理论基础和心理与教育统计知识的本科生和研究生，因此书中没有展开介绍有关能力、人格、临床心理等方面的理论，也不过多涉及数理统计的内容，而是侧重于心理与教育测量的理论和应用，特别是全面地介绍了目前国内外在教育领域以及职业和临床上有重要意义的心理测验。

第二版由郑日昌拟订总体修订框架和编写原则，其博士生吴九君统筹全书细目、组织编写工作，最后由郑日昌审订各章内容。各章编写分工如下：第一章，吴九君（海南大学）、郑日昌（北京师范大学）；第二章，吴九君、郑日昌；第三章，尹志新（北京师范大学）、包卫（怀化学院）、吴九君、郑日昌；第四章，尹志新、孙大强（北京交通大学）、吴九君、郑日昌；第五章，李军素（苏州大学）、孙大强、郑日昌；第六章，包卫、吴九君、郑日昌；第七章，郑日昌、张小英（北京师范大学）；第八章，包卫、吴九君、郑日昌；第九章，徐慊（西南财经大学）、郑日昌；第十章，夏春（安徽师范大学）、孙大强、吴九君、郑日昌；第十一章，闫煜蕾（北京师范大学）、郑日昌；第十二章，孙大强、吴九君；第十三章，孙大强、吴九君、郑日昌；第十四章，孙大强、李军素、郑日昌；第十五章，叶玮琳（上海师范大学）、孙大强、邓丽芳（北京航空航天大学）、郑日昌。

本书于1999年印行第一版，书名《心理测量学》，是《应用心理学书系》之一；2011年印行第二版，书名《心理与教育测量》，被教育部列入普通高等教育“十一五”国家级规划教材；2014 年被教育部评定为“十二五”普通高等教育本科国家级规划教材。本书第三版主要在语言文字上进行了修订完善。

由于编写者学识水平所限，本书难免有错误或不当之处，恳请各位读者及专家不吝赐教。

郑日昌

2015 年 4 月

目　录
Contents

第一章　心理与教育测量的历史

【内容提要】

本章介绍了心理与教育测量的起源与发展脉络，重点介绍了智力测验、教育测验及人格测验的发展概况。

【学习目标】

1. 了解心理与教育测量的起源、发展及现状。
2. 了解智力测验、教育测验及人格测验的发展概况。
3. 了解心理与教育测量在中国的兴起与发展。

【关键词】

心理测验　自陈量表　智力测验　教育测验　人格测验

第一节　心理与教育测量的起源

心理与教育测量作为当代心理学与教育学的一个重要分支，是在 19 世纪末的西方逐渐发展成熟起来的，它是西方普及教育、两次世界大战中大规模扩充军队和战后工业化大生产的结果。要研究心理与教育测量，就应该先了解它的发展历史。

一、中国古代心理与教育测量思想与贡献

（一）中国古代的心理测量思想

我国古代虽然没有心理测验之说，却蕴含着丰富的心理测量思想。

“权，然后知轻重；度，然后知长短。物皆然，心为甚。”① 两千多年前中国古代思想家孟子的这句话深刻地指出了对心理现象加以测量的必要性和可能性，这比美国桑代克（Thorndike，1918）的“凡存在的事物必有其数量”和麦考尔（McCall，1922）的“凡有数量的东西都可以测量”要早两千多年！

战国时期的韩非提出以实践检验人的心理素质的观点。他举例说：要区别宝剑的利钝，如果只看它的颜色，专家也难以马上断定；如果实地去砍刺一下，则一般人也能分辨清楚。要判断马是良马还是驽马，如果只看它的形状，专家也不能立刻辨别清楚；如果实地让它驾一趟车，则普通人也能判断。

我国著名的《孙子兵法》认为：“将者，智、信、仁、勇、严也。”就是说，统帅三军的将领必须具备才智、诚信、仁慈、勇敢、威严五个条件。

关于人的能力和人才使用的问题，《汉书·艺文志·慎子·民杂》提出以下三个基本思想：第一，人的能力是有个体差异的，即所谓“各有所能，所能者不同”；第二，要善于根据人们的能力特点去使用他们，尽量地兼收并蓄，而不要有所去取，即所谓“因民之能为资，尽包而畜之，无能去取焉”；第三，要不拘一格地使用人才，这样才会人才济济，再也不会感到人才不够用了，即

① 《孟子·梁惠王上》。

“不设一方以求于人，故所求者无不足也”。这说明我国古代很重视人才的鉴别和使用，而这是现代心理测量的主要应用之一。

三国时期刘劭著《人物志》一书，把人分成圣贤、豪杰、傲荡、拘懦四种，“心小志大者，圣贤之伦也；心大志大者，豪杰之隽也；心大志小者，傲荡之类也；心小志小者，拘懦之人也”。这包含了等级评定的思想。刘劭认为“众人之察，不能尽备”，只能“观其感变，以审常度”，意思是人的所有行为是不能完全被观察到的，只能通过观察其有代表性的行为来推测他的一般心理特点。这与现代心理测验中对行为样本的测量是一致的。他还提出通过言语回答（“应赞”）来观察人的智力。1937 年美国人施赖奥克（J. K. Shryock）曾把《人物志》翻译成英文在美国出版。

人的心理无法直接测量，只能通过其外显的言语和行为加以间接测量。中国古代心理测量的方法主要体现在一些古籍中，如《太公六韬》中提出观察人物的具体方法主要有八征法。八征是指：问之以言，以观其辞；穷之以辞，以观其变；与之间谍，以观其诚；明白显问，以观其德；使之以财，以观其廉；试之以色，以观其贞；告之以难，以观其勇；醉之以酒，以观其态。这八征中综合运用了观察法（观）、访谈法（问、告）和自然实验法（与之、使之、试之、醉之）来测量人的心理特征。

中医传统的诊断方法望、闻、问、切实际上就是对疾病的全面测量方法。《黄帝内经》为这些诊断方法奠定了基础。《黄帝内经·素问》第七十七篇中写道：“圣人之治病也，必知天地阴阳，四时经纪，五藏六府，雌雄表里，刺灸砭石，毒药所主，从容人事，以明经道，贵贱贫富，各异品理，问年少长，勇怯之理，审于分部，知病本始，八正九候，诊必副矣。”意思是说，医生在诊断疾病时，应考虑四时气候、地方水土、生活习惯、性情好恶、体质强弱、年龄、性别、职业等。这样的诊断方法整合了致病的个体内在因素与外在环境因素，可说是比较全面的测量了。

另外，《黄帝内经》还根据阴阳思想把人分成太阴、太阳、少阴、少阳、阴阳和平五种气质类型，这实际上是最早的人格分类。这里的阴代表消极、退守、抑制、柔弱、阴性等特征和具有这些特征的事物，阳代表积极、进取、兴奋、刚强、阳性等特征和具有这些特征的事物。根据各人所具备的阳性特征和阴性特征的多少分别将他们划分到上述五种气质类型中。

（二）中国古代的教育测量

中国古代很早就重视人才的测量和选拔。如商周时代的教育考试内容是礼、乐、射、御、书、数等服务于祭祀与作战需要的六艺。

我国最早的教育专著《学记》记载了距今三千多年前西周时期的教育制度和考试制度，分年论述了学生各种能力与个性特征考查的情况。“古之教者，家有塾，党有庠，术有序，国有学。比年入学，中年考校：一年视离经辨志，三年视敬业乐群，五年视博习亲师，七年视论学取友，谓之小成。九年知类通达，强立而不反，谓之大成。”这段话的大意是说：古代的教育制度，25 户人家设一私塾，500 户的县设一学堂，12 500 户的行政区设学校，国都设大学。大学每年招收学生，每隔一年考查一次。第一年考查学生分析课文的能力和志趣；第三年考查学生的专业思想是否巩固，同学之间能否相亲相助；第五年考查学生的知识是否广博，对教师是否敬爱；第七年考查学生研究学问的本领和识别朋友的能力。合格的就叫“小成”。到第九年，学生对于学业已能触类旁通，他们的见解行动已能坚定不移，叫作“大成”。

又据《礼记·射义》中记载：“是故古者天子以射选诸侯、卿、大夫、士。”就是天子以试射选拔人才，看其行为是否合乎礼仪，动作是否合乎乐律，射中的次数有多少等，以此择优录取。

春秋时期，我国著名的教育家孔子根据自己的观察把学生分为中人、中人以上和中人以下，这实际上相当于测量学中的命名量表和次序量表。“中人以上，可以语上也；中人以下，不可以语上也”①，意思是说智力在普通人以上的可以给他高等教育，智力在普通人以下的不能给他高等教育。这正是现代教育测量理论的萌芽。

汉代的考试包括法律、军事、农业、税收和地理等内容。汉朝的大学，对考试方法有很大的发展，分为口试、策试、射策三种。射策，就是事先出好多道试题并分别抄录下来，由学生随机抽取作答。这相当于现代教育测量中的题库建设。

---

① 《论语·雍也》。

公元6世纪初，《刘子新论 · 专学》中有“使左手画方，右手画圆，令一时俱成”，“由心不两用，则手不并运也”。这是世界上最早的分心测验，比西方同类测验的出现要早一千三百多年。

世界上最早的婴儿发展测验出自中国民间。自6世纪中叶以来，“周岁试儿”在我国江南就已成风俗。颜之推的《颜氏家训 · 风操》对此有详细记载：“江南风俗，儿生一期，为制新衣，盥浴装饰，男则用弓矢纸笔，女则刀尺针缕，并加饮食之物，及珍宝服玩，置之儿前，观其发意所取，以验贪廉愚智，名之为试儿。”美国的格塞尔（A. Gesell）到20世纪20年代才用类似的方法在实验室条件下记录幼儿的动作和顺应行为等方面的发展。颜之推在《名实》篇中的“人之虚实真伪在乎心，无不见乎迹”指出了心理与行为的密切关系，强调客观了解心理的可能性。

中国古代最值得称道的教育测量实践是隋炀帝创立的开科取士制度，它兴盛于隋唐，延续至清末，历时一千多年。科举的帖经、墨义、策论、诗赋等是现代填空、简答、论述、作文等题型的源流。我国科举考试中的帖经和对偶相当于目前西方言语测验中常见的填字和类比。科举制度在教育测量史上具有重要地位。欧美各国的文官考试制度就是直接模仿中国的科举取士制度。

清朝后期出现的七巧板（如图1-1）又称益智图，对拼图过程的不断探索，可以训练和提高智力。形状、大小不同的七块小板能够组成近百种生物和实物图样，这可以看作最早的创造力测验之一。七巧板的操作属于典型的发散思维活动，操作的结果就是形象的转化，对操作者的知觉整合能力和空间想象能力有较高的要求。我国民间流行的九连环（如图1-2）是另一种智力游戏，它通过巧妙设计，把数量不等的金属环（最多为九个环）套在一个条形横板上，当中用一个剑形框柄贯通。其设计之精巧可以和现代的魔方、魔棍等操作性玩具相媲美，是比现代认知心理学中著名的河内塔任务更复杂的操作性问题解决任务。而西方直到1914年才有五巧板。刘湛恩撰写《中国人的非文字智力测验》一书，把七巧板、九连环介绍到国外。著名心理学家伍德沃思（R. S. Woodworth）对九连环极为赞赏，称之为“中国式的迷津”。后来，五巧板、七巧板发展成为标准化纸笔测验，可应用于团体测验，测试方便，记分准确。

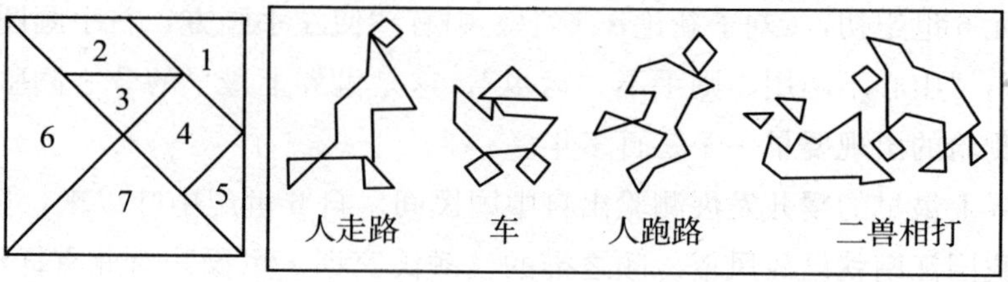

图 1-1　七巧板

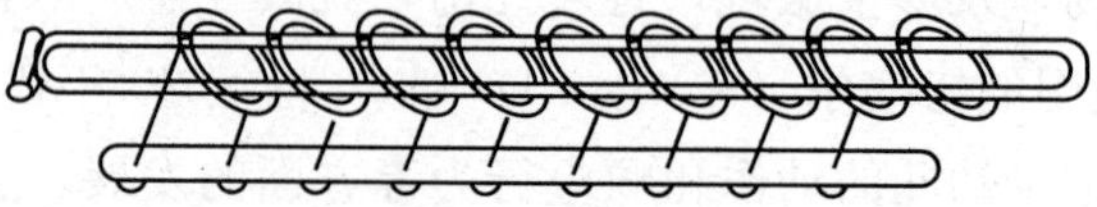

图 1-2　九连环

综上所述，中国古代对心理与教育测量的贡献是多方面的。孔子、孟子等关于个别差异及其可测量性的论述，盛行千年的科举取士制度和流行于民间的智力游戏等都在心理与教育测量发展史上留下了深深的足迹，并在多方面给后人以启示。

二、西方近代心理测验产生的原因与背景

科学家最初发现人的心理具有个体差异是起因于天文学的一个事件。1796年，英国格林尼治天文台的皇家天文学家马斯基林（N. Maskelyne）因为助手金尼布鲁克（Rinnebrook）观察星体通过的时间比自己的迟约半秒而将他辞退。20年后，另一位天文学家贝塞尔（F. W. Bessel）在观测的时候也发现了这个问题，通过研究，他认为这种现象是一种个体上的差异，是不可避免的个人观察误差，不是人为可以干预的。这引起了学者们对个体差异的研究，从而促进了心理测验的产生与发展。

在西方一些国家，工业革命成功后，对劳动力的需要急剧增加，工厂大量雇用童工，许多地方官与工厂主订约，每雇用二十个童工，必须带一个低能者。在19世纪以前，智力落后者和精神异常者常常被忽视，甚至遭到禁闭和拷打。随着对精神病人了解的增加和对智力落后者态度的好转，有些国家还建立了特殊的医疗机构来收容他们。出于对智力落后的低能者和精神病人治疗和帮助的需要，就急需建立一种客观的分类标准来鉴别智力落后者和精神异常者。

法国医生艾斯克罗（Esquril）首次提出了区别智力落后者和精神病者的方法：通过观察个体使用语言的能力来判断个体的智力水平。另一位法国医生塞甘（Séguin）撰写了《白痴：用生理学方法来诊断与治疗》一书，专门探讨从感觉辨别力和运动控制力方面来训练智力落后儿童，其中的一些方法为后来的非言语智力测验所采用。

三、西方心理测验的先驱

（一）冯特的实验心理学

1879 年，德国生理学家、哲学家冯特（W. Wundt）在莱比锡大学建立第一个心理学实验室，开始对人的心理现象进行量化研究。从此以后，心理学便从哲学的母体中分离出来，成为一门独立的学科。冯特本来的目标是想发现人类行为的一般趋势，其注意的焦点是人类行为的共同性而不是人类行为的差异性。然而在研究中发现，对于同一刺激，不同人的反应经常不同。起初他以为是由于实验操作上的错误，经过长时间他才认识到，这种差异并非由于偶然的错误，而是由于个体能力上的差异。这引起了他对个体差异的研究兴趣，而要研究个体差异就必须要有测量工具，由此便推动了测量运动。

冯特在实验室中证实了个体差异的存在，并发明了测量思维敏捷性等个体差异的工具。早期的实验心理学和心理物理学为心理测验的发展奠定了基础，特别是研究者对实验条件的控制为测验实施的标准化提供了经验。

（二）高尔顿的遗传理论测量

最先倡导测验运动的是优生学创始人、英国生物学家和心理学家高尔顿（F. Galton）。高尔顿开创了个别差异的心理学研究，并采用了定量的研究方法。

1869 年，高尔顿在《遗传的天才》一书中指出人的能力是由遗传而来的，并设想人的能力分布是常态的，其差异是可测量的。他在调查遗传问题的过程中，认识到有必要测量那些有亲缘关系和无亲缘关系的人们的特性，以确定其相似程度。他还在 1884 年的国际博览会上设立了一个人类测量实验室，参观者付三便士就可以测量自己的某些身体素质。博览会闭幕后，该实验室迁移到伦敦的南圣顿博物院，在那里继续开办了六年之久。他用这种方法系统收集了

9 337 人的生理、感知觉方面的个人资料，第一次大量系统地测量了个体差异。高尔顿还设计了许多简单的测验，如判断线条的长短与物体的轻重等。他在 1883 年出版的《人类才能及其发展的研究》一书中说："外部世界的信息是通过我们的感觉到达于我们的大脑的。我们的感觉越敏锐，获得的信息便越多；而获得的信息越多，我们的判断与思维便越有用武之地。"高尔顿还注意到，白痴对于冷、热、痛的鉴别能力较低。这一观察结果使他进一步确信，感觉辨别能力基本上是心智能力中最高的能力。

高尔顿还是应用等级评定量表、问卷法及自由联想法的先驱。他的另一个重要贡献是把统计方法应用于对个体差异资料的研究。他将以前数学家们研究出来的统计技术改造为简单形式，使那些未经专门训练的调查者也能使用。他不但扩充了古特莱特（Guetelet）的百分位法，还创造了一种粗浅的计算相关系数的方法。他的学生皮尔逊（K. Pearson）创立的积差相关法成为测量学的重要工具。

高尔顿在 1883 年出版的《人类才能及其发展的研究》一书中肯定了心理测量运动，堪称直接推动心理测验产生的第一人。

（三）卡特尔的个别差异研究

卡特尔（J. M. Cattell）是另一位推动心理测验发展的重要人物。卡特尔早年留学德国，师从冯特。他将新兴的实验心理学和刚刚兴起的测验运动结合起来，不顾导师的反对，完成了博士论文《反应时的个别差异》。1888 年，在剑桥大学任教期间，他与高尔顿交往甚密，深受其影响。回美国后，他在宾夕法尼亚大学任教，用各种心理测验来研究个体差异。他编制了 50 个测验，测量肌肉力量、运动速度、痛感受性、视听敏度、反应时、记忆力等项目。他于 1890 年在《心理》杂志上发表的论文《心理测验与测量》描述了这些测验。这是心理测验（mental test）这个术语第一次出现在心理学文献中。他极力主张测验手续和考试方法应有统一规定，并要有常模以便比较。他的所有这些观点都是测验编制的重要指导思想。

卡特尔认为生理能量与心理能量密切相关，因此他对智力的测量主要是对感觉辨别力、反应时、动作过程等的测量。卡特尔的学生威斯勒（Wissler，1901）进行了一项开创性的研究工作。他收集了哥伦比亚大学和伯纳德大学

300 名学生的智力测量分数和学习成绩，试图以学生的智力测量分数预测学习成绩。但研究结果令人失望，因为二者的相关极低。产生这一结果的原因，一方面是因为他仅测量了一些简单的心理活动，另一方面可能是因为研究方法的缺欠，威斯勒所选取的研究对象都是一些聪明的大学生，智力水平可能都很高，缺乏代表性，而且学业成绩也不一定能反映智力高低。威斯勒的研究证明用简单的心理过程测量智力的方法是错误的，这启发后来的研究者用其他途径来研究智力的差异，为后来比内-西蒙智力量表的编制提供了借鉴。

当代的研究重新证实了反应时与智力的相关（Jensen，1982；Sternberg，1985），并且把反应时当作智力测验的一项重要指标。

（四）艾宾浩斯的记忆研究

艾宾浩斯（H. Ebbinghaus）开创了用实验方法研究记忆的先河，其著名的著作《论记忆》于 1885 年出版。他是第一位对记忆这种高级心理过程进行科学定量研究的心理学家。1897 年，艾宾浩斯用算术运算、记忆广度、句子填充测验施测于小学生，其中最复杂的是句子填充，测验结果与学业成绩十分相符。这较之于卡特尔的初级心理过程的测验已经是极大的进步。

（五）比内和比内-西蒙智力量表的产生

高尔顿、卡特尔、艾宾浩斯、皮尔逊等都是早期心理测验的代表人物，而比内（A. Binet）则被称为心理测验之父，他是编制科学智力量表的第一人。

美国著名心理学者波林（E. G. Boring）指出，在测验领域中，19 世纪 80 年代是高尔顿的 10 年，90 年代是卡特尔的 10 年，20 世纪头 10 年是比内的 10 年。

1904 年法国教育部把一些医学家、教育家与科学家组成一个委员会，专门研究公立学校中低能班的管理方法。比内是其中的委员之一，他决心将测验的理论研究变为实际应用，极力主张用测验法辨别有心理缺陷的儿童。经过细心研究，1905 年，比内与助手西蒙（T. Simon）合作，编制了世界上第一个智力测验——比内-西蒙智力量表，同年他在《心理学年报》上发表《诊断异常儿童智力的新方法》一文，介绍此量表。

该量表包含 30 个题目，由易到难排列，可用来测量各种能力，特别是判断、理解、推理能力。测验包括一些感知觉方面的题目，但语言部分占了很大比例。测验适用于3～14岁的低能儿童，也可用来对正常儿童做某种程度的区分，以通过的题目数来衡量智力的高低。

1908年比内对量表做了修订，题目达到59个。按年龄分组，3～13岁共11个年龄组，每组的测题都保证该年龄组儿童有80%～90%的人能通过。采用智力年龄来表达结果，并建立了常模。该测验还使用了现代智力测验的一些重要概念，如效度等，这是心理测量史上的一个创新。1911年比内对量表进行了第二次修订；同年比内不幸去世，终年54岁。

目前世界上的智力测验很多，其基本原理和主要方法都是由比内奠定的，在心理测量的发展史上，比内的贡献是不可磨灭的。因此，美国心理学家平特纳（R. Pintner）说："在心理学史上，如果我们称冯特为实验心理学的鼻祖，我们不得不称比内为智力测量的鼻祖。"

第二节　心理与教育测验的发展

心理测验运动自20世纪初兴起，40年代达到顶峰，50年代后稳步发展。

一、智力测验的发展

比内-西蒙智力量表问世后，迅速传至世界各地，其中最著名的是美国斯坦福大学推孟（L. M. Terman）教授1916年修订的斯坦福-比内智力量表。该量表有90道题，其最大的改变是采用了智商（intelligence quotient，简称IQ）的概念，从此"智商"一词便为全世界所熟悉。此后，它分别在1937年、1960年、1972年、1986年和2003年修订。

推孟的研究生奥蒂斯（A. S. Otis）编制出的团体智力测验扩大了测验的应用范围。在此基础上，第一次世界大战期间美国军队出于对官兵选拔和分派兵种的需要，发展出军用甲、乙两种测验，对200多万名官兵进行了智力检查。战后该测验经改造广泛用于民间，为教育和工商各界所普遍采用。

1939年，韦克斯勒（D. Wechsler）发表了第一个用于测量16～60岁成人智力的韦克斯勒-贝尔维智力量表（W-BⅠ），此后该量表又发展成为韦克斯勒成人智力量表（WAIS，1955；1981年修订本WAIS-R）和儿童智力量表（WISC，1949，测量对象为6～16岁儿童；1974年修订本WISC-R；1991年第三版WISC-Ⅲ；2003年第四版WISC-Ⅳ）。1967年韦氏幼儿智力量表（WPPSI）问世。韦克斯勒智力量表的特点：一是首次采用了离差智商的概念，用离差智商代替比率智商；二是由各个分测验结果可以得到言语智商、操作智商和总智商三个分数，即可以区分个体间差异，又可以评定个体内差异。在对人的智力的描述方面，从笼统地区分聪明与不聪明，转向区分智力的不同侧面，说明人人皆有所长和所短。

1938年，英国心理学家瑞文（J. C. Raven）编制了瑞文标准推理测验。这是一个著名的非文字智力测验：既可弥补语言文字量表在理论上的缺陷，又可用于文盲和有语言障碍的人；既可用于个别施测，又可用于团体施测。1947年瑞文又编制了彩图推理测验和高级推理测验。

二、教育测验的发展

在教育测验方面，我国在公元606年就开始了科举考试，但欧洲学校一直没有笔试的传统，直到1702年英国剑桥大学才开始使用笔试录取学生。1845年美国也开始用笔试考核毕业生。客观的标准化教育测验的最初尝试者是英国格林尼治医院的教师费希尔（G. Fisher）。他收集很多学生的书法、拼写、算术、语法、作文、历史、自然、图画等科的成绩，汇编成量表集，作为衡量学生各科成绩的标准。费希尔对收入量表集的学生的成绩进行了等级评定，其他学生的各科成绩与这些标准相比就能判断出其优劣程度。收入量表集的学生相当于我们现在的常模样本组，量表集相当于常模量表。费希尔的工作是教育测验史上重大的进步。但其各科成绩的等级评定是费希尔本人主观决定的，缺乏客观的依据。

1904年出版的美国教育心理学家桑代克的《心理与社会测量导论》一书是关于测验理论的第一部著作。该书系统地介绍了统计方法及测验编制的基本原理，为测验的发展奠定了基础。他还提出“事物的存在必有其数量”的著名观点。1909年，桑代克根据统计学“等距”原理为测验量表确定了单位。此外，他还编制了书法量表、拼写量表、图画量表、作文量表等。桑代克在测验原理及实践研究中的突出贡献使他被称为教育测量的鼻祖。

在桑代克的推动下，各国相继成立了专门管理考试的机构，组织专家编制、实施和管理测验。如美国的教育测验服务中心（Educational Testing Service，简称 ETS）成立于 1947 年，专为学校及政府机构编制测验，如 TOEFL、GRE 等。另一个以大学入学考试为基础的美国大学测验中心成立于 1959 年。

三、人格测验的发展

中国古代很早就开始使用观察法、等级评定法评定人格，但古代对人格的评定往往与知识、能力相混同，而且过于侧重品德，因而难以进行全面准确的测量。

人格测验的先驱是克雷佩林（E. Kraepelin），他于 1892 年最早使用自由联想测验来诊断精神病人。此后，自由联想法一直是一种重要的临床诊断方法。人格测验的产生主要是出于对病理诊断的需要。人格测验最先被应用于临床，后来才应用于测量正常人的人格。

1917 年，伍德沃思编制了第一个现代意义上的人格问卷，即伍德沃思个人资料调查表，用于鉴别不能从事军事工作的精神病患者。问卷包括一百多个关于精神病症状的问题，让被试根据自己的情况回答，称为自陈问卷（self-report inventory）。该量表后来一直被奉为情绪适应调查表的范本。

自陈量表被认为是客观化和标准化的人格测验，在人格测验中占主导地位。著名的人格测验主要有美国的明尼苏达多相人格调查表、卡特尔 16 种人格因素问卷、加利福尼亚心理调查表和英国的艾森克人格问卷等。

与自陈量表相对的是投射测验。1921 年，瑞士精神病医生罗夏（H. Rorschach）发表了第一个投射测验，即著名的罗夏墨迹测验。该测验通过被试对墨迹图的反应来区分正常人和精神分裂症患者，也可区分不同人格类型的正常人。另一个著名的投射测验是莫瑞（H. A. Murray）和摩根（C. D. Morgan）于 1935 年发表的主题统觉测验。此外，还有句子完成测验、绘画测验等。投射测验先被用于临床诊断，后也被用于测量正常人的人格和动机等。

哈茨霍恩（H. Hartshorne）和梅（M. A. May）开创了品德测量的情境测

验法，该方法是通过观察被试在特定情境中的行为以对其品德和人格进行评价。

上述心理测验的发展，主要受两方面因素的影响：

一是心理学理论的发展。1904 年英国心理学家斯皮尔曼（C. Spearman）提出智力的二因素论，认为人的智力可分为普通因素和特殊因素，比内测量的是普通因素。后来人们对特殊因素感兴趣，编制出各种特殊能力测验。20 世纪 30 年代智力的多因素论兴起，瑟斯顿（L. L. Thurstone）由因素分析求得七种基本智力因素，即数字计算、语文理解、词汇流畅、空间关系、机械记忆、知觉速度和归纳推理，随之发展出一批多重能力倾向测验。20 世纪 60 年代美国南加州大学吉尔福德（J. P. Guilford）教授的智力结构理论提出发散思维为智力的因素之一，从而开拓了创造力测量的新领域。

二是统计学方法的进步。早期的心理测验主要应用相关法进行研究。20 世纪 30 年代后，因素分析法盛行，不但推进了能力测验的发展，还促进了人格理论和人格测验的发展，如卡特尔 16 种人格因素问卷就是采用因素分析法编制的。当代信息加工测验的发展与一系列新的数学模式的提出是同计算机的应用分不开的。

第三节　近代心理与教育测量在中国的兴起

辛亥革命以后，中国学者吸收了西方先进的测量理论和方法，开始了现代心理测量的探索。1916 年，樊炳清首次将比内—西蒙智力量表介绍到中国。1920 年廖世承和陈鹤琴首次在南京高等师范学校开设心理测验课。1921 年，他们二人合著《心理测量法》一书。1922 年，费培杰将比内-西蒙智力量表译成中文，同年中华教育改进社聘请美国教育和心理测验专家麦考尔来华讲学并主持编制测验。麦考尔对当时编制的测验评价很高，认为它们达到了美国的水平，有的测验项目还优于美国。1924 年陆志韦对斯坦福-比内智力量表加以修订并用于江浙地区。1931 年艾伟、陆志韦、陈鹤琴等倡议，组织并成立了中国测验学会。1932 年《测验》杂志创刊。此时我国的智力测验和人格测验约

20种，教育测验50种。丁瓒等人在1946年和1947—1952年分别将主题统觉测验和W-BⅠ用于临床。1948—1951年，刘范使用过罗夏墨迹测验。

新中国成立后，由于受苏联和“左”倾错误的影响，心理测验长期被打入冷宫，并和心理学一样遭到批判。“文化大革命”结束后，心理测验在中国获得了新生。十一届三中全会后，北京师范大学率先开设心理与教育测量课程，介绍西方的测量理论，并将其应用于对高等学校入学考试的研究，推动了高考的标准化改革。从20世纪80年代初开始，各地专家陆续修订了一些标准化纸笔测验，如林传鼎、张厚粲修订的韦氏儿童智力量表，吴天敏修订的中国比内测验，龚耀先修订的韦氏成人智力量表、韦氏幼儿智力量表和罗夏墨迹测验，宋维真、张妙清修订的明尼苏达多相人格调查表，陈仲庚修订的艾森克人格问卷，刘永和修订的卡特尔16种人格因素问卷和爱德华兹个性偏好量表等。1984年第五届全国心理学年会成立了以北京师范大学张厚粲教授为首的测验工作委员会（后改为测验专业委员会），加强了对测验工作的指导。此后，郑日昌编写的《心理测量》、戴忠恒编写的《心理与教育测量》和王汉澜主编的《教育测量学》等教材相继出版，标志着我国的测验理论研究逐步走向成熟。

至20世纪90年代，国外广泛流行的著名测验已大多引入中国。这些心理测验主要应用于精神卫生、特殊教育、学前教育和小学教育等领域。

20世纪90年代后，心理测验的开发和应用有一些新特点。首先，由修订国外开发的测验发展到开始编制一些针对中国人的测验，如张厚粲在中国儿童发展中心帮助下编制的中国儿童发展量表，郑日昌等编制的大学生心理健康问卷、中小学心检系统等；其次，将测验的修订和编制拓展到了职业定向和人事选拔等多个方面，如戴忠恒等人修订的基本能力测验，凌文铨等修订的霍兰德职业定向测验，中国科学院心理研究所、北京师范大学、北京大学等单位联合开发的飞行员心理选拔测评系统，以及在人事部组织下由北京师范大学等单位共同编制用于公务员选拔的行政职业能力测验等，扩大了心理与教育测验的使用范围。

最近还兴起了情境测验、计算机模拟测验、网络测验和自适应测验等。标准化纸笔测验可以很好地度量人们的知识水平，但不足以测查人们复杂的个性特征。情境测验可以很好地体现个体差异性。计算机模拟测验可以模仿人的高级认知加工过程，以推断人的思维过程。

在心理测验实践方面取得重大成就的同时，我国的测验工作者也在开展心理测验理论的研究。除介绍经典测验理论外，我国学者还将项目反应理论和概化理论介绍到国内，并进行了理论和实践研究。目前，教育与心理测验在我国空前繁荣，测验在考试制度和方法的改革，在医疗、管理、军事、体育等领域正发挥着越来越重要的作用。

【要点小结】

最先倡导测验运动的是高尔顿。他开创了个别差异心理学研究，并采用了定量研究方法。他还是应用等级评定量表、问卷法及自由联想法的先驱。高尔顿在1883年出版的《人类才能及其发展的研究》一书中肯定了心理测量运动，堪称直接推动心理测验产生的第一人。

卡特尔于1890年在《心理》杂志上发表的论文《心理测验与测量》中首次提出“心理测验”这个术语。

1905年，比内与西蒙合作，编制了世界上第一个智力测验——比内-西蒙智力量表。美国斯坦福大学推孟教授1916年修订的量表叫斯坦福-比内智力量表。

韦克斯勒智力量表的特点：一是首次用离差智商代替比率智商；二是由各个分测验结果可以得到言语、操作和总体三个分数，既可以区分个体间差异，又可以评定个体内差异。

1904年，美国心理学家桑代克撰写的《心理与社会测量导论》一书出版，这是关于测验理论的第一部著作。他还提出“事物的存在必有其数量”的著名观点。

人格测验的先驱是克雷佩林，他于1892年最早使用自由联想测验来诊断精神病人。此后，自由联想法一直是一种重要的临床诊断方法。1917年，伍德沃思编制了第一个现代意义上的人格问卷，即伍德沃思个人资料调查表。该量表后来一直被奉为情绪适应调查表的范本。1921年，瑞士精神科医生罗夏发表了第一个投射测验，即著名的罗夏墨迹测验。

心理测验的发展主要受两方面因素的影响：一是心理学理论的发展；二是

统计学方法的进步。早期的心理测验主要应用相关法进行研究。20 世纪 30 年代后，因素分析法盛行。当代信息加工测验的发展与一系列新的数学模式的提出是同计算机的应用分不开的。

【思考与练习】

1. 中国古代对测量有哪些贡献？
2. 简述心理测验的起源与发展。
3. 简述智力测验、教育测验及人格测验的发展概况。
4. 简述心理测量在中国的兴起与发展。
5. 比较中西方心理与教育测量思想及方法的优缺点。

第二章　心理与教育测量概述

【内容提要】

本章介绍了心理与教育测量的基本概念，如测量的定义、测量的要素、量表的概念及类别、心理测量及心理测验的概念、教育测量及教育评价的概念等。本章还介绍了心理测量的性质与功能、心理测验的种类等，为进一步学习心理与教育测量理论打下基础。

【学习目标】

1. 了解与掌握心理测量的相关概念，如测量的定义、测量的要素等。
2. 了解与掌握心理测量的性质与功能。
3. 了解与掌握心理测验在实际工作和理论研究中的应用。
4. 了解与掌握心理测验的种类。

【关键词】

测量　量表　测验　心理测量　心理测验　教育测量　教育测验　教育评价

第一节 心理与教育测量的相关概念

一、什么是测量

（一）测量的定义

测量就是根据一定的法则用数字对事物加以确定。一定的法则是指在测量时所采用的规则或方法。例如：用温度计测物体的温度，依据的是热胀冷缩规律；测量人的智力，是根据智力理论编制测验，了解被试在测验上的得分。事物是指我们所感兴趣的东西，即引起我们兴趣的事物的属性或特征。一般来说，用数字对事物加以确定，就是确定出一个事物或事物的某一属性的量，即根据特定的法则，采用一定的操作程序，给事物确定出一种数量化的价值。

（二）测量的要素

要实现测量，必须具备两个要素，即参照点和单位。

1. 参照点

参照点是计算事物的量的起点，即零点。参照点有两种：一种是绝对零点，如测量事物的轻重、长短时使用的都是绝对零点；另一种是人定的参照点，即相对零点，如以海平面为测量陆地高度的起点，以冰水混合物为测量温度的起点。心理测量中所用的参照点都是人定的，这种参照点有一个很大的限制，就是从该点起计算的数值不能以“倍数”的方式解释。如甲的智商为100分，乙的智商为50分，不能说甲的智力是乙的两倍，因为没有零智力。

2. 单位

单位是测量的基本要求，没有单位就无法测量。理想的单位需要具备两个条件：一为有确定的意义，即同一单位在大家看来意义是相同的，不允许有不同的解释；二为有相等的价值，也就是说，第一单位与第二单位之间的距离等于第二单位与第三单位之间的距离。如长度、质量等的测量单位符合这两个条件。而心理与教育测量所用的单位则不等值。如智龄是以年龄作为智力的单位，智力发展的速度先快后慢，4岁与5岁之间的差别明显大于34岁与35岁之间的差别。

（三）测量的量表

要测量某个事物，必须有一个有单位和参照点的连续体，将要测量的每个事物放在这个连续体的适当位置上，看它距离参照点的远近，以此得到一个测量值，这个连续体就叫测量的量表。根据测量的精确程度不同，史蒂文斯（S. S. Stevens）将测量从低级到高级分成四种水平，即命名量表、顺序量表、等距量表和比率量表。高级量表除包括低级量表的条件假设和功能外，还有其自身的特点。

1. 命名量表

命名量表也叫类别量表或名称量表，是测量水平最低的一种，是用数字来代表事物或把事物归类，没有任何数量的意义，只起着标志事物的作用，因而没有序列性、等距性和可加性。例如，用“1”表示男人，用“2”表示女人。又如，在电子线路中，用“1”表示高电位，用“0”表示低电位。

命名量表的数据是计数数据，只能计算次数的多少。它所适用的统计方法属于次数统计，如计算频数、众数、百分比、偶发事件相关系数以及进行卡方检验等。

2. 顺序量表

顺序量表比命名量表水平高，指明类别的大小或含有某种属性的多少，如考试名次、能力等级、对某事物喜爱的程度等。它所适用的统计方法有求中位数、百分位数、斯皮尔曼等级相关系数和肯德尔和谐系数等，但不能做加、减、乘、除运算。例如，学生的成绩可以用优、良、中、及格和不及格五个等级，相应地用五个数字 5、4、3、2、1 来表示。数字 5、4、3、2、1 构成了 $5>4>3>2>1$ 的位次关系，但不能说各个数字之间的距离（或单位）相等。等级量表具有区分性和序列性，但不具有等距性，也没有可加性。

3. 等距量表

等距量表不仅有大小关系，而且有相等的单位。其数值可以做加、减运算，但没有绝对的零点，不能做乘、除运算。它所适用的统计方法有计算平均数、标准差、积差相关系数，并可以进行 t 检验和 F 检验。例如，10 ℃与 15 ℃的差别同 15 ℃与 20 ℃的差别是一样的，我们可以说某物温度比另一物高多少，但不能说某物温度是另一物温度的多少倍。

等距量表在心理学和教育学中用得较多，这主要是因为：第一，心理与教育测量的结果都可以转换为等距量表，并且，所测量的智力、人格和成就等在客观上并没有绝对零点，这与等距量表的特征是一致的。第二，等距量表有一个特征，即如果我们对等距量表上的每个观测值做加、减运算或乘、除一个数，将不改变这些数值之间的关系。这样，我们可以将一个等距量表上的观测值转换到另一个不同的等距量表上去，从而可以对用不同测量方法所得到的结果加以比较。第三，等距量表能够应用多种统计方法对观测值进行分析，充分利用了观测值的信息，能够找出数值信息所隐含的规律。

4. 比率量表

比率量表是最高水平的量表，既有相等单位，又有绝对零点。这种量表在物理测量中容易见到，如长度、质量等，所得数值可做加、减、乘、除运算。它所适用的统计方法除上述几种外，还可以计算几何平均数及变异系数等。

质量、长度、光的亮度、感觉量表等都是比率量表。由于大多数心理特征难以找到有意义的零点，所以此种量表在心理测量中很少用到。

二、心理测量与心理测验

所谓心理测量（psychological measurement），就是根据一定的法则用数字对人的心理特质的行为表现加以确定，即根据一定的心理学理论，使用一定的操作程序，给人的心理特质的行为表现确定出一种数量化的价值。

美国心理与教育测量学家布朗（F. G. Brown）认为，测验是测量一个行为样本的系统程序。美国心理测量专家阿纳斯塔西（A. Anastasi）给心理测验（psychological test）所下的定义也被广泛接受，她认为测验是对行为样本的客观和标准化的测量。通俗地说，心理测验就是通过观察人的少数有代表性的行为，对于贯穿在人的全部行为活动中的心理特点做出推论和数量化分析的一种科学方法。它是心理测量的一种工具和手段，是根据一定法则对人的行为用数字加以确定的方法。

测量是根据一定的法则用数字对事物加以确定，根据这一定义，凡是涉及人的心理活动和心理属性的测量都可以称为心理测量。例如，对人的心理所进行的神经生理学测定方法属于心理测量方法，却不属于心理测验。心理测量的范围比心理测验广泛得多，也就是说，心理测量方法不都属于心理测验。

三、教育测量、教育测验与教育评价

教育测量（educational measurement）在本质上属于心理测量，是心理测量的原理和方法在教育领域中的应用。具体地说，就是以现代教育学、心理学和统计学为基础，应用各种测试手段和方法，对教育现状、教育效果、学业成就以及能力、品格、学术能力倾向等方面进行科学测定的程序。

教育测验是教育测量所用的工具，包括在教育领域使用的标准化的心理测验和各种标准化与半标准化的考试。

评价（evaluation）是指对事物进行价值分析和判断。测量与评价既有联系，又有区别。测量是评价的基础，测量为评价提供信息，测量的结果是评价的重要依据。但是如果不进行价值分析和判定，测量结果就是毫无意义的东西。因此，可以把评价看成是对测量结果的解释过程。

教育评价（educational evaluation）是对教育活动满足社会与个体需要的程度做出判断的活动，是对教育活动现实的或潜在的价值做出判断，以期达到教育价值增值的目的。

要分清教育评价与教育测量之间的关系，在现实中我们很容易把两者混淆。教育测量是对有关教育的属性分配数值。在本质上，教育测量属于事实判断的范畴。而评价是在它的基础上，进一步做出对与错、好与坏、优与劣的判断。就好像人的身高，我们一般用尺来测量，但不能说这是评价。只有知道这个人身高是 2 米，我们才可能评价他是一个很高的人。

第二节　心理与教育测量的性质与功用

美国心理学家桑代克和教育测量学家麦考尔曾先后提出，凡客观存在的事物都有其数量，凡有数量的东西都可以测量。随着科技的发展，人们不断地尝试对人的感知、记忆、思维、想象、注意、情绪、能力、气质、性格、兴趣等心理特性进行测量，从而加深了对人类心理现象的了解。

一、心理与教育测量的性质

与物理测量相比，心理测量（包括教育测量）有其自身的特点。

（一）间接性

心理测量是一种间接测量。我们无法直接测量人的心理，只能测量人的外显行为，也就是说，我们只能通过一个人对测验题目的反应来推论他的心理特质。

特质是描述一组内部相关或内在联系的行为时所使用的术语，是在遗传与环境影响下，个人对刺激做反应的一种内在倾向。它是个体所特有的（与他人不同）、稳定的、独立的特征。特质比较抽象，不能直接被测到。人的心理活动与行为具有因果关系，由“果”推“因”是科学研究的基本方法之一。我们可以根据人的行为来推断其心理特点。例如，一个人喜欢阅读机械方面的书籍，喜欢装配修理电器或玩具，喜欢用机器做东西，喜欢制图，喜欢修理汽车或自行车，我们就可以推论这个人具有机械兴趣的特质。又如，一个人喜欢参加各种社团活动，喜欢结交新朋友，乐于帮助别人，我们就可以说这个人具有社会活动型的特质。

（二）相对性

我们判断一个人的行为时，没有绝对的标准，即没有绝对零点，我们有的是一个连续的行为序列，只有把他的行为与别人的行为加以比较，才能做出判断。所谓测量就是看每个人处在这个序列的什么位置上，由此测得一个人智力的高低、兴趣的大小等，都是与所在团体的大多数人的行为或某种人为确定的标准相比较而言的。例如，我们通过对某班学生的数学成绩进行测量，认为某学生数学水平较高，这种判断本身就是将他与班内其他学生相比较后得出的结论。这种推论是相对的。如果将该学生与其他班的学生进行比较，就不一定得出他数学水平高的结论了。同时，每个学生都在进步，如果该学生的进步速度低于班内其他学生，那么，经过一段时间再进行测验时，就不一定做出该学生数学水平高的判断了。

（三）客观性

测量的客观性实际上就是指测量的标准化问题。量具必须标准化，这是对一切测量的共同要求。经过人们长期的探索，心理测量的标准化有了很大改进。

测验的标准化，是指测验的编制、实施、记分、解释等程序的规范性。测验的编制要有一套严格的程序，测验结构的确定、测验项目的选择必须有根据，并要经过预测。只有当项目的难度、区分度和测验的信度、效度达到一定标准时，测验才能使用。在测验实施过程中，条件要相同，如测试时间要相同，测试环境中一切可能影响被试的刺激均要一致。测试器材要规范，物理性能要稳定一致。测验的说明和主试的指导语要统一，主试不能有任何暗示，既不能协助被试，也不能给被试造成紧张气氛。测验的评分要有统一的标准，测验的解释要依据常模或统一的标准。

标准化的程度是相对的。一般来说，标准化程度越高的测验，其测量结果的客观性程度也越高。

二、心理与教育测验的功能

心理与教育测验的基本功能是测量个体之间、团体之间的差异，或同一个体在不同场合下的反应。测验在实际工作和理论研究中有着广泛的应用。

（一）测验在实际工作中的应用

1. 选材

在教育、工业、军事、艺术、体育等部门，人们经常遇到选拔人才的问题，也就是辨别哪些是具有最大成功可能性的人。人们常感叹伯乐不常有，实际上仅仅靠个人经验来识别人才是远远不够的，不能满足当代社会对各种人才的大量需求。根据对各种活动的分析，找出各种活动所要求的心理模式，然后根据这些特征设计出各种能力、人格和学绩测验，预测人们从事各种活动的适宜性，可以大大提高人才选拔的效率和准确性。心理与教育测量的结果可以为客观、全面、科学、定量化地选拔人才提供依据。目前，我国已经编制出多种高级技术人才和高级管理人才的选拔测验。例如，用于选拔飞行员的心理测验提高了选拔的准确性，从而大大减少了人力、物力的浪费。

2. 安置

心理与教育测量可以了解个体的能力、人格和心理健康等心理特征，从而为人员安排提供依据，提高人员安排的效率。例如，通过心理与教育测验可以对已经入学的学生因材施教，可以对部队的战士按特长分配兵种，可以对工厂中的工人按能力分配工作，以做到人尽其才，提高劳动生产率和部队战斗力。又如，公司根据心理测验的结果把员工安置到与其能力、人格相匹配的岗位上，会提高工作效率并能更大限度地发挥员工的潜能。

3. 诊断

对于智力落后者的鉴别是促进心理测验发展的最初动力之一。在临床上对各种智能缺陷、精神疾病和脑功能障碍等的诊断仍然是某些心理测验的主要用途。

测验的诊断功能不仅限于临床，在教育工作中，测验还可以用来发现学生学习困难和适应不良的原因，搞清是缺乏某种特殊能力，还是某方面的知识没有掌握，抑或是性格不良，从而采取适当的帮助和补救措施。针对某一学科编制的诊断测验还可以确定学生常犯错误的类型，找出每个学生在学习中的弱点，以决定采用什么方法弥补。

4. 预测

心理测量可以确定个体间的差异和个体内的差异，并由此来预测不同个体在将来的活动中可能出现的差别，或推测个体在某个领域未来成功的可能性。

5. 评价

测验可以评价人们在学习和能力上的差异、人格的特点以及相对的长处和弱点，评价儿童已达到的发展阶段等。测验既可以用于评价学生，也可用于评价教师和教学方法，还可以评价教学实验的成效；既可以用于评价个人，也可以用于评价团体。测验还有助于人们的自我了解和自我评价。

6. 咨询

各种学业、能力、兴趣、性格测验可以服务于升学、就业指导，帮助学生了解自己的能力倾向和人格特征，确定最有可能成功的专业或职业，进而做出最佳选择。心理测验还可以探索人的情绪困扰和人格障碍，帮助人们查明心理问题、障碍或疾病的表现及原因，为当事人的自我决策和行为矫正提供参考意见，也可以为心理咨询师开展心理辅导、咨询或治疗提供重要信息。

值得注意的是，用测验来解决实际问题时，应注意测验结果只是做决定时要参考的一个因素，而不是充分的条件，要做出一个好的决策还必须考虑其他因素。

（二）**测验在理论研究中的应用**

1. 收集资料

测验是收集有关个别差异的资料的一个简便易行而又较为可靠的方法。在心理学和教育学的许多研究工作中，研究者都需要通过测验来获得第一手资料。例如，对智力的发展速率、智力的个别差异与团体差异以及影响智力发展的环境和遗传因素等问题的研究，其中大量资料都是由测验得到的。

2. 建立和检验假说

心理学的许多理论都是在测验资料的基础上提出来的，并且测验可以用来检验许多理论。例如，智力结构理论的提出和发展，智力测验在其中起了很大的作用。在教育工作中，不同教育措施的效果也要靠测验来比较和检验。

3. 实验分组

在心理学和教育学研究中，研究者常用测验来对被试进行实验分组，以达到等组化的要求。要想说明实验结果确系实验处理引起，必须保证实验组被试与控制组被试在实验前有关的心理特质是相同的。心理与教育测验的结果可以为实验等组提供依据。

总之，心理与教育测验是心理学、教育学研究的重要工具之一，它不但推动了心理学和教育学理论的发展，还促使心理学、教育学更好地为实践服务。

第三节　心理与教育测验的种类

心理与教育测验的类别随采用的分类标准不同而有所不同。

一、按测验的功能分类

（一）**能力测验**

从心理与教育测量的观点来看，能力可分为实际能力和潜在能力。实际能力是指个人当前具有的能力，代表个人已有的知识、经验与技能，是正式与非正式学习或训练的结果。潜在能力是指个人将来可能具有的能力，是在给予一定的学习机会的条件下，某种行为可能达到的水平。有人只把测量实际能力的测验称作能力测验，而把测量潜在能力的测验称作能力倾向测验（或称性向测验）。实际上二者很难区分。

能力测验又可以进一步分为普通能力测验和特殊能力测验。前者通常指智力测验，后者多用于测量个人在音乐、美术、体育、机械、飞行等方面的特殊才能。

（二）成就测验

成就测验主要用于测量个人（或团体）经过某种正式教育或训练之后对知识和技能掌握的程度，因为所测得的主要是学习成绩，所以也可以叫作学绩测验。最常见的是学校中的学科考试，用来测量学生某学科的知识、技能。能力测验和成就测验的主要区别在于，能力是在遗传素质基础上一生中经验累积的结果，能力测验是对非正式学习结果的测量，而成就指的是在一个明确的情境下学习的知识和技能，成就测验是对特定学习结果的测量。

（三）人格测验

人格测验主要用于测量性格、气质、兴趣、态度、品德、情绪、动机、信念等方面的个性心理特征，即个性中除能力以外的部分。

二、按测验的对象分类

（一）个别测验

个别测验指仅以一个受测者为对象，通常是一个主试和一个被试面对面进行的测验。其优点是主试对被试有较多的观察与控制机会，尤其是在某些人（如幼儿或文盲）不能使用文字，只能由主试记录反应时更加适用。其缺点是比较费时间，不易进行大规模测量，建立常模较困难，对主试有较高的要求。

（二）团体测验

团体测验是在同一时间内由一个主试对多个人施测。其优点是时间经济，可以在短时间内收集到大量资料，在教育上被广泛使用。其缺点是被试的行为不易控制，容易产生测量误差，从而影响测验信度和效度。

团体测验可用于个别测量，但个别测验不能用于团体测量。

三、按测验的材料分类

（一）文字测验

文字测验所用的材料是文字，被试用文字作答，也称纸笔测验。其优点是实施方便。团体测验多采用这种测验。缺点是容易受被试文化程度的影响。在对有不同教育背景的人使用时，其有效性将降低，甚至无法使用。

（二）非文字测验

非文字测验也称操作测验。测验题目多属于对图形、实物、工具、模型的辨认和操作，被试通过指认、手工操作向主试提供答案，无须使用文字作答。其优点是不受或少受文化因素的影响，可用于幼儿和不识字的成人。其缺点是除图形项目外大多不宜团体施测，在时间上不经济。

四、按测验的目的分类

（一）描述性测验

描述性测验的目的在于对个人或团体的能力、性格、兴趣、知识水平等进行描述说明。描述性测验主要是为了描述被测者在某一心理特质上的一般状况或说明某一时期的问题。

（二）诊断性测验

诊断性测验的目的在于对个人或团体的某种行为问题进行诊断。诊断性测验通常在教育、咨询和临床治疗中被广泛应用。

（三）预测性测验

预测性测验的目的在于根据测验分数预估一个人将来的表现和某一心理状况所能达到的水平。预测性测验在人才选拔中应用广泛。

五、按测验的难度和时限分类

（一）速度测验

速度测验的功能在于测量被试的反应快慢程度。这种测验题目较容易，一般都没有超出被试的能力水平，但题目多，并严格限制时间，被试几乎都不能做完所有题目。在纯粹的速度测验中，分数完全依赖反应的速度，以完成题目的数量作为成绩指标。

（二）难度测验

难度测验的功能在于识别个人能够达到的最高水平。难度测验包含不同难度的题目，由易到难排列，其中有些是极难的题目，几乎所有被试都完成不了。测验时间较充裕，使被试都有机会做所有的题目，并在规定时间内做完会做的题目，因此测量的是被试解答难题的最高能力。

一般来说，纯难度测验和纯速度测验较为少见，多数测验同时涉及难度和速度两个方面。

六、按测验的要求分类

（一）最高作为测验

最高作为测验要求被试尽可能做出最好的回答，主要与认知过程有关，有正确答案。能力测验、学绩测验均属于最高作为测验。

（二）典型作为测验

典型作为测验要求被试按通常的习惯方式做出反应，没有正确答案。一般来说，人格测验属于典型作为测验。

七、按测验的性质分类

（一）构造性测验

构造性测验有清楚的测验结构，所呈现的刺激是清楚的，被试的任务是明确的。测验的记分和解释都有严格规定。

（二）投射测验

投射测验的目的是让被试在无意中将自己内心深处的欲望、观念、情绪、动机、态度等投射在反应中，以便主试对被试的心理做深层次的分析。这种测验中的刺激没有明确的意义，问题模糊，对被试的反应也没有明确规定。

八、按测验的标准化程度分类

（一）标准化测验

标准化测验是指从编制到实施都严格遵循测量理论并严格控制与测验目的无关的因素影响的测验。这种测验对所有被试实施有代表性的相同的或等值的测题，实施测验的程序有详细的规定，如测验指导语要一致，测验时间要相同，以保证每个被试有相同的测验条件。记分方法有统一的规定，解释分数有常模或标准作为参照。衡量标准化测验的主要指标是信度和效度。

（二）非标准化测验

非标准化测验是指不符合标准化程序的测验。如教师所使用的自编课堂测验就是典型的非标准化测验。

有人认为标准化测验就是选择题，这是极大的误解。虽然国外的标准化测验大多采用选择题，但标准化的本质在于最大限度地减少测量误差，使测量结果尽可能准确可靠。选择题的优点，一是没有评分误差，二是题量大，可减少内容抽样误差。只要能保证测量的信度、效度，其他题型也可以用于标准化测验。当然，标准化是相对的，不同的测验标准化的程度不同。我国的各种大型考试，如高考、自考等，近年来已在标准化方面有了很大的改善，但总的看来，标准化水平还不够高，可看作半标准化测验。

九、按测验分数的解释方法分类

（一）常模参照测验

常模参照测验是以常模作为解释分数的参照系统。常模是受测者所在群体的分数分布情况。常模参照测验关心的不是一个人知识、能力或某种心理特质的绝对水平，而是他在所属群体的相对位置。也就是将一个人的分数与其他人比较，看其在某一团体中所处的位置。

（二）标准参照测验

标准参照测验在对测验结果做出解释时不是与其他人比较，而是根据特定的标准对个体做出是否达标或达到什么程度的判断。这种测验常常用来检验学习的效果，看对指定的内容范围或技能掌握得如何，是否达到某一标准。各种资格考试就属于这类测验，如会计师考试、汽车驾照考试等。

十、按测验的应用领域分类

（一）教育测验

测验应用最广的是教育领域。在学校中用得最多的是学绩测验，其他测验也经常会用到。

心理与教育测验是教师了解学生的有效手段。通过测验，教师可以了解学生对知识的掌握情况，了解学生的能力水平、性格特点、学习动机等，有利于因材施教。

通过测验，教师也可以发现学生的心理问题，以便及时进行心理辅导和干预。

测验是教育评价的重要工具。现代教育强调人的素质的全面发展，心理测验可以测量学生的智能、品德、个性的发展，为素质教育提供测评的手段。

测验是教育研究的重要方法。无论是实验分组、收集资料、建立和检验假设，都需要用到测验，从而为教育教学改革提供有力的支持。

（二）职业测验

各行各业的人事部门经常遇到选拔人才的问题，即要辨认和挑选出那些具有极大成功可能性的人。这就需要根据对各个职位的分析，找出各个职位所要求的心理特征，并根据这些特征设计出各种能力测验、人格测验和成就测验，以便预测人们从事各个职位的适宜性，以提高人才选拔和职业训练的有效性。例如，一些高级技术人员和高级管理人员的选拔、特种工的选拔和培训等都要用到心理测验，以提高选拔的准确性，提高培训的效率，避免造成人力、物力的浪费。

通过心理测验，我们还可以将人员分配到与其相适宜的工作岗位上去，从而做到人尽其才，提高工作效率。

（三）临床测验

临床测验主要用于医务部门。许多能力测验和人格测验可用来检查智力障碍或精神疾病，为临床诊断和心理治疗工作服务。

临床工作中对器质性精神病的鉴别，往往借助于一些专门的心理测验。例如，应用神经心理学测验可以对大脑损伤部位进行定位。在临床科研中，借助心理测验可以观察病情，比较疗效。根据测量的结果，将障碍程度加以量化，代替笼统的描述，便于比较。

【要点小结】

测量就是根据一定的法则用数字对事物加以确定。任何测量必须具备两个基本要素，即参照点和单位。

要测量某个事物，必须有一个有单位和参照点的连续体，将要测量的每个事物放在这个连续体的适当位置上，看它距离参照点的远近，以此得到一个测量值，这个连续体就叫量表。量表从低级到高级分成四种水平，即命名量表、等级量表、等距量表、比率量表。

心理测量就是根据一定的法则用数字对人的行为加以确定，即根据一定的心理学理论，使用一定的操作程序，给人的行为进行数量化的描述的过程。广义的心理测量不仅包括以心理测验为工具的测量，也包括用观察法、访谈法、问卷法、实验法、心理物理法等方法进行的测量。心理测量具有间接性、相对性、客观性等特征。

心理测验就是通过观察人的少数有代表性的行为，对于贯穿在人的全部行为活动中的心理特点做出推论和数量化分析的一种科学方法。它是心理测量的一种工具和手段，是根据一定法则对人的行为用数字加以确定的方法。

心理测验在实际工作和理论研究中有着广泛的应用。从实际应用角度看，可用于选拔人才、岗位安置、诊断、预测、评价、辅助咨询等；从理论研究角度看，可用于收集资料、提出和验证假设、实验分组等。

【思考与练习】

1. 什么是测量？什么是测验？
2. 心理测量有哪些重要的性质？
3. 心理测验有哪些功能？
4. 心理测验的种类有哪些？

第三章　心理与教育测量的误差

【内容提要】

测量的准确性无疑是一个测验的价值所在，但是由于误差的存在，测验不可能完全测出个体的真实特性。本章详细介绍了心理与教育测量中存在的误差，包括误差的定义、种类、来源及控制，同时还在误差的基础上介绍了真分数理论。

【学习目标】

1. 掌握误差的定义。
2. 掌握随机误差和系统误差的不同。
3. 理解引起误差的各种原因及其对测验的影响。
4. 能够根据误差的不同来源对其进行控制。
5. 理解测验标准化的含义。
6. 理解真分数理论的模型及假设。
7. 了解测量分数、真分数和误差分数之间的关系。

【关键词】

误差　随机误差　系统误差　真分数　经典测量理论　项目反应理论　项目参数不变性　项目特征曲线

测验可以测出一个人的真实特性吗？在什么情况下测验分数可能不正确？答案是测验不可能完全地测出个体的真实特性，并且在几乎所有的情况下测验分数都是不准确的。这一点会让大多数人感到特别惊讶，因为人们已经习惯了去信任测验分数。在一些人眼里，测验结果就是他们真实情况的反映。然而，事实上，任何测验都不是完全有效或者可信的。也就是说，所有的测验都是不完美的，并且存在误差。

你是不是很难相信这一结论？那么回想一下你期末考试时所做的试卷。你所得到的分数是你觉得你应该得到的分数吗？你的分数比你期望的高还是低？再想一下你其他考试的成绩，它们真的反映出你的技能、知识或能力了吗？它们是不是低估了或高估了你的技能、知识或能力？如果你获得的分数总是无法反映出你的真实能力，那么这就与误差有关。这一章我们就来讨论心理与教育测量中的误差问题。

第一节　误差的定义及分类

一、误差的定义

测量误差指的是在测量过程中，那些与测量目的无关的因素所导致的测量结果不准确或者不一致的测量效应。这里包含两层意思：（1）误差是由与测量目的无关的因素引起的；（2）误差是不准确或不一致的测量结果。

准确性与一致性的关系可以用打靶来说明。假设有三支枪，分别对准三个靶的中心连射多枪，所得结果如下图所示：

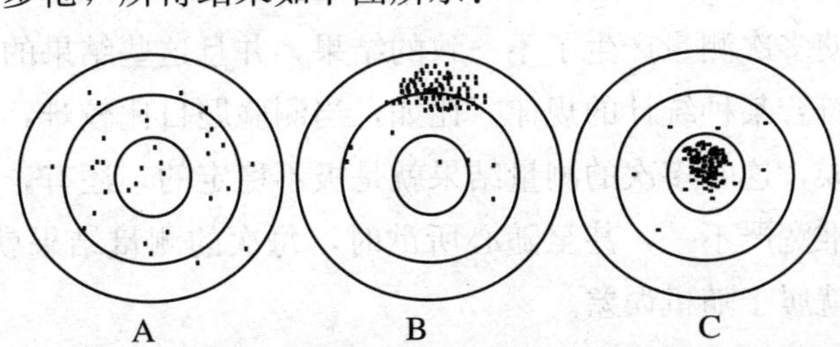

图 3-1　准确性与一致性的关系

从图中可以看出：图A显示中靶的情况十分分散，说明既无准确性，又无一致性；图B显示中靶的情况比较集中，但远离靶心，说明一致性较好，但准确性较差；图C显示中靶的情况比较好，大多集中在靶心，说明一致性和准确性都较好。

测量误差在心理与教育测验中是普遍存在的。比如，当你在考试前的晚上无法入睡时，或者你生病但必须参加考试时，又或者测验事实上需要45分钟而你只有35分钟时，这些身体或者时间因素都会降低你的测验成绩，使你的测验分数低于你的真实水平。又比如，当你不小心“看到”周围同学的正确答案的时候，或你幸运蒙对的时候，或45分钟的测验你却有52分钟可以答卷的时候，这些都可能使得你的测验分数高于你的真实分数。

测量误差既可能导致测验结果的不准确，比如上面的情形，也可能导致测量结果的不一致。测量学家常用橡皮尺的例子来说明这一点。工匠通常都不会采用橡皮尺来作为他们测量房屋时的工具，因为橡皮尺的弹性会使得每次的测量结果都会由于拉得过紧或者过松而不一致。

在这里要强调一点，我们承认在测量中总会有一些不准确或者不一致的误差发生，我们的任务是找出误差的原因，并努力把它减至最小。

二、误差的种类

上面讲的那些导致测量结果与实际水平不相符的因素可以分为两类，即误差可以分为随机误差和系统误差。

随机误差是指那些与测量目的无关的偶然因素引起的误差。这主要是由受测者、施测过程或测验题目本身的因素引起的。

随机误差使多次测量产生了不一致的结果，并且这些结果的方向和大小也是随机的，只符合某种统计的规律。比如，当测验题目比较难，大多数人都是猜测作答的时候，这时多次的测量结果就是极不稳定的。还有，当教师每次评卷时的评分标准宽严不一，甚至随心所欲时，每次的测量结果就会很不一致。上面这些误差就属于随机误差。

系统误差是指那种与测量目的无关的因素引起的一种恒定而有规律的效应。这种误差稳定地存在于每次测量当中，这样尽管此时测量的结果比较一致，但实测结果与真实水平之间仍存在差异。比如，某智力测验需要阅读，而某个人不会阅读，那么他的测验分数就会很低。再比如，在进行数学测验时，如果一个 5 分的填空题的标准答案错了，那么所有答对的学生的成绩都会降低 5 分，这同样是系统误差。

从上面我们看到，随机误差既影响测验的一致性，也影响测验的准确性，而系统误差却是恒定的，它不会影响测验的一致性，只能影响测验的准确性。

在后面的学习中，我们会看到随机误差和系统误差会影响测验的信度和效度（这些概念我们将在后面阐述），从而影响我们对真实水平的评估，因此在测验中重视误差是很有必要的。

第二节　误差的来源和控制

一、误差的来源

要想使测量准确可靠，必须减少误差，而要控制误差，就必须了解误差的来源。和物理测量一样，心理与教育测量的误差主要来自三个方面：测量工具、测量对象和测量过程。

（一）测量工具

心理与教育测量的工具通常是一套以测验项目为核心的刺激反应系统（通常称为量表）。测量工具所造成的误差主要来自于测验项目的编制过程，其中项目取样影响最大。当测验的项目过少或取样缺乏代表性时，被试的反应很难代表其真实水平。比如，当数学考试出现偏题时，押中题的人就会得到好成绩，没押中题的人则得不到好成绩。再比如，如果数学测验的好坏取决于阅读理解能力的高低，则测量也会出现误差。如果测验的项目模棱两可，形式令人费解，或问题过难，单一量表的项目内容不同质，那么测验本身就是不可靠的。因此，想要测量有可靠的属性，教师必须选择和编制那些没有以上缺陷的测验。

另外，因为测验是从某一给定内容总体中选出的项目样本，所以即使是同一测验的等值复本也不能产生完全相同的测验结果。由于项目内容的不同，同一个学生在不同复本中的成绩可能不同。也就是说，这些内容上的差异也会成为误差的一个重要来源。

（二）测量对象

测量对象即被试本身引起的误差是测量工作中最复杂和最难控制的一类误差，被试真实水平是否得到充分发挥是造成测量误差的主要原因。影响被试真实水平充分发挥的原因既有个体长期的一般变化，也有与特定测验内容和形式以及特定施测条件相联系的暂时的特殊变化。

1. 应试焦虑

应试焦虑是指被试在测试前和测试中所出现的一种紧张的、不愉快的情绪体验。焦虑的产生既有认知因素的作用，也有生理因素的作用。

应试焦虑会影响被试的反应水平，从而影响被试的成绩。但是，应试焦虑并不是只具有消极作用。如果被试没有一点儿焦虑，则容易采取满不在乎的态度，成绩大多数会较低。一般来说，适度的焦虑会让人的兴奋性提高，注意力集中，反应速度加快，从而对测验产生积极的影响。但凡事有度，过高的焦虑会使工作效率下降，注意力分散，思维狭窄，反应速度减慢，从而降低测验成绩。

国内外大量的研究表明，应试焦虑受以下主客观因素的影响：

（1）能力和应试焦虑呈负相关。能力高的人，应试焦虑一般较低，而对自己的能力没有把握的人，应试焦虑较高。

（2）抱负水平和应试焦虑呈正相关。抱负水平过高、求胜心切的人，应试焦虑较高。

（3）患得患失、缺乏自信、情绪不稳、适应不良的人容易产生焦虑。

（4）经常接受测验的人焦虑较低，而对测验程序不熟悉的人焦虑较高。

（5）测验成绩对被试关系重大或被试承受的压力很大时，容易产生焦虑。

（6）被试不了解测验的目的，测验的指导语不清楚，采用了新的项目形式或施测程序，以及有严格时间限制等测验方面的因素，也会影响被试的焦虑。

2. 应试经验

应试经验也是影响成绩的一个重要因素，如果不同的被试对测验程序的熟悉程度不同，所得分数便不能直接进行比较。任何时候只要引入一种新的项目形式或一种新的反应程序，由于被试对其较为陌生，同时在理解上也可能产生错误，这样就会在最终的测验中带来误差。但是如果对被试提供足够多的练习和演示，测验成绩就会提高，同时误差也会减少。在大多数的情况下，少量的练习就足够了，但对于很少接触测验的人，练习应稍多一些。总之，在测验前，应尽可能使每个被试都对测验程序有所了解。

这里也存在另外一种情况，有些被试经历过多次测验，掌握了一定的答题技巧，他们善于察觉正确答案和错误答案之间的细微差别，会合理安排时间，容易适应新的测验形式，因此经常比那些能力相差不大但缺乏测验经验和技巧的人获得更高的分数。

3. 应试动机

被试对测验的动机不同，会影响其作答态度、注意力、持久性、反应速度等，从而影响测验成绩。比如，当个性调查表用于选人时，雇主感兴趣的是申请者的典型行为，但有的申请者为了给人留下好印象，在回答时可能考虑雇主期望或社会道德等因素，而不按自己的真实情况作答，从而给测验分数带来误差。再比如，在西方国家，大多数人具有较强的竞争观念，因而在参加能力和学业等要求最高作为的测验时，能尽力做出最好的回答。而在一些少数民族和社会经济地位较低的团体中，则不太强调竞争，测验的内驱力不高，他们常常随随便便做出回答。在这种情况下，黑人儿童和白人儿童在测验成绩上的差异反映的就不完全是能力的高低，其中还掺杂有动机效应。

应试动机会影响成绩的各个方面。如果动机效应在反复测量中以一种恒定的方式出现，就会导致系统误差，从而使测验的有效性降低；如果动机效应引起了偶然性的不稳定的反应，这是一种随机误差，会使测验的有效性、可信性都降低。

4. 学习、发展和训练

由一般的学习经验或发展变化所引起的测验分数上的差异，在大多数情况下只构成恒定误差。但有时，大多数人对于某个测验没有准备，只有个别人获得了特殊训练，或者在两次测验的间隔中，有的人获得了特殊的教育和训练，那么第二次测验所得的分数既反映了第一次施测时所测量的东西，也反映了在两次施测之间所学到的东西。由于被试所受到的训练不同，他们的分数就会受到不同的影响，而表现出随机误差。

5. 练习效应

任何一个测验在重复使用时，由于被试对测验的内容和程序已经相当熟悉，都会产生练习效应，从而使测验成绩提高。

在能力测验方面，练习效应的研究大体获得了下列结论：

（1）练习对于智力较高者，效果较为显著。

（2）速度测验的练习效应较为明显。

（3）再做同一个测验比做复本的练习效应要显著。

（4）两次测验之间的时距越大，练习效应越小；相距三个月以上，练习效应可忽略不计。

（5）一般的平均练习效应，约在五分之一个标准差以下，但第二次再测后，练习效应即接近于零。

以上结论只是美国学者使用某些测验的研究结果，不一定具有普遍意义。

6. 反应倾向

独立于测验内容的反应倾向，也会使得本来能力相同的被试获得不同的成绩。对于速度测验，由于测验时间有限，而题量又较大，求快和求准两种不同倾向会对测验成绩产生影响；对于是非题，某些人可能有偏好选“是”或选“否”的倾向；对于选择题，有些人可能偏好某个位置的选项，有些人有偏好选长项或短项的倾向；对于人格测验题目，有的人可能会掩饰自己。所有这些都会给测验成绩带来影响，因此在测验编制时一定要注意控制这些倾向的影响。比如在编制是非题时，应使“是”“否”答案数量大致相等。

7. 生理因素

不但心理因素会影响测验成绩，生病、疲劳、失眠等生理因素，以及在智力、情绪、体力等方面的生物节律也会影响测验成绩，从而带来误差。

（三）测量过程

在三种误差来源中，与施测过程有关的误差可能是最容易控制和检验的。通过长期实践，特别是计算机在测量中的使用，测验的标准化水平越来越高，大部分施测条件能够得到很好控制。但由于心理现象的复杂性，一些偶然因素仍然可能影响测验成绩，如测试环境、测试时间、主试因素、意外干扰以及评分记分等。

1. 测试环境

施测现场的温度、光线、桌面高低好坏、噪声和座位安排等对被试都有影响。例如，在测试过程中，光线充足，有利于被试正常作答；光线暗淡，则会影响作答的效果。因此，教师必须注意控制温度、湿度、照明、座位状况和摆设，以及避免任何会导致学生分心的事物。

2. 测试时间

测试安排在不同时间也是影响测试准确性的一个重要因素，如果时间安排不当或时限不统一，必然会引起测验结果的改变。

3. 主试因素

主试的年龄、性别，施测时的言谈举止、表情动作等均能影响测验结果。不同的主试可能会提供给被试不同数量的信息。比如，碰到不会答的题目，有些教师会暗示或告诉学生猜测，或让学生空着不答，而另一些教师则不给任何指导，学生的分数就会随着教师提供的信息不同而有所变动。同时，主试对测验重要性的说明，情绪上支持被试的程度，以及监考的方式均可能不同。如果这些变异对被试的影响程度不相等，就会引起测验结果的改变。

在施测过程中，如果主试不按照规定实施测验，如制造紧张气氛，给予特别协助或暗示，以及计时错误等，都会带来较大误差。特别是当测验有复杂的步骤和说明或测验项目本身是模糊不确定的形式时，当主试在安排测验条件上有较多余地（如个别施测）时，当测验是对幼儿、情绪困扰者以及对测验程序不熟悉的人施测时，主试的影响更大。

4. 意外干扰

在测验环境复杂，特别是当被试人数较多时，容易发生出乎预料的干扰或者分心事件。例如，停电，有人生病，有人作弊，计时表停了，临时发现题目或作答纸印刷不清或装订错误等，无论哪种情况，都会引起不安，导致成绩不准确。

5. 评分记分

随着机器阅卷的来临，评分的误差已显著地降低。但教师和其他测验实施者准备的记分卡，以及提供给设计者与操作者的指导，均可能造成误差。学生有时不能正确填写答题卡，或者在答题纸上做记号，这也是造成评分误差的另一个潜在来源。当然，如果测验用手工评分，就像许多随堂测验那样，误差的可能性更大。

一般来说，客观题的评分较为准确客观，而问答题、论文题等自由反应型的题目，评分标准很难掌握，再加上阅卷者的风格、情绪等各不相同，因而很难保证评分标准的一致性。

早在几十年前，国外就有人对评分的误差进行过研究。斯托奇（D. Storch）和埃利奥特（E. C. Elliott）将一份英文考卷请142位英文教员评阅，结果所得分数从50分到98分应有尽有。1961年美国教育测验服务中心把53个评判员组成专人小组，对大学一年级学生所写的300篇作文按九个等级评分，结果有1/3的文章得到九个等级，有60%的文章得到七个或八个等级，没有一篇文章少于五个等级。我国1979年高考数学试卷第四题叙述并证明勾股定理，对于用余弦定理进行循环论证的答卷，有的教师不给分，有的教师却给了满分。1983年，郑日昌对高考评分客观性做了调查分析，发现不同阅卷教师对同一份试卷评分竟然相差十几分到几十分。这引起有关部门高度重视，促进了客观性试题的采用（郑日昌，1985）。

不仅不同教师之间有差异，即使同一教师一次评多份试卷，受到情绪、疲劳、外界干扰、卷面整洁、试卷前后位置引起的对比效应以及对学生成见的影响，标准也可能不统一，甚至对同一张试卷隔一段时间再评，前后给分也可能不一致。

要想有效地控制与施测过程有关的误差，主试必须严格遵循标准化程序施测和评分，不得随意改动和发挥，同时要机智地处理各种意外情况。

二、误差的控制

要想控制误差，就必须使测验标准化，即测验的编制、施测、评分记分及对分数的解释都必须标准化，这样才能够控制导致误差的因素，减少误差，使测验分数更可信、更有效。

第一，对所有被试施测相同的或等值的题目。测验内容不同，所测得的结果就无法进行比较。

第二，在测验的编制方面，应首先明确测验目的，据此制订编题计划，其次是编辑测验项目，此时要注意所收集材料的丰富性和普遍性。同时还要注意以下几点：（1）测验项目的取样应当对欲测心理品质具有代表性，只有测验项目真实反映测量对象的特征，才能保证测验结果的有效性；（2）测验项目的取材范围要同编制计划所列项目相一致；（3）测验项目的难度应有一定的分布范围；（4）编写测验项目的用语要力求精练、浅显；（5）一开始编写的项目数量要多于最终所需要的数量，以便筛选或编制复本；（6）测验项目的说明必须简明。

第三，对被试必须在相同的条件下施测。这包括：（1）相同的测验环境，如统一的采光条件、桌椅高度、桌面面积、场所布置等。（2）相同的指导语。指导语应事先拟好，印在测验项目的前面，并且力求清晰、简单、明了，不致引起误解。（3）相同的测验时限。

第四，评分客观。评分客观意味着两个或两个以上的评分者对同一份测验试卷的评定是一致的。只有做到评分客观，才能够将分数的差异归于被试本身的差异。但通过前面的叙述我们也已经看到，要想做到完全客观评分是比较困难的。一般来说，如果不同评分者之间的一致性能达到 90%以上，就可认定评分是客观的。要想使评分客观化，应该：（1）对被试的反应及时准确地记录，尤其是在实施口头测验和操作测验时更应该如此。（2）要有一张标准答案或正确反应的表格，即记分键。（3）将被试的反应与记分键比较，确定被试应得的分数。

第五，对测验结果解释的标准化。如果对同一施测过程可做出不同的解释，那么测验便失去了客观性。这就要求建立一定的参照标准，使测验分数可以同参照标准进行比较，从而揭示分数所代表的意义。

第三节　真分数理论

一、真分数的含义

在经典测量理论中，人的心理特质水平在测量之后表现为一个数值。然而，就像我们前面看到的那样，测量的误差总是存在的，这就使得实际测得的数值往往难以和该特质的真实水平值完全一致，它总会略高于或略低于其真实水平值，某些时候甚至还会严重偏离其真实水平值。就像本章开头所说的，你有时会觉得测验成绩低估了你的能力，而有时又高估了你的能力，这些都是对误差现象的描述。为了研究的方便，心理学家把反映被试某种心理特质真实水平的那个数值称作该特质的真分数（true score）。真分数的操作定义是无数次测量结果的平均值。同时，把实测的分数称作该特质的观察分数（observed score）。当观察分数接近真分数时，就说这次测量的误差较小。

从真分数的定义可以看出，真分数只是一个理论上构想的概念，在实际测量中是无法得到的，因为无论什么测量工具都不可能没有误差。我们只能通过改进测量工具、完善操作方法等来使观察分数尽可能地接近真分数。一般来说，只要观察分数和真分数之间的误差不是太大，或者说误差被控制在可接受的范围之内，那么我们的测量就可以被认为是可接受的测量了。

二、真分数的数学模型及其假设

把任何一个测验成绩都看作真分数和测量误差的和，这是经典测量理论（classical test theory，简称 CTT）的基本思想。CTT 假定，观察分数（记为 X）与真分数（记为 T）之间是一种线性关系，并且只相差一个误差（记为 E）。用公式表示如下：

$$X=T+E$$

这就是 CTT 的数学模型。

根据真分数的操作定义，这里的测量误差指的是随机误差，不包括系统误差。后者不引起分数的改变，因此包含在真值中。

在上式中，E 可能是正的，也可能是负的。这就是说，一个人的实得分数（观察分数）可能大于真值，也可能小于真值，总是围绕着真值上下波动。

根据以上公式，我们可以引申出三个相互关联的假设公理：

（1）若一个人的某种心理特质可以用平行的测验反复测量足够多次，则其平均误差或误差分数的期望为 0，即其观察分数的期望或平均值为真分数。用公式表示为：

$$\varepsilon E=0 \text{ 或 } \varepsilon X=T$$

（2）真分数和测量误差之间相互独立，即误差分数与真分数的相关为0。

$$\rho(T,E)=0$$

（3）各平行测验上的误差分数之间相关为0。

$$\rho(E_1,E_2)=0$$

对CTT的这一数学模型及其假设公理，我们可以从以下三个方面来理解。首先，它假定在一定的问题研究范围之内，反映个体某种心理特质水平的真分数是不变的，测量的任务就是估计这一真分数的大小；其次，假定观察分数等于真分数和误差分数之和，即假定观察分数和真分数之间是线性关系，而不是其他关系；最后，测量误差完全随机，并服从均值为0的正态分布。它不仅独立于所测特质真分数，而且还独立于所测特质之外的其他任何变量，这保证了误差E中不含有系统误差成分。同时，假设公理（3）所说的各平行测验的误差分数之间的相互独立性也进一步保证了E的随机性，使得观察分数的均值可以稳定地趋于真分数。

但是，在现实中，用多个彼此平行的测验反复测量同一个人的同一心理特质的做法往往是行不通的。因为两个相互平行的测验要求这两个测验不仅要测量同一特质，并且还要在题目的形式、数量、难度、区分度以及测查等值团体后所得分数的分布方面都要保持一致性。这就使得平行测验的编制变得特别困难。

事实上，我们在实施一个标准化测验时，并不是用很多平行测验来反复测量同一批被试，而是用同一个测验来同时测查许多被试。这是因为，在一个团体中，由于每个人的误差都是随机的，且服从均值为0的正态分布，这样当被试团体足够大时，团体内部的各种随机误差就会相互抵消。此时，该团体的平均真分数就等于该团体内所有被试实得分数的平均值，即多个被试接受同一个测验相当于多个平行测验反复测查一个具有团体真分数均值水平的个体。

对于一个团体来说，实得分数、真分数和测量误差之间具有如下关系：

$$S_X^2=S_T^2+S_E^2$$

即实得分数的变异数等于真分数的变异数加上误差变异数。

这个公式只涉及随机误差的变异，系统误差的变异包含在真分数的变异中。这就是说，真分数还可以分为两部分：与测量目的无关的变异（S_I^2）和与测量目的有关的变异（S_V^2），即：

$$S_T^2=S_V^2+S_I^2$$

这样根据上面两个公式，我们可以得到：

$$S_X^2=S_V^2+S_I^2+S_E^2$$

这就是说，一组测验分数之间的变异性是由与测量目的有关的变异数、稳定的但出自无关来源的变异数和随机误差变异数所决定的。

第四节　项目反应理论

随着新的统计分析理论与方法的发展、推广和应用，测量理论和方法也有了质的飞跃。随着计算机技术的发展，CTT在心理与教育测量领域的应用逐渐让位于项目反应理论（item response theory，简称IRT）。IRT是由美国测量专家洛德（F. M. Lord）针对CTT的不足提出的一种测量理论。欧美一些著名测量机构均把IRT应用于测验设计、测验集成、测验校准、建构测验题库等。

一、经典测量理论的不足

CTT主要是以真分数模式（$X=T+E$）为理论架构，依据弱势假设（weak assumption）而来，其理论模式的发展为时甚久，所采用的计算公式简单明了、浅显易懂，适用于大多数的心理与教育测验资料以及社会科学资料的分析。然而，CTT不能同时对项目难度和考生能力进行准确估计，无法应付大规模自适应考试的要求，存在许多不足和局限性，主要表现在以下几方面。

（一）统计量的样本依赖性

CTT所采用的统计量，诸如难度、区分度和信度等，都是一种样本依赖（sample dependent）的指标。也就是说，这些指标的获得会因接受测验的被试样本的不同而不同，会随着样本的特性而改变。因此，同一份试卷很难获得一致的难度、区分度或信度。CTT为了避免抽样偏差对参数估计的影响，特别强调样本对总体的代表性。它应用的是随机抽样，而随机抽样的偏差总是存在的，有时还很大。更何况在实际操作中，由于客观条件所限，有时还不能做到真正的随机抽样。IRT 以能力来区分不同的项目难度，所以难度不会随着样本的特性、组成不同而有所改变，也就是说项目参数具有不变性（invariance of item parameters）。

（二）测量分数的测验依赖性

CTT 解释测验分数时必须依赖原测验，故难以互相比较不同的测验。而 IRT 可在不同测验之间将每个人的能力放在同一标准上比较。另外，CTT 对于非复本（nonparallel）但功能相同的测验所测得的分数之间，无法提供有意义的比较，有意义的比较仅局限于相同测验的前后测分数或复本测验分数之间。

（三）能力与难度量表的不一致性

只有选择最适合被试能力水平的试题，测验才有针对性。但是，在 CTT 中，被试能力量表是测验的卷面总分，其参照系是全部项目，项目难度量表是被试群体的得分率，其参照系是被试群体。由于两个量表的参照系完全不同，很难找到验证某个项目是否恰好匹配某种能力水平被试的计量方法，这就使得在测验选题时带有一定盲目性，故对测验编制活动的指导价值相当有限。在 CTT 中，被试都做一样的测验项目，以一个相同的测量标准误（standard error of measurement）作为每位被试的测量误差指标。这种做法并没有考虑被试能力的个别差异，对高、低能力两极端组的被试而言，这种指标极为不合理且不准确，致使理论假设的适当性受到怀疑。在 IRT 中，被试可以依照个人能力不同而做不同的测验，后来的计算机自适应性测验即为 IRT 的应用之一。

（四）信度估计的不精确性

信度是测验质量的重要指标，也是 CTT 最基本的概念。但是 CTT 对信度的估计方法极不精确，估计值具有笼统性，每个测验都只有一个测量误差指标。CTT 的假设是建立在平行复本（parallel forms）测量的概念基础上，然而这种假设在实际测验情境里往往不存在。因此，平行的测量很难达到，被试不可能在两次测验上得到完全相同的结果。因为遗忘、动机、焦虑程度等的改变都会影响到测验的结果。

（五）测验结果拓宽的有限性

CTT 主要应用配对或标准化技术和随机化技术来控制变量误差，但是在这种技术下获得的结果只能在相同条件下成立，不能将其推广到非标准化环境中去，使得测验的应用受到限制。CTT 忽视被试的试题反应组型（item response pattern），认为原始得分相同的被试，其能力必定一样。其实不然，即使原始得分相同的被试，其反应组型亦不见得完全一致，因此，其能力估计值应该会有所不同，我们不能以被试目前的表现来预测未来。

二、项目反应理论的提出

追根溯源，对于 IRT 的建立，理查森（M. W. Richardson）、劳勒（Lawley）、塔克（Tucker）为其打下了坚实的基础。首先，理查森于 1936 年提出了最初的估计 IRT 参数的方法；其次，劳勒于 1943 年、1944 年进一步提出了一些参数估计的新方法；最后，塔克于 1946 年第一个在心理计量学中引进了项目特征曲线（ICC）一词。

但项目特征曲线的正式建立要归功于美国的洛德。针对 CTT 的不足，洛德于 1952 年在他的博士论文《测验分数理论》（*A Theory of Test Score*）中首次提出了现代测量理论中第一个项目反应模型，即双参数正态肩形曲线模型（双参数正态卵形模型）。双参数正态卵形模型实际上是一条累积正态曲线，对于用 Z 分数表示的标准正态分布，它的函数值就是正态曲线下从负无穷到某个 Z 值处的面积。洛德第一次导出了这种模型参数的估计方法，成功地将这种模型与方法应用于真实的学业成绩与态度的测验调查资料，使得 IRT 可以被用来解决实际的二值记分的测验问题，这标志 IRT 正式诞生。

由于此方面的研究需要复杂的计算过程，因此在电子计算机出现后，才有更多的学者投入这方面的研究。IRT 的理论假设是建立在严谨的数学统计模式基础上的，它借助于电脑科技在近一二十年有突飞猛进的发展。在过去的十余年中，不断有新的项目反应模式诞生，有新的项目参数估计方法提出。但总的说来，目前我国对 IRT 的理论和应用研究尚处于起步阶段，IRT 的推广应用受到一些客观条件的限制。IRT 对模式参数的估计，必须要有电脑的辅助，没有电脑，其烦琐的运算过程几乎无法完成；IRT 的应用推广，还需要应用者有较深厚的数学功底或数理统计方面的训练。

三、项目特征曲线的数学模型

（一）项目反应理论的基本假设

在 IRT 中，基本假设主要有以下四条。

1. 潜在特质空间（latent trait space）的单维性假设（unidimensionality）

潜在特质空间是指由潜在特质组成的抽象空间。单维性又称为单一向度，是指只测量被试的某一个特质或能力（如程序设计能力），而可以忽略其他特质或能力（如阅读能力）对测验结果的影响。单维性假设是指假定同一测验都在测单一向度，即测验中的每个项目都测量同一种潜在特质。也就是说，如果被试对一个测验的项目的反应是由他的 K 种潜在特质所决定的，那么这些潜在特质就构成了一个 K 维潜在空间，被试的各个潜在特质分数综合起来，就决定了该被试在这一潜在空间的位置。当且仅当这个空间的全部特质都被确定以后，这个空间才是完全的。

多数 IRT 模型都是假设完全潜在空间的，即只有一种潜在特质决定被试对项目的反应，在心理测验中是指组成某个测验的所有项目都是测量同一个心理变量的，如知识、能力、态度、人格等。但是其他影响因素无法排除，因此，在 IRT 中，只要所测量的心理特质是影响被试对项目反应的主要因素，就认为这组测验数据满足单维性假设。

2. 局部独立性假设（local independence）

所谓局部独立性假设，是指假定同一能力或特质水平的被试对不同测验项目的反应在统计上是独立的，即被试对某个测验项目的反应不受对其他测验项目反应情况的影响，只与该测验题目本身的性质有关。也就是说，被试在每个项目上的反应是独立的，在 n 个项目中观察到的反应并不能对 $n+1$ 个项目的反应提供附加的信息。由于所回答的每个项目都是局部独立的，所以不能有连锁题。局部独立是对某被试的能力而言，项目间无相关存在。“局部”表示只针对一个被试，而不是对整体被试。“独立”表示项目间无相关，也就是统计独立，即一个项目不能为另一个项目提供线索。如果两个项目同时满足以下四个条件，就称这两个项目的分数是相互独立的；如果有一个或几个条件没有得到满足，则称这两个项目的分数是相互依存的。

$$P(+,+)=P_i(+)P_j(+)$$

$$P(+,-)=P_i(+)P_j(-)$$

$$P(-,+)=P_i(-)P_j(+)$$

$$P(-,-)=P_i(-)P_j(-)$$

其中：$P(+)$ 表示对第 i 个项目的答对概率；$P(-)$ 表示对第 i 个项目的答错概率；$P(+,-)$ 表示对第 i 个项目答对，对第 j 个项目答错的概率；$P(-,+)$ 表示对第 i 个项目答错，对第 j 个项目答对的概率；$P(+,+)$ 表示两个项目均答对的概率；$P(-,-)$ 表示两个项目均答错的概率。

3. 项目特征曲线假设

IRT 认为，被试对题目所做的反应概率遵循一定的函数关系，这种函数关系可以用项目特性曲线表述出来。项目特征曲线假设又称为“知道—正确假设”，即被试知道某一项目的正确答案，他必然答对，换句话说，若答错某一项目，则他必然不知道答案。项目特征曲线是项目特征函数（ICF）或项目反应函数（IRF）的图像形式。

4. 非速度限制假设

非速度限制假设又叫无时间限制假设，即测验的进行是在没有时间限制的条件下完成的，被试在项目反应上不理想，是能力不足引起的，而不是时间不够所致。若时间成了另一个次元（dimension），则违反了单维性（单一向度）的假定。事实上，如果速度对测验结果有影响，那么就会有两种心理特质——被试的反应速度和所欲测量的潜在特质在影响被试，因此，这一假设包含在单维性假设中。

总之，IRT 是对被试能力的一种估计，并将被试对单个测验项目的某种反应概率与此项目的一定特征联系起来。这一理论是由潜在特质、项目特征曲线等基本概念组成的。所谓潜在特质是指被试某种相对比较稳定的、支配其对相应的测验做出反应，并使反应表现出一致性的内在特征。由于特质是不能直接被观察到的，所以人们通常称其为潜在特质。多用 θ 表示特质或能力水平，它是测验所要测量的目标。因此，项目特征曲线是 IRT 的最基本概念。

（二）项目特征曲线的含义

项目特征曲线是项目特征函数或项目反应函数的图解形式，它反映了被试对某一测验项目的正确反应概率与该项目所对应的能力或特质的水平之间的一种函数关系。

项目特征曲线运用图像直观地显示了随着被试某种心理特征水平的变化，正确回答某个项目的概率是如何变化的。

项目特征曲线归纳了项目分析的信息，显示了心理能力水平与项目反应之间的关系。当项目与总体相关为正时，项目特征曲线的斜率也是正的；当相关接近 0 时，项目特征曲线斜率也接近于 0；当相关为负时，项目特征曲线斜率为负。

项目特征曲线可以用数学形式表示，且在分析前就要知道其数学程式及 $P(\theta)$、θ 等。θ 指的是个人的能力，而 $P(\theta)$ 是答对某题的概率（通过率），它是个人能力 θ 的函数。若以 $P(\theta)$ 表示具有某能力 θ 的被试答对某题的概率，则可以看到 CTT 及 IRT 的图形分别如图 3-2 和图 3-3。

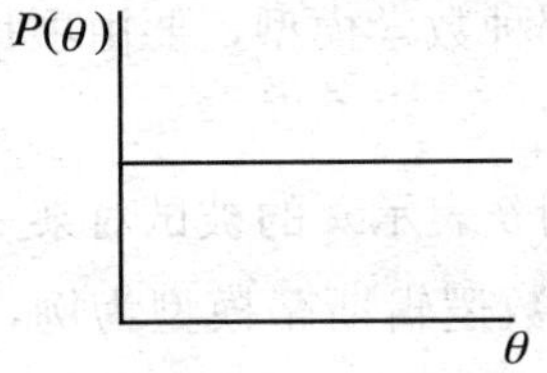

图 3-2　CTT 图形

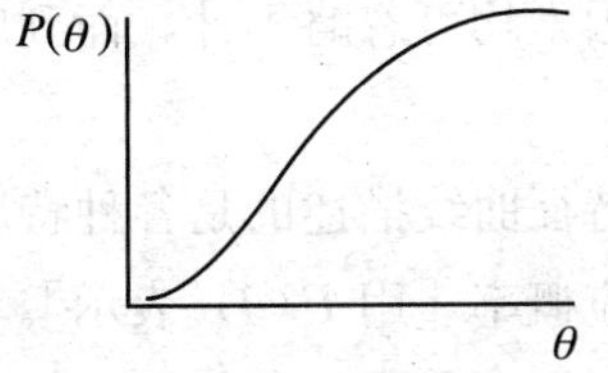

图 3-3　IRT 图形

图 3-2 说明项目的难度是不同程度的人回答此题结果之平均值。图 3-3 说明项目的难度因不同程度的人而不同。项目特征曲线这一方法不仅适用于测验项目的分析，而且也适用于某些测验量表的编制。

（三）项目特征曲线的模型分析

S 形曲线是最常见的项目特征曲线形态和最基础的反应模型，该曲线的变化有两种，一是上下渐近线的取值变化，二是曲线中部的斜率变化。

对能力进行估计的 IRT 模型已经有很多种，但常用的模型有两种：正态卵形模型（normal ogive model）和逻辑斯蒂模型（logistic model）。这两种常用的模型多用来处理二分变量，获得项目特征曲线的过程又往往需要很复杂的计算过程，因此应用较不方便是它的缺点。

不同的项目特征曲线假设对应着不同的项目反应模型，目前应用最广的项目反应模型是二级评分的单维非线性模型，以伯恩鲍姆（Bernheim）提出的逻辑斯蒂模型为代表。其中比较常用的是三参数逻辑斯蒂模型。这一理论模型的基本假设包括能力维度（即潜在特质的空间维度）、项目特征曲线的形式和局部独立性等。如前所述，对于能力维度，IRT 认为，资料背后起决定作用的内部特质可假定有一组 K 个，这 K 个特质就定义为 K 维潜在空间。被试在这 K 维空间中的位置，由他在这 K 个特质上的实际水平来决定。事实上，IRT 不是首先从理论上推导出函数关系的存在，而是假定有某种形式的项目特征曲线，然后找出满足相应曲线的函数形式。所以，关于项目特征曲线的特征形式的假设实际上就是对未来函数关系的假设。对于局部独立性，IRT 假定被试处在特定能力下或能力水平相同的一批被试在每个项目上的反应彼此之间在统计上是独立的，即在测验的几个项目上同时答对的概率等于在各题上答对概率的乘积。这种假设有一个重要特点，就是测验成绩只取决于某种主导因素，其他因素均可忽略不计，而到底应采用哪种数学模型，要由项目反应模型来决定。

项目特征曲线描述的是各种特质水平（用 θ 表示）的被试对某一测验项目的正确反应概率［用 $P(\theta)$ 表示］。现以三参数逻辑斯蒂模型为例，详尽、透彻地对项目特征曲线进行分析。

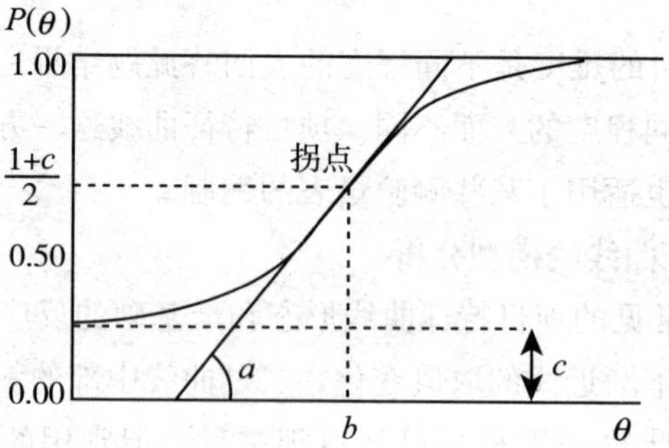

图 3-4　三参数逻辑斯蒂模型曲线

图 3-4 中的曲线的函数表达式为：

$$P(\theta)=c+\frac{1-c}{1+e^{-1.7a(\theta-b)}}$$

其中，$P(\theta)$ 是答对概率，θ 为被试特质水平，而 a、b、c 是项目性能的三个参数。

由此图可以看出，它是点对称图形，是一条类似正态累积次数曲线的 S 形曲线。从图中可以看出，它明确地刻画了答对概率随特质水平值提高而单调上升的关系。而且，这一曲线通过自身的形状和位置刻画了项目的测量性能。

首先，项目特征曲线下部的渐近线离坐标轴的零点有一定的距离，这表示由于存在猜测因素，能力或特质水平很低的被试仍有可能答对该题。因而，c 又叫作猜测参数（guessing parameter），它是凭猜测答对该题的概率。

其次，曲线的对称点称为曲线拐点，它在纵轴上的投影正好落在 c 与 1 的中点上，即拐点的纵坐标为（$1+c$）/2，在特质水平轴（θ 轴）上的取值为 b，这为曲线的位置参数。这表明特质水平为 b（拐点在横轴上的投影）的被试答对与答错该题目的概率，排除猜测因素不计，恰好彼此相等。显而易见，拐点的位置越靠右，整个曲线也就要随之向右平移。如果要在项目上取得一次大的答对概率，所需的特质水平就要更高。因此，b 值能代表项目的难度，通常被定义为项目性能的难度参数。

最后，以拐点为切点作一曲线切线，a 是跟切线斜率成比例的一个值。项目特征曲线拐点处的斜率 a 刻画了曲线的陡峭程度，这与题目区分被试特质水平的能力有关。很显然，曲线越陡峭，答对概率 $P(\theta)$ 对特质水平 θ 的变化就越敏感，即题目区分被试水平的能力就越强。因此，曲线拐点处的斜率 a 是项目性能的区分度参数（discrimination parameter）。从图中不难发现，当切线斜率增大时，曲线则变得更加陡峭，项目区分被试特质水平的能力就增强；反之，当拐点切线斜率减小时，曲线变得平缓，项目区分被试特质水平的能力就要减弱。当然，这一曲线还有一种极为特殊的情况，就是曲线变成了一条与横轴完全平行的直线，这就意味着不论特质水平高低如何，答对项目的概率全都一样。

项目反应函数实际上描述的是被试的答对概率 $P(\theta)$ 与题目的质量参数

a、b、c 和被试的特质水平 θ 在数值上的关系。

在常用的三参数逻辑斯蒂模型的数学表达式的基础上，如果去除猜测因素，令猜测参数 $c=0$，就得到双参数逻辑斯蒂模型的数学表达式：

$$P(\theta)=\frac{1}{1+e^{-1.7a(\theta-b)}}$$

如果令 $c=0$，同时假定各题目的区分度相同，比如 $a=1$，这时题目只在难度上有变化，对应的逻辑斯蒂模型称为单参数逻辑斯蒂模型，其题目反应函数为：

$$P(\theta)=\frac{1}{1+e^{-1.7(\theta-b)}}$$

有不少试题，即使是高水平被试也难以完美作答，体现在项目特征曲线上，就是曲线尾部并不以1.00为极限，而是略低于1.00。因此，有人又提出了第四个参数 r：

$$P(\theta)=c+\frac{r-c}{1+e^{-1.7a(\theta-b)}}$$

总之，这类逻辑斯蒂曲线能比较好地说明项目的性能和质量，另外，借助它还能将答对概率跟被试特质水平和项目性能（质量）有机地结合起来。

项目的质量参数值都不能由直接测量得到，必须通过对被试的反应数据进行估计来求出，通常采用的是极大似然估计法。

IRT对于测量误差的处理是通过信息函数加以实现的。就某个试题 j 而言，其质量指标 a、b、c 是一定的，信息函数值只与被试特质水平有关，它的大小直接反映出该题对被试特质的估计精度，信息函数值越大，这种估计就越精确。

四、项目反应理论的特点与优点

（一）项目反应理论的特点

（1）能力参数估计的不变性，即被试的能力参数估计与所使用的测验究竟包含哪些项目无关，各项目对整体测验的贡献都是独立的。

（2）项目参数估计的不变性，即项目参数估计与所使用的被试样本无关。

（3）能力估计的精确性。能够提供被试能力估计的精确性指标——测验信息函数，可以根据被试的不同能力水平给出不同的估计精度。因此，在测验前就可以知道各测验项目对于不同能力被试的估计精确程度。

（4）测验编制的实用性。被试能力和项目难度在同一量表上，为测验的编制、分数的报告与解释提供便利。IRT 在测验项目等值、题库建设、计算机适应性测验等方面有很高的实际应用价值。

（二）项目反应理论的优越性

与 CTT 相比，IRT 有许多优越性，CTT 可以得到的信息，IRT 都可以在更高的层次上、从更可靠的意义上获得。IRT 的出现导致心理测验领域全新的变化。具体来说，IRT 在以下几个方面表现出较为突出的优越性：

（1）IRT 在估计被试能力或潜在特质时，同时考虑被试的反应组型，因此对于原始得分相同但反应组型不同的个体，也往往提供不同的能力估计值，这一特性是 CTT 所无法比拟的。在 CTT 中，原始得分相同的被试，其能力估计值也相同。

（2）IRT 可以针对每个被试提出其能力估计值的测量误差指标，而不是以一个笼统的标准误来代表测量误差，能够比较精确地断定每个被试能力估计值的误差范围。

（3）IRT 所采用的项目参数不依赖被试样本，也不依赖项目库。这一点，CTT 无法做到。

（4）IRT 可以从同质性较高的分测验中计算出被试的能力估计值，主试在时间、精力有限的情况下，可以较快而又不失精确地获得所需要的信息。

（5）IRT 提出的项目信息函数和测验信息函数的概念，可以作为评定个别项目或整个测验的测量误差的指标，完全可以取代传统的信度概念。

IRT 作为一种现代心理测量理论，其意义在于可以指导项目筛选和测验编制。IRT 假设被试有一种潜在特质，潜在特质是在观察分析测验反应基础上提出的一种统计构想。在测验中，潜在特质一般是指潜在的能力，并经常用测验总分作为对这种潜力的估算。IRT 认为被试在测验项目上的反应和成绩与他们的潜在特质有特殊的关系。通过 IRT 建立的项目参数具有恒久性的特点，意味着不同量表的分数可以统一。IRT 通过项目反应曲线综合各种项目分析的资料，使我们直观地看出项目难度、鉴别度等项目分析的特征，从而起到指导项目筛选和比较分数等作用（IRT 的具体应用详见第六章第四节）。

【要点小结】

在心理与教育测量中，测量误差指的是在测量过程中，那些与测量目的无关的因素所导致的测量结果不准确或不一致的效应。

测量误差可以分为随机误差和系统误差两类。随机误差是指那些与测量目的无关的偶然因素引起的误差。这主要是由被试、施测过程或测验题目本身的因素引起的。系统误差是指那种与测量目的无关的因素引起的一种恒定而有规律的效应。这种误差稳定地存在于每一次测量当中，尽管此时测量的结果比较一致，但实测结果与真实水平之间存在差异。

心理与教育测量的误差主要来自三个方面：测量工具、测量对象和施测过程。要想控制误差，就必须使测验标准化，即测验的编制、施测、评分及对分数的解释都必须标准化。

真分数的操作定义是无数次测量结果的平均值。真分数只是一个理论上构想的概念。经典测量理论的基本思想是把任何一个测验成绩都看作真分数和测量误差的和。这里的测量误差指随机误差，不包括系统误差。

经典测量理论存在许多不足和局限性，主要包括：统计量的样本依赖性；能力与难度量表的不一致性；信度估计的不精确性；测验结果拓宽的有限性；测量分数的测验依赖性。

项目反应理论也称潜在特质理论或潜在特质模型，是一种现代心理测量理论，其意义在于可以指导项目筛选和测验编制。项目反应理论的特点：能力参数估计的不变性、项目参数估计的不变性、能力估计的精确性、测验编制的实用性。

【思考与练习】

1. 简述误差的定义及种类。
2. 误差的来源有哪些？在实践中应如何尽量避免或者控制误差？
3. 如何做到测验的标准化？

4. 测量分数、真分数和误差分数之间存在怎样的关系?

5. 经典测量理论有哪些不足?

6. 项目反应理论的模型及假设的主要内容是什么?

第四章　心理与教育测量的信度

【内容提要】

本章详细介绍了经典测量理论的信度观，包括信度理论的发展，信度的定义、作用、种类，各种信度系数的使用条件和计算方法，以及它们之间所存在的差异和提高信度的方法。最后简要介绍了现代测量理论在信度研究方面的一些新进展。

【学习目标】

1. 了解信度的定义和作用。
2. 了解影响信度的因素。
3. 了解提高信度和降低测量误差的方法。
4. 了解各种信度系数的估计方法。
5. 了解每种信度系数的假设。
6. 了解概化理论的信度观。

【关键词】

信度　再测信度　复本信度　分半信度　同质性信度　评分者信度　概化理论　平行测验　稳定性系数　等值性系数

第一节 经典测量理论的信度观

我们在使用测验时，总希望测验的结果稳定可靠。比如，如果一个测验的目的是为了安置个别学生，我们自然不希望它在第二次测量时会提供不同的结果。同样，如果测验的目的是决定教学材料的难度，我们则不希望相同的测验材料得出有时简单有时难的结果。本章我们就来讨论测量的稳定性问题，即测量的信度。信度是标准化测验的基本要求之一。倘若测量工具的信度不理想，可能会误导对被测量者的评价。本章首先介绍经典测量理论中的信度理论与估计信度的方法，然后简要介绍概化理论中的信度观。

一、信度理论的发展

心理与教育测量中信度理论的发展应归功于英国心理学家斯皮尔曼。两百多年前，有学者提出了取样误差的概念（De Moivre，1733）；1896 年皮尔逊发表了积差相关的计算方法。而当代信度理论的主要内容，实际上是由与皮尔逊同时代的英国心理学家斯皮尔曼研究得出的，他将前面两个概念融合在一起，于 1904 年在《美国心理学期刊》上发表了《事物关联的证明与测量》一文。他的研究成果立刻受到了测量领域的先驱人物桑代克的青睐，当时桑代克正在撰写他的《心理与社会测量导论》。

尽管桑代克的书只是 20 世纪早期的一部著作，但即使用今天的标准来看，也已经相当成熟。自 1904 年以后，信度研究不断发展，以至信度评估技术日臻完善，其中最为重要的是库德（G. F. Kuder）和理查森在 1937 年的一篇文章中提出的几个新的相关系数。1989 年，克龙巴赫（L. J. Cronbach）提出了行为研究中评估误差来源的一些方法。近些年，更先进的数学模型已经被开发出来，从而使得信度理论持续向前发展。

二、信度的定义

信度（reliability）是指测量结果的一致性和稳定性程度，即测验分数随时间、地点等因素变化的程度。例如，以成就测验来测量学生，每个学生在不同时间所获得分数的一致性如何？同一个学生在两个不同题目的等值测验上得分的一致性如何？上述这两种情况是信度所要考虑的两个最主要的问题。

一般来说，测量必须具有较高的信度，也就是说，一个好的测量工具，只要遵守操作规则，其结果就不应随工具的使用者或使用时间等方面的变化而发生较大变化。例如，标准的钢尺是测量长度的一种较好的工具，只要正确使用，无论何时，也无论何人去测量同一张桌子的长度，其结果都是基本一致的。这说明其信度较高。但是，如果采用具有较大弹性的橡皮尺，则不同的人或同一个人在不同的时候去测量同一张桌子的长度，其结果必然会有较大的差异。这说明该测量的信度较低。

在测量理论中，信度被定义为：一组测量分数的真变异数与总变异数（实得变异数）的比率。用公式表示为：

$$r_{XX}=S_T^2/S_X^2$$

式中 r_{XX} 代表测量的信度，S_T^2 代表真分数的变异，S_X^2 代表总变异数，即实得分数的变异。

该定义有两点需要注意：（1）信度指的是一组测验分数或一组测量的特性，而不是个人分数的特性；（2）真分数的变异数是不能直接测量的，因此信度是理论上构想的概念，只能根据一组实得分数做出估计。

信度的定义还可以表示为以下两种形式：

（1）信度是一个被试团体的真分数与实得分数的相关系数的平方，即 $r_{XX}=\rho_{TX}^2$；

（2）信度是一个测验（A卷）与它的任何一个平行测验（B卷）的相关系数，即 $r_{XX}=\rho_{X'X}$。

对于信度的定义，我们还应注意以下几点：

（1）信度是指测量工具所获得的结果的可靠性。任何一种工具，均有很多不同的信度，也就是说同一个测验的信度会因测量对象之性质及测验时情况之不同而有所差异。因此，比较恰当的说法是“测验分数”或“测验结果”的信度，而非“测验”或“工具”本身的信度。

（2）每个信度的估计值仅指某一特定类型的一致性，而非泛指一般的一致性。一致性包括时间、试题样本及评分者等多种类型。测验分数可能在某方面的一致性很高，但在其他方面的一致性则不太理想。因此，我们在评价一个测验的信度时，要以测验结果所要应用的情境为依据。例如，如果我们希望了解学生在未来某段时间可能的表现，则测验分数的稳定性是很重要的。相反，如果我们希望测量受测者在不同时间焦虑程度的变化情况，则测验或量表分数就不能具有太高的稳定性，才能达到预期的目标。因此，测验所要应用的场合不同，评价信度的依据也就不同。如果我们将信度视为一般化的一致性，那就会导致错误的解释。测验编制者最好能提供多种不同的信度资料，以供使用者选择测验时参考。

（3）信度的估计完全采用统计方法。要估计测验的信度，必须用所编制的测验对一组较具有代表性的团体实施一次或数次测验，然后求得测验结果的一致性。一致性的高低可用每个受测者在团体中相对位置的变动情况或个体测验分数的可能分布范围来表示。

三、信度的作用

信度是衡量一个量表质量高低的重要指标，信度不合格的量表是不能使用的。具体说来，信度的作用主要表现在以下几方面。

（一）信度是测量过程中随机误差大小的反映

如果信度很低，那么测量的随机误差就很大，测量的结果就会与真分数相差很远。这种偏差是完全随机的，无法对其准确估计，这就使得测量结果无法为人们所信任。由于系统误差只对测量结果产生恒定的影响，所以信度并不反映测量过程中系统误差的大小。

（二）信度可以用来解释个体测验分数的意义

信度仅表明一组测量的实得分数与真分数的符合程度，但并没有直接指出个人测验分数的变异量。由于存在测量误差，一个人实得分数有时比真分数高，有时比真分数低，有时两者相等。从理论上来说，个体的真分数应该是用同一个测验对他反复施测所得的平均值，其误差是这些实测值的标准差。但是，前面我们说过，这种做法是行不通的。然而，我们可以用一个人数足够多的团体两次施测的结果来代替对同一个人的反复施测，从而估计测量误差的变异数。这里每个人两次测量的分数之差就构成了一个新的分布，这个分布的标准差就是测量的标准误，它是此次测量中误差大小的客观指标。有了这一指标，我们就可以通过区间估计的方法来对团体中任何一个人的测验成绩做出恰当解释。一个测量的标准误可以采用下面的公式计算：

$$SE=S_X\sqrt{1-r_{XX}}$$

式中 SE 为测量的标准误，S_X 为实得分数的标准差，r_{XX} 是测量的信度。

可以看出，测量的标准误与信度之间有互为消长的关系：信度越高，标准误越小；信度越低，标准误越大。

测量的标准误实际上是在一组测量分数中误差分布的标准差，可以像其他标准差一样来解释。因此，个体每次测量所得分数有 68%的可能性落在真分数加减一个单位标准误的范围内，有 95%的机会落在真分数加减 1.96 个标准误的范围内。

这样，根据上面的公式，知道了一组测量的标准差和信度，就可以求出测量的标准误，可以通过每个人的实得分数估计出真分数的可能范围，即确定出在不同或然率上个体真分数所在的置信区间。

（三）信度可以帮助不同测验分数之间进行比较

通常，来自不同测验的原始分数是无法进行直接比较的，只有转化成标准分数才能相互比较。具体办法是采用“差异的标准误”来进行差异的检验，其公式为：

$$SE_d=S\sqrt{2-r_{XX}-r_{YY}}$$

式中 S 为相同单位的标准分数的标准差，r_{XX} 和 r_{YY} 分别是两个测验的信度。

利用上述公式时要注意：(1) 一个测验有多个信度估计值，因而其误差估计值也有多个，我们在实际工作中要注意选择最适合某一特殊情况的信度估计来解决问题。例如，倘若我们对半年内的分数稳定性感兴趣，我们就以六个月为时距施测两次的相关系数作为信度估计，依据此信度求出标准误，再用来估计在六个月内分数可能改变多少。(2) 本理论假定同一个团体中所有人的测量误差都是相同的，但实际上水平高的人和水平低的人会有不同的随机误差。(3) 对于测量的结果，我们不能将它僵硬地看成是一个点，而应看作一个以该点为中心，以 SE 的某个倍数为半径上下波动的一个范围（区间估计）。这个范围的大小取决于测量标准误的大小，并最终取决于信度。信度越小，测量标准误就越大，这个范围便越广。如果经常将分数想成是一个范围，那我们在比较不同被试的分数或同一个被试在不同测验上的分数时，就可以克服对分数间的微小差别做出过分解释的习惯。（4）测量标准误是对测量误差的描绘，用它能对个人真正分数的置信区间做出估计，但用它来估计个人的真正能力则可能导致严重错误，因为它没有考虑到系统误差的影响，真分数与真正能力是两个不同的概念。

第二节　估计信度的方法

信度是一个理论上构想的概念，在实际应用时，通常以同一样本所得的两组资料的相关作为测量一致性的指标。而测验分数的误差来源是多种多样的，所以信度的估计方法也有多种。下面所介绍的每种信度只能说明信度的某一方面，使用时要特别注意其含义和适用范围。

一、重测信度

（一）含义及计算

重测信度（test-retest reliability），又称为再测信度、稳定性系数，是指用同一个量表对同一组被试施测两次所得结果的一致性程度。该信度能表示两次测验结果有无变动，反映了测验分数的稳定程度。其大小等于同一组被试在两次测验上所得分数的皮尔逊积差相关系数，公式为：

$$r_{XX}=[\sum(X-\overline{X})(Y-\overline{Y})]/\sqrt{\sum(X-\overline{X})^2\cdot\sum(Y-\overline{Y})^2}$$

式中 X 和 $\overline{X}$ 分别是第一次测量的实得分和实得分的平均值，Y 和 $\overline{Y}$ 分别是第二次测量的实得分和实得分的平均值，r_{XX} 是重测信度。

例如，假设有一个数学测验，间隔一周对学生施测两次，这段时间内并没有再教数学。这两次分数的相关是 0.96，说明这个数学测验是相当可靠的。

人的多数心理特性如智力、性格等，具有相对的稳定性，因此对这些心理特性的测量应该前后一致，所以我们希望得到量具稳定性的证据。另外，我们还经常要用测验分数对人进行预测，此时测验分数的跨时间稳定性更加重要。即使是对于那些随时间而变的特性，能知道测验分数在短期内的稳定程度也是好的。

两次测验分数的误差变异主要是来自测验条件和被试身心状况的改变。再测信度高，说明分数受被试状况和测验情境变化的影响小。任何一个因素若只影响其中一次测验的分数，而不影响另一个，都会使得两次测验分数的相关性降低。这些因素包括：测验时受到的干扰，计时、记分错误，以及健康、情绪、动机的波动等。但如果两次施测的时距较长，则遗忘与学习的不同效果也可能成为一个误差因素。在这里，题目的取样并不影响重测信度，因为两次施测用的是相同的题目。

（二）**局限性**

用再测法估计信度在于提供有关测验结果是否随时间而改变的资料，可作为预测被试将来行为表现的依据。其局限为易受练习和记忆的影响，前后两次施测间隔的长短务必适度。如果相隔时间太短，则记忆犹新，练习的影响较大；如果相隔时间太长，则身心的发展与学习经验的累积等均足以使测验分数发生改变，而使相关降低。另外，第一次尝试所发现的错误也可能导致第二次反应的变化而增加误差变异。同时，重测信度只适用于测量那些不会随时间变化而改变的特质。例如，因为 IQ 测验分数保持恒定时其实际价值最大，所以高信度的 IQ 测验是很受欢迎的。然而，如果测验所测量的特质是不稳定的，分数恒定就没有什么意义了。比如，一种测量情绪的测验，其测量值会极其不稳定，因为众所周知，情绪是起伏不定的。因此，如果所测特质自身是不稳定的，那么就不应该测量其稳定性。

计算重测信度有下列几个假设：

（1）所测量的特性必须是稳定的。计算重测信度的前提是假设所测量的特质是稳定的，但这个假设意义并不明确。因为如果假设被测的特性是稳定的，但重测信度很低，这时我们就无法确定是我们的假设错误还是其他情况影响了信度。相反，如果假定其特性是不稳定的，但两次施测的相关很高，我们也无法知道是假设错了还是因为有某些系统误差而产生偏高的信度。因此，只有当我们对所测量的特性充分了解时，才能对稳定性的意义做解释。

（2）遗忘与练习的效果基本上相同或相互抵消。在做第一次测验时，被试可能会获得某种技巧，但只要间隔的时间适度，这种练习效果会基本上被遗忘掉。在任何一种情况下，假如遗忘和练习的影响对被试各不相同，信度就会降低。

（3）在两次施测的间隔期内，被试的学习效果没有差别。例如，拿同一测验在课程开始时作为前测，在课程结束时作为后测。若学生所学的量不同，前测与后测的相关将反映出学习效果的差别，从而使信度降低。

由于以上几条假设很难做到，所以有些测验不宜用再测法估计信度。一般只有在没有复本可用，而现实条件又允许重复施测的情况下才采用此法。一些测量推理和创造力的测验，一旦被试掌握了解决问题的原则，在以后重测时，他们就会很容易做出反应，此时测验的性质和功能就发生了变化。因此，只有那些不容易受重复使用影响的测验才能用再测法估计信度，如感觉运动测验、人格测验等。

用再测法估计信度，会受练习效应和时间效应的影响，所以必须慎重选择两次测验的时间间隔。如果测验的两次施测时间非常接近，就得冒着更大的风险去承受练习效应。但随着测验间隔时间的延长，又会有很多其他因素介入进来，导致两次测验分数的差异。例如，一份测验分别在儿童 4 岁和 5 岁的时候施测，两次施测的相关是 0.43，那么留给我们的就会有好几种解释，这个低相关可能意味着：a. 测验的信度不高；b. 从 4 岁到 5 岁，受各种因素影响的儿童的被测量特征发生了变化；c. 测验的低信度与儿童的改变以某种方式结合造成 0.43 的相关。对于大多数重测评估，我们都很难在这几种可能中做出判断。

那么，多长的时间间隔是合适的呢？一般来说，相隔时间越长，稳定性系数越低。最适宜的时距随测验的目的、性质及被试特点而异，短则几分钟、几个小时，长则数月，甚至一两年之久。例如，对于年幼的儿童，两次施测的间隔应比年纪较大的被试短些，这是因为个体在发展的早期变化较快。一般来说，无论对于哪种被试，初测与再测的间隔最好不超过六个月。但也有另一种情况，例如，我们可能在间隔许多年后对被试施测同一个智力测验，此时我们的目的主要是测查智力随年龄的增长而变化，而不是用来估计测验的信度。信度仅限于测查由测量本身引起的小幅度的随机变化，而不应涉及整个行为的持久改变。

由于测验的稳定性系数受时间和其他各种因素的影响，故任何一个测验都可能有不止一个重测信度，所以在编制测验时应该在测验手册中报告重测信度的时间间隔以及在此间隔中被试的有关经历，如接受过何种教育训练、心理治疗以及有何学习经历等。一份完备的测验应有多个重测信度，分别与不同的测验间隔时间相对应。同时，当你在一份测验手册中找到重测信度时，你也应注意两次测验的间隔时间。通常，你要保证该测验在你的研究所需要的时间间隔上是可信的，你还要考虑在初测和重测时发生了什么事件，如读了一本书、参加了一门课程的学习、看了一个电视纪录片，这样的活动都会使得重测信度发生变化。

最后，我们还要注意，有时候重测相关很低并不意味着测验不可信，而是可能提示：被研究的特性发生了改变。经典测量理论的一个问题就是它假设行为倾向不随时间的变化而变化。例如，如果我是一个带有攻击性的人，那么就假设我始终都带有攻击性。然而，有些学者提出，一些重要的行为特征，如动机，是随时间而波动的。实际上像健康状况这样的重要变量，也被认为是不断变化的。在经典测量理论中，这些变异被认为是由误差造成的。但是，现今的动机理论可以预测这些变异，因此测验理论家们需要建立新的模型来解释这些系统变异。

二、复本信度

（一）含义及估计方法

在编制测验时要注意的一点是，测验并不是只能采用某些特定项目。如果你打算针对某个特性编一测验，那么可以选择很多不同的项目。例如，你要编制一份用于确定拼写能力的测验，则会有很多不同的单词可供挑选纳入这份测验中。信度分析中的一种形式就是确定在误差的变异数中，有多少变异是因为选择了某套项目所致。复本信度就是用于这一目的。

复本信度（alternate-form reliability）指的是两个平行测验测量同一批被

试所得结果的一致性程度，其大小等于同一批被试在两个复本测验上所得分数的皮尔逊积差相关系数。

使用测验复本，可以避免重测信度中所碰到的一些困难。因此，能够在第一次使用一种项目，而在第二次使用另一种等值项目，对同一组被试进行测验。两种项目上得出的分数之间的相关，就是测验的信度。应当指出，这种信度既测量时间稳定性，又测量对不同的项目样本的回答的一致性，因而是把两种类型的信度结合起来了。两类信度对于大多数测验目的来说都是重要的，所以，复本信度成为很多研究者的首选。

项目取样即内容取样这一概念，不仅是复本信度的基础，而且是所讨论的其他信度的基础，因此有必要仔细考虑这个概念。许多学生都有过参加学科考试的体会，也许有时他们感到运气好，因为许多内容碰巧是他们复习过的，而有时恰恰相反，所考的大量内容是他们没有复习过的。这说明了内容取样所造成的误差变异。

像重测信度一样，报告复本信度也应该同时说明测验实施的时间间隔及有关的干预情况。两个复本测验实施的时间不同，复本信度所表达的含义也略有不同。

如果两个复本测验是同时连续施测的，则称这种复本信度为等值性系数。由于等值性系数取决于平行测验的得分之间的相关，且两次测验的时间间隔极短，所以信度偏低肯定是由于题目取样不同所造成的，而非被试自身的变化造成的。

如果两个复本测验是相距一段时间分两次施测的，则称这种复本信度为稳定性与等值性系数。由于这种方法把复本法和再测法结合起来，这时两个题目之间的差别、两次施测时的情境、被试特质水平等方面的差别都会成为测验结果不一致的重要原因。因此，与其他信度相比，此种复本信度最小，也就是说，稳定性与等值性系数是对信度的最严格的考验。

（二）局限性

虽然复本信度的应用比再测信度广泛得多，但是，它也有一定的局限性。首先，如果所研究的行为受到练习和记忆的影响很大，则使用复本只能减少但不能消除这种影响。当然，假如所有测验参加者出现同样的提高，他们分数之间的相关仍然不受影响，因为每个分数加上一个常量，不会改变相关系数。然而，在大部分情况下，由于先前练习类似材料的程度、参加测验的动机以及其他因素的影响，被试分数的提高量往往有所不同。在这种情况下，练习的影响就产生另一种变异，它往往减少两个测验之间的相关。

其次，测验的性质会由于重复而有所改变。例如，在某些推理测验中，大多数被试一旦得出答案，就能够很容易地解答属于同样原理的项目。在这种情形下，由于第二个测验只是改变了题目的具体内容，在第一个测验中已经掌握的解题原则就很容易迁移到第二个测验的同类问题上。

最后，还应当指出，编制真正的复本测验实际上困难重重。在前面的定义中我们可以看到，计算复本信度的前提是要编制出两份或两份以上真正平行的测验（即A、B卷）。那么，什么样的测验才称得上平行测验呢？平行测验之间必须在题目的内容、数量、形式、难度、区分度以及指导语、时限等方面都相同或相似。换句话说，平行测验就是那种用不同的题目测量同样的内容而且其测验结果的平均值和标准差都相近的两个测验。显然，严格的复本测验是很难编制的。所以，很多测验并没有复本。由于这些原因，就常常需要使用其他的方法来估计测验信度。这样，分半信度就应运而生了。

三、分半信度

（一）含义及估计方法

分半信度（split-half reliability）是指将一个测验分成对等的两半后，所有被试在这两半上所得分数的一致性程度。例如，假设一位教师编制了一个含有10道题目的测验，在记分时，将奇数题和偶数题分开。如果两个分数的相关较高，则意味着两部分测量的几乎是同一特质。

分半信度可以和等值性系数一样解释。因为这两半基本上相当于最短时距施测的两个平行测验，由于只需要对一个测验进行一次施测，考察的是两半题目之间的一致性，所以这种信度系数有时也称为内部一致性系数。虽然分半信度也可当作内部一致性的测量，但我们将它归类为等值的特例，与其他等值性测量的唯一不同之处是在测验实施后才分为两半。

要计算分半信度，首先碰到的是如何将测验分半，以便得到最接近的可比较的两半。任何一个测验都可以用各种不同方法分半。在大部分测验中，前半部分和后半部分通常是不可比较的。这一方面是由于两部分题目的特性和难度水平不同，另一方面是由于准备活动、练习、疲劳、厌倦等各种因素的作用从测验开始到结束是逐渐变化的。为了使两部分可以比较，一个常用方法是按奇数题和偶数题分半，就像我们上面的例子中所用的那样。如果测验题目是按从易到难的顺序排列，这种分法可得到近乎相等的两半。在进行奇偶分半时，要注意的问题是怎样安排一组解决同一问题或相互有牵连的题目。譬如，几个题目都与给定的图形或短文有关，或者对一个问题的答案要利用前一个问题的答案，在这种情况下，整个一组题目应放到同一半。如果将这样一组题目分成两半，就会高估分半信度。因为对此种问题的任何错误都会同时影响两半的分数。

分半信度的计算方法和复本信度的计算方法类似，只不过被试在两半测验上得分的相关系数只是半个测验的信度，而再测信度和复本信度却是根据所有题目的分数求得的。由于在其他条件相等的情况下，测验越长，信度越高，所以必须使用斯皮尔曼-布朗公式加以校正：

$$r_{XX}=2r_{hh}/(1+r_{hh})$$

式中 r_{hh} 为两半分数的相关系数，r_{XX} 为测验在原长度时的信度估计。例如，当抑郁量表被分成相等的两半时，两个分测验之间的相关（对医科学生）是 0.78。根据公式，信度的估计值是：

$$r_{XX}=(2\times 0.78)/(1+0.78)\approx 0.876$$

使用斯皮尔曼-布朗公式的效果是增加了信度。表 4-1 中左边一列表示的是在用斯皮尔曼-布朗公式修正之前的信度，中间一列是修正后的信度，右边一列是修正引起的变异量。你可以看到，斯皮尔曼-布朗公式的修正效果较显著，特别是对于在中间范围的信度。

表 4-1　斯皮尔曼-布朗公式的修正效果

修正前	修正后	改变量
0.05	0.09	0.04
0.15	0.26	0.11

续表

修正前	修正后	改变量
0.25	0.40	0.15
0.35	0.52	0.17
0.45	0.62	0.17
0.55	0.71	0.16
0.65	0.79	0.14
0.75	0.86	0.11
0.85	0.92	0.07
0.95	0.97	0.02

不过，斯皮尔曼-布朗公式的假定是两半测验的变异性相等，但实际资料未必符合这一假定。当两半不等值时，分半信度往往被低估。在这种情况下，可采用下列两种公式之一，直接求得测验的信度系数。

（1）弗拉纳根（Flanagan）公式：

$$r_{XX}=2[1-(S_a^2+S_b^2)/S_t^2]$$

式中 S_a^2 和 S_b^2 分别表示所有被试在两半测验上得分的变异数，S_t^2 表示全体被试在整个测验上的总得分的变异数。

（2）卢仑（Rulon）公式：

$$r_{XX}=1-S_d^2/S_t^2$$

式中 S_d^2 表示同一组被试在两半测验上得分之差的变异数，S_t^2 表示整个测验分数的变异数。在此式中，被试在两个半测验上的分数之差就是无关变异，即误差变异。这些误差的方差除以总分的方差，就得出分数中误差方差的比例。从 1.00 中减去这个误差方差，就得出真实方差的比例，它等于信度系数。

（二）使用时需注意的问题

在使用分半信度时，还要注意以下几点：（1）误差的主要来源是题目本身，而时间因素并不对分半信度产生影响，因此信度低是测验两半之间题目内容取样的不同造成的。因为时间因素并不影响分半信度，所以用这种方法所得到的信度往往较高。（2）分半法并不适用于速度测验。速度测验是由简单题目组成的，只要有足够的时间，所有人都能做对所有题目。例如，一个由 100 道题组成的速度测验，某人做对了 50 道题，其中一半是奇数题，一半是偶数题。在这种速度测验中，奇偶数题的相关很高，但这只是一种假象。因为所有做过的题基本上都做对了，个体的奇偶数题的得分则会相等。可见，分半信度只适用于难度测验，当速度因素以不同程度影响分数时，分半信度将会造成虚假的高信度。(3) 由于将一个测验分成两半的方法很多（如按题号的奇偶分半、按题目的难度分半、按题目的内容分半等），所以同一个测验通常会有很多个分半信度值。

四、同质性信度

(一) 含义

同质性信度（homogeneity reliability）也叫内部一致性系数，它是指测验内部所有题目间的一致性程度。这里讲的一致性是指分数的一致，而不是题目内容或形式的一致。因此，若测验的各个题目得分有较高的正相关，则不论题目内容和形式如何，测验都是同质的。相反，即使所有题目看起来都好像测量同一特质，但相关为零或负值，这个测验就还是异质的。不过也有些心理测量学家认为，同质性的定义还应加上只测单一因素的限定。

虽然将同质性定义为测验中跨题目的一致性，但这个概念也可应用到测验中的分测验或题目群。究竟要在哪一级水平上做分析则取决于测验的结构与分析的目的。因此，一个异质性的测验也可能包含一些同质性的分测验或题目群。

题目内部的一致性主要受两方面变异的影响：(1) 内容取样（像复本信度和分半信度一样）；(2) 所研究的行为的异质性。所研究的行为的同质性越高，项目间一致性就越高。例如，如果一个测验只包括乘法项目，而另一个测验则包括加法、减法、乘法和除法等项目，那么前者的项目间一致性也许就会高于后者。而后者是一个较为异质性的测验，一位测验参加者也许在减法项目上的得分相对较好，另一位参加者也许在除法项目上的得分相对较好。一个较为极端的例子是，一个测验由 40 个词汇项目组成，而另一个测验则包括 10 个词汇项目、10 个空间关系项目、10 个算术推理项目和 10 个知觉速度项目，在后一个测验中，被试在不同类型项目上的成绩之间就没有多少关系，甚至没有任何关系。

显然，从相对同质性的测验上得出的测验分数，其意义较为明确。假设在上述高度异质性的40个项目的测验上，甲乙二人都得20分，我们能够得出两个人在这个测验上成绩相等的结论吗？根本不能。甲可能做对10个词汇项目和10个知觉速度项目，而算术推理项目和空间关系项目则一个也没有做对。相反，乙得到20分，可能做对5个知觉速度项目、5个空间关系项目、10个算术推理项目，而词汇项目则一个也没有做对。

许多其他的组合显然也会得出相同的总分20分。通过这种不同的项目组合得出这个分数时，它会具有完全不同的意义。另一方面，在相对同质性的词汇测验上，20分也许就表示测验参加者大致做对前20个项目。如果项目按照难度上升顺序来排列的话，也许他没有做对两三个较容易的项目，却做对了两三个第20题以后的较难的项目。但是，这类个体变化的程度与较为异质性的测验相比，则微乎其微。

虽然同质性测验分数的意义比较明确，但是一个单独的同质性测验往往不能预测一个异质的行为或心理特性。现在的许多心理与教育测验都是异质的，不过它们多半是由若干个相对同质的分测验或分量表所组成的，每个分测验或分量表只测量一个方面的特征。这样，当把分数组合起来后，便可以做出明确的解释。

与前面几种信度估计不同，并不是所有的心理与教育测验都要求有较高的同质性信度。在什么情况下需要考察题目的同质性，取决于测量的目的。一般用于预测的测验或学绩测验可以不考虑同质性。而在提出或验证某种心理学理论的构想和假设时，却要求对所研究的心理特征或构想做出“纯粹”的测量，否则便不能由测验分数做出意义明确的推论。可见，同质性测验是心理学理论的建立和发展所必需的。

（二）估计方法

同质性信度的一种粗略估计方法是求测验的分半信度，但由于对同一个测验划分两半的方法多种多样，而每种划分方法所得的信度估计值都是不同的，因此分半信度并不是内部一致性的最好估计。内部一致性的最好指标是计算所有题目间的相关，公式如下：

$$r_{XX}=K\bar{r}_{ij}\div[1+(K-1)\bar{r}_{ij}]$$

其中 K 为一个测验的题目数，$\bar{r}_{ij}$ 为所有题目间相关系数的平均值。

这个公式说明信度可表示为题目间相关的平均数。当题目间相关的平均数较高时，测验较同质。但这个公式要计算所有题目间的相关，比较麻烦，因此后来有人又提出了较为简便的库德-理查森信度系数和克龙巴赫 α 系数。

1. KR-20 公式

$$r_{XX}=[K/(K-1)][1-(\sum p_i q_i)/S_t^2]$$

其中 K 是题目数，p_i 为答对第 i 题的人数的比例，q_i 为答错第 i 题的人数的比例，S_t^2 为测验总分的变异。此公式是由库德和理查森于 1937 年提出的若干公式中的一个，仅适用于 0、1 记分的测验。

数学上能够证明，库德-理查森信度系数实际上是一个测验所有不同的分半方法所得出的分半信度的平均值。普通的分半信度是根据两个近似等值的半个测验得出的，因此，除非测验项目高度同质，否则库德-理查森信度系数将低于分半信度。试举一个极端的例子说明这种差异。假设我们编制一个 50 个项目的测验，项目有 25 种不同内容，项目 1 和项目 2 是词汇，项目 3 和项目 4 是算术推理，项目 5 和项目 6 是空间关系，等等。若按奇偶数题分半，一定会得出较高的分半信度。然而，这个测验的同质性很低，因为整个测验的 50 个项目之间成绩一致性不会很高。在这个测验中，我们会预期库德-理查森信度系数比分半信度低得多。事实上，库德-理查森信度系数和分半信度之间的差异，可以作为测验异质性的一项初步指标。

除了 KR-20 公式，库德和理查森还提出了信度公式的一个特例，它不需要对每个项目都计算 p 和 q，而是使用了 pq 乘积之和的一个近似值，这一近似值就是测验分数的平均值。由于这一公式是库德和理查森在那篇著名的文章中继 KR-20 之后出现的第二十一个公式，因此它被称为 KR-21。KR-21 公式建立在几个重要的假设之上，其中最重要的一个假设就是所有项目难度相同，或测验的平均难度是 0.50。但实际上，很难满足这一假设，而我们通常发现 KR-21 会低估分半信度。不过，由于 KR-21 只需要很少的信息，因此它仍然有较大的应用价值。

KR-21 的公式如下：

$$r_{XX}=[K/(K-1)](1-K\,\overline{p}\overline{q}/S_t^2)$$

其中，各指标含义与 KR-20 相同，只是 $\overline{p}$ 与 $\overline{q}$ 分别表示题目的平均通过率和失败率。此公式只有当所有题目的难度接近时才适用。

2. 克龙巴赫 α 系数

库德-理查森信度系数仅适用于项目按照对错或有无等二分法记分的测验。然而，一些测验包括多重记分项目。例如，在人格问卷上，被试在一个项目上可以得到不同的分数，这取决于他选择“通常”“有时”“偶尔”“从不”等。对于这类测验，已经推导出了称为 α 系数的公式。在这个公式中，用项目分数的方差之和代替了 $\sum p_i q_i$。具体做法是，先算出每个项目上所有被试分数的方差，然后把所有项目的方差相加。α 系数的完整公式如下：

$$\alpha=[K/(K-1)][1-(\sum S_i^2)/S_t^2]$$

其中，S_i^2 表示所有被试在第 i 题上的分数变异，其余指标的含义与 KR-20 相同。此公式是由克龙巴赫提出的，它不要求测验题目仅是 0、1 记分，可以处理任何测验的内部一致性系数的计算问题。

实际上，KR-20 和 KR-21 只是 α 系数的特例，因为在 0、1 记分时 $\sum S_i^2=\sum p_i q_i$。此外，α 值还是所有可能的分半信度的平均值。用 KR-20 公式和克龙巴赫 α 系数所求得的信度通常比分半信度低。因为在把题目分成两半时，人们总是尽量使两半题目具有可比较性，因此相关系数相对较高。

以上这些公式并不适用于速度测验，因为只有每个人都做完全部题目，题目的变异数才是准确的。

3. 霍伊特信度

1941 年，霍伊特（C. Hoyt）提出用方差分量比来衡量测验内部一致性的方法。

一组测验分数的总变异可以划分为三个来源：人与人之间的差别、题目间的差别、人与题目交互作用的差别。真正变异数可以从人与人之间的差别来估计，测量误差变异数可从人与题目的交互作用来估计。例如，n 名被试参加一种有 K 个项目的测试，测验分数的总变异可分解为被试间变异、项目间变异和人与项目交互作用变异三部分。霍伊特提出用同人与人间差别有关的均方

($MS_{人}$)作为被试方差估计值，用同人与题目交互作用有关的均方($MS_{人\times题}$)作为误差方差估计值，并用下式作为测验信度的估计值：

$$r_{XX}=1-MS_{人\times题}/MS_{人}$$

4. 因素分析

有些测量学家认为因素分析（factor analysis）是决定测验同质性的最好方法，特别是当测验明显测量的是几个不同的特质时。

因素分析方法最初是由心理学家斯皮尔曼在研究智力理论时提出来的，后来发展成为一种复杂的统计分析技术，用于确定一组变量间的相互关系最少需要几个因素来解释。因素分析可以帮助测验编制者建立一个有分量表的测验，以便测量不同的特质。如果因素分析使用正确，这些分量表就是内部一致（高度可信）并相互独立的。例如，我们可以用因素分析把一组有关人际关系的项目分为两类，一类是固执性项目，另一类是攻击性项目，这两个分量表的信度虽然很高，但其相关可能很低。这些特征就是由因素分析的性质保证的，因此因素分析在测验的建构过程中具有重要价值。

因素分析的具体方法是：先建立每个被试在每个题目上得分的资料矩阵，再建立所有题目之间的相关矩阵，然后对每组相关的题目命名一个因素。

因素分析的数学演算是以矩阵代数作为基础的，过程极为繁复，若以人力和纸笔去计算，不但耗时耗力，而且容易发生错误。所以此种方法虽已有近一个世纪的历史，但一直没有广泛应用，只是在最近几十年中，借助现代计算机技术才得到较大发展，成为各学科特别是心理学科和社会学科广泛应用的处理多变量问题的工具。目前，一般的电脑都备有各种现成的因素分析程序。因此，一般研究人员不一定要了解因素分析的繁复的演算过程，只要掌握其基本原理并能对计算机运算后输出的结果加以解释就可以了。

（三）内部一致性估计存在的问题

内部一致性估计是获得信度的有用的方法，因为测验只施测一次，因此可以排除记忆和练习的效果。然而，内部一致性估计也存在一些问题。

第一，内部一致性估计只可在测量单一特质的测验上使用。例如，可用于拼音测验，但不能用于包含拼音、阅读理解和作文等部分的语文测验。

第二，当内部一致性估计应用在速度测验上时，会有信度估计膨胀的现象。例如，打字测验等手部灵巧性测验等就不适合用内部一致性作为信度指标。

速度测验是与难度测验相对应的。难度测验中各项目难度不同，但有较充裕的时间让多数学生有机会完成全部题目。事实上，多数测验都包含了难度和速度两方面特性，如标准化成就测验等。由于多数成就测验中有部分速度测验项目，所以在这样的测验上使用内部一致性估计也可能产生信度估计膨胀的现象。由于这个原因，我们在评价成就测验的信度时，不能仅仅依赖内部一致性方法来评估，还应该再看其他的信度估计，如重测信度或复本信度等。

五、评分者信度

显然，不同类型的信度在误差变异中所包含的因素有所不同。有时误差变异包括时间的波动，有时误差变异则指平行测验之间的差异，而有时误差变异又包括项目间的不一致性。而现在的大多数测验都提供标准化的施测和评分的程序，以至于由这些因素造成的误差变异可以忽略不计。用于大规模测验和计算机评分的团体测验，情况尤为如此。对于这类测验，我们只需要仔细遵照和认真检查所规定的程序就可以了。但是对一些无法完全客观记分的测验来说，评分者之间的变异也属于误差来源之一。比如测量创造力的发散思维测验以及测量人格的投射测验，在评分时都掺杂有主观判断成分。对于这类测验，就需要评分者信度的度量。

评分者信度（scorer reliability）指的是多个评分者给同一批人的答卷进行评分的一致性程度。考察评分者信度的方法是：随机抽取相当份数的试卷，由两位评分者按记分规则分别给分。然后根据每份试卷的两个分数计算其相关系数，即得评分者信度。一般要求在成对的受过训练的评分者之间平均一致性达到 0.90 以上，才认为评分是客观的。

当多个评分者评多个对象，并以等级法记分时，还可以采用肯德尔和谐系数作为评分者信度的估计。公式如下：

$$W=12[\sum R_i^2-(\sum R_i)^2/N]/[K^2(N^3-N)]$$

其中 K 是评分者人数，N 是被评的对象数（通常是考生数，每个考生一份试卷），R_i 是第 i 个被评对象（考卷）被评的水平等级。

当评分者（K）为3～20人，被评对象（N）为3～7人的小样本时，可利用肯德尔和谐系数表来考察W是否达到显著水平。如果求得的W值大于表中所列的相应数值，就说明评分是较为一致的。

当N大于7时，则可计算χ^2值，做χ^2检验［$\chi^2=K(N-1)W, df=N-1$］。如果χ^2值达到显著水平，则W也算达到显著水平。

若评分中有相同等级出现，则要使用以下公式求W值：

$$W=12[\sum R_i^2-(\sum R_i)^2/N]/[K^2(N^2-N)-K\sum\sum(n^3-n)/12]$$

其中n为相同等级的个数，其他指标与肯德尔和谐系数公式中的含义相同。

六、信度种类小结

下面两个表总结了本节所讨论的不同类型的信度系数。

表4-2　估计信度的方法与测验复本的数目以及施测次数的关系

所需要的施测次数	所需复本的数目	
	一	二
一	分半信度 同质性信度 评分者信度	复本信度 （连续施测）
二	重测信度	复本信度 （间隔施测）

表4-3　各种信度系数相应的误差变异的来源

信度系数的类型	误差变异的来源
重测信度	时间取样
复本信度（连续施测）	内容取样
复本信度（间隔施测）	时间与内容取样
分半信度	内容取样
同质性信度	内容的异质性
评分者信度	评分者之间的差异

在一般情况下，间隔施测获得的复本信度值最低，因为很多因素有机会影响到分数。相反，校正过的分半信度，因为影响因素少，所得的信度估计值最高。

估计信度的方法远不止以上几种。实际上，有多少种误差来源，就有多少种估计信度的方法。一个测验哪种误差大，便应该用哪种误差估计。有时一个测验需要有几种信度系数，这样我们就能把总变异分为不同的部分。

假设对100名六年级学生以两个月的时间间隔先后施测一个创造力测验的A、B两个复本，所得的等值性与稳定性系数为0.70。我们还根据被试对每个复本的反应计算出分半信度为0.80（先计算每个复本的分半相关系数，将两者平均后再用斯皮尔曼-布朗公式校正）。同时，我们让另一位评分者随机抽取50份卷子另外评分，得到评分者信度为0.92。下边我们对这三种方法产生的误差变异进行分析。

很明显，第一种信度估计的误差变异数是1－0.70＝0.30，其来源是内容取样和时间取样；第二种信度估计的误差变异数为1－0.80＝0.20，其来源是内容取样。从内容取样和时间取样引起的误差变异中减去只有内容取样引起的误差变异，即为由时间取样引起的误差变异，其值为0.30－0.20＝0.10。第三种信度估计的误差变异数为1－0.92＝0.08，这是由评分者之间差异引起的变异。由此，我们可以得出测量的总误差变异为0.20＋0.10＋0.08＝0.38，真实变异为1－0.38＝0.62。

最后还要说明一点，信度虽然是测验的特性，但不能笼统地讲某个测验的信度有多高，只能说在特定的条件下，用于特定的团体，采用特定的方法所得到的某个测验的信度系数是多少。也就是说，信度总是与特定的情境相关。

第三节　影响信度的因素及提高信度的方法

一、影响信度的因素

信度是测量过程中随机误差大小的反映。随机误差大，信度就低；随机误差小，信度就高。因此，在测量过程中，凡是能引起随机误差的因素——被试、主试、测验内容、施测情境等都会影响信度。

(一) **被试因素**

被试的身心健康状况、应试动机、注意力、耐心、焦虑、求胜心、作答态度等会影响测量误差，这些在上一章已经讨论过了。

影响信度系数的另一个被试因素是用来确定信度的被试团体的特性。就被试团体而言，整个团体内部的异质程度以及团体的平均水平都会影响信度。这是因为，我们所得到的信度估计值大都是以相关为基础的，而相关系数的大小往往取决于全体被试得分的分布情况。而分数的分布与团体的异质程度有关。一个团体越是异质，其分数分布的范围也就越大，信度系数也就越高。这样就很可能会高估实际的信度值。而当团体内部水平相差不大时，其得分分布必定会较窄，这时以相关为基础计算出来的信度值必然会小，有可能低估真正的信度值。

由于信度系数与样本团体的异质性有关，所以我们在使用测验时，不能认为当该测验在一个团体中有较高的信度时，对另一个团体也有同样高的信度。此时，往往需要重新确定测验的信度。当将测验用于异质性团体时，可用下面的公式推算出新的信度系数：

$$r_{nn}=1-[S_o^2(1-r_{oo})/S_n^2]$$

式中 r_{oo} 为测验用于原团体的信度，r_{nn} 为用于异质程度不同的团体的信度，S_o 为信度系数已知的分数分布的标准差，S_n 为信度系数未知的分数分布的标准差。

研究表明，信度系数不仅受样本团体的异质程度的影响，也受样本团体平均水平的影响。因为对于不同水平的团体，项目具有不同的难度，每个项目在难度上的变化累积起来便会影响信度。但这种影响不能由统计公式来推估，只能从经验中发现它们。比如，对于选择题组成的测验，较年幼或能力较低的被试的分数受猜测影响较大，因此信度相对要低些，一般对这样的被试不宜采取这类测验。

由于信度系数与被试团体的异质程度和平均水平有关系，因此在编制测验时，应把常模团体按年龄、性别、文化程度、职业、爱好等分为更同质的亚团体，并分别报告每个亚团体的信度系数，这样测验才能适用于各种团体。

（二）主试因素

就施测者而言，若他不按指导手册中的规定施测，或故意制造紧张气氛，或通过指导语等给考生以暗示、协助等，则信度会大大降低。

如果评分者没有一个统一的标准答案或者评分主观，也会降低测验的信度。实际上，测验的信度不可能比评分的信度高。如果评分的一致性很低，即便一个好的测验也不可能有充分的信度。如果评分的信度是 0.70，那么 0.70 就成为测验可能信度的最大值。事实上，可能还存在其他降低信度的误差，故实际的信度会更低。因此，评分的客观性是特别重要的。在因信度太低而排除该测验之前，最好先检查一下测验的评分者信度。评分程序的改进，会使信度大为改进，而使测验有用。

（三）施测情境因素

在实施测试时，测验现场条件，如通风、温度和光线情况以及考场的噪声、桌面好坏等能导致随机误差的情境因素都会影响到测验的信度。

（四）测量工具因素

测量工具是否性能稳定是测量工作成败的关键。试题的数量、试题的难度以及试题之间的同质性程度等都是影响测验稳定性的主要因素。

1. 试题的数量

在其他因素都相同的情况下，测验题目的数量会影响信度。题目越多，信度越高。一部分原因是在题目数量增加的同时，被试的潜在差异会更多地表现出来。只有 1 道题的测验不会有很大的变异，因为分数只能是 0 或 1。与短测验相比，较长的测验对被试的知识或能力进行了更一致的取样。

增加测验长度的效果可以用斯皮尔曼—布朗公式（分半法校正公式是其特例）推算出来。

$$r_K = Kr_{XX}/[1+(K-1)r_{XX}]$$

式中 K 为测验改变后长度与原长度之比，r_{XX} 为原测验的信度，r_K 为测验长度是原来 K 倍时的信度估计。

如果测验的长度加长，那么就可以用这个公式来估计信度。在题目质量保持恒定的情况下，假定有一个包括 10 个题目的测验的信度为 0.50，那么增加测验题目的数量后对相关系数的影响可以看表 4-4：

表 4-4　题目数量对相关系数的影响

题目数量	10	50	100	200	300	400	500
相关系数	0.500	0.830	0.910	0.950	0.968	0.976	0.980

从上表可以看出，增加测验题目是提高测验信度的最有效的途径之一，但并非测验题目越多越好。增加测验长度的效果遵循报酬递减律，测验过长是得不偿失的，有时还会引起被试的疲劳和反感而降低可靠性。同时，只有增加的测验题目与原有的题目质量相近时，才能提高信度。加入低质量的题目（如含混不清的题目）只能降低信度。

因为总测验包括的题目数量要比任何分测验都多，所以总分通常具有更高的信度。题目越少则信度越低，任何基于过短测验做出的决定都可能是有风险的。

2. 试题的难度

难度很低或很高的题目都不能测量个体间的差异，因为被试的回答都倾向于一致，大多数人都答对或答错了所有题目，被试间的分数变异性很小，用相关法计算出的信度就会很低。

当其他因素都相同时，为了提高测验信度，教师最好能编制难度适中的题目。难度较大的题目会鼓励猜测，从而制造出随机误差，导致低信度。

3. 试题之间的同质性程度

试题的同质性程度对测验信度也有较大影响。当一份测验中的同质性题目数量增多之后，同一心理特质被测量的次数就会增多，被试的成绩就能被有效地拉开，整个团体的测验分数分布就会更广，从而提高测验的信度。相反，如果一个测验内部的试题之间彼此异质（即测查的是不同的心理特质），则无法使测量的内部一致性系数提高。

（五）两次施测的间隔时间

在计算重测信度和稳定性与等值性系数时，两次测验相隔时间越短，信度值就越大；间隔时间越长，其他因素带来影响的机会越多，信度值就可能越小。

二、提高信度的方法

通常测验编制者想让他们的测验在实际中应用，但分析显示测验的信度不够，这时就需要采用一些能够提高测验信度的方法。

（一）适当增加测验项目的数量

在前面，我们论述过适当增加项目数量会提高信度。这并不难理解。假如你去医院看病，医生对病因做一个可靠的判断无疑对你是最有利的，但如果医生仅仅问了你一个问题就做出诊断，你会放心吗？只有在医生问了很多问题的时候，你才可能安心。一般来说，人们觉得医生从问题和各种化验中获得的信息越多，诊断就越可靠。同样的情形也适用于心理测验。

测验中加入过多新的项目不但增加开支，而且会使一份测验过长，以至很少有人能耐心地做完它。况且，我们上面也说过，测验项目过长也不一定会使信度提高。那么测验必须多长才能达到一个期望的信度水平呢？关于这个问题，可以采用斯皮尔曼-布朗公式的变式来计算：

$$N=r_d(1-r_o)/[r_o(1-r_d)]$$

其中 N 是为达到期望的信度水平需要将原测验长度改变的倍数，r_d 指期望的信度水平，r_o 指原测验的信度水平。

以有 20 个项目的抑郁量表为例，它对医科学生的信度是 0.87，我们要使其信度提高到 0.95，把这些数值代入预言公式，得到 $N=2.82$。这就是说，为使有 20 个项目的测验的信度提高到期望的水平，我们需要有 2.82 个原长度的测验，即必须使测验项目从原来的 20 个增加到 56 个（20×2.82）。把测验项目从 20 个增加到 56 个的决策必须基于经济的和实际的考虑，测验编制者应该首先问问：是否值得为达到这一信度目标花费额外的时间、精力和费用？如果测验是用来进行人事决策，那么忽视任何提高信度的努力都可能是危险的。如果测验仅仅是用来得到两个变量是否相关的信息，那么这种花费就可能不值得。

使用斯皮尔曼-布朗公式时我们所做的一个假设是加入项目的误差概率与测验中原项目的误差概率是相同的，但是，有些场合加入项目会带来新的误差。例如，如果测验过长，疲劳和厌烦情绪就成为一种主要的误差来源。另外，还要再强调一点，在增加测验项目时，必须保证新增项目与试卷中的原有项目同质。

有时一个测验项目过多，为了减少测试时间和金钱花费以及疲劳的影响，也可用上面的公式计算出项目减到多少，测验信度仍然能达到可接受的水平。

（二）因素分析和鉴别力分析

测验的信度依赖于所有项目测量的是同一种特质，但常常有些项目并不测量同一种特质，这些项目会降低测验的信度。为了保证项目测量的都是同一种特质，可以采用因素分析和鉴别力分析来删除这些项目，以便提高测验信度。

在做因素分析时，由于测验在单一层面是最可靠的，它意味着有一个因素比其他因素更能解释大部分变异，因此在这一因素上没有负荷或负荷太小的项目就可以考虑删除。

鉴别力分析（discriminability analysis）主要是检测每个项目同测验总分之间的相关。当一个项目的得分与测验总分的相关较低的时候，这一项目可能测量的是某种不同于测验中其他项目的内容，也可能意味着这一项目太简单或太难，以至人们在反应上没有差别。无论是哪种情况，低相关表示这个项目降低了信度，有必要把它删除掉。

（三）控制测验项目的难度

在编制测验时应使测验中所有试题的难度接近正态分布，并控制在中等水平。当测验中所有试题的难度接近正态分布并控制在中等水平时，被试团体的得分分布也会接近正态分布，且标准差会较大，以相关为基础的信度值就必然也会增大。

（四）选取恰当的被试团体

由于所有被试团体的平均水平和内部差异情况均会影响测验的信度，所以在检验测验的信度时，一定要根据测验的使用目的来选择被试，即在编制和使用测验时，一定要弄清楚常模团体的年龄、性别、文化程度、职业、爱好等。在一个特别异质的团体上获得的信度值并不等于其中某些较同质的亚团体的信度值。只有各亚团体上的信度值都合乎要求的测验才具有广泛的应用价值。

（五）弱势矫正

在心理学研究和实践中，所测量的特质之间的潜在相关常常会被测量误差削弱。现在已经有公式可以矫正因测量误差引起的相关弱势，利用这些公式我们就可以估计如果没有测量误差，两个测量特质之间的相关会是多少。关于这些公式可以参看相关的统计书，这里不再详述。

提高测验信度的方法还有很多，如确保评分者获得清晰的指导、主试严格执行施测程序等，在这里不一一叙述。

到底一个信度系数必须多高才算“足够高”？这个问题的回答取决于测验的用途。有人提出信度为0.70～0.80足以满足基础研究中的多数目的。在很多研究中，我们试图获得的仅仅是两个变量是否相关的近似估计。只有研究中的测验可信的时候，我们才能去估计两个变量之间的相关系数。如果结果看上去很有价值，那么花费额外所需的时间和金钱使研究工具更加可信才是恰当的。有人甚至认为把研究工具精确到超过0.90的信度是在浪费精力和时间。尽管信度越高越好，但更多的负担和花费可能并不值得。

当测验被用来对人进行重要决策时，必须把测验分数中的误差减到最小。这时，一份信度达到0.90的测验可能还不够，而应该尽力去找到一份信度超过0.95的测验。在一般情况下，标准化能力或学绩测验的信度应在0.90以上，人格测验的信度应在0.80以上，教师自编学绩测验的信度在0.60以上，就应认为是较高信度的测验了。

第四节　信度的特殊问题

一、速度测验的信度

在编制测验和解释分数时，对速度测验和难度测验进行区分是十分重要的。在纯速度测验中，个体差异完全取决于作业的速度。编制速度测验，全部采用低难度的项目，所有项目都在测验所适用的个体的能力水平之内。但是规定的时限很短，所以没有人能够答完所有项目。在这种条件下，每一被试的分数仅仅反映他作业的速度。纯难度测验的时限很长，每个被试都有足够的时间来尝试所有项目。但是项目的难度逐渐增加，并且测验还包括一些任何人都无法正确回答的项目，所以没有人能够获得满分。

应当指出，设计速度测验或难度测验时都要防止被试获得满分。其理由是，满分的意义是不明确的，因为不可能知道，如果测验包括更多的项目或更难的项目，个体的分数还会高出多少。为了使每个个体充分表现他能够完成什么，测验必须在项目的数量上或在难度水平上提供合适的上限。

在实际工作中，速度测验和难度测验的区别是相对的，大多数测验兼有难度和速度两种要求，只是程度不同而已。我们需要知道每个测验对速度和难度的要求，不仅为了知道测验测量什么，而且为了选择合适的方法来评估测验的信度。所有施测一次测验得到的信度系数，如用奇偶分半或库德-理查森公式得出的信度系数，都不适用于速度测验。当测验分数的个体差异取决于作业的速度时，用这些方法得出的信度系数会是假性高相关。举一个极端的例子有助于说明这一点。让我们假设，一个 50 个项目的纯速度测验，分数的差异完全取决于所完成的项目数，而不是错误率。这样，如果个体 A 得到 44 分，显然他做对 22 个奇数项目和 22 个偶数项目。同样，如果个体 B 得到 34 分，则奇数项目和偶数项目各得 17 分。结果，除了在一些项目上偶然的粗心错误之外，奇偶项目分数就会完全相关，即＋1.00。然而，这种完全相关是虚假的，并不表示测验的信度。

考虑一下得出分半信度和库德-理查森信度系数所采用的方法，两种方法都依据被试的错误数的一致性。一旦测验成绩取决于速度和难度的结合，施测一次测验的信度系数可能出现假性高相关。只要测验分数的个体差异明显受到速度的影响，就不能恰当解释施测一次测验的信度系数。

那么使用哪些替代方法来确定速度为主的测验的信度呢？如果可以使用再测方法，那么它就比较合适。同样，复本信度也适用于速度测验，也可以使用分半方法，但要按照时间而不是按照项目来进行分半。换句话说，两半分数必须根据分别规定时间的两半测验。一种分半方法是，实施两个等值的半测验，分别规定时限。例如，可以把奇偶项目分别印制在两张纸上，每组项目的用时为全测验时限的一半，这种方法等于在同一时间实施两个等值测验。但是，每个测验的长度仅为全测验的一半，而测验参加者的分数通常是根据全测验得到的。由于这种原因，应该使用斯皮尔曼—布朗公式来得出全测验的信度。

如果分别实施两个半测验行不通的话，一种替代方法是把总时间四等分，算出每段时间的分数。这种方法简单易行，每当主试发出事先安排的信号，就要测验参加者在他们正在做的项目上打个记号。然后，把第一段和第四段时间内答对的项目数相加，得出一半分数；把第二段和第三段时间内答对的项目数相加，得出另一半分数。四段时间如此相加，往往可以平衡练习、疲劳和其他因素的累积效应。当项目的难度水平不是逐渐增加时，这种方法尤其令人满意。

在什么情况下一个测验是速度测验？在什么条件下必须采用本节所讨论的特别方法？显然，单单使用时限并不表示一个测验是速度测验。如果所有测验参加者都在规定的时限之内完成测验，那么，作业的速度在分数高低中就不起作用。没有完成测验的被试的百分比，可以作为速度对难度的一项策略指标。然而，甚至在大家都没有完成测验时，速度的作用也可以忽略不计。例如，某测验有 50 个项目，在规定的时间内，每个人恰好都完成其中 40 个项目，虽然无人再有时间去完成所有项目，但是在速度上完全不存在个体差异。

当然，问题的关键是：测验分数中由速度造成的个体差异达到什么程度？如果使用专业术语来陈述的话，即我们要知道测验分数的总变异（方差）中由速度引起的变异（方差）的比率是多少。算出不同个体所完成的项目数方差，然后把它除以测验总分的方差，这就能够大致估计这个比率。在上面的例子中，每个个体都完成 40 个项目，所以在完成的项目数上没有个体差异，该分数的分子就为 0。这就是说，在纯难度测验中，速度导致的方差等于 0。另一方面，如果测验总分方差全部由个体的速度差异造成，它们的比率就等于 1.00。当然，速度测验和难度测验不是二分的，中间是个连续体，大部分测验既不是纯速度测验，也不是纯难度测验。目前已发展出若干种较为精确的方法来确定这个比率，但是对于它们的详细讨论已经超出本书的范围。

二、标准参照测验的信度

心理测验特别是教育测验，近几年来的一个新趋势是标准参照测验，这种测验不是把被试的成绩与其他人比较，以寻求个别差异，而是与一种既定的标准相比较，看被试对某种知识和技能的掌握是否达到了某一水平，所以又叫掌握测验。

使用标准参照测验时，我们也希望测量的结果具有理想的一致性，这点与常模参照测验是相同的。然而，上述介绍的各种信度估计方法都是以相关系数来表示的，这对强调个体差异的常模参照测验是非常适合的，但在标准参照测验中，其主要目的并不是区分被试的差异，也就是说不强调测验分数的差异，因此上述的相关法便不适合用来估计标准参照测验的信度。有很多学者希望发展出一种估计标准参照测验信度的方法，但是目前并没有一种令人满意的方法。下面介绍的两种方法仅供参考。

（一）**利文斯顿方法**

利文斯顿（S. Livingston）曾提出，标准分数与平均数之间的差异可以看成是标准参照测验的真实方差，即使当观察到的得分变异很小甚至不存在时，它也可能很大。利文斯顿建议运用下面的公式去估计标准参照测验的信度：

$$R_{ert}=[R_{xx}SD^2+(\text{平均数}-\text{标准分数})^2]/[SD^2+(\text{平均数}-\text{标准分数})^2]$$

其中 R_{ert} 是标准参照信度，R_{xx} 是用 KR-20、分半、稳定性及其他方法所估计出来的常模参照信度。正如利文斯顿所指出的那样，如果平均测验分数和标准分数相等，那么它的系数 R_{ert} 就会与常规的常模参照方法的信度完全相等。然而，平均数和标准分数之间确实是有差别的，利文斯顿的系数会比用常规方法估计出的信度大一些。

并不是所有的测量专家都同意利文斯顿的意见。哈里斯（C. Harris）认为，虽然利文斯顿的信度系数总体上要比常规方法估计出的信度系数大一些，但是测量的标准误是相同的，所以信度系数大一些也不能更好地说明真分数是否低于（或高于）给定的标准值。

（二）**一致百分比方法**

标准参照测验常用于把申请者或学生划分成两组：根据某种效标，一组已经掌握了测验内容，而另一组则没有掌握。例如，根据测验复本 A 的测验结果可以得出一个初始的测验分数或判断（如“及格”或“不及格”），复本 B 可以提供后期判断或作为同一测验反复使用。

下表是一个假设，说明标准参照测验是如何稳定地区分掌握和未掌握这两类人的。在这个例子中，测验的两个复本（复本 A 和复本 B）同时施测（等值复本信度），但施测顺序可以是先 A 后 B（稳定性和等值性），或者也可以是复本 A 施测两次（稳定性）。在该例中，18/30 的学生在复本 A 和复本 B 中都掌握了，3/30 的学生在两个复本中都没有掌握。一致百分比（记为 PA）是两个比例之和：

$$PA=\text{两次均掌握的人数}/\text{总人数}+\text{两次均未掌握的人数}/\text{总人数}$$

表 4-5　复本 A 和 B 掌握和未掌握的学生人数

		复本 A		
		掌握	未掌握	总数
复本 B	掌握	18 人	7 人	25 人
	未掌握	2 人	3 人	5 人
	总数	20 人	10 人	30 人

对于上表中的数据，其比值是：

$$PA=18/30+3/30=0.7$$

因此，在复本 A 和复本 B 中，70%的学生在两次测验中的分类结果一致。

虽然计算简单，但是 PA 仍有一些严重问题。其一是 PA 会受到测验人数的影响。举一个极端例子：若只有一个学生接受测试，唯一可能的结果会是“完全不一致”或“完全一致”。这就是说，当总体人数很小时，就会产生极端的 PA 值。

PA 的另一个问题与分数线（分割掌握与未掌握的临界分数）和测验平均分数有关。下面假设两种情况：一种情况是平均值近似或等同于分数线。这时因为接近分数线的学生相对较多，所以很可能其中的一些人会随着复本和测验时间的变化而改变类别。另一种情况是分数分布为正偏态，这时分数线就定在分布中的高分段。因为只有极少数的学生被划为掌握组，所以不太可能有很多学生从未掌握转变为掌握，或从掌握转变为未掌握的情况。因此，PA 可能会很高。

三、差异分数的信度

在测验应用过程中，有时需要计算两个测量分数的差异。例如，在一组儿童接受一项特殊训练计划的前后分别对他们实施测验，我们对前后两次测验的分数差异感兴趣。又比如，你想知道一名学生的语文成绩是否比数学成绩好，也需要计算差异分数。

差异分数是两个分数之差。因为两个分数都有误差，所以差异分数的误差会更大。也就是说，差异分数的信度比它所依据的任何一个量数的信度都低。

计算差异分数的最好方法是先把每个量数转变为标准分数，然后再求出它们的差。对于标准分数的差异分数，其信度是由下面的公式得到的：

$$r=[(r_{11}+r_{22})-r_{12}]/[2(1-r_{12})]$$

其中，r_{11}为第一个测验的信度，r_{22}为第二个测验的信度，r_{12}为第一个测验和第二个测验的相关。利用这个公式，你可以对任何两个测验，在知道了它们的信度和相关后，计算其差异分数的信度。

在使用差异分数时要特别谨慎，因为其信度较低，所以并不能用它作为解释差别的依据。尽管施测者可以通过选择或编制高信度的测验（比如增加测验题目的数量）来提高差异分数的信度，但是这其中仍然存在较大的局限性。

首先，增加的分数并不一定测量的是知识或能力的增长，成熟和练习也经常造成差异。

其次，初始时成绩水平极高或极低的学生，其增加的分数不可能等同于那些分布在中部的学生。最极端的例子是初始成绩为 0 或为 100 的学生，除非他们保持水平，否则在高水平组的学生只能退步，而成绩在底部的学生只能进步。

最后，回归效应（regression effect）也可以部分解释分数之间的差异。回归效应指的是真分数比相应的测量分数更接近于平均数的趋势。产生这种现象的原因是，获得的极端分数一部分取决于真实能力，但也有一部分取决于机遇。当重复测验时，一些使学生分数极端化的随机因素就不再出现了，分数会回归到平均值。这就提示教师，当出现回归效应时，不要把增加或减少的分数都看成是真实水平的提高或降低，尤其是测验信度较低时。只有在信度最佳的测验中（误差极小），学生为普通学生时，回归效应才不明显。

四、分测验的信度

有些测验包括几个分测验，这些分测验分数可以合成一个总分，也可以分别处理。例如，美国大学入学考试委员会的学习能力测验（SAT）由两个单独记分的分测验组成，一为语言测验，一为数学测验。而美国大学入学测验则包含四部分，即英文、数学、自然科学、社会科学，每部分有一个分数，四部分平均得一合成分数。

当一个测验有几个分测验时，如果整个测验只有一个总的信度估计，不能认为分测验分数将与合成分数一样可靠。因为信度与测验长度有关，分测验分数几乎可以肯定不如合成分数可靠。因此，测验使用者必须看每个分测验是否有信度估计，若没有这方面的资料，从分测验的得分做推论就会发生问题。

五、变异的测量

信度表明的是测量的一致性，如果两次施测不一致，便表示存在测量误差。但有时我们对于行为的变异比一致性更感兴趣。比如，我们想了解某个教学计划或方法使学生的知识与技能增加了多少，几年的大学经历使态度与价值观改变了多少，或者心理咨询与治疗使焦虑减轻了多少。在这些事例中，分数的稳定表示教育与治疗的失败。此时，我们需要的是分数的改变，而不是分数的稳定。这就遇到了可靠性和有效性的矛盾。如果测验有效，就应该对行为的变异敏感，测出某种特性改变了多少，但这样前后分数就会不一致。因此，在这种情况下，要求高信度和高效度似乎是不相容的。这说明传统的信度理论还需要进一步发展，以处理各种复杂问题。

第五节　当代测量理论的信度观

一、传统信度估计的缺陷

信度是测量的可信程度或一致性的表示。在经典测量理论中，信度是一组测验分数中真分数方差与观察分数方差的比率。由于误差本身无法直接测量，经典测量理论在实际运用中是依据信度操作定义和相关的方法来求解信度系数的，这种方法求解的信度系数往往随测量设计的不同而不同，误差难于控制，也不能有效地分离误差的来源。而事实上，误差变异并非单一的结构，经典测量理论对误差来源的笼统划分与控制成为它在实际应用中最为突出的缺陷。

经典测量理论的另一个突出的局限在于严格平行测验（strict parallel test）的理论假设，即要求平行测验在内容、均数、标准差、信效度方面完全相同。这在实际的测验情境中很难满足。

二、项目反应理论的信度观

在项目反应理论中，不使用依赖于平行测验的信度指标，而是深入分析每个项目所能提供的信息量的大小，分析每个项目的测量误差，并得出整个测验的信息函数，用这些指标对测量的可靠程度做出估计。具体说来，可以分以下几步：

首先，对于一特定 θ 水平，可以计算出项目提供的信息量 $I(\theta)$，公式为：

$$I_i(\theta)=\sum_{i=1}^{n}\frac{[P_i(\theta)']^2}{P_i(\theta)Q_i(\theta)}$$

式中 $P_i(\theta)$ 是给定能力 θ 在项目 i 上的正确反应概率，即在项目特征曲线上的值，$Q_i(\theta)$ 是错误反应的概率，$P_i(\theta)'$ 是项目 i 的项目反应曲线在 θ 处的导数（斜率）。$I_i(\theta)$ 值越大，表明项目提供的信息越多，在 θ 水平的测量越精确。然后，把项目信息函数 $I_i(\theta)$ 连加便得到测验信息函数，用公式表示即为：

$$I(\theta)=\sum_{i=1}^{n}I_i(\theta)$$

在项目反应理论中，测验误差被定义为与在 θ 处的信息量成反比。在经典测量理论中，测量误差是一个统计量，它依赖于样本；在项目反应理论中，测量误差不是一个统计量，它依赖于能力水平 θ，是关于 θ 的函数。不同的 θ，有不同的标准误，因此在项目反应理论中用信息函数 $I(\theta)$ 作为测验信度的指标。

三、概化理论的信度观

（一）概化理论简介

概化理论（generalizability theory，简称 GT）是经典真分数理论与方差分析相结合的产物，它把因素试验设计、方差分量模型等统计工具应用到心理与教育测量中，对经典的信度理论加以改造发展，对于测验的编制、施测过程中的误差控制、测验的评价等提出了一整套新的方法。

概化理论认为，任何测量都是在特定的测量情境下进行的，测量的根本目的并不是为了获得特定条件下的测量结果，而是要以此来推断更广泛的条件下可能得到的测量结果。为此，概化理论给出了几个基本概念：（1）测量目标，即测量所要描述和研究的那个心理特质；（2）测量侧面（facet），是指影响测量过程和测量结果的各种内外在因素，一个测量侧面就是某一方面的测量条件；（3）测量情境则是由测量目标和测量侧面构成的。我们研究测量问题，主要关心测什么和怎么测，测量目标解决“测什么”的问题，而测量侧面则涉及“怎么测”。显然，测量侧面是测量误差的重要来源，对测量的信度有重要的影响。

（二）概化理论的优越性

概化理论扬弃了经典测量理论的严格平行测验的假设，将平行测验推广为操作十分方便的随机平行测验（即凡是从同一题库中随机抽取的几份试卷都认为是随机平行的），从而使分析问题的条件较容易得到满足。在具体方法上，概化理论利用方差分析技术，把测验变异分解成多个部分，每个部分对应于特定的误差来源，从而更便于测量误差的控制。在测验设计上，经典真分数理论只考虑单一的、笼统的误差，虽然设计了多种估计测验信度的方法，但各种方法所估计的都只是某种测量条件下的测验误差，仍只是整个测验误差中的一部分。而概化理论注重测验的整体设计，不仅能够对各种测量条件下引起的信度变化分别予以考察，而且能够将多种测试条件共同引起的信度变化反映出来。

概化理论的核心是从特定条件下的测量结果来推断更广泛的条件下可能得到的测量结果，这种推断的准确性正是测量者应该关心的问题。由此可见，概化理论给传统的信度观赋予了新的含义。

（三）可靠性和随机平行测验的假设

在经典测量理论中，信度是一致性的指标，它注重的是两次测量、测验的两个部分或评分者间的一致性。而在概化理论中用可靠性（dependability）的概念代替了传统信度的概念，指的是从一个测验或是测量（如行为观察、意见调查）的被测者得分到施测者同等程度接受的所有可能条件下被测者均分的概化的精确性，即从测量对象在样例测量上的得分到全域分的概化精确性，或者说是从样例到可接受的观察全域的概化程度。概化越精确，越能从一个测量或测验的情况来推断观察全域的情况。概化理论可靠性的概念包含随机平行测验的理论假设，即所进行的测量是观察全域中的一个样例，也就是从观察全域中随机抽取出来的，观察全域的所有测量即使有差异，可通过随机抽样的原则来排除。这种随机平行测验的假设比要求每次测量都完全等同的严格平行测验的假设更容易实现。

但是，这种可靠性的概念也是有理论前提的：它要求被测者的知识、态度、技能和其他测量特质都处在稳定的状态中，即由于被测者处于不同场合下所带来的任何分数间的区别是由一种或多种测量随机误差所引起的，而不是来自于随时间的延长被测者内部的成熟或是练习效应等系统误差，这等同于真分数理论的两次测量误差分数之间零相关的假设。而在实际的情况中，这种假设往往是不成立的，这就会引起相关误差效应（the effects of correlated errors）。

（四）测量设计

用概化理论进行信度计算，可以根据具体情况进行不同的测量设计。目前主要从侧面的个数、侧面间的关系、侧面和观察全域的关系三个维度对测量设计进行分类。

依据侧面的个数，可以将测量设计分为单侧面设计（one-facet design）、双侧面设计（two-facet design）和多侧面设计（multi-facet design）。单侧面设计的假设是测量对象的观察值只受测量对象本身的系统变异的影响。而由于实际情况中测量情境关系的复杂性，在测量对象本身的系统变异影响之外，测量对象的观察值会受一个以上因素（测量侧面）的影响，这就需要双侧面设计，甚至多侧面设计的介入。

根据侧面间的关系，可以将测量设计分为交叉设计（crossed design）、嵌套设计（nested design）和混合设计（mixed design），具体如下图：

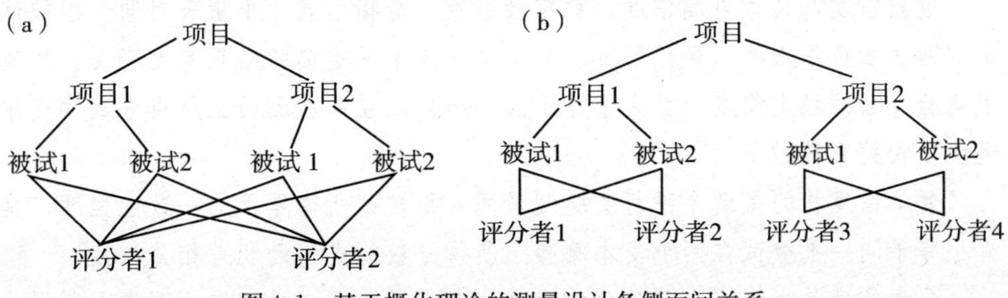

图 4-1　基于概化理论的测量设计各侧面间关系

在交叉设计中，某一侧面的所有水平必须在另一个侧面的所有水平下被观察。在图 4-1（a）中评分者对所有项目进行评分。在嵌套设计中，某一侧面的不同水平可以在另一侧面的不同水平下被观察。在图 4-1（b）中，评分者 1、评分者 2 只对项目 1 进行评分，而评分者 3、评分者 4 只对项目 2 进行评分，评分者侧面嵌套于项目侧面。混合设计（mixed design）则是交叉设计和嵌套设计的结合体，就是设计中既有交叉的部分，也有嵌套的部分。

根据侧面和观察全域的关系，可以将测量设计分为固定侧面（fixed facet）设计和随机侧面（random facet）设计。所谓固定侧面是指观察样本等于观察全域。如高考有数学、语文、英语、综合等几个子测验，这几个子测验构成了可获得的观察全域，所以高考的子测验侧面就是固定侧面。随机侧面是指满足以下两种条件的侧面：（1）观察样本容量（侧面水平数）远小于观察全域的容量；（2）每个观察样本（侧面水平或条件）是随机地从观察全域中挑选出来的。正因为有随机侧面的存在，概化理论的数学模型属于一种随机效应模型（random effect model），它所要求的随机平行测验的假设也比经典测量理论中的严格平行测验的假设更易满足。

【要点小结】

信度是指测量结果的稳定性与一致性程度。在测量理论中，信度被定义为一组测量分数的真变异数与总变异数（实得变异数）的比率。信度的作用主要是：信度是测量过程中随机误差大小的反映，信度并不反映测量过程中系统误差的大小；信度可以帮助不同测验分数之间进行比较；信度可以用来解释个体测验分数的意义。

重测信度，又称再测信度、稳定性系数，是指用同一个量表对同一组被试施测两次所得结果的一致性程度。该信度能表示两次测验结果有无变动，反映了测验分数的稳定程度。其大小等于同一组被试在两次测验上所得分数的皮尔逊积差相关系数。

复本信度指的是两个平行测验测量同一批被试所得结果的一致性程度，其大小等于同一批被试在两个复本测验上所得分数的皮尔逊积差相关系数。

分半信度是指将一个测验分成对等的两半后，所有被试在这两半上所得分数的一致性程度。具体方法是先计算两半分数的相关，再用斯皮尔曼-布朗公式加以校正。

同质性信度也叫内部一致性系数，它是指测验内部所有题目间的一致性程度。这里讲的一致性是指分数的一致，而不是题目内容或分数的一致。同质性信度通常用库德-理查森公式和克龙巴赫 α 系数来计算。

评分者信度指的是多个评分者给同一批人的答卷进行评分的一致性程度。当多个评分者评多个对象，并以等级法记分时，可以采用肯德尔和谐系数作为评分者信度的估计。

测量信度是测量过程中的随机误差大小的反映。随机误差大，信度就低；随机误差小，信度就高。可以通过适当增加测验项目的长度、因素分析和鉴别力分析、弱势矫正、控制测验项目的难度、选取恰当的被试团体、提高测验在各同质性较强的亚团体上的信度等方法来提高测验的信度。

【思考与练习】

1. 选择一个测验时要考虑哪些因素？
2. 怎样提高测验的信度？
3. 稳定性与等值性系数和等值性系数有什么区别？
4. 什么是平行测验？
5. 试述现代测量理论信度观的优越性。

第五章　心理与教育测量的效度

【内容提要】

本章详细介绍了效度的含义、作用、原理，信度与效度的关系，内容效度、效标关联效度、构想效度的含义、原理及估计方法；最后还介绍了效度验证、效度概化的思想及基本原理，影响效度的因素及控制方法，效度解释及其注意事项，以及效度在人员选拔、人员分类与安置及决策当中的运用。

【学习目标】

1. 掌握效度的概念和原理。
2. 了解信度与效度的关系。
3. 掌握内容效度、效标关联效度、构想效度的估计方法。
4. 理解内容效度、效标关联效度、构想效度的关系。
5. 了解影响效度的因素及提高效度的方法。
6. 理解效度验证、效度概化的原理。
7. 了解效度解释的注意事项。
8. 了解效度的应用领域。

【关键词】

效度　内容效度　效标关联效度　构想效度　表面效度　聚合效度　区分效度　同时效度　预测效度　外部效度　内部效度　合成效度　区别效度

信度是对测量一致性程度的估计，信度研究的是某个测验在使用中是否具有稳定性、可靠性。在测量活动中，测量者可以复测，以判断测量工具的稳定性，确定测量有无误差。但是，每次如出一辙的结果就是正确的吗？一把变形的米尺每次测量物体的长度显然是具有高度一致性的，但是这结果并不符合我们的预期。谎言重复千遍，并不能自证为真理。信度告诉我们测量结果是否一致，效度告诉我们这个测量结果是否正确，在正确方向上的一致才是有意义的。

第一节 效度概述

一、效度所要回答的问题

效度所要回答的问题是测验测的是什么，是否测量的是所要测的特质。举个例子来说，在一项英语成就测验中，教师本来打算测查学生的语法知识，但是，大量的试题是关于动词短语的。虽然前后两次测量的一致性可能很高，但这项测验并没有真正测量到学生掌握语法的程度。另外，如果这个测验测量的是我们感兴趣的特质，那么它对于所测量的东西又测量到什么程度呢？这两个问题都是信度所不能回答的，而是测验效度的基本问题。由此不难看出，效度才是科学测量工具最重要的条件。一个测验若效度很低，无论它有什么优点，都无法发挥其真正的功能。

二、效度的含义与性质

（一）效度的含义

效度（validity）是指一个测验或量表实际能测出其所要测的心理特质的程度。

在前面的章节讲过，总变异可以分为三个部分：与所测量的心理特征有关的共同因素引起的变异（有效变异）、与所测量的特性无关的其他稳定特性造成的变异（系统误差引起的变异）、随机误差的变异。在所有的变异中，只有由所观察的心理特性引起的变异才是真正要测量的东西，它在总变异中所占的比重就是效度的大小。所以说，效度是总变异中由所测量的特性造成的变异所占的百分比，即：

$$V=S_V^2/S_X^2=r_{XY}^2$$

其中，V 表示测验的效度，r_{XY}是效度系数，S_V^2为由所测量的心理特征引起的主要变异，S_X^2为总变异，即测验分数的方差。

举例来说，假如我们使用某一从国外引进的抑郁量表（未经修订）用于测量我国民众的心理抑郁程度，那么，每个人所得分数的不同主要由三方面构成：被试本身抑郁心境的不同造成的分数的差异；由于量表本身的原因，如跨文化性造成的国内民众与国外民众在分数上的差异；由于施测当天天气等外在原因造成一部分被试与另一部分被试在得分上有差异。这个量表的效度，主要取决于由被试本身抑郁程度不同而造成的分数差异在所有变异中所占的比例。

（二）效度的性质

1. 效度是针对测验结果的

举个例子来说，当对某一儿童实施一套智力测验时，儿童的父母首先可能会提出“这个测验有效吗?”这样的问题。实际上，他们是在问：“这个测验真的测得出智力吗? 测验的结果真的代表了孩子的智力水平吗?”可以看出测验的有效性是针对测验结果而言的。

2. 效度是针对某种特定测量目的的

测验都是为了特定的目的而设计的，没有对任何测量目的都有效的测验。例如，16PF 是测量人格的，它对智力的测量就缺乏有效性。所以在描述和评价一个测验的效度时，必须考虑到这个测验的特殊用途。

3. 效度只有程度上的差异

心理特质是较隐蔽的特性，只能通过一个人的行为表现来进行推测，因此，心理测量不可能达到百分之百的准确，而只能达到某种程度上的准确。在通常情况下，量表的效度只有程度上的差别，而不是“全”或“无”的差别。在对效度进行评价时，我们不能说某个测验结果“有效”或“无效”，而要在考虑到其用途的基础上，从“高效度”“中等效度”“低效度”中选择一种进行评价。

从后两条性质可以看出，效度实际上是个相对的概念，即相对于某种特殊用途，具有较高或较低的效度。有时评估者会说某测验是一个有效的测验，然而这种说法的真正含义是：这个测验在特定的人群、特定的时间和特定的使用条件下是有效的。没有什么测验或测量手段在任何时间、任何用途和任何被试的情况下都有广泛的效度。相反，测验只是在我们规定的使用条件下才可能是有效的。一旦超出这一界限，测验的效度就会被质疑。

如果文化背景和时代改变了，测验的效度可能会降低。因此，一个测验的效度必须一次又一次地被验证，研究者要不断收集、积累、整合效度资料。

三、效度和信度的关系

（一）信度高是效度高的必要而非充分条件

对于信度和效度的关系，有以下几种组合：高信度、高效度，高信度、低效度，低信度、低效度。

从信度和效度的定义可以看出信度和效度的关系。效度为$V=S_V^2/S_X^2$，信度为$r_{XX}=S_T^2/S_X^2$，而$S_T^2=S_V^2+S_I^2$，因此信度的提高只给S_V^2的增加提供了可能性，至于是否能提高效度还要看S_I^2的大小。可见，信度高并不一定效度高，但一个测验要想使效度高，则信度必须高。

（二）测验的效度受信度的制约

从统计学上来讲，信度和效度还存在着一定的数量关系。效度和信度的关系用公式表示就是：

$$r_{XY}=\sqrt{r_{XX}r_{YY}}$$

式中r_{XY}表示观测工具和效标测量之间可能的最大相关值，r_{XX}表示观测工具的信度系数，r_{YY}表示效标测量的信度系数。

比如，假设一个测验的信度为0.81，而效标的信度为0.60，那么该测验可能的最大效度为0.70，即

$$r_{XY}=\sqrt{0.81\times0.60}\approx0.70$$

从公式中可以看出，无论是测验的信度还是效标的信度降低，可能的最大效度都会随之降低。

四、效度验证与效度概化

（一）效度验证

表面看来，测验的效度就是实际测量的结果与我们所要测量的心理特质的吻合程度，获取效度的方法也就是拿实测结果与心理特性来比较。然而，心理特性是我们要测的东西，是未知的，通常也是比较抽象和隐蔽的。因此不能把它直接拿来与结果比较，而必须从多种角度收集证据。

要确定测验在解决某方面问题时的效度，需要收集充分的客观事实材料和证据，这种收集大量资料和证据来检验测验效度的工作过程就叫作效度验证（validation）。

大量研究发现，同一测验在不同情境中使用时，会得到不同的效度系数，即测验效度具有情境特定性。这使测验使用者在每种情境中都要进行经验性的效度评定。当测验的使用者打算在某种程度上改变测验的布局、结构、语言或内容时，本地效度验证（local validation）研究是绝对必要的。当测验使用者打算把测验应用于与测验的标准样本被试存在明显差异的群体时，也需要进行效度验证研究。效度验证是收集和评估效度证据的过程。测验的编制者和使用者在效度验证的过程中都可以发挥作用。有时候，对于测验使用者来说，报告他们根据自己的被试样本得出的效度是恰当的。这样一种本地效度验证可能会对一个特殊的被试群体有更深刻的洞察，而这一特殊的被试群体与测验使用手册上所描述的一般样本是不同的。

测验可用于多个方面，因此它可能有多种效度，其中有的方面显得效度高，有的方面则较低。事实上，后面讲到的三种效度类型在操作上和逻辑上是相互关联的，很难说一种效度比另一种更好。所有三种类型效度的证据都对构建一个测验整体的效度有重要作用，尽管一个测验使用者可能不需要知道所有的三种效度。

在效度验证过程中，内容效度的重点是确定测验内容与某个行为领域的一致性，而该行为领域往往是已经被明确界定了的，效标效度着重于测验分数是否与效标测量有高度相关，构想效度的重点则是测验编制所依据的心理特质理论和测验测量到该理论构想或特质的相关程度。

（二）效度概化

效度概化（validity generalization）是指在某一情境中所做的效度研究能否推广到其他情境。由于效度研究是使用特定样本在特定时间和情境中进行的，所选样本总是区域性的和局部性的，其结论是否适用于其他情况，是研究者必须解决的问题。

我们至少可以从以下五个方面来考虑效度概化：

（1）预测源的概化。使用同一测验的不同复本是否同样有效？同一测验对于不同分数水平的人是否预测得同样好？

（2）效标的概化。采用不同种类或不同时间的效标是否同样有效？对于效标的不同分数水平是否预测得一样好？

（3）施测情境的概化。不同的施测者、不同的施测条件以及不同的指导语或在不同的心态下做测验（如用于研究还是用于选人）是否同样有效？

（4）被试团体的概化。测验对于取自同一总体的另一样本是否同样有效？对于不同性别、不同年龄、不同文化水平、不同社会经济地位、不同地区、不同民族、不同学校、不同职业的被试是否同样有效？

（5）建立效度方法的概化。用不同方法得到的效度指标是否一致？

常用的效度概化方法有以下几种。

1. 交叉效度评定

使用从同一总体中分别独立选取的不同被试样本对测验效度进行独立检验的过程称为交叉效度评定（cross validation）。它是效度概化的一种类型，涉及被试样本的概化，目的是检查从一个样本中得到的效度资料是否适用于另一个样本。

有多种方法可以估算交叉效度，通常我们采用经验交叉效度评定。其过程为：

（1）从一个样本中收集测验分数和效标分数的资料，计算效度系数，并建立回归方程；

（2）从总体中独立选取第二个样本并实施测验，根据第一个样本中建立的回归方程，用第二个样本的测验分数预测其效标分数；

（3）收集第二个样本的实际效标分数，计算第二个样本中效标分数预测值与真实值的相关，这一相关系数就是交叉效度系数。

通常交叉效度系数要低于在第一个样本中计算的效度系数，因为在第一个样本中使相关极大化的随机因素在交叉效度评定的样本中不起作用。交叉效度评定主要是比较第一个样本中得到的效度系数与交叉效度系数的差异程度。如果二者差距较大，则说明效度系数不够可靠；如果二者比较接近，则说明效度研究可以推广到不同的样本。

交叉效度评定是一种研究效度概化的好方法，这是因为：

（1）在建立回归方程时利用了包含在样本中的所有信息，使得回归系数的稳定性达到最大；

（2）统计方法简便，省时省力；

（3）该方法所得到的估计值一般更为准确。

2. 元分析

元分析（meta-analysis）是一种对以往研究中的经验效度资料进行总体量化分析的方法。其大体步骤如下：（1）计算所需要的各种研究的描述统计量（如平均效度系数 R 等）；（2）计算该统计量在不同研究中的变异量（方差）；（3）减去由取样误差产生的变异量，得到总体中相关系数 R 变异（方差）的估计值；（4）校正平均数和变异数，消除取样误差之外的统计上的误差（如缺乏信度或全距限制等）；（5）将校正值与平均数比较，评价各研究结果中潜在的变异量；（6）如果仍有较大变异，则选择其他调节因素重新进行元分析。

元分析方法不是简单的定性描述，而是对以往效度研究资料的数量方面的积累和统计分析。通过分析，能区分效度差异是真正的差异还是仅仅由误差因素引起。

目前，有些学者对效度概化的元分析有一些批评性的意见，主要包括：效度证据良莠不齐；“文件柜偏差”（杂志很少刊登负面结果）；效标不可靠；等等。

第二节　效度的种类与估计方法

效度有多种不同的分类方式，最常用的是美国心理学会的分类，把效度分为内容效度（content validity）、效标关联效度（criterion-related validity）、构想效度（construct validity）。这三种效度是密不可分的。经典的效度概念是一种“三位一体”的观点。把构想效度看作一种“雨伞效度”可能很有启发性，因为其他的效度都隐藏在它之下。为什么构想效度是最重要的效度？在我们讨论了是什么使一个测验有效，在效度验证过程当中使用了哪些方法、经过了什么程序之后，就会有一个清楚的认识。事实上有很多方法来推进一个测验的效度验证。构想效度越来越多地被认为是所有效度证据的集合体，所有的效度证据，从内容效度到效标关联效度都被认为是在构想效度这把“雨伞”之下。

一、内容效度及其估计

（一）内容效度的含义

内容效度研究的目的是要评估测验题目是否充分代表了所要测量的内容范围，即测验题目对有关内容或行为范围取样的适当性，它所关注的是测验的内容方面。例如，要求学生在学期结束时掌握 1 000 个英语单词，为了检验学生的学习情况，可以编制一个包括 100 个单词的词汇测验。显而易见，只有当这 100 个单词能代表所要求掌握的 1 000 个单词时，测验才会有比较高的内容效度。如果所选择的 100 个单词代表性不好，某类词汇太多，另一类词汇太少，都将影响到测验的内容效度。

（二）内容效度的估计方法

1. 专家评定法

专家评定是一种确定内容效度的典型程序，它要求一组独立的专家（他们不是测验的编制者，但都非常熟悉所测量内容的领域）判断测验对所研究领域的取样是否具有代表性，通过这些评定资料来确定一个测验的内容效度。

在这个评定过程当中，由于没有数量化的指标可用于描述试题与内容范围的符合程度，并且各专家具有不同的教育思想或心理学观点，对同一内容范围侧重点也会有不同看法，这都会影响到对内容效度的判断。这就涉及评定者信度问题，因此，有时也会把评定者信度作为内容效度的一个指标。

建立和提高测验的内容效度，从一开始就要选择合适的项目。对于学科成就测验，在准备项目之前，应该全面地、系统地检查有关的课程标准和教材，并且征求学科专家的意见，根据所收集的资料编制双向细目表。双向细目表应该说明要包括的内容领域或主题、要测量的教学或行为目标，以及各自的相对权重。双向细目表还应该指出每个主题所要准备的各类项目的数量。

编制好双向细目表，明确规定了应测领域后，就可以根据每个部分的权重来确定这个部分的题量、分数值，再根据这些权重随机抽取试题。当然在抽选试题时，还必须考虑统计上的特殊要求。总的来说，抽选试题也不是完全随机的，还要在随机抽选的基础上进行综合平衡。

双向细目表除了可以提高测验的内容效度以外，还可用来克服专家评定方法中所存在的一些不足。比如，要求专家根据明确细致的双向细目表来判断测验的内容效度，这可以避免由于各人的观点、侧重点不同所带来的判断不一致。

讨论教育成就测验的内容效度时，应该说明如何保证测验内容的代表性。假如专家一起参与编制测验，则应该说明专家的人数和专业资格。假如他们作为项目分类评判员，则应该说明评判员之间的一致性程度。也应该说明专家咨询的时间，还应该说明所参考的教材和课程标准的数量、性质以及出版时间。

2. 统计法

（1）复本法。编制两个取自同样内容范围的独立测验，然后计算测验的复本信度。如果相关较高，我们可以把它作为评估测验内容效度的一个证据；如果相关较低，则说明两个测验中至少有一个缺乏内容效度。若两个复本有同样的内容抽样偏差，即使信度高，也不能保证效度高。

（2）再测法。首先给一组被试进行前测，他们对测验所包括的内容知之甚少，然后让他们学习有关课程内容，结束之后再进行后测。若后测成绩有很大提高，则说明测验确实测量了所教授的内容，即测验的内容效度较好。

3. 经验法

（1）检查项目分数和测验总分随年级升高的变化情况。一般而言，若从低年级到高年级，学生通过的百分比逐年增加，说明测验反映了教学内容。

（2）分析学生所使用的各种解答方法以及测验中的常见错误，也可在一定程度上了解测验的内容是否有效。

（3）计算测验分数与阅读理解分数的相关系数，以便检查阅读指导语的能力对测验成绩可能产生的无关影响。

（三）内容效度的应用及其注意事项

内容效度比较适于评价成就测验，它对于教育成就测验效度的两个基本问题给出了回答：其一，该测验对规定的知识和技能范围的代表性如何？其二，测验成绩受无关变量的影响有多大？内容效度分析尤其适合内容参照测验。因为内容效度是有效使用这种“以内容意义来解释测验成绩”的内容参照测验的必要条件。然而全面评价内容参照测验的有效性还需要其他类型的效度证据。

内容效度分析也适用于某些对员工进行选拔和分类的职业测验。当测验内容是取自实际工作所需要的知识和技能时，确定测验的内容效度是必要的。在这种情况下，首先要进行工作分析，然后考察工作活动的要求和测验内容之间的相似性。

能力倾向测验和人格测验与成就测验不同，它们不是根据指定的教学课程或统一的先前经验来抽取内容。因此，在能力倾向测验和人格测验中，对相同的测验项目做出反应时，被试使用的作业方法或心理过程可能大不相同。同一个测验可能测量不同个体的不同特质。在这种情况下，实际上不可能从检查测验内容来确定测验所测量的心理机能。例如，大学毕业生可能以言语或数学能力来解答某个问题，而机械工则以空间想象能力得出相同的解答。又如，某个测验用于中学一年级学生时是测量算术推理能力，用于大学生时仅仅测量其计算速度的个体差异。所以，对于能力倾向测验和人格测验来说，内容效度分析通常是不合适的，甚至可能被误解。虽然在开始编制任何测验时都应该考虑内容的恰当性和代表性，但是能力倾向测验或人格测验的最终效度分析，需要用下面章节中所描述的方法在经验上加以证实。比起成就测验来，这些测验与所取样的行为领域的内在相似性要低。所以，能力倾向测验和人格测验的内容只能显示某些假设，而这种假设指导测验编制者去选择某种内容来测量规定的特质。为了建立测验效度，需要在经验上证实这类假设。

二、构想效度及其估计

（一）构想效度的含义

构想效度又称结构效度，是测验能测量心理学上的理论构想或特质的程度，或用心理学上某种构念或特质来解释测验分数的恰当程度。其中，构想或构念（construct）是指用来解释人类行为的理论框架，它是心理学中抽象的、假设性的概念、特质或变量。比如，智力、动机、攻击性、抑郁、焦虑等都是心理特质的构念。

心理学上的构念都是非常抽象的，但通过对一些外显行为的观察，我们可以对一个人拥有某种心理特质的程度做出推断，也可以使用系统的程序通过一个人的典型行为将其拥有这种特质的程度数量化。比如气质，是个人心理活动的稳定的动力特征，这是一个非常抽象的心理构念，但是它可以通过一个人心理过程的强度、速度和稳定性、指向性等方面表现出来，并且可以通过一定的工具进行一定程度的数量化。

心理学使用构念的目的在于通过揭示构念与具体行为、构念与构念之间的关系，以更好地解释和预测人的行为。构念总是与一定的理论相关的，比如智力、人格、特殊能力等都是有特定含义的构念，由于人们所持的理论观点不同，就会对这些概念有不同的理解。在心理学发展的百年历程中，对这些概念的理解在不断修正，且不同学派的学者会有不同的解释。因此，对同一构念也就有不同的测量方法。但无论怎样去测量，对一种特质的测量结果必须与该特质的理论解释相符合。

构想效度关注心理学理论在测验编制中的作用，也关注所提出的研究假设。构想效度促使人们去寻找收集效度资料的新方法。

（二）构想效度的评估方法

构想是根据理论推导出来的，无法直接去证明，而只能根据理论构想建立假设并用事实验证假设以获得关于这个构念的证据，因此，对于一个构念可提出多方面的假设，并使用多方面的证据去证明它，这就是说，对构想效度的确定不能依赖单一的指标。事实上，构想效度的确定是一个多方面资料长期累积的过程。任何阐明所考虑的特质性质的资料，以及影响该特质发展和表现的条件，都是构想效度的证据。

构想效度的资料可分为两大类：一类是有关测验内部结构的资料，如测验的内部一致性、与同类测验的相容性、不同类测验的区分性等；另一类是有关测验所测量特质的影响因素的动态资料，如所测量的心理特质因时间变化而变化的资料、群体差异、在教育或训练的影响下发生变化的资料。

1. 内部一致性

同质测验的各个项目分数之间、项目分数与总分之间都有正相关，这说明项目所测量的心理特质是一致的。计算同质性的方法有分半法、KR-20公式、克龙巴赫α系数及分测验与总测验相关法（后者适用于智力测验而不适用于人格测验）。测验的内部一致性程度同测验的构想效度有某种关系，但内部一致性资料对于测验效度的作用十分有限。因为内部一致性高只是构想效度的必要条件，并不能保证测量的一定是所要测的心理特质。在缺少测验本身的外部资料时，关于测验到底测量什么，还知之甚少。比如，α系数高未必代表量表一定是单维度的，因为α系数是项目协方差的函数，而项目间的高协方差可能是不止一个公共因素的结果，因此不应当理解成是对测验单维度的测量。所以，α系数可以解释为测验分数中能用项目若干潜在因素来解释的方差比例的下限。

2. 与同类测验的相关

一个新测验与类似的旧测验之间的相关，有时可以用来证明新测验与其他类似测验大体测量相同的领域。这些旧测验一般是公认的、具有较高构想效度的权威测验。与权威测验的相关系数又称相容效度（congruent validity）。需要指出的是，如果新测验与已有的测验相关很高，但没有另外的优点，如简单或易于实施，那么就没有必要编制这个新测验。

3. 发展变化

（1）年龄产生的发展变化。在一些传统的智力测验中，效度分析的一种主要效标是年龄差异。一般认为各种能力在儿童期随年龄增长而增长，因此如果测验有效，测验分数也应该随年龄增长而增加。但应当注意的是，年龄差异效标不适合那些没有表现出明确的、与年龄变化一致的机能，如人格。在人格测验中就很少使用年龄差异。此外，即使在使用年龄差异时，它也只是效度的一个必要条件，而不是一个充分条件。因此，如果测验分数没有随着年龄增长而增加，这个结果也许说明测验没有有效测量到智力，该测验的效度可能有些问题。另外，如果测验测量到随着年龄增长而增加的某种东西，这也并不能说明已经准确界定测验所包括的领域。身高和体重的测量结果也随年龄的增长而有规律地增加，但是它们显然不能称为智力测量。

(2) 教育和训练效应。有效的教育和训练会提高被试的某种特质水平，这种变化也应在测验分数中体现出来，表现为后测分数比前测分数有显著提高。如对智力障碍儿童的智力训练计划产生的效应、对成就动机不足者的成就动机训练产生的效应等，都可作为相应测验的效度证据。

4. 因素分析

因素分析本质上是分析资料相互关系的一种精确的统计技术。因素分析将为数众多的观测变量缩减为少数不可观测的潜变量（又称因素，或共同因素、公共因素、公因子等），用最少的因素概括和解释大量的观测数据，从而达到简化观测数据、建立起简单结构的目的。因素分析所发现的因素是高度概括的，用它们能描述观测变量中的大部分信息，而且使观测数据更容易解释。

经过因素分析，观测变量的总变异被分解为共同变异（与其他因素共有的变异）、该变量所独有的特殊变异和随机误差变异三部分。因素分析就是通过发现共同变异，找到有普遍性影响的若干共同因素，进而探讨各观测变量与共同因素之间的关系。例如，如果给 300 名被试施测了 20 个测验，首先计算每个测验与其他各个测验的相关系数，其次检查包含 190 个相关系数的相关系数表，可以发现测验的某些组群，这表明存在某些共同特质。因此，如果词汇测验、同义词测验、反义词测验、句子完成测验等彼此之间具有高相关，而与所有其他测验具有低相关，我们则可以暂时推断存在一种言语理解因素。若想进行精确分析，就要用到因素分析，在计算出变量间的相关系数之后，根据一定的标准确定抽取因素的数量并进行抽取，然后进行因素转轴使因素结构简化，最后进行因素的命名和解释。至此，因素分析的过程也就基本完成了。用所发现的共同因素去解释测验结果，不仅简单易懂，且能抓住问题的关键。

观测变量与因素间的相关，即变量在因素上的贡献量（负荷），称为因素效度（factorial validity）。因素效度越大，说明变量在该因素（心理特质）上越有效。

这里需要注意的是，进行因素分析对于数据结构、样本量、变量数目是有一定要求的。根据戈萨奇（Gorsuch，1983）的观点，要做因素分析，施测的样本量与测验的变量（项目）数目的比例不小于 5：1，实际上这个比值能达到 10～25 最好，但是实际情况难以做到。如果能做到比值为 5～10，虽然也略显不足，但是结果已经很令人满意了。总样本量最好不要少于100。

上面讲的是因素分析中的探索性因素分析（exploratory factor analysis，简称EFA)，目的在于查明变量之间的结构。提取共同因素的个数与研究者对特征根的设置（不小于1)、对碎石图拐点的判断、依据事先的理论构架对共同因素个数的限定等主观因素有很大关联，另外还涉及转轴的旋转角度等主观性较强的问题，因此探索性因素分析得到的只是有一定数据支持的客观化表达的主观模型。如果要验证这个结构是否具有一定的通用性，还需要进行验证性因素分析（confirmatory factor analysis，简称CFA)，用另外的样本数据与探索性因素分析得到的结构之间的拟合程度来说明结构的有效性。研究者在验证性因素分析中会就某些参数（因素负荷、因素间的相关和独特因素等）的数值做出假设。最典型的就是提出某种因素负荷为零的假设。譬如，有人可能会假设韦克斯勒智力量表中言语量表的分测验在操作量表上的负荷为零，操作量表的分测验在言语量表上的负荷为零。这些分测验在各自所属量表的负荷待定，可以计算得出。其他参数也可以计算得出。结果当然可能支持韦克斯勒量表言语与操作的划分，也可能会发现分测验的归属不当，甚至也会不支持言语与操作的两类划分。总之，用这种方法可以验证探索的结构是否有效。

目前，因素分析可用广为流行的电脑软件SPSS很方便地进行操作。

5. 多特质-多方法（multiple trait multiple method，简称MTMM)

坎贝尔（Campbell，1959）指出，为了证实构想效度，必须表明一个测验不仅与理论上应该相关的那些变量具有高相关，而且与理论上应该区别的那些变量具有低相关。坎贝尔和菲斯克（Camplell & Fiske，1959）把前者称为聚合效度（convergent validity，又称会聚效度、求同效度），把后者称为区分效度（discriminant validity，又称求异效度）。例如，一个数学推理测验的分数与后来数学成绩的相关就是聚合效度，而与阅读理解测验得分的相关则是区分效度。

坎贝尔和菲斯克提出一种适合对聚合效度和区分效度进行检验的方法，他们称之为多特质—多方法。这种方法是采用多种方法（指内容和形式不同的测验）测量多种特质，并计算出不同测验结果之间的相关，生成相关系数矩阵。测量同一特质的不同方法（不同形式的测验）之间的相关系数，被视为聚合效度的指标；测量不同特质的同一种方法（同一种测验形式）间的相关系数，则被视为区分效度。一个构想效度较好的测验，应该同时具备较好的聚合效度和区分效度。虽然这种方法能对测验的构想效度做出有效的检验，但是，由于测验次数多，时间长，费用高，实施起来比较困难。图 5-1 展示了用三种方法（教师评定、测验、观察者评定）来评估三种特质（诚实、攻击性、智力）的相关系数矩阵。图中，相同构念特质的不同测量之间的相关系数用下画线标明，不同特质或构念之间的相关系数被三角形包围。实线三角形包围的相关系数代表使用相同的方法测量不同构念，虚线三角形包围的相关系数代表使用不同的方法测量不同的特质。

方法	特质	教师评定			测验			观察者评定		
		诚实	攻击性	智力	诚实	攻击性	智力	诚实	攻击性	智力
教师评定	诚实									
	攻击性	0.43								
	智力	0.36	0.32							
测验	诚实	0.62	0.03	0.20						
	攻击性	0.22	0.70	0.13	0.40					
	智力	0.10	0.13	0.64	0.22	0.30				
观察者评定	诚实	0.59	0.11	0.02	0.60	0.20	0.21			
	攻击性	0.14	0.82	-0.16	0.13	0.61	-0.23	0.30		
	智力	0.21	0.01	0.72	0.06	0.19	0.52	0.49	0.36	

图 5-1　根据假定数据模式的 MTMM 示意图

6. 结构方程建模

结构方程模型（structural equation modeling，简称 SEM）是一种验证性的统计技术，可帮助研究检验已建立的理论假设，分析多个变量间复杂的因果关系。结构方程模型由验证性因素分析模型和因果结构模型两部分组成，可进行观测变量和潜变量的因果关系检验，以及验证性因素分析等统计分析。结构方程模型在构想效度上可以考虑构念之间的关系和一个构念影响效标成绩的方式。结构方程模型可以计算构念之间典型的相关系数，检验假定的因果关系模型，而不是计算孤立的测量变量之间的因果关系。例如，要评价一个学生的数学态度，可以采用若干指标，诸如兴趣、目标定向、数学能力倾向的自我概念，以及其他有关的情感变量等。这些指标之间的共同方差可以界定该学生的数学态度，它与随后的数学成绩相关。目前，结构方程建模可以通过一些计算机软件来实现，如 LISREL、AMOS、EZPATH、LINCS、EQS 等。

7. 认知心理学的方法

心理测量研究的一大发展趋势是与认知心理学结合。认知心理学认为应该把构想效度的估计看成是一种实验，即把每一试题看成是一种实验处理，对这些试题经过适当的实验控制或处理后，将所得结果进行分析，才能了解测验的构想效度。以智力研究为例，斯滕伯格（R. J. Sternberg）使用类比、分类、系列完成和三段论等智力测验，测量不同年龄的人对同一试题的反应（答对比例和反应时）和具有某种知识或受过思考训练者的反应等。其设想是利用传统智力测验中的各种任务，分离出在完成这些任务时的心理过程和采用的策略。通过成分分析，把这些任务的反应时和错误率分解为内部过程，如推测刺激之间的关系，从各关系之间找出有更高一致性的关系，把以前提出的关系应用于新的环境等。斯滕伯格在这里使用的就是信息加工的方法。再比如，有人曾经用认知心理学上内隐实验的方法来研究人的竞争倾向，揭示出人们对内隐社会认知的某种特征。

虽然目前认知心理学与心理测量的结合尚处于起步阶段，但借助于认知心理学的方法深入到内部心理过程，揭示智力、人格等心理现象的实质是心理与教育测量的一个新的发展趋势。

8. 收集实证资料

要确定一个测验的构想效度，首先对要测量的心理特质做出理论上的构思和解释，包括对其进行明确界定，解释其内部心理机制等，意在将这一特质与可测量的经验事实建立联系。这类似于下操作性定义，通过这一联系，人们就可以用经验事实对这一特质的理论解释做出验证。最后是通过测量和实验设计收集资料，对理论构想进行检验。

比如对于智力，心理学界一直有不同的观点，目前较为流行的观点认为智力代表了一个人获得、保持知识的能力，推理能力及适应环境的能力。根据智力的定义我们可以推演出以下几点假设：（1）智力不同于后天获得的知识，因此与遗传因素有关，且更为稳定；（2）智力会随着人的生理年龄的增长而变化；（3）智力会影响人的学习成绩和事业成功。为验证以上三条假设，我们可以从以下三方面着手：（1）计算同卵双生子、异卵双生子、其他同胞、非同胞之间智商的相关，看相关系数是否依次降低；（2）看智商与学业成绩之间是否有高相关；（3）智力是否随着年龄的增长而逐渐提高，在某一阶段又是相对稳定的。如果以上假设得到了证实，则说明关于智力的理论是正确的，所编的智力测验是有效的；如果假设得不到证实，则说明测验的效度不高，也可能是理论解释不正确。

三、效标关联效度及其估计

（一）含义

1. 效标关联效度与效标

效标关联效度是指测验分数与某一外部效标之间的一致性程度，即测验结果能够代表或预测效标行为的有效性和准确性程度。要理解这个概念，需要先理解效标这个概念。

效标即效度标准（validity criterion），是指独立于测验结果，反映测验目的的行为参照，也称效标行为。之所以要以效标为参照验证测验效度，是因为人的心理特质是无法直接测到的，只能以某种能代表所要测量的特质水平高低的外显行为作为替代，计算测验分数与效标行为之间的一致性程度，以此作为测验的效度证据。

比如，我们可以用飞行员的工作表现作为验证飞行员选拔测验的效标，这是因为飞行员的工作表现能代表飞行员的能力，且飞行员的工作表现与其测验分数是相互独立的。企业的招聘考试可以用工作人员的工作成绩作为效标，因为二者是独立评定的，且后者反映了前者的目的。

2. 效标的选择与效标的测量

对于效标这个概念，很重要的一点是“独立于测验结果”。何谓“独立于测验结果”？举例来说，测量心理病理的人格量表也可以用临床诊断结果作为效标，前提是医生的诊断依据并不是此人格量表，而是其他形式，否则两者就不是独立的。如果医生依据此人格测验做出判断，医生的诊断就不能作为效标。这种情况称效标污染（criterion contamination），即知道了被试的测验分数而影响了对其效标分数的评定。人们选择效标的目的是以效标为参照标准，计算测验测量相应特质的准确性程度，而效标一旦受到污染，效度就会出现被高估。

从操作上来说，没有规定一个效标应当由什么构成。它可以是一个测验分数、一个具体的行为或一组行为、精神病学诊断、培训的费用、缺勤率等，在企业中通常用工作绩效作为效标。

由于效标是衡量测验是否有效的标准，因此能否找到合适的效标并对效标进行准确测量会直接影响我们对一个测验的效度的评定。一般来说，效标的选取和度量要满足以下几个条件：

（1）相关性，即效标与目前所评价的事物有相关，并适合用这一效标来度量。假如我们在评价一个英语测验的效标效度，我们不能用学生在语文测验上的得分作为效标，除非有证据表明英语学习与语文学习直接相关。

（2）有效性，即效标与所代表的特质之间应是高度一致的。如果一个测验X被用来作为测验Y的效标，那应当有证据表明测验X是有效的，也就是说测验X同时具有较高的信度与效度。

（3）无污染，效标的度量不是基于或者部分基于正在评价的测验的结果。也就是说，假如我们正在评价一个抑郁量表的效标效度，我们就不能选择根据在这一量表上的得分或部分根据在这一量表上的得分筛选出来的病人作为效标。

（4）客观性，由于效标往往是依据主观经验评定的，所以避免主观偏见就尤其重要。

（5）实用性，在保证有效性的前提下，效标的测量要尽可能简单、省时、省钱、可操作。

（二）评估效标关联效度的方法

1. 验证策略

效标资料和测验结果可以同时获得，也可以先后获得。依据效标资料获取时间的不同，可将效标关联效度分为同时效度（concurrent validity）和预测效度（predictive validity）。

同时效度指测验分数与同时获得的效标资料的一致性程度。比如，检验一个精神病性诊断量表是否能够有效地把已被医生确诊的精神病人和正常人加以区分，就是一个获得同时效度的过程。预测效度指测验结果对效标行为的预测程度。此种效度的效标测量通常在过一段时间之后，在这段时间里既可以有某种“干预性”的事件发生，也可以是某种工作经历或自然发展。比如，用智力测验的结果预测一个人会不会成功，用人格测验的结果预测一个人会不会患心理疾病等，预测的准确性程度都可称为预测效度。

我们可以看出同时效度和预测效度的目的不同，同时效度用于检验测验测量现有的某种能力或特质的有效性，即描述当前状态时的有效性，而预测效度则表明测验对某种行为预测的有效性。

2. 计算方法

估计效标关联效度的方法很多，根据效标测量所得数据的性质（类别数据或连续数据等）、效度证据的用途不同（预测或检验），效标关联效度有不同的计算方法。

（1）相关法。相关法是一种最常用的计算效标关联效度的方法，计算测验分数与效标分数之间的相关系数，这个系数又称为效度系数。由于测验分数和效标分数的数据性质不同，相关系数的计算方法也不同，主要有积差相关、点二列相关、二列相关、多列相关、四分相关、φ 相关等。从相关系数的大小可直观地看出效度的高低。相关系数的平方称为决定系数，表示两变量中共同变异的比例，也就是一个变量的变异由另一个变量决定的比例。比如，一个测验的效度系数为 0.74，这说明效标分数的变异中有 54.76％可由测验分数来解释，因此测验的效度是较满意的。

（2）分组检验法。人们通常根据被试在效标上的表现将他们分为成功与不成功、合格与不合格、有病与无病两类。如果根据效标行为将被试分成两个组，而两个组的测验分数又有显著差异，则认为测验分数能把在效标上表现好与不好的被试有效地区分开来，测验就是有效的。而如果两个组的测验分数差异不显著，则说明测验是无效的。

（3）取舍正确率。有时测验的目的是为了选拔和鉴别出能力或心理特质水平高的被试，以利于人员录用、安置和诊断。这时测验使用者一般是根据测验分数将被试分成合格与不合格或达标与不达标两类。当测验用于这一目的时，测验的效度就表现为依据测验分数对被试做出的分类与根据被试的实际工作表现（即效标上的表现）所做出的分类的一致性程度。这时测验的效度就是分类决策的取舍正确率，即命中率。

命中率的计算方法是，先根据测验的临界分数将被试分为成功的与不成功的两类，再根据效标将被试分为成功的与不成功的两类，这样被试就分成了四类（见表5-1）：在测验分数上成功而在效标分类上也成功的（A）；在测验分数上成功而在效标分数上不成功的（B）；在测验分数上不成功而在效标分数上成功的（C）；在测验分数和效标分类上都不成功的（D）。

表5-1　分类决策的正确性

		效标	
		成功	失败
测验分数	成功	正确接受（A）	错误接受（B）
	失败	错误拒绝（C）	正确拒绝（D）

在实际计算测验的效度时，要统计出四类被试的人数（A、B、C、D各类的人数），再计算分类决策的总命中率和正命中率。

$$\text{总命中率}=\frac{\text{正确接受（A）}+\text{正确拒绝（D）}}{\text{总人数（A+B+C+D）}}$$

$$\text{正命中率}=\frac{\text{正确接受（A）}}{\text{正确接受（A）}+\text{错误接受（B）}}$$

取舍正确率的优点是易于理解，实施方便。其缺点是只考虑到依据临界点做分类决策的有效性，而不像效度系数那样在整个范围内都提供了测验分数与效标分数的关系。另一问题是依测验分数所做出的分类对刚刚低于临界分数的被试很可能是不公平的，尤其是当临界点附近的被试较集中时，这一问题就更为突出。而使用效度系数进行观测时，由于考虑了估计的标准误，就在一定程度上避免了这一问题。因此，在做分类决策时，确定临界分数一定要慎重。

四、其他效度

除上面讲到的几种效度外，还有其他一些关于效度的概念，在这里做一简要介绍和区分。

（一）表面效度

表面效度（face validity）是对测验原理不熟悉的人表面上看一个测验是否有效。如果要求被试完成的任务在某些方面与他们对测验要测量的东西的理解之间存在相关，这个测验最有可能被判断为是有效的。在技术意义上，表面效度不能算是一种效度。它并不是指测验实际上所测量的东西，而只是指测验表面上看起来所要测量的东西。表面效度是一种需要考虑的测验特征。表面效度会影响在司法决定中对于一项测验的可接受性，以及一般公众对于测验的评价。

表面效度会影响被试的测验动机。较高的表面效度会让被试感到测验是有意义的，也会更加配合测验实施，否则可能会草率应付。但表面效度过高时，被试很容易识别出测验的目的，从而做出掩饰反应，产生虚假分数。因此，表面效度必须适当，测验题目既要能引起被试的动机与兴趣，又要有较好的掩蔽性。

（二）合成效度与区别效度

合成效度（compositive validity）与区别效度（differential validity）是职业心理学家发展出来的两种新的效标关联效度。以职业表现为效标，根据工作分析的结果确定该职业中不同工作项目所占的比重，分别求出测验分数与各工作项目之间的相关系数，再按不同的比重加权计算，即可得出合成效度，用以预测整个工作绩效。

人们往往把区别效度与区分效度混为一谈，其实这两个概念有区别。区分效度是与聚合效度相对的概念，是用以检验构想效度的指标。而区别效度是用以检验职业测验效标关联效度的一种指标，它有不同的含义：

（1）某个心理测验的得分与两种不同性质的职业绩效之间的相关系数的差异，可作为该测验的区别效度，用以推测选择某种职业的成功的可能性如何。

（2）一套职业测验由多种分测验组合而成，可同时测量被试多方面的特质。如果该套测验组合的测验结果能明确地将被试在不同方面的特质区分开来，则认为该测验组合具有区别效度。在这个意义上，区别效度与区分效度的含义有些类似。

（三）内部效度与外部效度

内部效度（internal validity）又称为内部一致性效度，它反映了测验的构想效度。内部效度的估计方法之一是求项目分数或分测验分数与总分的相关。在编制测验时常常删除与总分相关太低的项目或分测验，剩余的项目或分测验与总分的相关就作为整个测验内部一致性的证据。显然，内部一致性相关，无论根据项目还是根据分测验，本质上都是对同质性的度量。因为它有助于描述测验所取样的行为领域或特质，测验的同质性程度就与测验的结构效度有某种关系。然而，内部一致性资料对于测验效度的解释十分有限，在缺少测验本身的外部资料时，关于测验到底测量什么，我们知之甚少。

所谓外部效度（external validity），就是指将研究结果概化到其他情境和总体的程度。如果研究数据仅在本实验背景下有效，那么这种研究是没有多大价值的，外部效度就较低。在应用心理学研究中，外部效度是一个非常重要的概念，无论对于调查研究、实验研究或者其他研究来说，外部效度都是比较受到重视的，它对于一项研究的应用价值的大小有重要影响。

在心理与教育测量中，为了提高测量研究的科学性和准确性，提高研究的内部效度，测量条件是经过严格控制的，与真实情境有很大差距，这就限制了研究的外部效度。此外，某些因素没有得到应有的重视，使样本的概括范围和代表性受到了限制，也会降低研究的外部效度。目前很多研究者都在致力于提高研究的外部效度，其中效度概化是外部效度研究的一个方面。

第三节　影响效度的因素

效度比信度更为重要，从一开始编制测验就应该注重提高测验的效度，尽量避免其他因素对效度的影响。影响效度的因素有很多，严格说来，所有能带来测量误差的主试因素、被试因素及施测情境因素都会影响测量的有效性，这些在测量误差一章中已讨论过。此外，从统计学角度看，还有以下几种因素会直接影响效度系数的大小。

一、测验本身的因素

测验题目对测验目的的适合性，测验题目是否能测到所要测的特质，测验题目是否有合适的难度和较高的鉴别力，以及测量中产生的各种误差等都会影响到测验的效度。测验的难度和区分度对效度的影响，会在后面章节有所论述，以下讨论的是在统计学上影响效度系数的两个因素。

（一）测验的长度

测验的长度会影响测验的信度，同时也会影响测验的效度。测验长度与效度的关系可用下述公式表示：

$$r_{(nX)Y}=\frac{r_{XY}}{\sqrt{(1-r_{XX})/n+r_{XX}}}$$

$r_{(nX)Y}$是长度相当于原测验 n 倍的新测验的效度系数，r_{XX}是原测验的信度，r_{XY}是原测验的效度系数，n 为长度倍数。在这里，原测验和新测验的效度系数是使用同一个效标计算出来的。因此在实际编制测验时，如果一个测验的效度不理想，我们可以通过增加同质性题目的办法使测验的信度和效度达到一个较理想的水平。

（二）测验的信度

测验实得分数方差可分解为真分数方差和随机误差方差，而真分数方差（S_T^2）又可分解为与测验目的有关的有效方差（S_V^2）和系统误差方差（S_I^2）两部分。测验信度为真分数方差与实得分数总方差之比值，而效度为与测验目的有关的有效方差在实得分数方差中所占的比重，所以效度等于信度减去系统误差方差在实得分数方差中所占的比重。故效度受信度所制约，低信度必然导致低效度。

从信度与效度的关系中可知，所有影响测验信度的随机误差都会影响测验的效度。

二、效标因素

效标效度是用测验分数与效标之间的相关表示的。两变量间的最大相关小于两变量信度之积的平方根，即 $r_{XY_{\max}}\leqslant\sqrt{r_{XX}r_{YY}}$。这表明效度系数值受到三个方面的影响，即测验的信度、效标测量的信度、预测变量与效标变量之间真正的相关程度。测验的信度刚刚在上面有所论述，下面看一下与效标有关的影响因素。

（一）**效标的选择**

一个测验有多少种具体用途，就可以根据多少种效标进行效度分析。效标选择不合适会直接影响我们对一个测验的效度的评定。

（二）**测验结果与效标之间的关系类型**

计算效度系数一般是采用积差相关法，这要求测验结果和效标分数的分布都应是正态，且二者是线性关系。有时，这一条件不能得到满足，如一个变量随着另一变量的增大而增大，但到一定程度后，另一变量的增长速度越来越慢。从双变量散点图上可以看出，二者呈曲线关系。这时，如果用积差相关系数表示二者的关系，就会低估效度。测验分数和效标之间还有可能存在更复杂的关系，因此要先通过双变量散点图发现二者的关系类型，再选择合适的效度计算方法。

（三）**效标测量的信度**

效标分数往往存在稳定性的问题，即在不同的时间和情境，同一个人的效标分数会有相当大的波动。另外，效标分数还会受测量方法的影响，使用不同的效标评定方法，结果会有很大的不同，这些误差的存在使效标分数不能很好地代表相应的心理特质水平的高低。因此，我们可以对效标行为进行多次测量，求其平均值，作为比较可靠的效标分数。如果不能对效标进行多次测量以降低效标测量中的误差，而又想要知道在效标没有误差时测验的最大可能效度，可采用下面的公式对效度系数进行校正：

$$r_{XY_{\max}}=\frac{r_{XY}}{\sqrt{r_{XY}}}$$

三、样本的代表性

每个测验都有其适用范围，如适用于某一年龄段或职业范围的被试，这要求在验证测验效度时所选取的被试样本要能代表测验适用的被试总体。如果选取的被试团体不是被试总体的代表性样本，所计算出来的效度系数就可能不是测验的真正效度。

在做效度验证时，选取样本过程中易犯的一个错误是：测验所选出的样本在某种心理特质的分布上不同于总体，也就是样本比总体更为异质或更为同质。常见的一种情况是由于预先选拔而引起对效度的低估。例如，研究一个新编职业选拔测验的效度，可能对新雇员的一个样本进行施测而最终得到职业成绩的效标度量。然而，这类雇员可能代表所有职业申请人员中经过选拔的优胜者。因此，这样一个样本的测验分数和效标度量的范围在分布较低端就会缩小，从而降低了二者的相关。不过不用担心，这类测验在以后对所有申请人员进行施测时，效度可能会有所提高。但并不是所有的测验都这样幸运，这也就是需要报告本地效度或者进行效度概化的一个原因。

再比如，选拔标准的变化，使得被试样本更为同质，从而引起效度系数随时间而变化。例如，将美国大学入学测验成绩和中学成绩作为预测源，计算其同大学一年级平均成绩之间的相关，结果发现这种相关在 30 年后从 0.71 降低到 0.52，即效度系数从 0.71 降低到 0.52。对双变量分布的检查清楚地揭示了这种下降的原因。因为入学标准的提高，后面的班级在预测源和效标成绩上的同质性都高于 30 年前的班级。因此，现在这个团体的相关系数较低，但预测个体成绩的准确性没有发生什么变化。换句话说，观测到的相关系数的下降，并不表示预测源的效度不如 30 年前。这说明，忽视样本同质性的差异就会得出错误的结论。

四、干涉变量

由于一些无关变量的影响，测验在不同子团体中有不同的效度。这些变量，如年龄、性别、种族等，与所要测量的特质都是效标行为的影响因素，但在不同的子团体中，这些变量的影响强度不同，与所要测的特质间存在交互作用，这样的变量就称为干涉变量。

性别和动机都可能是干涉变量。例如，有研究发现，女生中智力测验分数与学习成绩的相关高于男生，而低能力被试的智力测验分数与学业成绩的相关要高于高能力被试，因为学习动机对高能力学生的成绩影响更大。

当 C 变量的不同水平影响到 A 和 B 两变量间的关系时，C 就可以视为干涉变量。美国测量学家吉塞利（E. E. Giselli）认为，当我们建立回归方程以测验分数预测被试效标分数，预测值与真实值相差较大时，或当我们在相同特点的被试子团体中计算效度系数，效度存在较大差别时，便可能发现干涉变量。将这个干涉变量用于可预测性高和可预测性低的子团体，就能证实其存在。

第四节　效度的解释与应用

一、效度的解释

效度资料有助于我们回答两个问题：（1）测验所测量的变量性质是什么；（2）测验对它所测量的东西测到何种程度，并在做决策上效果如何。其中，构想效度能帮助我们运用测验分数解释人的心理特质，告诉我们所测量的东西或所测量的变量的性质；效标关联效度可用来了解测验分数能否有效地预测或估计某种行为表现，是关于测验结果的一些实际用途的检验；内容效度研究的是变量的内容范围，它帮助我们决定测验分数能否代表某种学习的结果。

在进行效度解释时应注意以下几点。

（一）效度系数的大小

效度系数应该为多大？对这个问题不可能做出一般的回答，因为解释效度系数必须考虑一些伴随的情况。获得的相关系数当然越高越好，起码要达到某种可接受的统计显著性水平，如 0.01 或 0.05 的水平。换句话说，我们应该有理由确信，获得的效度系数不可能由于取样的偶然波动而产生。

如果测验与效标有任何显著性相关，不管如何低，也可以明显提高预测效率。在某种情况下，甚至低到 0.20～0.30 的效度也可以证明在选拔计划中使用测验是正确的。

（二）效度系数的变化

这在样本因素对效度的影响一节当中已经进行了论述。效度系数低或变低并不能说明测验无效，因为可能受到样本同质或异质因素的影响。

传统上，人们倾向于将效度看作一个测量工具的特性，实际上，不能说测量工具本身或者它的内容（比如测验题目）是有效的，效度并非一个测量工具的内在特性，而是测量的特性，是测量工具和所要测的事物的某些方面之间的一种关系。测量工具也并非只有一个效度，而是可能有许多种效度。在有些情况下，效度表示为定量的；在另外一些情况下，效度则可能表示为定性的。不管是什么形式，对于任何一个测量工具来说，都会有许多不同的效度存在。这些效度将有赖于研究者所发现或断定的与该测量工具相关的那些效标以及根据这种关系所做出的推论。

（三）预测的效标分数及预测误差

如果 X 与 Y 两变量是直线关系，只要确定出二者间的回归方程，就可以从一个变量推估出另一变量。在测验工作中，人们感兴趣的是从测验分数预测效标成绩，因此最常用的是 Y 对 X 的回归方程：

$$\hat{Y}=a+b_{YX}X$$

式中 $\hat{Y}$ 是预测的效标分数；a 是截距，用来纠正平均数的差异；b_{YX} 是斜率，即 Y 向 X 回归的系数；X 为测验分数。

为了得到回归方程，必须确定 a 和 b_{YX} 这两个常数的值：

$$b_{YX}=r_{XY}\cdot S_Y/S_X$$

$$a=\overline{Y}-b_{YX}\overline{X}$$

这里 r_{XY} 为测验分数与效标分数的相关，即效度系数；S_Y 和 S_X 分别为效标分数与测验分数的标准差；$\overline{Y}$ 与 $\overline{X}$ 分别为效标分数与测验分数的平均数。

根据以上几个公式，知道了一个人的测验分数和测量的效度系数，就可以预测他的效标分数，效度系数越高，预测便越准确。

从回归方程得到的效标分数的估计值（Y），实际上是获得同一测验分数（X）的人之平均效标分数，真正的效标分数可能高于也可能低于这个平均值，这种真正效标分数与估计效标分数的差距叫预测误差。

预测误差的大小可用估计的标准误来表示。所谓估计的标准误，就是预测误差分布的标准差，其计算公式如下：

$$S_{est}=S_Y\sqrt{1-r_{XY}^2}$$

式中 S_{est} 为估计的标准误，S_Y 为效标分数的标准差，r_{XY} 为效度系数。

从式中不难看出，测验的效度系数越大，估计的标准误越小。当效度系数为 1 时，估计的标准误为 0，即预测没有误差；当效度系数为 0 时，估计的标准误和效标分布的标准差一样大，即预测与猜测没有区别。

估计的标准误可如同其他的标准误一样解释，即真正的效标分数落在预测效标分数正负一个 S_{est} 范围内的可能性是 68%，落在预测效标分数正负 1.96 个 S_{est} 范围内的可能性是 95%，落在预测效标分数正负 2.58 个 S_{est} 范围内的可能性是 99%。

二、效度的应用

（一）效度在测验编制中的重要作用

效度的验证通常是在测验编制好之后进行的工作，但效度的基本指导思想在测验编制过程中始终起着主导作用。效度的观念与测验编制过程是紧密关联的，从一开始编制测验就应该注重提高测验的效度。在测量过程中，效度的理念可以说在任何领域、任何时候都有所体现。凡是有测验或测量的地方可以说都涉及一个“在多大程度上测到了所要测的特性”这样一个问题。因此，可以说效度是衡量一个测验好坏、有无用处的最重要的指标。

（二）效度在人员选拔中的重要影响

效度在选拔中的应用主要体现在以下几个方面。

1. 对选拔方法的选用

在实际工作中，测验的效度与使用测验所带来的利益经常联系在一起。使用测验所带来的利益的大小是功利率。功利率可用下述公式计算：

$$U=B(N_s)-C(N_u)-S$$

式中 U 代表功利率，B 代表录用一个成功的人员所产生的平均利润，C 代表录用一个不合格的人员所带来的损失，N_s 和 N_u 分别代表录用人员中成功和失败的人数，S 代表使用测验的费用。功利率的计算为测验提供了一个实用性的衡量标准。有的测验尽管效度不很高，但由于测验编制和实施的费用低，可能带来满意的效益，因此也有使用价值。有的测验即使效度高，但使用成本高，带来的实际效益小，可能不受人们欢迎。

基础率和录取率对于测验的功利率有重要影响。录取率指采用选拔程序所录取人员与候选人员的比例。基础率是未经选择的总体中自然存在的合格人员的比例。

从图 5-2 中可以看出，当测验的效度达到中等或中等以上的水平时，提高录取标准，即降低录取率会增大录取的命中率。而在录取率提高时，被试几乎全部被接受，测验就失去了鉴别和预测的作用，与随机录取无异。

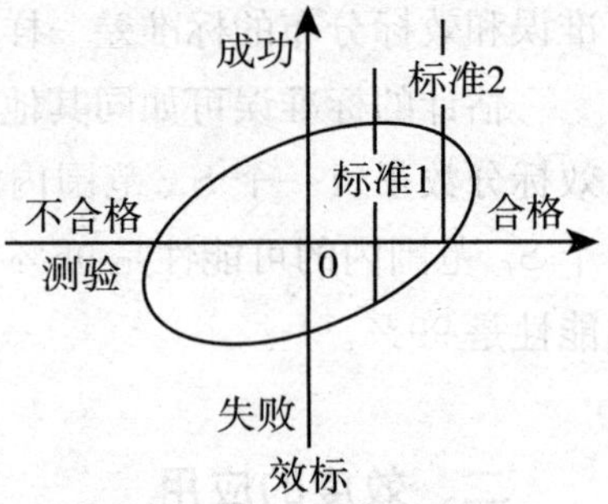

图 5-2　录取率与命中率的关系

当基础率很高时，大部分被试都能胜任工作，随机录取或使用效度很低的测验进行录取就会有很高的成功率。因此，即使效度很高的测验，也不会使取舍正确性有太大的提高。如果考虑到功利率的问题，就大可不必使用测验，只要随机录取就行了。比如，基础率为 0.95 时，使用效度为 0 的测验（与随机录取准确性一样），与使用效度为 1（当然这只是一种几乎不可能的假定）的测验录取被试，准确率的差别只有 0.05。

在基础率很低、录取率也很低的情况下，增加测验的效度才会使录取成功率有明显的提高。例如，具有某种优异能力的人仅占总人口的 5%，即基础率是 5%。若录取率也定为 5%，在使用效度为 1 的测验选拔时，成功率为 100%，使用测验的增益是很高的。但如果录取率增大为 50%，则使用效度为 1 的测验录取时，我们可以把这 5%的成功者正确录取，但也包括了 45%的不具有这种能力的人，成功率降为 10%。录取率更高时，即使使用效度为 1 的测验，增益也会很少。

只有当基础率接近 50%时，使用高效度的测验才会使录取成功率明显地提高。

从以上分析可以看出，在人员选拔过程中，测验的效度、录取率、基础率是影响录取成功的三个密切相关的因素。在实际工作中，要将三者综合考虑，才能提高录取工作的效果。

2. 内容效度与新的甄选工具的建构

设计一项新的甄选工具的过程就是根据内容效度的思想来设计测验项目的过程。有些职位所要求的知识、技术和能力（如阅读能力、数学知识、识图能力等）是大多数人应该具备的，以内容效度为主可以广泛应用于对申请这样职位的求职者的甄选中。下面我们举例来说明这一方法。舍恩菲尔德（L. Schoenfeldt）和他的同事们正在为一家大型企业初级水平的工作人员编制一个工业阅读测验（Industrial Reading Test）。他们通过工作分析来确定工作人员在工作入门阶段应该能够阅读哪些对完成工作具有重要性的材料。这些分析指出，入门水平的雇员要阅读以下四种基本类型的材料：（1）安全（标志、工作规章制度、安全手册）；（2）操作程序（使用说明书、程序指引）；（3）日常操作（日志手册、标签、日程表）；（4）其他方面（备忘录、工作协议、申请材料）。有关安全和操作程序的材料被认为是最重要的，因为它们大约占工作时间所阅读的全部材料的80％之多。因此，测验中设计了大约80％的题目来测量这两种材料。可见，测验本身是根据当前雇员在入门阶段所必须阅读的实际材料的内容设计的。

（三）效度在决策中的重要影响

这里所说的决策主要指选拔中的人事决策、录取决策。在这一过程中，使用较多的是效标效度。这其中预测效度与决策有着较大的关系。

效度可用于表示测验结果的正确性，还可用于预测目前和未来行为表现，如凭高考成绩预测学生以后是否能顺利完成学业，凭面试成绩来预测和决定应聘者将来在工作当中的表现。

图5-3是一个根据能力测验分数预测工作成绩的例子。根据这个图，可以

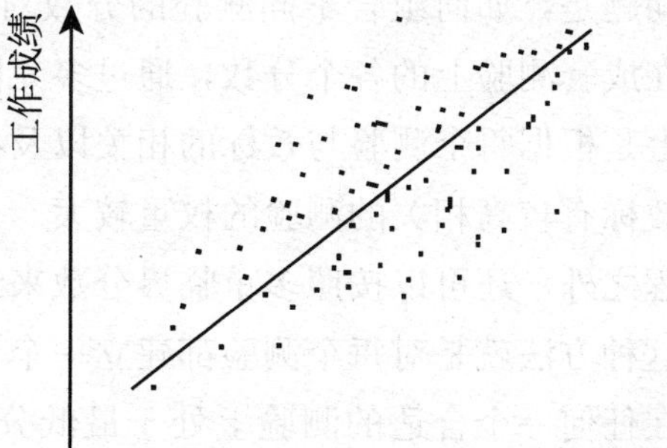

图5-3　能力倾向测验分数与工作成绩的二元分布

发现能力倾向测验分数较高的被试，其工作成绩也有较高的倾向。工作成绩是可以通过能力倾向测验分数加以预测的，在预测中，效度起着重要的作用。效度可以帮助决策者做出关于个体的决策，如是否录取某人等。因此，有必要从正确、有效地做出决策的角度来研究测验效度，了解使用测验比不使用测验对于提高选择准确性的贡献，这就涉及前面所提到的命中率或取舍正确率的计算。

在做出决策时，有一个很重要的概念和标准，那就是临界分数。如果我们在人才选拔中确定了需要 25 个人，那就可以选择得分最高的 25 个人，此时无所谓临界分数；但是，如果要求择优录取，宁缺毋滥，这种情况下就需有一个合适的临界分数，挑选这个分数线以上的人员，才能使得以后在效标上的成功率提高。

（四）效度与分数组合

预测实际效标，往往需要几个而不是一个测验。大多数效标都是比较复杂的，效标度量取决于若干不同的特质。因此，用来测量这类效标的测验必须是高度异质性的。但是我们已经指出，主要测量单一特质的相对同质性的测验是比较令人满意的，因为它得出较为明确的分数。因此，通常最好使用由若干相对同质性的测验组成的成套测验，其中每个测验预测效标的一个不同的方面，而不是使用由许多不同类型的项目凑合成的单一测验。

使用几个经过专门选择的测验来预测单一的效标，它们被称为成套测验。使用成套测验的主要问题是，如何组合不同测验的分数对每个个体做出决策。一种方法是根据个体在成套测验上的各个分数，通过多元回归方程来预测效标分数。回归方程实质上是根据每个测验与效标的相关以及各测验之间的相关建立的。显然，那些与效标有较高相关的测验的权重较大。

除了多元回归方程之外，还可以按照多重临界分数来组合成套测验所获得的分数。简单地说，这种方法就是对每个测验都建立一个最低的临界分数。严格运用这种方法时，在任何一个合适的测验上处于最低分数之下的每个被试，都将被拒绝。为某种职业选择合适的测验和临界分数时，单单考虑测验效度通常是不够的。假如仅仅考虑产生显著效度系数的测验，就会忽视所有在职员工都擅长的一种或几种基本能力。因此，也需要考虑总体来说员工都擅长的那些能力倾向，即使超过某种最低水平的个体差异与职业成功的程度无关。而且，在一些职业中，员工们也许在关键特质上高度同质，其个体差异的范围甚小，不可能得出测验分数和效标之间的显著相关。

（五）效度在人员分类与安置中的重要影响

测验不仅可用于选拔（selection），也可用来进行分类和安置。选拔是把人分成两类，即要么被接受，要么被拒绝。分类（classification）和安置（placement）则不淘汰任何人，而是对不同人员都给予适当的安排。

安置是根据对被试在单一效标上的观测结果而做出的处理或安排。在这里只使用一个效标，预测源可以是一个测验，也可以是通过回归方程计算出的成套测验的组合分数。安置的例子很多，如通过分班考试将学生分配到不同的班组，根据能力倾向测验的分数为被试分派不同难度的工作等。

分类则使用两个或两个以上的效标，效标的多少取决于分类数量。因为有多个效标，所以要有多个预测源，对每一效标都要建立一个多元回归方程。有的测验在一个回归方程中的回归系数可能较大，而在另一个方程中则较小或接近0。所以，使用一个预测源有时就难以进行有效的分类。分类的目的是人尽其才。因为人的能力不同，有的人文书能力较强，有的人则空间能力突出，而不同的工作对这些能力又有不同的要求，只有通过合理的分类才能将人分配到最能让他发挥才能的地方，可以更加充分地利用人力资源。

为了更好地说明人员分类思想及其优点，请大家看一个例子。1972年，梅尔（Maier）和富克斯（Fuchs）比较了在陆军中以能力倾向领域成套测验分派军人和以军人资格测验选拔军人的效果。能力倾向领域成套测验包含13个分测验，测量的是人的能力倾向范围。每一能力倾向领域代表一种需要共同性向、兴趣和知识的工作，每3～5个分测验即构成一个能力倾向领域分数。用能力倾向领域成套测验分派军人时使用的是分类策略，即将每个军人分派到最适合他的工作中去。而用军人资格测验选拔军人时使用的则是选拔策略，因为在选拔时只在整体上区分了录用的和不录用的这两类人。对7 500名应征入伍者的研究结果表明，军人资格测验分数高于中数者只有56%的人在工作表现上超过了平均水平，而最佳能力倾向领域分数高于100者，有80%的人在工作表现上优于平均水平。

在分类时应注意对预测源的选取。分类是将被试分派到性质不同的工作中去，因此要使用不同质的预测源。当预测源过于同质时，就会出现所有测验都与一个效标有高相关而与另一个效标有低相关或无相关的情况（除非效标间也是高相关），分类的总体效果就会降低。

在进行人员分类时一般是对每个效标建立一个多元回归方程，以回归方程中回归系数的大小来判断预测源的有效性。只有某些团体的测验资料而没有现成的效标，或测验分数与效标不是直线关系时，就不能直接建立回归方程对被试的效标分数进行预测，这时就可使用多元判别函数（multiple discriminant function）分析的技术，将被试划分到与他最类似的团体中。

多元判别分析是对多元回归的补充，当资料不适合进行多元回归分析时，就可使用多元判别分析作为替代。例如，某种工作对能力或人格特质在一定范围之内的人是适合的，高于或低于这一范围就不符合这一工作的要求。这时使用回归分析就不能选出合适的人，而使用多元判别分析则非常有效。判别分析首先需要那些正确分类的已知的受测者样本的分数。用这些分数计算各个变量，形成新变量的权重，这个新变量最终可被用于对那些有待正确分类的受测者进行分类。

【要点小结】

效度是指一个测验或量表实际能测出其所要测的心理特质的程度。在所有的变异中，只有由所观察的心理特性引起的变异部分才是真正要测量的东西，它在总变异中所占的比重就是效度的大小。

信度高是效度高的必要而非充要条件。测验效度受到信度的制约。

收集大量资料和证据来检验测验效度的工作过程就叫作效度验证。

效度概化是指在某一情境中所做的效度研究能否推广到其他情境。常用的效度概化验证的方法有交叉效度评定和元分析。

内容效度要评估测验题目是否充分代表了所要测量的内容范围，即测验题目对有关内容或行为范围取样的适当性，它所关注的是测验的内容方面。

效标关联效度是指测验分数与某一外部效标间的一致性程度，即测验结果能够代表或预测效标行为的有效性和准确性程度。

构想效度又称结构效度，是测验能说明心理学上的理论结构或特质的程度，或用心理学上某种结构或特质来解释测验分数的恰当程度。

影响效度系数的因素主要包括测验本身的因素、效标因素、样本的代表性、干涉变量等。

在用测验分数预测效标分数时要考虑预测误差，预测误差大小的指标是估计的标准误。

【思考与练习】

1. 什么是效度？效度有什么作用？
2. 效度与信度的关系怎样？如何在同一个测验当中协调信度与效度的关系？
3. 分别举出估计内容效度、效标关联效度、构想效度的一些具体方法。
4. 内容效度、效标关联效度、构想效度三者之间有什么样的关系？
5. 什么是效度验证和效度概化？它们之间有什么联系和区别？
6. 如何提高外部效度？提高外部效度会怎样影响到测验的信度？
7. 简述 MTMM 的思路，并评价其优缺点与实用价值。

第六章 测验的项目分析

【内容提要】

本章主要介绍了测验项目难度和区分度的含义、计算方法，区分度与难度的关系，项目特征曲线的含义、理论基础和具体表现，以及多重选择题的项目分析方法等。

【学习目标】

1. 明确难度和区分度对测验的影响。

2. 掌握测验项目难度和区分度的含义、计算方法，区分度与难度的关系，项目特征曲线的含义。

3. 了解项目特征曲线的理论基础和具体表现。

【关键词】

项目分析　难度　区分度　项目特征曲线　项目反应理论　经典测量理论

狭义的项目分析一般是指分析被试对测验项目的反应的统计方法，主要是进行定量分析。而广义的项目分析一般包括定性分析和定量分析。定性分析又叫质的分析，对内容取样的适当性、题目的思想性以及表达是否清楚等方面加以分析，主要包括内容效度、题目编写的恰当性和有效性等的分析；定量分析又叫量的分析，是对预测结果进行统计分析，确定项目的难度和区分度、备选答案的适宜性等。此外，在两个独立样本中进行项目分析的过程叫作复核。

通过对项目的难度、区分度等进行分析，可以更好地筛选和修订测验题目，可以提高测验的信度和效度。在项目反应理论基础上建立起来的项目特征曲线，对测验的项目分析具有深刻影响和重大意义。

第一节　项目的难度

在测验编制过程中，一定要在预测的基础上，对初步编制的项目进行难度、区分度等方面的分析。

一、难度的含义

难度（difficulty）指项目的难易程度。难度分析主要用于最高作为测验。在典型作为测验中，不存在难易问题，一般称“通俗性”。两者都是指在总体中，能够正确回答某项目的人数比率。

难度通常以项目的通过率、得分率或答对率（一般用符号 P）来表示。通过率是指被试正确回答或通过项目的人数与所有被试人数之比，即：

$$P=\frac{R}{N}$$

P 表示项目难度，R 表示被试正确回答或通过项目的人数，N 表示参加测验的所有被试人数。

P 值越大，表示题目越简单；P 值越小，说明题目越难。数值大小与实际的含义恰好相反，准确地说，应该叫“易度”。因此，有人用未通过率或答错率（用符号 Q 来表示）来代表难度，公式为：

$$Q=1-P=1-\frac{R}{N}$$

由于未通过率一般要根据通过率来求得，在实际应用中反而不方便，因此，此公式不常用。

二、难度的计算

（一）二分法记分项目的难度计算

二分法记分又叫二值记分，即只有答对和答错两种情况，记为 1 或 0。

1. 通过率

用题目的通过率估计难度。例如，在 100 名学生中，答对某题的人数为 65 名，则该项目的难度为 $P=R/N=65/100=0.65$。

2. 两端分组法

在没有阅卷机和电脑可用而被试人数又较多时，可先将被试依照测验总分从高到低排列，分成三组。若测验总分的分布符合正态分布，高分组和低分组的最适当比率是各占 27%；如果分布较平坦，应高于 27%。一般情况下，其比率为 27%～33%。各类标准化测验是取 27%。用两端分组法计算难度的公式如下：

$$P=\frac{P_H+P_L}{2} \quad 或 \quad P=\frac{1}{2}\left(\frac{R_H}{N_H}+\frac{R_L}{N_L}\right)$$

P 是难度，P_H、P_L分别代表高分组和低分组的通过率，R_H、R_L分别表示高分组和低分组通过该项目的人数，N_H、N_L分别表示高分组和低分组的人数。

例如，在 370 名学生中，高分组和低分组各有 100 名学生，其中高分组有 70 人答对第一题，低分组有 40 人答对第一题，则该题的难度是 $(0.7+0.4)/2=0.55$。

（二）非二分法记分项目的难度计算

对于简答题、论述题等题型，每个项目不只有答对和答错两种可能结果，而是从 0 分至满分有多种可能结果，对于此类项目，常用下面的公式来计算难度：

$$P=\frac{\overline{X}}{X_{max}} \quad 或 \quad P=\frac{M}{W}$$

P 为难度，$\overline{X}$ 或 M 为所有被试在该项目上的平均得分，X_{max} 或 W 为该项目的最高得分（满分）。

例如，某测验中某题的满分为 20 分，该题考生的平均得分为 10 分，则该题的难度为 0.5。

（三）难度的校正公式

在是非题或多项选择题中，由于有猜测的成分，被试的得分可能被夸大，不能真正反映测验的难度，吉尔福德提出了一个难度的校正公式：

$$CP=\frac{KP-1}{K-1} \quad 或 \quad CP=P-Q/(K-1)$$

CP 为校正后的通过率，P 为实际得到的通过率，K 为选项的数目，$Q=1-P$。

例如，某题有 75％的被试通过，若该题有 5 个选项，则校正后的通过率为：

$$CP=(5\times0.75-1)/(5-1)=0.69$$

同理可得，$K=4$ 时，$CP\approx0.67$；$K=2$ 时（即是非题），$CP=0.5$。

若测验不允许猜测（答错倒扣分），则无须对难度加以校正。

三、难度水平的确定

一个测验的难度是由组成测验的各个项目的难度决定的。因此，测验的难度直接依赖于组成测验的项目的难度。

进行难度分析的主要目的是为了筛选项目。项目的难度多高合适，取决于测验的目的、性质以及项目的形式。那么，如何确定适宜的难度水平呢？

理论上，在测验中，题目的难度在接近或等于 0.50 时，是比较理想的难度，此时项目具有最大的鉴别力。因此，为了使测验具有更大的区别力，应选择难度在 0.50 左右的试题。

但是，在实际工作中并非如此简单。让所有项目难度都达到 0.50 困难很大，而且也不必要。在选择题目时，一般只需使项目的平均难度接近 0.50，而各个项目的难度在 0.50±0.20 之间就可以。当测验用于选拔时，应该比较多地选择难度值接近录取率的项目。对于选择题来说，P 值一般应大于概率水平。根据前面的校正公式可知，对于选项不同的选择题，通过率要求也不同，如是非题的通过率为 0.75 才是中等难度（0.50）。

若所有题目的难度都在 0.50，对能力水平处于两端的人便缺乏区别力。如要通过测验选拔 10%的学生参加某项比赛，整个测验的难度应与选拔率相当。在某些情况下，即使 P 值为 0 或 1 的项目也是可用的，如学校考试，只要教育者认为重要的内容就可编入测验，而不管 P 值大小。

总的说来，对于效标参照测验和掌握测验，一般不考虑难度；对于选拔测验，难度最好接近录取率；对于选择题来说，难度一般应大于猜测概率。无论是速度测验还是难度测验，一般都应防止被试得满分或 0 分，因为满分和 0 分的意义是不明确的。

四、难度的等距变换

（一）变换原因

首先，难度的顺序性为进一步分析带来困难。项目的难度一般用答对某题的人数比率（通过率）或百分比表示。以通过率或百分比作为难度指标，实际上是以顺序（等级、位次）量表来表示难度，这只能指出项目难度的顺序或相对难度的高低，只能表示事物之间的大小、位次关系，但没有相等单位，不是等距量表，因此不能表示事物之间的差异。

例如，有三道试题，其通过率（难度）分别为 0.70、0.60、0.50，我们可以断定第一题最易，第三题最难，虽然三题难度分别相差 10%，但我们无法确定第一题和第二题之间的难度差别是否等于第二题和第三题之间的难度差别。这为我们做进一步分析带来困难，因此必须设法将其转化为等距量表。

其次，难度量表是反序而行的，P 值越大，项目越容易，有时会发生误解。

由于以上两个原因，有学者依据统计原理对难度做等距转换。

（二）变换方法

若测验编制得好且样本容量足够大时，测验分数一般接近正态分布。如果被试在所测量的特性上呈正态分布，则可以根据正态分布表将试题难度转化成具有相等单位的等距量表。具体方法是，将难度 P 作为正态曲线下的面积，查标准正态分布表，就可以将以等级量表表示的 P 值转换成具有相等单位 σ 的等距量表 Z 分数（如图 6-1）。应用此方法，较难的项目，难度为正值，较易的项目，难度为负值。由于标准 Z 分数具有相等单位，属于等距量表，所以能为进一步的难度分析带来方便。

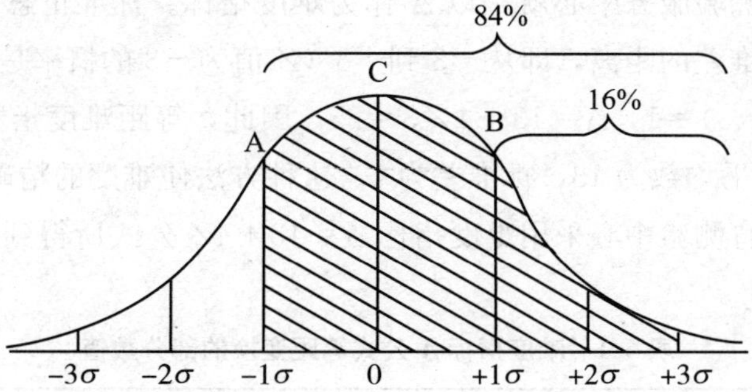

图 6-1　正态分布下通过率与 Z 值的关系

在正态分布中，平均数之上或之下一个标准差的距离约占全体人数的 34%，因此，如果在一个测验中某项目 A 通过率是 84%（$P=0.84$），那么从图 6-1 可以看出，此项目的难度就在平均数以下一个标准差的位置，即难度为 -1σ。如果在一个测验中某项目 B 通过率是 16%（$P=0.16$），那么此项目的难度就在平均数以上一个标准差的位置，即难度为 $+1\sigma$。如果某题 C 恰好有 50%（$P=0.50$）的人通过，则该题的难度为 0。任何一个与通过率相当的难度值都可以通过查正态分布表得到。题目的难度进行等距变换后就可以进行难度比较和进一步的分析了。如：$P=0.70$，对应 $Z=-0.52$；$P=0.60$，对应 $Z=-0.25$；$P=0.50$，对应 $Z=0$。前两者相差 0.27，后两者相差 0.25，可见，在顺序量表上都相差 10% 的难度值，在等距量表上的难度差距是不相等的。

需要指出的是，P 值作为正态曲线下的面积时，要从右向左而行，这样就符合人们的习惯了：Z 值越大，难度越高；较难的项目，难度为正值，较易的项目，难度为负值。

但是在转换过程中，Z 分数有小数点和负值，用其表示难度也有不便之处，通常需要再做进一步转换。为了避免负号或小数点的出现，有两种方法：

(1) $Z'=Z+5$。因为出现 $Z=-5$ 的概率为 1×10^{-7}，所以加上 5 后可以保证 Z 值为正值，其中平均数为 5，标准差为 1。(2) $\Delta=13+4Z$。Δ 为正态化等距难度值；13 是平均数，目的是为了消除负数；4 为标准差，Z 表示某题目难度距平均数有多少个标准差。

美国教育测验服务中心就是以 Δ 作为难度指标。标准正态分布的全距一般包括六个标准差的距离，即从 −3 到 +3（Z 值为 −3 的概率是 0.001 3），则 $\Delta=13+4\times(-3)=1$，$\Delta=13+4\times3=25$，因此，等距难度指数 Δ 量表的全距由 1 至 25，平均数为 13，标准差为 4。这种方法使难度的精确度有所提高。下表是美国教育测验中心采用难度指标 $\Delta=13+4Z$ 公式所得到的等距变换的部分数值。

表 6-1　难度指标 Δ 公式等距变换的部分数值

P	Z	Δ
0.001 3	+3	25
0.16	+1	17
0.50	0	13
0.84	−1	9
0.998 7	−3	1

根据正态分布表，Δ 值为 1～25。Δ 值越大，难度越高；Δ 值越小，难度越小。对于大多数测验而言，只要算出 P 值即可，但如要做精确的统计分析，则需要计算出具有等距性质的 Δ 值。

五、难度对测验的影响

（一）难度影响测验分数的分布形态

项目的难度影响整个测验的难度和分数的分布形态。通过分析测验分数的分布形态，可以对测验难度做出直观分析。由于人的心理特质多数呈正态分布，加上统计方法的要求，大多数标准化测验在设计时希望分数呈正态分布模式。但是，测验难度如果过大或过小，都会造成测验分数偏离正态。因此，可以通过改变项目难度来调整测验分数的分布形态。一般而言，中等难度的测验，其分数分布呈正态分布。

当难度值 P 趋向 1.00 时，说明所有被试都得了高分；当难度值 P 趋向 0.00 时，说明被试得了低分。在此情况下，被试得分集中在高分端和低分端（1.00 和 0.00），相互间的实际差异被掩盖。因此，有两种非常态的分布：正偏态、负偏态（如图 6-2、图 6-3）。正偏态说明，被试得分集中在低端，表明题目偏难；负偏态说明，被试得分集中在高端，表明题目偏易。

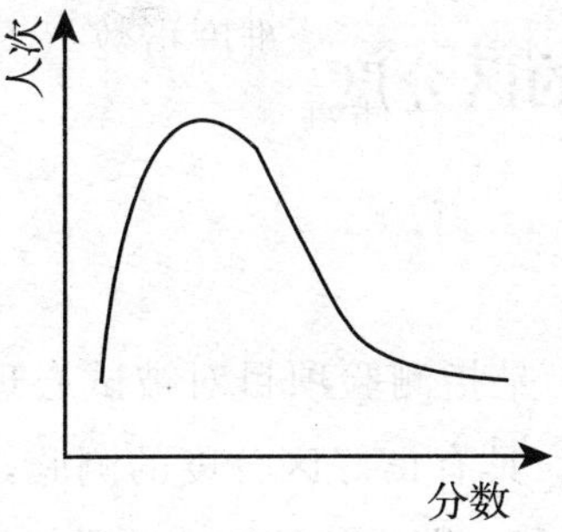

图 6-2　正偏态分布

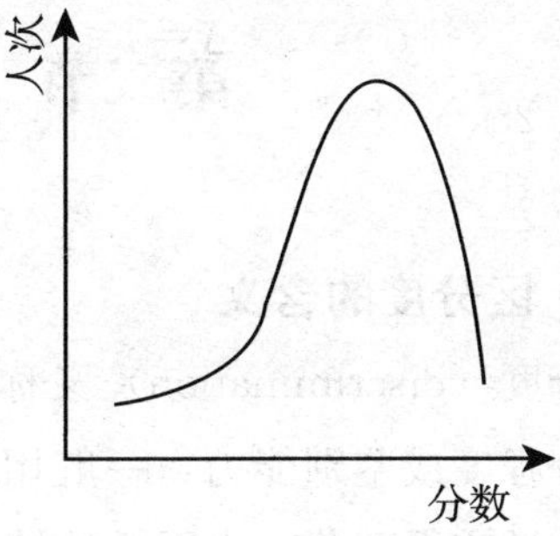

图 6-3　负偏态分布

一般能力测验和成就测验的平均难度在 0.50 左右为宜，如果出现偏态情况，就要考虑对项目进行筛选、增减和修改，以便使测验分数接近正态分布。但是试题难度与测验目的有关，正偏态分布适合录取率较低的筛选性、竞争性测验（如大学入学考试、学科竞赛、从近百人中招聘几人等），负偏态分布适合达标性、合格性测验（如单元测验、毕业会考等）。

（二）难度影响测验的信度

难度会影响测验分数的离散程度，从而影响测量的信度。测验过难或过易，被试得分集中在低分端或高分端，分数全距缩小，信度就会较低。一般来说，难度 $P=0.50$ 时，测验信度最佳。

应该注意的是：最大的信度要求各项目之间的难度要相等，即项目难度越接近或相等，各项目之间的可能相关就越高。这样，测验的信度也就越高。但是，预测效度要求项目难度必须有差异，即各项目之间的相关要低，这就构成了信度与效度之间的矛盾。

（三）难度影响测验的鉴别力

在测验中，被试之间相互配对比较的可能性越多，就越有利于准确地鉴别被试的不同能力。如有 100 个学生参加考试，若某题的 $P=0.50$，则有 50 人答对，50 人答错，此题就有 2 500 次配对比较；若 $P=0.70$，则有 70 人答对，30 人答错，可组成 $70\times30=2\ 100$ 次配对比较；若 $P=1.00$ 或 $P=0.00$，则没有比较的可能。因此，P 值越接近 0.50，题目的鉴别力就越高；P 值越接近 1.00 或 0.00，题目鉴别力就越低。

第二节　项目的区分度

一、区分度的含义

区分度（discrimination）又称鉴别力，是指测验项目对被试心理品质差异的区分程度或鉴别能力，一般用 D 表示。具有良好区分度的测验，实际水平高的被试应得高分，水平低的被试应得低分，即区分度高的项目能将不同水平的被试区分开来。区分度低的项目则不能很好鉴别被试水平。区分度是测验是否有效的“指示器”，是评价项目质量和筛选项目的主要指标和依据。

区分度分析主要以效标为依据，考察被试在每个题目上的反应与其在效标上的表现之间的相关程度。为实施方便，在进行项目分析时一般以测验总分为效标。

如果测验题目有足够的效度，则水平高的被试得分高或通过该题的人数多，$D>0$，这种区分被称为积极的区分；反之，若测验的效度不高，水平高的被试得分低或通过的人数少，而水平低的被试反而得分高，$D<0$，这种区分被称为消极的区分；若高分组与低分组通过的人数相等，则 $D=0$，说明无区分作用，称为无区分。一般来讲，具有积极区分作用的题目，D 值越大，其区分效果越好。

二、区分度的计算

区分度的计算方法很多，各方法在含义上略有差异。使用时要根据测验目的和性质，选择不同的计算方法，并注意相互验证。

（一）项目鉴别指数法

鉴别指数（index of discrimination）是指测验的高分和低分两个极端被试组在该题上的通过率的差异。

1. 鉴别指数的计算

当效标分数是连续变量时，可从测验分数分布的两端各取27%的被试，分别计算每道题目的通过率，二者之间的差别就是项目鉴别指数（D）。鉴别指数值越高，题目越有效。公式如下：

$$D=P_{\mathrm{H}}-P_{\mathrm{L}}$$

式中 D 为鉴别指数，P_{H}和 P_{L}分别代表高分组和低分组的通过率。

例如，在某一项目上，高分组和低分组的通过率分别为 0.78、0.33，则该项目的鉴别指数为 $D=0.78-0.33=0.45$。

当 $D=1$ 时，高分组全部通过，低分组完全失败；当 $D=-1$ 时，则相反；当 $D=0$ 时，两组通过率相等。

D 值是鉴别项目有效性的重要指标，有人（Ebel，1965）提出用鉴别指数作为评价项目性能好坏的重要标准（如表 6-2）。

表 6-2　题目鉴别指数评价表

鉴别指数	题目评价
0.40 以上	很好
0.30～0.39	良好，修改后会更好
0.20～0.29	尚可，仍需修改
0.19 以下	差，必须淘汰

2. 极端组的划分

显然，两个组越是处于极端，二者之间的差异会越大。但很极端的分组（如最高 10%与最低 10%），由于个案太少，会降低结果的可靠性。有人证明，在正态分布中，以上下 27%作为分界点，既可以使两组间的差异尽可能大，又可以使两组人数尽可能多（Kelley，1939）。当分布比正态曲线更平缓或更陡峭的时候，最佳百分数比 27%稍大或稍小（Cureton，1957）。

当样本较小时，因为取样误差大，统计分析只能得到粗略的结果。此时，

25%～33%中任何方便计算的比例都是可用的。

当样本太少（<100）时，甚至可以用50%作为分界点，即把上下两半被试分别作为高低分组。

在标准化测验选取的正态分布的大样本中，通常以上下27%作为对比组，因为许多便利项目分析计算程序和图表都是遵循27%规则的。比如，美国教育测验中心有一种现成的项目分析表（Fan，1952，1954），只要知道效标组（或总分）的上端27%和下端27%的人在某一题的通过率，就可以由此表查得P、Δ、r_b等表示项目难度与区分度的估计值。只有当高分组和低分组各占27%时，这种表才可以用。

过去，因为计算手段落后，在编制心理测验时，往往取370人作样本，配合以27%的分组，每组恰好各为100人，计算起来较为方便。

当然，由于计算机的使用和统计技术的完善，大样本也可以上下50%作为划分高低组的标准，或者多分几组，对区分度和难度做详细分析，结果更加准确。

使用极端组进行项目分析主要是为了计算简便，但因为只取上下两端，只利用了一部分资料，浪费了很多信息，所以统计结果比用全部资料准确性要差一些。而且极端组法假定项目得分和总分之间是直线关系，即位于总分中部的受测者对项目的反应介于高分组和低分组之间，但在有些测验中这个假定并不正确，在这种情况下，使用极端组进行分析就会得出错误的结果。在电脑已经普及的今天，这种方法就不应该再使用了。

（二）相关法

鉴别指数分析项目区分度虽然计算方便，容易理解，但是结果不精确，在大规模或标准化测验中，特别是计算机普及之后，多采用相关法分析，即以项目分数与效标分数（或测验总分）的相关作为项目区分度的指标，相关越高，项目区分度越高。

1. 积差相关

该方法适用于项目与总分均以非二值记分的相关分析。公式为：

$$r=\frac{\sum XY-\sum X\sum Y/N}{\sqrt{\sum X^2-(\sum X)^2/N}\sqrt{\sum Y^2-(\sum Y)^2/N}}\text{或}r=\frac{\sum XY-N\,\overline{XY}}{NS_XS_Y}$$

其中 r 表示积差相关系数，X 表示被试在某一测题上的得分，Y 表示被试测验总分，N 表示被试的总人数，$\overline{X}$ 表示被试在某题得分的平均数，$\overline{Y}$ 表示被试测验总分的平均数，S_X表示被试在某题得分的标准差，S_Y表示被试测验总分的标准差。

当某一题目分数在总分中占的比重较大时，用此方法则该题目的区分度可能会被高估，为此，有时会从总分中扣除该题目分数，再来计算相关。

2. 点二列相关

该方法适用于项目是 0、1 记分或二分变量（或双峰分布）而效标分数（或测验总分）是连续变量的数据资料的分析。公式为：

$$r_{pb}=\frac{\overline{X}_p-\overline{X}_q}{S_t}\sqrt{pq}\text{或}r_{pb}=\frac{\overline{X}_p-\overline{X}_t}{S_t}\sqrt{\frac{p}{q}}$$

其中 r_{pb} 是点二列相关系数，$\overline{X}_p$ 是通过该项目被试的平均效标分数，$\overline{X}_q$ 是未通过该项目被试的平均效标分数，p 为通过该项目被试人数的百分比，q 为未通过该项目被试人数的百分比，S_t 为全体被试的效标分数的标准差，$\overline{X}_t$ 为全体被试的平均效标分数。

计算时，只要求连续变量是单峰和对称的分布，二分变量不受正态分布的限制。检验点二列相关是否显著，一般使用皮尔逊积差相关系数进行检验（参见一般统计学教材），此外可以用 t 检验方法比较与二分变量对偶的两组连续变量的平均数的差异是否显著，如果平均数（$\overline{X}_p$ 与 $\overline{X}_q$）的差异显著，则相关系数的差异也显著。

3. 二列相关

该方法适用于连续变量，但其中有一个变量被分成两类。如当一个测验的项目分数是连续变量，而效标（总分）被分为高、低（或及格、不及格）两个类别时，或当一个测验的效标（总分）是连续变量，而项目分数被分为对、错（或通过、未通过）两个类别时，可用此方法计算。其公式为：

$$r_b=\frac{\overline{X}_p-\overline{X}_q}{S_t}\cdot\frac{pq}{y}\text{或}r_b=\frac{\overline{X}_p-\overline{X}_t}{S_t}\cdot\frac{p}{y}$$

其中 r_b 为二列相关系数，y 为正态分布下 p 与 q 分割点正态曲线的高度，$\overline{X}_p$、$\overline{X}_q$、$\overline{X}_t$、S_t、p、q 的意义同点二列相关系数的公式。

运用此法求项目区分度时，要求二分变量在人为二分前必须是正态分布。如果样本分布不是正态分布，总体分布也应该是正态分布。对于连续变量的分布，虽然不要求是正态分布，但必须是单峰，而且是对称分布形态。其显著性检验可以用下列公式：

$$Z=\frac{r_b}{\frac{1}{y}\cdot\sqrt{\frac{pq}{N}}}$$

三、区分度与难度的关系

测验项目难度对项目区分度有直接影响。难度 P 为 0 或 1 的项目显然没有任何区分能力。一般来说，中等难度的项目区分度最好。假如题目的通过率为 0.50，理想的情况是高分组的所有人都通过了这个题目，而低分组的人都未通过，这就产生一个 1.00 的 D 值；假如题目的通过率为 0.70，理想的情况是高分组的通过率为 1.00，低分组的通过率为 0.40，这就产生一个 0.60 的 D 值。同理，可得出不同难度题目区分度的可能的最大值，见表 6-3。

表 6-3　区分度与难度的关系

难度	区分度最大值
1.00	0
0.90	0.20
0.80	0.40
0.70	0.60
0.60	0.80
0.50	1.00
0.40	0.80
0.30	0.60
0.20	0.40
0.10	0.20
0.00	0

上述关系也可从统计理论得到证实。当项目按 1 和 0（通过、未通过）记分时，每个项目的变异数等于通过率和未通过率的乘积，由于 $p=q=0.50$ 时，乘积（即变异）最大，所以中等难度的项目能将受测者之间的差异做出最精确的区分，而项目难度越接近于 1 或 0，它所提供的关于受测者差异的信息越少。

为了产生最大的分数变异，似乎应该使所有项目的难度都是 0.50。然而，由于一个测验中的项目大多针对有关的内容或技能，因而具有某种程度的相关，假如所有的项目都完全相关并且都是 0.50 的难度水平，在一个项目上通过的人在其他项目上也会通过，在一个项目上失败的人在其他项目上也将失败，那么，一半受测者将通过所有项目，另一半受测者将全通不过。在这种情况下，测验将只有满分和零分两种分数，这样，从整体来说，测验所提供的信息便相对减少。事实上，如果测验的所有项目都是中等难度，只有项目的内在相关为 0 时，整个测验分数才能产生正态分布。考虑到一般测验项目之间都具有某种相关，项目难度的分布广一些，梯度多一些，是合乎需要的。分布广，才能把各种水平的人都区分开来；梯度多，才能区分得更细。好比一把尺子，全距越长，刻度越多，可应用的范围便越大，测量得也越精细。

难度和区分度都是相对的，是针对一定团体而言的。一般来说，较难的项目对高水平受测者区分度较高，较易的项目对水平低的人区分度较高，中等难度的项目对中等水平的人区分度高。这与中等难度的项目区分度最高的说法并不矛盾，因为对总体是较难或较易的项目，对水平高或水平低的人便成了中等难度。由于人的多数心理特征呈正态分布，所以项目难度的分布也以正态为好，即特别难和特别容易的项目要少，接近中等难度的项目多，而所有项目的平均难度为中等。

四、区分度与信度的关系

项目与总分相关高，说明某个测题与整个测验的作用是内在一致的，因此在其他条件相当的情况下，鉴别力大的项目越多，测验的内部一致性越高，整个测验就越可信；由于项目能够把不同水平的被试区分开来，测验的有效性也就越高。因此，项目区分度对测验信度和效度都存在影响。

关于区分度与信度的数值关系，埃贝尔（Ebel，1962）推算出当全部题目（共100题）的难度均为0.50时，不同区分度所预测的信度系数见表6-4。

表6-4　区分度与信度的数值关系

区分度	信度
0.122 5	0.00
0.16	0.42
0.20	0.63
0.30	0.84
0.40	0.915
0.50	0.949

由表6-4可以看出，测验信度随区分度的提高而提高，且信度提高的速度较区分度为快。因此，要提高测验的信度，提高题目的区分度是方法之一。

五、区分度的相对性

一般而言，项目的区分度（也包括难度）是相对而言的，它与测验编制的经验、测验内容、被试特性、统计方法等有关。

（一）用不同的计算方法得到不同的区分度值

区分度有多种计算方法，我们必须根据实际，灵活选用。要注意各种方法的区别和联系，以及每种方法的适用范围。例如，二列相关和点二列相关两种方法，求得的相关系数值是不同的，通常二列相关系数 r_{pb} 大于点二列相关系数 r_b。表6-5就是用以上两种方法计算的几道题目的区分度。这一点在实际应用中影响很小，因为项目分析的目的在于筛选题目，而不是看绝对数值。这同时说明，项目指数的明显差异可能是由于计算方法不同造成的，而非项目之间的差异造成。因此，在对同一测验进行鉴别力计算时，所用公式要一致，即各个项目的区分度值要采用同一种指标，否则，不便于分析比较。

表 6-5　两种相关的比较

	r_{pb}	r_b
1	0.68	0.79
2	0.45	0.59
3	0.65	0.71
4	0.30	0.42
5	0.20	0.29
6	0.19	0.25

（二）样本容量大小影响区分度值的大小

一般来说，样本容量越小，其统计值越不可靠；相反，样本越大，区分度越好。因此，在计算出指标或数值后，不能仅仅从数值的大小判断试题的优劣好坏，而应该运用统计显著性检验法，检验区分度值是否显著。

（三）分组标准影响鉴别指数

极端组划分的标准不同，求得的区分度值也不同。分组越极端，其鉴别指数（D）也越大。通常取 27%作为极端组的划分标准。

（四）被试样本的同质性程度影响区分度值的大小

项目区分度是针对特定团体或被试样组的，相对于不同水平被试团体，其区分度的意义是不一样的。一般来说，被试样本越具有同质性，即个体间水平越接近，其项目的区分度值就越小。相反，即使对于同质团体区分度很小的项目，在具有较大异质性的团体中也可能具有很高的区分度。

因此，在评价项目有效性和鉴别力时，应该综合考虑测验目的、功能以及被试样本的总体水平，不能把区分度作为绝对标准。

第三节　项目分析中的 IRT 技术

本书第三章第四节已经介绍了 IRT 的基本假设和特点，本节介绍其具体应用。

一、项目特征曲线中的参数

项目特征曲线描述了潜在能力与做对一个题目的概率之间的关系。项目特征曲线可反映题目的特性：难度、区分度和猜测率。难度是在项目特征曲线上对应于50%答对的拐点位置，区分度是项目特征曲线的斜率，猜测率是在项目特征曲线上最小的 P 值。

IRT 的一个基本假设是，在理想的测量状况下，低能力的人应当只能做对很少的题目，高能力的人应当能做对更多的题目。事实上，现实世界并不存在完美的度量。人们在做题时，尤其是做难题时会依靠猜测。对于一个四择一的选择题，人们靠猜测做对的概率（即猜测率）为 25%。

在 CTT 中，难度和辨别力通常可以用数学公式来计算。而在 IRT 中，项目参数可用不同的数学模型来估计。如前述的三参数逻辑斯蒂模型中，参数 b 相当于难度，参数 a 相当于辨别力，可以用迭代逼近法或递次逼近法估计，目前已有相应的计算机程序。

二、项目特征曲线的典型表现

（1）项目特征曲线可图解测验的鉴别力，主要在于其曲线的倾斜度，曲线坡度越陡，鉴别能力越好，预测的误差越小。当坡度为 0 度时，可能是题目出得有问题或定错了答案，因而无任何鉴别能力。图 6-4、图 6-5、图 6-6 是几种鉴别力水平不同的项目特征曲线。

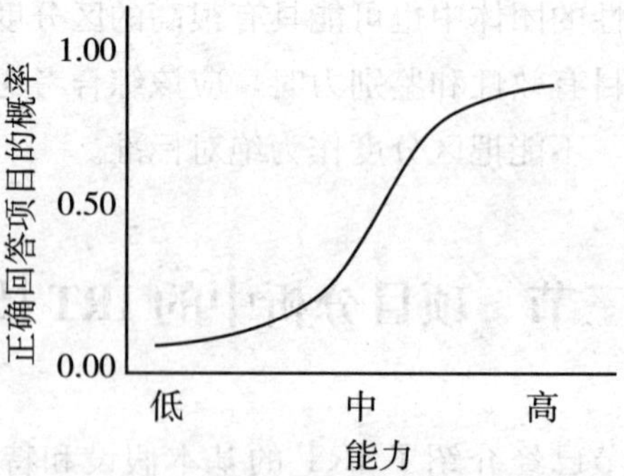

图 6-4　鉴别力较好的项目特征曲线

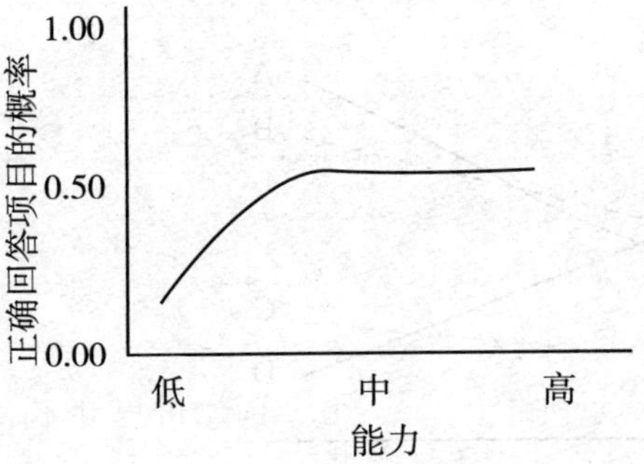

图 6-5　鉴别力较低的项目特征曲线

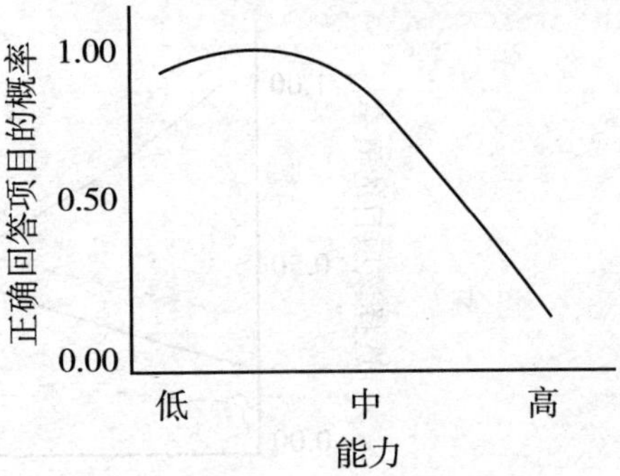

图 6-6　鉴别力为负的项目特征曲线

（2）项目特征曲线也可以图解项目难度。项目特征曲线描述了效标分数不同的被试在该项目上的通过率，对难度高的项目，项目特征曲线在图的右侧开始上升，也就是对大多数被试来说，正确回答难度高的项目的概率是低的。可见，项目难度主要在于曲线拐点的位置，拐点越靠右，表明项目越难。图 6-7 是三条难度不同的项目特征曲线。

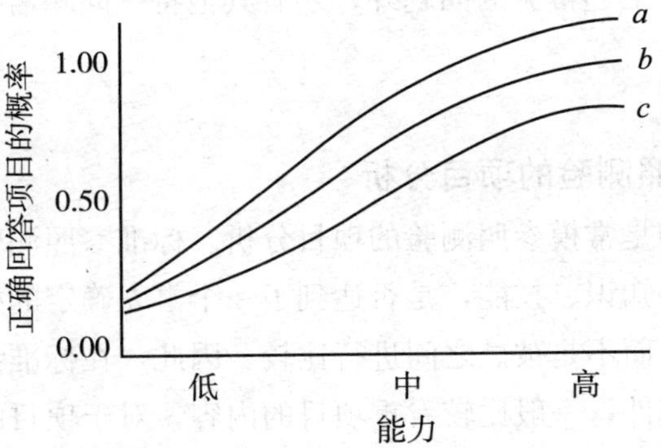

图 6-7　难度不同的三条项目特征曲线

（3）项目特征曲线还可以图解选择题各个选项的应答情况及性能好坏。图 6-8 是对四个选项的反应曲线。从中不难看出，选项 A 作为正确答案具有较好的鉴别能力，选项 B 作为错误答案具有较大迷惑性，选项 C 的迷惑性较小，选项 D 作为错误答案具有很高的鉴别力。

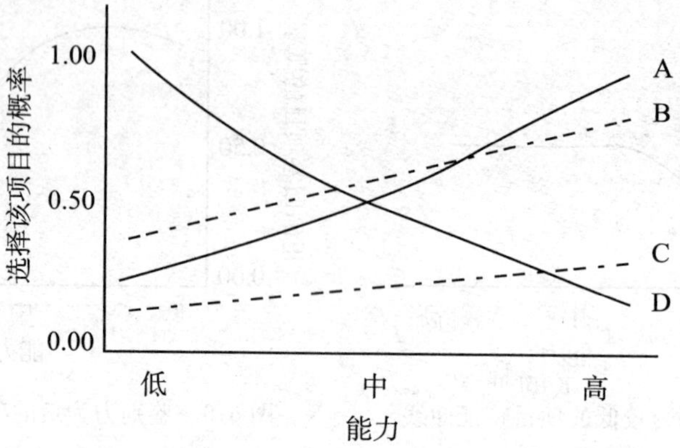

图 6-8　多项选择中每个选项的项目特征曲线

第四节　项目分析的特殊问题

项目分析除了上述常见的问题外，还有其他特殊问题需要合理对待和正确处理。

一、标准参照测验的项目分析

前面讨论的均是常模参照测验的项目分析。标准参照测验主要用于判断被试是否掌握了某些知识、技能，是否达到了一个事先确定的标准，测验结果只与既定标准比较，而不是被试之间进行比较。因此，在标准参照测验中，分数的变异不是必要条件，一般比较看重项目的内容，对于项目的难度和区分度要求考虑较少，因而常模参照测验的项目分析方法不完全适用于标准参照测验。

在标准参照测验中，只要项目的内容很重要就行。标准参照测验的目的和性质决定了对其项目的难度和区分度不必考虑太多，只要能够反映教育目标或者教育者认为重要的内容，无论其难度、区分度多少，都可以编入测验。

标准参照测验可以通过比较教学或训练的前测和后测结果来进行项目分析，用来说明教学或训练的效果以及项目编制是否适当。同一道题目在教学或训练前后对被试进行两次测验，被试得分如果为 FP（先失败后通过）模式，则说明教学或训练取得了较好的效果或题目较好；如为 FF（两次都失败）模式，则说明教学或训练效果太差或题目太难；如为 PP（两次都通过）模式，则说明题目过于容易了；如为 PF（先通过后失败）模式，则说明教学或训练上出现错误或题目有错误。

由于标准参照测验的分数一般变异较小，因此不适合用相关法来计算区分度，但可用类似鉴别指数的方法来计算，即比较两组的通过率。

方法一：根据分数将被试分为达标组和未达标组，然后计算两组在某一项目的通过率，两组被试的通过率之差就是该项目的区分度，公式为：$D=P_s-P_n$（其中 P_s、P_n 分别为达标组和未达标组的通过率）。该方法的缺点是分组标准不同，得到的区分度值不同。

方法二：用同一测验对同一组被试在教学或训练前后各施测一次，分别统计前后测的通过率，两者之差就是该项目的区分度，公式为：$D=P_{\text{post}}-P_{\text{pre}}$（其中 P_{post}、P_{pre} 分别为项目后测、前测的通过率）。D 值越高，说明项目对教学或训练效果越敏感，因此，有人将其称为敏感指数（S），其公式也可以转换为：$S=(R_B-R_A)/N$（其中，S 为敏感指数，R_B、R_A 分别为项目后测、前测通过的人数，N 为总人数）。该方法的缺点是：可能受练习效应的影响，成绩提高到底是由教学还是由练习引起的难以分辨；需要两次施测才能进行项目分析；当 D 或 S 值偏低时，难以做出明确解释，无法确定是教学不当或是试题不良所致。

方法三：取两组条件相当的被试，一组接受同测验有关学科或内容的教学或训练活动，另一组没有接受此类教学或训练，施测同一测验后，分别计算每组被试答对的人数，两组被试通过率之差便为该题区分度，公式为：$D=P_i-P_u$（P_i、P_u 分别为教学训练组和未教学训练组的通过率）。该方法的缺点是两组被试除了在教学或训练方面不同外，其他有关方面必须同质，这是很难做到的。

二、速度测验的项目分析

前面所讲的项目分析方法对于速度测验是不适用的。速度测验项目普遍容易，只要认真作答，多数人都能通过，但由于项目数量多，时限短，很少有人能做完全部项目。因此，从速度测验得到的项目分析指标，与其说反映了项目的难度和区分度，不如说反映了项目在测验中的位置。

就难度来说，测验中前面的项目通过率高，后面的项目通过率低，即使后面的项目比前面的更容易，也会出现这种情况。

就区分度来说，测验中前面的项目几乎人人都能通过，因此鉴别力很低；后面的项目却只有能力强、反应快或总分高的人才能通过，因而使鉴别力被高估。

由此看来，在速度测验中，不管项目本身性质如何，只要出现在前面，便有较低的难度和区分度，而出现在后面，便有较高的难度和区分度。

为了避免上述问题，可以在分析每个项目时，只用已经完成（不论对错）这个项目的人作样本。然而这并不是一个令人满意的解决办法。因为采用这种程序分析后面的项目时，样本人数会很少，结果更不可靠。

如果速度本身对于测验所要测的能力来说并不十分重要，对速度测验进行项目分析的一个更可行的办法是：在预测时给受测者以较长的时间。但无论何时都要记住，从速度测验得到的项目分析资料，必须谨慎对待。

三、选择题的项目分析

选择题能比较有效地测量较复杂的认知目标，能为改进教学提供更多的反馈信息，且具有易于评分、能用计算机阅卷等优点，因而在心理与教育测验中应用极其广泛。

选择题的项目分析可解决的问题有：

（1）项目是否具有所预期的功能？对于常模参照测验，测题是否有足够的区分度？对目标参照测验来说，测题是否能充分地测量到教学的结果？

（2）项目的难度是否得当？

（3）项目是否有缺陷？

（4）几个选项是否都有效？

第一、二两个问题可以采用前面难度和区分度的方法进行分析。下面对后两个问题进行讨论，即通过被试对选项反应模式的分析来改进并提高测验项目的质量。

（1）如果所有被试都选择某一正确的备选答案，说明该项目太容易，或者可能是项目中提供了某种暗示信息，使正确答案过于明显。

（2）如果没有任何被试选择某个错误答案，则说明该选项不具有迷惑性，错得过于明显，除增加阅读时间外，不起任何作用。一般来说，除非有2%以上的人选择，否则该备选答案应该修改或删掉。

（3）如果所有被试都选择了某个错误答案，说明该选项可能是正确的，编制测验时把正确答案搞错了，也可能是在教学中发生了错误。

（4）如果高分组被试的选择集中在两个答案上，二者选择率接近，说明该题可能本来就有两种正确答案，或者在某种意义上另一个选项也有一定的道理。

（5）如果高分组对正确答案的选择率与低分组相等，即高分组和低分组对正确选项的选择没有区别，说明该题所考查的东西与被试水平无关，即不具有鉴别力，此题应删除或做大的修改。

（6）如果所有被试都未回答某个题目（速度测验除外），或选择各个备选答案的人数几乎相等，说明该项目可能过难或题意不清，使得被试无法作答或凭猜测作答。

四、客观题的猜测问题

对于客观题，有一个重要的问题：是反映了被试的真实状况，还是因为猜测而获得了高分？因为对于客观题，猜测会提高分数，尤其是是非题、配对题及选项较少的选择题，这种影响格外明显。

被试凭猜测选择正确答案的机会是 $1/K$（K 是每题中选项的数目）。这样对是非题（$K=2$）而言，猜测就能获得50%的成功机会；而四重选择题，其猜测正确的概率就为25%。显然，大量的猜测会对是非题和选择题的分数产生很大的影响，从而对测量带来误差，即猜测误差。

猜测误差的来源主要有：猜测相对于不猜引起的误差；是否猜得对引起的误差，即猜测过程中因随机得分情况不同所引起的误差。猜对的概率是对被试团体平均而言的，即 N 个被试参加测验，100个四重选择题仅凭猜测能猜对25题。具体到某个人，他实际猜对几题并不一定与概率值相等。

通过上面的分析，有人认为，由于对某些测验项目允许猜测，使分数高于被试的实际水平，因此有必要对分数加以校正。

此外，在选择题测验中，猜测的成功概率受项目备选答案数目（K）的影响（$P=1/K$），备选答案数目越少，机遇的作用越大，根据难度的计算公式求出的难度就越不能反映出项目的真实难度。为平衡机遇对难度的影响，可采用校正公式进行难度校正。

五、项目与团体的相互作用

不同性质（性别、种族、职业等）的团体具有不同的文化和教育背景，因而在测验得分上会存在差异，导致同样的项目对不同的团体可能有不同的难度。这就涉及测验偏见和公平性问题。例如，研究发现，美国大学考试委员会（CEEB）编制的学习能力测验（SAT）的题目对于黑人学生来说难度更大。

在编制测验筛选项目过程中，必须考虑项目与团体的相互作用。例如，在编制斯坦福-比内智力量表时，曾尽量淘汰有利于两性间任何一方的项目。然而，由于每个年龄组适用的项目数量有限，要删去所有引起性别差异的项目是不可行的。为了在总分上排除性别差异，便通过调整，使对男孩和女孩有利的项目大致相等。

美国芝加哥大学曾就智力测验项目难度的社会经济文化差异进行了大规模调查，发现大多数智力测验对于来自下层社会的儿童是不公平的，因为许多测验项目是根据中产阶级的儿童熟悉的材料、技能和兴趣编制的。于是，研究者编制了对于下层社会的儿童是“公平”的特殊测验，尽量排除在调查中发现的对中产阶级的儿童有利的题目。可惜这个测验没有流行，因为它在预测学业成绩和其他效标方面不能令人满意。

在编制测验中也有另外一种情况，不是选择团体间差异尽可能小的项目，而是选择使团体差异尽可能大的项目。比如，人格测验中的男性化-女性化量表的目的是测量个体的反应与我们文化中男性和女性特征的符合程度，因此，只有那些引起两性显著差异的项目被保留。

由于项目与团体相互作用的复杂性，所以对项目的选择标准不能做刻板规定。对于引起一定团体显著差异的项目是保留还是淘汰，取决于测验编制的目的。如果测验要求对所有个体都相对公平，那么，就应该排除那些有利于或不利于不同性质的亚团体的项目；如果测验的目的是为了考查不同亚团体的差异，那么，就应选择使团体差异尽可能大的项目。假如要预测的效标具有明显的性别差异、社会经济差异或其他团体差异，删去反映这种差异的项目便会减低测验的预测效度。同样，当所编的测验是用来确定个体与哪个团体更相似时，就应该选择能显示这些团体之间差异的项目。

在对测验分数做解释时，一定要了解该测验在编制时的选题依据。例如，男孩与女孩在斯坦福-比内智力量表的 IQ 分数上没有显著差异，有人由此得出结论：男女之间在智力上无差异。实际上这是个循环论证，因为在编制这个测验时，性别差异被有意抵消了。后来编制的韦氏智力量表证明，男女在智力上是有差异的，只是差异的方向不固定，有些方面（如图形项目）男优于女，有些方面（如言语项目）女优于男。在总的 IQ 分数上没有差异，只表明在编制测验时对有利于男女两性的项目平衡得很成功。

六、有效性与可靠性的矛盾

对项目的区分度可以从外在效标与内部一致性两方面分析，前者检查项目反应与效标分数的关联性，后者检查项目反应与测验总分的关联性。有时外在效标分析与内部一致性分析可能导致相反的结果。

删去同总分相关较低的项目，测验将变得较为同质，这对于改进测验的构想效度是有利的，但对于需要效标关联效度的测验来说可能适得其反。效标中往往包括复杂的成分，测验越是同质，与效标的共同要素便越少，因而越不能对效标做出有效的预测。在这种测验中，最令人满意的项目是与外在效标具有高相关而与总分具有低相关的项目，因为它测量了其他项目测量不到的方面，使测验效度有了纯净的增加。

按照项目净增有效性选择项目的标准，刚好与根据内部一致性选择的标准相反：前者是选择与测验总分低相关的项目，目的是增加测量的范围，减少重复，提高效度；后者是选择与测验总分高相关的项目，目的是增加测验的同质性，提高信度。一般来说，用于检验某种理论构想的测验强调内部一致性，而在实际工作中用来做预测的测验则强调效标效度。

解决上述矛盾的一个折中方法是使用成套测验。挑选相对同质的项目组成分测验，每个分测验测量效标的不同方面。采用这种方法，内部一致性较低的项目不是被淘汰，而是被放在不同的分测验中。这样我们对每个分测验强调的是可靠性，而对整套测验强调的是有效性。

这种可靠性和有效性的矛盾在按照难度筛选项目时也会碰到。前面曾提到，项目难度有一个广泛的分布，才能把所有受测者最大程度地区分开来。但难度分布广，意味着项目的内部一致性较低，亦即测验的信度低。只有项目难度相等，相互间才可能有高相关，从而才可能得到较高的信度。

在讲信度和效度的关系时，我们曾指出，信度是效度的必要条件。此处为什么会出现信度和效度的矛盾呢？信度有多种，效度也有多种。同质性（跨项目的一致性）信度是构想效度的必要条件，稳定性（跨时间的一致性）信度是预测效度的必要条件。前者要求项目有高度的组间相关，后者却要求很低的组间相关；前者要求项目有同等难度，后者却要求项目难度广泛分布。我们在追求一个目标时，必须在另一个目标上有所牺牲。对于多数心理测验来说，项目间中等程度的相关，便可使二者调和，获得较为满意的信度和效度。

上述情况说明，测验的信度、效度受项目的难度、区分度、内部一致性等多种因素交互影响，所有这些指标间的关系是非常复杂的，因此不能把它们割裂开来分析。

【要点小结】

项目分析一般包括定性分析（质的分析）和定量分析（量的分析）。定性分析是对内容取样的适当性、题目的思想性以及表达是否清楚等方面加以分析；定量分析是对预测结果进行统计分析，确定项目的难度、区分度、备选答案的适宜性等，主要是对题目难度和区分度的分析。

难度是指项目的难易程度，通常以题目的通过率、得分率或答对率来表示。对于效标参照测验和掌握测验，一般不考虑难度；对于选拔测验，难度最好接近录取率；对于选择题，难度一般应大于猜测概率。理论上，题目的难度接近或等于 0.50 时是比较理想的。

区分度又称鉴别力，是指测验项目对被试心理品质水平差异的区分程度或鉴别能力。区分度分析主要以效标为依据。

区分度与难度、信度的关系密切，一般来说，较难的项目对高水平被试区分度高，较易的项目对低水平被试的区分度高。测验信度随区分度的提高而提高，且信度提高的速度较区分度为快。

项目特征曲线是项目特征函数或项目反应函数的图解形式，它反映了被试对某一测验项目的正确反应概率与该项目所对应的能力或特质的水平之间的一种函数关系。项目特征曲线可图解测验的鉴别力、项目难度以及选择题各选项的反应情况等。项目鉴别力的高低主要在于其曲线的倾斜度，曲线坡度越陡，鉴别能力越好，预测的误差越小。项目难度主要取决于曲线拐点的位置，拐点越靠右，项目越难。

【思考与练习】

1. 什么是项目分析？项目分析包括哪些具体内容？

2. 什么是区分度和难度？两者关系怎样？

3. 如何进行区分度和难度的计算？

4. 什么是项目特征曲线？它是怎样图解项目的鉴别力、项目难度的？

5. 某测验对11名被试施测，结果数据如下表，试计算各题的难度和区分度。

		考生										
题号	满分值	A	B	C	D	E	F	G	H	I	J	K
1	3	3	3	0	3	3	0	3	0	0	3	3
2	5	5	0	5	5	0	0	5	5	5	0	0
3	10	8	8	5	9	10	3	7	10	10	5	7
4	12	10	12	7	8	5	5	9	8	7	6	7
5	20	15	10	12	17	15	10	15	17	18	15	10
6	50	45	30	20	42	35	25	38	38	44	40	23
合计	100	86	63	49	84	68	43	77	78	84	69	50

6. 联系我国高考讨论测验的公平性问题。

第七章　测验分数的合成与解释

【内容提要】

本章介绍了心理测验分数的处理与解释，包括心理测验分数的合成、常模参照测验和标准参照测验的结果解释以及解释心理测验分数时的注意事项，为科学、有效地使用心理测验提供了一个理论框架。

【学习目标】

1. 了解各种心理测验分数的合成方法。
2. 掌握各种合成方法的具体适用条件。
3. 明确常模参照测验与标准参照测验的不同特点。
4. 明确常模参照测验与标准参照测验结果解释的不同方法。
5. 了解向当事人报告分数的注意事项。

【关键词】

分数合成　常模参照测验　标准参照测验　结果解释

第一节　测验分数的合成

我们在使用测验时，常常需要将几个分数或几个预测源组合起来以获得一个合成分数或做出总的预测。分数的组合可以在不同层次上进行。

项目的组合：每个测验都包含许多独立的项目，除非测验使用者对个别项目有特殊兴趣，否则总要把各个项目分数组合起来。不同的项目可以组成量表或分测验，从而得到量表分或分测验分，所有项目也可以合成一个测验总分。

分测验或量表的组合：有些测验是由几个分测验或量表组成的，每个测验或量表都有自己的分数，这些分数可以组合在一起得到一个合成分数。但有时各量表分也可单独使用而不必合成，如从职业兴趣测验上得到的各分数就不需要合成。

测验或预测源的组合：在做决定时，常常同时考虑几个测验或预测源。如美国雇佣服务中心对申请者实施 12 个测验，用来预测在各种职业上的成功。我国大学招生对体检结果及高考分数、中学表现等全面考虑，这实际上也是采用了几个不同的预测源。

以上几个层次的组合所采用的逻辑和统计方法基本上是相同的。

一、分数合成的方法

由于测验目的和所用资料不同，组合方法可以是统计上的，也可以是推理的或直觉的。

（一）临床判断

在实际工作中，人们用得最多的方法是根据经验对各变量做直觉的组合。临床上，医生看病并不对有关病人的各种资料进行统计分析，而是凭经验做出诊断。与此相似，一个教师或家长在帮助学生填报升学志愿时，根据该生的各科成绩、兴趣爱好、性格特点、身体条件等因素，全面分析并做出判断，看他适合学什么，报考哪里成功的可能性最大。像这种根据直觉经验，主观将各种因素组合以得出结论或预测的方法叫临床判断。

临床法的优点：

（1）能从整体上对各个因素加以综合考虑，不但考虑到各个因素的相对重要性，还能考虑到各因素间的交互作用，这种考虑具有高度完形性质；

（2）每个判断都是针对特定的个人做出的，能考虑到每个人的具体情况。

临床法的缺点：

（1）主观加权可能受到判断者的偏见的影响，不够客观；

（2）缺乏系统的数字分析，没有精确的数量指标；

（3）判断者需要受过训练并具有丰富经验。

（二）推理方法

这种方法不考虑各个变量间的经验关系，而是根据某种先验的理想程序来做推理性加权。

1. 单位加权

最简单的方法是将各个变量（题目、分测验或测验）直接相加而得一合成分数：

$$X_C=X_1+X_2+\cdots+X_n$$

这里 X_C 为合成分数，X_1，…，X_n 为各个变量。

这种方法看起来好像是将所有变量做了等量加权，而实际上是对每个变量做了与它的标准差成比例的加权，亦即将变异量最大的题目或测验做了最重的加权。这意味着变异较大的变量将在做预测和决定时起较大的作用。

2. 等量加权

要想对各个变量做等量加权，可将所有分数转换成标准分数（Z 分数），然后再把它们加以组合：

$$Z_C=Z_1+Z_2+\cdots+Z_n$$

这里 Z_C 为合成的标准分数，Z_1，…，Z_n 为各个变量的标准分数。

等量加权比较麻烦，只在特殊情况下（如各变量对预测效标具有同等重要性或各变量离散度相差较大时）使用。在通常情况下，各个变量对预测效标的作用是不同的，因此需要根据各个变量与效标间的经验关系来做差异加权。但除临床法（临床判断属差异加权）外，差异加权的统计方法（一般用多重回归）较为复杂，所以在变量较多而每个变量的差异又大体相同时（如一个测验包含许多小题目），常用单位加权来代替等量加权和差异加权。当测验题目用“1”或“0”记分时（如选择题），单位加权也是等量加权。

3. 多重分段

当用测验来决定取舍时，必须确定一个分数线，分数在这条线以上的人接受，在这条线以下的人拒绝，这是只有一个预测源的情况。在实际做决策时，人们往往不只使用一个预测源。当几个预测源不具互偿性时，就需要给每个预测源都定一个分数线。不论有多少个预测源，只要一个人的得分在任一变量上低于分数线，即被拒绝，因为人的任何一项活动都需要一些基本技能，其中有些技能是不能由其他能力来代替的。例如，一个不会辨别音调的人，不论他的音域有多宽，音色有多好，节奏感有多强，也是当不了歌唱家的。

多重分段法只是把人分成达到最低标准（接受）与未达到最低标准（拒绝）两类，而不在这两组人内部做出进一步的区分。

在只有一个预测源时，确定分数线是比较容易的。在有两个以上的预测源时，如果每个变量对于效标的成功都有一个最低的可接受的水平，则每个预测源的分数线可以独立确定，此时分数线即代表在该方面所需要的最低能力水平。如果每个变量对于效标的成功没有确定的能力阈限，情况就变得较为复杂，此时不能单独确定每个预测源的分数线，而必须将每个变量同时处理，在限定的录取率内，使每个预测源都获得合适的分数线，以保证所要的结果（如正命中率或总命中率）达到最高。根据确定分数线的不同情况，多重分段可有两种主要模式。

（1）综合分段。当几个变量没有确定的阈限，而各个预测源分数又可以同时获得时，要把几个预测源与效标的关系综合起来考虑，在保证合成体的预测效度最高的前提下，分别确定出每个预测源的最佳分数线。

（2）连续栅栏。当预测源分数只能陆续得到，而每个变量又具有自己特定的阈限（可接受的最低水平）时，不必让每个申请者都在所有的预测源上尝试，只有通过第一项，才能进行下一项。这好比体育比赛中的淘汰赛，只要输掉一场便失去夺冠机会。在采用连续栅栏选人时，为了使选择效率达到最高，应该首先使用最有效的预测源，紧跟着使用第二有效的预测源，依此类推。如果先使用了效度不高的预测源，就会使选择效率大为降低。

当然，在安排各个栅栏的顺序时，除了考虑每个预测源的效度外，还要考虑其他因素。一般来说，比较简单与花费少的选择方法，如申请表和纸笔测验可放在前面，而花钱较多且费时间、不一定更有效的选择方法则放在后面。总的原则是尽可能采用既有效又经济的策略。

4. 多重回归

多重分段假设预测源间不具有互偿性，但这对许多心理变量是不适用的。譬如，三个学生取得了同样好的成绩，但一个靠的是思维敏捷，一个靠的记忆力好，另一个靠的是勤奋刻苦。这就是说，人的一种能力或品质可能补偿另一方面的缺陷。在这种情况下，采用多重分段法选人就会使一些本来可以成功的人被淘汰。

当同时采用几个预测源来预测一个效标，而这些预测源变量之间又具有互偿性时，多重回归是最常用的组合分数的模式。

(1) 基本方程式。多重回归是研究一种事物或现象与其他多种事物或现象在数量上相互联系和相互制约的统计方法。其基本方程式为：

$$\hat{Y}=a+b_1X_1+b_2X_2+\cdots+b_nX_n$$

式中 $\hat{Y}$ 为预测的效标分数，X_1，…，X_n 为各个预测源分数，b_1，…，b_n 为每个预测源的加权数，a 为一常数，用来校正预测源与效标平均数的差异。

从多重回归方程中可以看出，在一个预测源上的低分数可以由另一个预测源上的高分数来弥补。

多重回归方程式的导出相当复杂，一般借助计算机来进行。其输入资料为预测源与效标的平均数和标准差，以及所有变量间的相关系数。输出资料主要有两项：①回归方程式，指出各个预测源的加权量；②多重相关系数 R，表示预测源（作为一个合成体）与效标测量间的相关，R^2 表示效标的变异可由预测源来解释的比例。

(2) 预测误差。导出回归方程后，将每个人在各预测源上的分数代入回归方程，便可得到每个人的预测效标分数。实际上，这个预测的效标分数只是一个最佳估计——所有具有相同预测源分数的人的效标分数分布的平均。与单一预测源一样，其估计的标准误可用下式求出：

$$S_{est}=S_y\sqrt{1-R^2}$$

（3）渐进效度。当预测源在两个以上时，一般采用阶梯式步骤进行多重回归分析。首先选出与效标相关最高亦即最有效的预测源（它作为合成体的一部分的效度与它作为单一预测源的效度相同）。然后加入另一个预测源与最佳预测源组合，以使 R 的数值增至最大。下一个要加入的预测源应该是与前两个预测源组合能使 R 值增加最多的，这样继续下去，直到加入再多的预测源无法使 R 有显著增加为止。这里每个预测源的效率取决于它对总的预测效率的独特贡献。一个预测源加入合成体后所增加的 R 值，叫渐进效度。如果一个预测源不能使 R 值增加，就不应加入合成体。在实际应用时，一般 2～4 个预测源就足以达到最高的预测正确性。

为了使预测效率达到最高，在一个多重回归方程中，每个预测源的权数应该同它与效标的相关成正比，同它与其他预测源的相关成反比。因此，即使一个与效标有较高相关的预测源，假如它所测的特性可由其他预测源来测时，就不必把它包含在回归方程中。在成套测验中，测验之间相关高，意味着不必要的重复，因为它们在很大程度上反映了效标的同一侧面。含有两个这样的测验不会使整套测验的效度有明显增加，所以只需保留一个。

（4）抑制变量。在个别情况下，把一个与效标有零相关而与另一个测验有高相关的测验吸收到回归方程中也可以提高成套测验的预测效度。例如，阅读理解测验可能与一个数学或机械能力倾向测验上的分数有高相关，因为测验需要有理解复杂指导语的能力。如果阅读理解与所要测的工作行为无关，测验要求的阅读理解能力就会引进误差变异，降低测验的预测效度。可见，阅读理解能力在这里实际上是个干涉变量。实施一个阅读理解测验并让这个测验以负权数出现在回归方程中，将消除这个误差变异，提高合成体的效度。阅读理解测验在这里被称作抑制变量，起抑制干涉变量的作用。受测者的阅读理解分数越高，从他的数学或机械测验分数中扣除的就越多。

5. 区分分析

多重分段和多重回归所处理的基本上是选人问题，区分分析所处理的是分类与安置问题，即看一个人最像哪一组人，然后将其分派到最相像的团体中。

区分分析比多重分段和多重回归方法更复杂，其一般步骤是：

（1）收集每个团体（如医生、教师等）成员的各种资料（如知识结构、能力、兴趣、性格等），找出其不同特征。

（2）确定用哪些变量能对这些团体加以区别，即选择测验或预测源。

（3）将最能区分这些团体的变量组合起来，即对每一变量做最适当的加权而得一区分方程式，这个方程式可使团体间的差异达到最大，而使团体内的差异达到最小。

（4）将个人在每一预测源上的分数代入区分方程，看所得的分数与哪个团体的分数模式最相符，据此对每个人做出分类和安置。

6. 因素分析

因素分析的最大功用，是能够从许多变量中抽出少数几个共同因素，以达到科学上以简驭繁、去芜存菁之目的。例如，假如我们发现 5 个因素足以说明 20 个测验中的所有共同的变异，在大多数情况下，我们就可以用 5 个分数来代替原来的 20 个测验，而不损失基本信息。通常的做法是保留原来的测验中能对每个因素做出最好测量的测验。在合成分数时，则根据每个测验的因素负荷量来进行不等量加权。

7. 合成分数的特殊方法

在某些情况下需要采用一些特殊的方法来组合分数。例如完形记分，该方法将各个变量看作一个整体，不是孤立地看每个反应结果，而是看总的反应模式，从而使效度增加。

另一种特殊方法是轮廓分析，主要是考虑被试在各个测验或量表上所得分数的轮廓，而不是将各个变量做简单的线性组合。明尼苏达多相人格调查表中广泛使用的“高点”规则，就是一种轮廓分析。

二、各种合成方法的比较

各种组合方法分别适用于不同的情况，且各有利弊。下面从几个方面对几种常用方法做一比较。

（一）应用范围

采用哪种组合方法取决于使用测验的目的。测验的目的可分为预测和描述，前者是用测验分数来预测某种效标行为，后者是用测验分数对人的某种行为做出一般性的描述。在用于预测时，还可进一步分成选人和安置两类问题。前者是从申请人中挑选出最佳者，后者是将每个人置于最适当的位置或类别中。下面分别介绍适用于每种情况的组合方法。

1. 选人

在选人情况下，通常以多重分段或多重回归方法来组合预测源分数。当输入的资料具有连续性，用来作为预测源的特质具有互偿性，而预测源与效标间又是直线关系时，可以用多重回归方法。只要上述三个条件中有一条不具备，而且对所选的人又不必按顺序排列时，用多重分段方法更适合。

临床判断与区分分析也适合于选人，推理组合方法也可以用，但不如差别加权方法有效。

在实际应用时，常常将不同方法混合起来，形成一套连续选择策略，在不同阶段使用不同的技巧。例如，在选人程序的第一阶段可能是面谈，主持面谈者根据他的临床判断做出初步决定，第二阶段可能是一组测验，然后将分数以多重回归或多重分段方法组合以做出最后的决定。

2. 分类与安置

区分分析可以提供个人与一些组别的相似性，因此最适用于分类与安置，特别是当效标分数无法得到，只能查明团体的特征时，这种方法更为有用。

多重回归方法也可用于安置与分类问题。只是在用于安置时，需要对各个组确定不同水平的分数线；而在用于分类时，则要分别为每个组确定单独的回归直线。然后将每个人分别派至能使预测效标分数达到最高的组内。下边举一个用两个预测源把人分到两组的简单例子来说明其方法。

假如我们要用学习能力测验的分数和数学考试成绩作为预测源，把一批大学新生分到经典物理和现代物理两个专业中去，可先由这两个预测源所得到的合成体，分别求出每门课的回归直线。在图 7-1 中，a 为经典物理课的回归直线，b 为现代物理课的回归直线。然后，将合成分数落在虚线左边的学生分到经典物理专业，将合成分数落在虚线右边的学生分到现代物理专业，这样两组便均可获得较高的效标分数。

此外，临床判断法也可用于分类与安置。

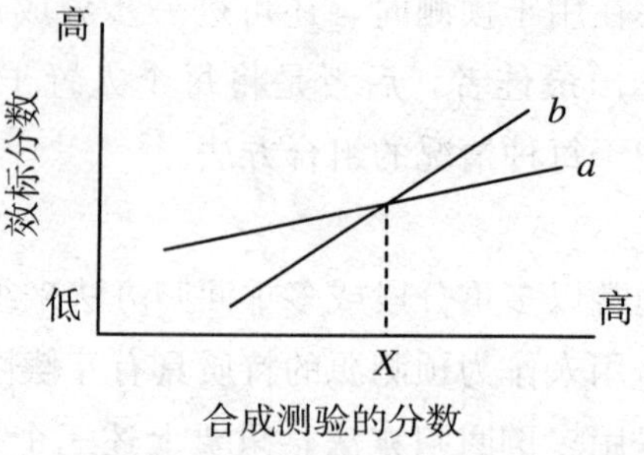

图 7-1　多重回归应用于分类问题模式图

3. 描述

所有组合分数的方法都能提供描述的信息。由于区分分析和因素分析提供的信息较多，因而更适合用来做描述。因素分析能找出解释各种测验结果的共同因素，从而可以简化对行为的描述。区分分析能找出区分各组的变量，从而可以对这些组的性质有更清楚的认识。

（二）资料特征

不同的组合方法需要不同种类的资料，并采用不同的方式输出资料。因为资料的特征能影响我们对方法的选择，所以了解每种方法对资料的要求是必要的。

1. 输入资料的种类

临床法具有弹性，可接受任何种类的资料——主观的或客观的，定性的或定量的，不连续的或连续的。

所有其他方法均以统计为依据，因而需要数量的资料，即使是主观获得的资料，如等级评定，也必须在分析前量化。除多重分段外，所有统计方法都假设预测源资料是连续的。多重分段既可接受连续资料，也可接受不连续资料。

2. 输出资料的方式

临床法允许任何形式的输出：可以是整体的描述（如“这个孩子很聪明”，“此人不诚实”），也可以是特定的预测（如“她将来会成为一个歌唱家”，“他期末考试会得优”）；可以是选择，也可以是分类与安置；可以是有条件的结论，也可以对判断表示某种程度的信心（如“假设他报文科院校，考取的可能性很大”）。

多重分段是将被试分成可接受和不可接受两类，其他方法则把结果呈现在连续量表上。多重回归可得一预测效标分数，区分分析可得个人与团体的相似程度，因素分析可得测验与因素分数的相关。当然，对于区分分析和多重回归来说，也可以在量表上某点或几点将输出资料分开而用于分类。

（三）加权方法

临床判断是凭直觉主观加权，推理方法是根据某种理论先验加权，多重分段、多重回归、区分分析和因素分析都是用实际导出的加权。

除了某些推理加权外，所有方法采用的都是差异加权。

（四）效度

衡量一个测验的价值主要看它的效度，评价组合测验分数的方法当然也要看效度。

1. 合成体的效度

组合测验分数的目的是增加效度，因此，对合成体效度的最基本要求是应显著地大于任一测验或预测源的效度。假如合成体的效度不高于最有效的元素时，建立这个合成体就是徒劳无功的事。换句话说，除非一个变量可增加预测的正确性（有渐进效度），否则不应加入合成体。这意味着在合成体中应包括那些能提供独特信息的预测源。

合成体的效度不但应比基础率（在未经选择的人群中，从事某种活动取得成功的人数比率）有较大的改进，而且要比其他可能的方法预测得更正确。

合成体应具有一定的功利率。由于使用较多的预测源会增加直接或间接费用，而且在加入额外预测源时，预测正确性的增加遵循“报酬递减率”，有时增加预测源所需要的费用甚至会超过它所带来的益处。因此，在一般情况下，预测源不宜过多，特别是一些消耗人力、物力较大而增益不显著的变量应从合成体中排除。

组合分数的方法不同，其合成体效度的指标也不同。临床判断以正确决定的数目作为效度指标；推理方法以预测正确性作为效度指标；在多重回归中，多重相关系数 R 或 R^2 为适当的效度指标；在多重分段模式中，或将多重回归应用于分类与安置问题时，命中率为适当的效度指标；当区分分析被用来对个人进行分类和安置时，正确分类和安置的比例（命中率）则为适当的效度指标；由于因素分析是用来减少变量的数目，所以可用共同因素解释的变异比例作为适当的效度指标。

2. 元素的效度

组成合成体的各个元素（各预测源）的效度可用几种方法来评价。最简单的方法就是看单一预测源与效标间的相关或只用某一预测源所得的命中率。这样做是假设每个预测源单独使用，而事实上它只是合成体的一部分。因此，适当的指标应该是个别元素对合成体预测效率的贡献。简言之，我们对预测源的渐进效度，亦即提供独特信息的能力感兴趣。

渐进效度也可用于多重分段情况，唯一的差别是，效度是用命中率的增加来评定的，而不是用多重相关系数的增加来评定的。

有人批评，渐进效度可能会使我们对后加入的预测源的贡献产生错误的印象。例如，一个测验单独使用时可能具有较高的效度，但由于与第一个预测源的相关高，因此对多重预测没多大助益，以渐进效度来评价该测验的贡献就会暗示它的效度不高。对渐进效度的另一个批评是，第一个（最佳）预测源的贡献，通常是由它的效度（R 或命中率）与概率（零效度）比较来评价的，而不是由对基础率的改进来评价的，因此第一个预测源的贡献会被高估。

3. 效度的比较

由于各种模式根据不同的假设，适用于不同情况，而且以不同的方式来表达结果，所以，对几种方法的有效性做比较是困难的，但我们可以从以下几方面对这些方法的效度分别加以比较。

(1) 推理法与实证法的比较。当所包含的预测源少时，根据变量间的实证关系来做差异加权，一般而言，比用推理加权可产生更有效的预测。然而，当预测源数目多时，简单的单位加权通常与差异加权同样有效，因此可用来取代复杂的差异加权。

除非有必要的理由非用等量加权不可，对合成体的各个元素通常做单位加权，或利用多重回归将变量间的实证关系考虑在内而做差异加权。在一般情况下，可对测验中的各个题目做单位加权，而对各个测验做差异加权。

(2) 分段法与回归法的比较。分段与回归这两种方法均可用来处理选人问题，但只有每种方法的假设与实际情况相符时，才有较高的效度。

当预测源变量间具有互偿性且预测源与效标呈直线关系时，多重回归模式较有效；当预测源间不具有互偿性，或预测源与效标间关系不为直线时，多重分段模式较有效；在两个模式都可用时，通常回归模式更有效。

回归法的优点是可导出每个人的预测效标分数，而且，由于此模式具有互偿性，各种能力组合都同样可接受，因而有利于选拔具有不同专长的人才。但是，在有些工作中，当某种能力达到一定程度后，工作成绩便不再随能力的增长而提高，由于二者不是直线关系，因此相关将很低，在这种情况下，用回归方法便很难做出准确预测，而采用分段模式则更为有效。

分段法对输入资料的要求不苛刻，没有过多的限制条件，而且容易操作，解释方便。这种方法的主要缺点是，用分类而非连续的测量失去了精确性，对可接受的人选没有按名次排列，因而无法提供必要的信息以选出最有可能成功的人。

在许多情况下，最好的策略可能是两种程序的结合：先采用多重分段，拒绝那些在任一预测源中落在最低标准之下的人，然后再用回归方程计算那些可接受者的预测效标分数。

在个别情况下，这两种方法也可能都不适用。例如，在某些人格特征中，可能存在着适合某个职业的最佳范围，超出这个范围将处于不利地位。这时，只有采用区分分析才能选出合乎需要的人。

（3）临床法与统计法的比较。关于临床判断与统计预测的有效性，人们进行过大量研究，并有很多争论，多数人认为，这两种方法各有利弊，分别适用于不同情况。

一般来说，在预测确定的、可观察的效标时，统计法较为适合，能预测得更准确些。当预测的东西比较微妙或没有确定的、单一的结果，需要做开放式预测时，临床法更适合，可估计到各种可能的结果，而不是只做一个简单结论。

统计法只适用于一般的、典型的模式，而临床法较为灵活，对于特殊的、非典型的模式也可以用。

当某个事物的发生率相当低（基础率低）时，统计法便失去其价值，而临床法却可以做出较为准确的预测。

统计法根据预测源与效标间的实证关系对每个预测源做最适当的加权，从而可使预测误差减至最小，并能对误差量做出估计，而临床法却可能对各预测源做不适当加权。在一般情况下，判断者所能做的最好预测实际上是重复统计公式的最适当的加权，除非他能指认出公式中没有考虑的有关变量，而一旦发现了这个新的变量，也可将其加入统计预测公式。在某些情况下，可能没有可用的公式，这时便只能用临床法。

总之，各种组合分数的方法各有所长，亦各有所短，而且都有自己适用的不同情况。在使用时主要根据测验的目的尽可能采用效度最高的方法，必要时可将几种方法结合起来使用。

第二节　测验分数的解释

分数的解释包括两个方面的问题：一是如何使分数具有意义；二是如何将有意义的信息传达给当事人。

一、常模参照测验和标准参照测验

测验实施之后，将被试的反应与答案做比较即可得到每个人在测验上的分数。这种直接从测验上得到的分数叫作原始分数。

原始分数本身没有多大意义。譬如，某生成绩单上写着数学 85 分、语文 80 分，由此既看不出该生水平高低，也不能看出他哪门课学得更好。为了使原始分数有意义，同时为了使不同的原始分数可以比较，必须把它们转换成具有一定的参照点和单位的测验量表上的数值。

通过统计方法，由原始分数转换到量表上的分数叫作导出分数。有了导出分数，我们才可以对测验结果做出有意义的解释。

根据解释分数时的参照标准不同，可以将测验分为常模参照测验和标准参照测验两类。

（一）常模参照测验

常模参照测验（norm-referenced test）关心的不是一个人能力或知识的绝

对水平，而是他在所属群体的能力或知识连续体上的相对位置。

常模参照测验有很长的发展历史，传统上使用的大多数测验都属于常模参照测验，因此在理论上也最为成熟。“常模参照测验”一词出自 20 世纪 60 年代，是为与标准参照测验相区别而提出来的，因其解释测验时以常模为依据而得名。常模参照测验关注的是被试测验分数的差异，以最大限度地鉴别出被试间的差别为目的。测验中个人分数的高低是相对的，而不是绝对的，只有在与团体中其他人相比较之后才能决定优劣。常模参照测验假定人的大多数心理特质都符合正态分布，因此在选择题目时强调题目要有适宜的难度和较高的区分度，以使测验分数符合正态分布。这样，测验分数与心理特质的分布就出现一致的状态，测验的鉴别效果就达到最佳水平。当用于比较、鉴别、选拔的目的时，常模参照测验的优越性是显而易见的，因为这些就是此类测验编制的指导思想。迄今常见的心理测验大都是常模参照测验，我国各级学校的招生考试也具备常模参照测验的性质。

然而，常模参照测验也有它的局限性。它的结果不能说明学生是否准备好了学习更高级的内容。比如，一次代数概念测验中，一个学生处于全班的前三名，但这并不能表明这个学生是否具备了学习线性代数的能力，可能班级中每个人对代数概念的理解都是不足的。

常模参照测验对于测量情感目标也不是非常适合。在情感领域中，态度和价值观是个体特征，个体之间不适合进行相互比较。比如，如何能测量出政治价值观和见解的“平均”水平？

最后，常模参照测验倾向于鼓励竞争和比较分数。一些学生力争做最优秀的学生，而另一些学生意识到不可能成为最优秀的学生，便去跟那些最差的做比较，从而不再积极进取。

（二）标准参照测验

标准参照测验（criterion-referenced test）只判断测验分数是否达到了某种标准，而与其他人的分数无关。例如，为了决定谁可以驾驶汽车，确定安全驾驶人员的考核标准是很重要的。把某个人的测验结果与其他人比较，并没有多大的意义。

标准参照测验的发展与美国 20 世纪 50—60 年代的教育改革运动密切相

关。当时人们提出了“为掌握而教学”“个别化教学”的主张，对传统测量方法提出了挑战。传统的测量和评价方法是竞争性的和相对性的，并不能说明学生到底掌握了多少知识和达到了什么水平，只能依靠名次的相对提高来判断学生是否取得了进步。这一评价体制是不利于学生的成长和发展的。1963 年，美国心理学家格拉泽（A. J. Glaser）和克劳斯（D. Klaus）建议将测验分成常模参照测验和标准参照测验，并比较了两类测验的区别，引起了教育和心理测量学界的广泛关注。20 世纪 70 年代成为标准参照测验长足发展的十年。

标准参照测验测量的是具体目标的掌握情况。测验的结果会明确地告诉教师，学生能够做什么或者不能做什么，至少在某些条件下是这样。

在基本技能的教学过程中，参照预定目标比与其他人成绩比较更重要。作为父母，如果班里所有孩子的阅读都没有达到标准水平，那么某位家长知道孩子的阅读比班里绝大多数的孩子好，也并不会感到欣慰。

然而，标准参照测验也不是任何条件下都适用。许多目标不能再细划为一组具体目标。而且，尽管标准在标准参照测验中很重要，但很多时候，标准带有很大的主观性。

最后，有的时候比较本班学生与本校或本地同一年级其他学生的情况也很有意义。

（三）常模参照测验和标准参照测验的区别

尽管在许多实际测验领域，常模参照测验和标准参照测验并没有非常严格的界限，但这两种测验之间确实有一些重要的区别，下面对此做一归纳分析。

1. 两种测验的目的不同

常模参照测验主要是就测验所测试的内容领域，对被试进行比较分析，以判明被试在其团体中所处的相对位置及发展水平。为此，它通常使用年龄分数、年级当量、百分等级分数和标准分数等。而标准参照测验的目的是为了评定被试对于明确规定的一组能力或行为领域的掌握水平。

2. 对题目统计量的考虑不同

就常模参照测验来说，题目的难度和区分度在题目筛选和测验编制过程中起着重要的作用。而对于标准参照测验，只有当发现题目的内容及测量目标不符合测验的内容领域规范或者是题目统计量（如区分度）有严重缺陷时，题目才会被删除。

3. 内容领域规范的详略不同

在能力或成就测验方面，尽管常模参照测验和标准参照测验的设计均要准备测验的详细计划或领域规范表，但常模参照测验的行为目标领域规范说明书的概括性相对来讲较高，涉及的具体内容通常是开放性的、难以全部罗列进来的。而标准参照测验则对内容领域规范要求做出详尽的说明。

4. 对测验分数的推断不同

一般来说，常模参照测验的分数解释及推断几乎完全限制在该测验所测的行为领域中，而对超出测验内容与行为的部分不能由常模参照测验的分数来做出推断。与此不同的是，标准参照测验是基于明确的内容领域做规范抽样形成的很有代表性的题目样本，因此，对其测验分数的解释和推断完全可以超出该测验实际所测的内容范围，直至整个内容领域规范。

二、常模参照分数

（一）常模及其建立

常模参照分数是把被试的成绩与具有某种特征的人所组成的有关团体做比较，根据一个人在该团体内的相对位置来报告他的成绩。这里，用来做比较的参考团体叫常模团体，常模团体的分数分布即为常模。

制订常模需要三步：确定有关的比较团体；获得该团体成员的测验分数；把原始分数转化成量表，该量表能把个人分数表示成在这个团体内的相对位置。

常模团体是由具有某种共同特征的人所组成的一个群体。如果群体较大，常模团体应是该群体的代表性取样，称作标准化样本。选取标准化样本时需要注意以下问题：

（1）确定被试总体，即测验适用的被试范围。只有明确了被试总体，选取样本时才会有针对性。

（2）确定样本容量。一般来讲，样本容量越大，则样本对总体的代表性越强，因为样本容量越大，则抽样的标准误就越小，样本的平均数和标准差也就越接近总体的平均数和标准差。一般来讲，总体的人数多，总体分数离散程度大，总体特征的复杂程度高，即异质性越大时，所选的样本容量就应越大。

（3）使用科学的抽样方法，保证样本对总体的代表性。样本的容量确定后，就要具体决定选择哪些被试作为代表性样本。这涉及如何从总体中抽样的问题。总体的特征不同，采用的抽样方法也应有差异，常用的抽样方法有简单随机抽样、系统抽样、分层随机抽样、类群抽样等。

对选取的常模样本组实施测验，得到样本组的测验分数分布，就得到了常模资料。由于样本是有充分代表性的，故可以用来表示总体的水平。

（二）几种主要的常模分数

1. 发展量表

人的许多特质如智力、运动能力等，是随着时间以规律的方式发展的，所以可将个人的成绩与各种发展水平的人比较而制成发展量表。在此量表中，个人的分数指出他的行为属于哪个发展水平。

（1）年龄量表。20 世纪初，比内提出了将一个儿童的行为与各年龄水平的一般儿童比较以测量心理成长的设想。在 1908 年修订的比内-西蒙智力量表中开始用年龄作单位来度量智力。一个儿童在年龄量表上所得的分数，就是最能代表他的智力水平的年龄。这种分数叫作智力年龄，简称智龄。

（2）年级当量。在教育成就测验上，经常采用年级当量来解释分数。所谓年级当量，指把学生的测验成绩与各年级学生的平均成绩比较，看他相当于几年级的水平。这种年级量表在选择题目、计算分数的方法与步骤上与年龄量表类似，所不同的是用年级水平代替了年龄水平。

（3）顺序量表。顺序量表是为了检查婴幼儿心理发展是否正常而设计的，它不使用各年龄的平均分数，而以婴幼儿代表性行为出现的时间为衡量标准。最早的发展顺序量表是由格塞尔（Gessel）设计的，量表以月份表示婴幼儿的运动、适应性、语言和社会性所应达到的水平。20 世纪 60 年代，瑞士心理学家皮亚杰（J. Piaget）的儿童心理发展理论引起了人们的重视，有人把他在研究中所采用的一些作业和问题编成标准化量表，用来研究儿童在每一发展阶段的特性。

发展量表的优点是：①以年龄或年级当量作为单位来报告分数易于理解；②方便与同辈团体做直接比较；③为个人自比与纵向研究提供了基础。

发展量表的缺点是：①只适用于所测的特质随年龄或年级系统变化的情况；②只适用于在典型环境下成长的儿童；③量表的单位在各年龄与年级并不相等；④获得同样的分数不一定具有相同的智力或学业水平。

2. 商数

（1）比率智商。最初的智力测验以年龄量表来表示测验分数。在使用中发现，智龄为 10 岁，对于实际年龄为 8 岁、10 岁和 15 岁的儿童来说具有不同的意义。因此，在 1916 年推孟修订的斯坦福-比内智力量表中采用了智商的概念。智龄表示心理发展的水平，它是一个绝对的量数，而智商则表示心理发展的速率，它是一个相对的量数。

智商（IQ）被定义为智龄（MA）与实际年龄（CA）之比。为避免小数，将商数乘以 100：

$$IQ=(MA/CA)\times 100$$

以此种方式所获得的智商叫作比率智商，也可表示为 IQ_R。

如果一个儿童的智龄等于实际年龄，他的智商就为 100，代表正常的或平均的智力，IQ 高于 100 代表发展迅速，低于 100 代表发展迟缓。

比率智商存在以下几个问题：①智力不是直线发展，因而以智龄作为发展水平的单位是不等距的，但实际年龄是等距的，这就给计算智商带来了困难；②计算成人智商时应该用多大实际年龄作为除数尚无一定的标准，因为智力发展何时达到顶点还是一个有争议的问题；③在不同的年龄组，智商分数具有不同的标准差，因而相同的智商对于不同的年龄便具有不同的意义。

（2）教育商数（EQ）。与智商类似，教育商数为教龄（EA）与实际年龄之比。

$$EQ=(EA/CA)\times 100$$

所谓教龄是指某个年龄的儿童所取得的平均教育成就。譬如一个学生的教龄为 10 岁，就是说这个儿童的教育成就与一般 10 岁儿童的教育成就相等。教龄与教育商数可以同智龄与智商做同样的解释，都是表示发展的水平和速率。

（3）成就商数（AQ）。教育商数是将一个学生的教育成就与他的年龄做比较，成就商数是将一个学生的教育成就与他的智力做比较，即教龄与智龄或教育商数与智商之比：

$$AQ=(EA/MA)\times 100=(EQ/IQ)\times 100$$

因为成就商数是将一个学生的教育成就或学业成绩与同等智力的学生比较，所以它既可以反映学生的努力程度，又能反映教师的教学效果。

成就商数的主要问题是：①学业成绩或教育成就并不完全由智力决定；②学业测验和智力测验都不完全可靠，两个不可靠的分数的比率更不可靠。

3. 百分等级

百分等级是使用最为广泛的表示测验分数的方法。一个分数的百分等级可定义为在常模团体中低于该分数的人数百分比。百分等级指出的是个体在常模团体中的相对位置，等级越低，个体所处的地位越低。

百分等级量表的主要优点是：(1) 容易计算，容易解释，甚至外行也能理解；(2) 对于各种被试和各种测验普遍适用。

百分等级量表的主要缺点是：(1) 缺乏相等单位，属于顺序量表，不能对它做加、减、乘、除运算，因而使大多数统计分析无法运用；(2) 百分等级的分布呈长方形，而测验分数的分布通常呈正态曲线，中间密集，两端分散，因此，接近中数或中间的原始分数的差异在转换成百分等级时往往被夸大，而接近分数两端的原始分数的差异转换成百分等级后则被大大缩小。

4. 标准分数

百分等级是顺序量表，为了对测验结果做统计分析，常常需要将原始分数转换成具有相等单位的间隔量表，标准分数就是最常用的等距量表。

标准分数是将原始分数与平均数的距离以标准差为单位表示出来的量表。因为它的基本单位是标准差，所以叫标准分数。

标准分数可以通过线性转换，也可以通过非线性转换得到，由此可将标准分数分为两类。

(1) 线性转换的标准分数。根据标准分数的定义，可通过下式将原始分数直接转换成标准分数：

$$Z=\frac{X-\overline{X}}{S}$$

式中 X 为某人的原始分数，$\overline{X}$、S 分别为常模团体的平均数和标准差。

(2) 正态化的标准分数。将原始分数转换成导出分数的原因之一，是为了使不同测验中的分数能够进行比较。但是，用线性转换导出的标准分数只有在分布形态相同或相近时才能进行比较，若两个分布的偏斜方向不同，或一个为正态，一个为偏态，那么相同的标准分数可能代表不同的百分等级，因此对两个测验分数仍无法比较。为了能将来源于不同分布形态的分数进行比较，可使用非线性转换，将非正态分布变成正态分布。

具体做法是，先把原始分数转化成百分等级，然后从正态曲线面积表中查出对应的标准分数。由这种方式所得到的分数就叫正态化的标准分数。

在将分数正态化时有一个前提：只有所测特质的分数在实际上应该是正态分布，只是由于测验本身的缺陷或取样误差而使分布稍有偏斜时，才能转换为正态化标准分数。

使用最广泛的正态化标准分数有以下几种：

①T 分数。与线性导出分数一样，正态化标准分数也可以被转换成任何方便的形式。当以 50 为平均数（即加上一个常数 50），以 10 为标准差（乘以一个常数 10）来表示时，通常叫作 T 分数。

$$T=50+10Z$$

通过 T 分数辅助表，只要知道某个原始分数在分布中累积次数的比例，就可以从表中直接查得相应的 T 分数。

②标准九。标准九的全称是标准化九级分制。它是第二次世界大战期间，在美国空军中发展起来的用于选拔飞行员的一个九级标准分数量表。它将正态曲线下的横轴分成 9 段，最高段为 9 分，最低段为 1 分，正中间那段为 5 分，除两端（1、9）外，每段有半个标准差宽。这就是说，标准九是以 5 为平均数，以 2 为标准差的量表。除第一与第九级的宽度大于 0.5 个标准差外，其余各段均等距。使用原始分数转换成标准九分时，不管其是否符合正态分布都能转换为标准九分。具体转化方法是：先将原始分数转换为百分等级，然后从高低两端各取 4%为 9 分和 1 分，再各取 7%为 8 分和 2 分，各取 12%为 7 分和 3 分，各取 17%为 6 分和 4 分，中间剩下的 20%为 5 分。

将标准九两端的 1 分和 9 分各自再分出 1%，便成为 11 个等级的 C 量表。

③离差智商。1949 年韦克斯勒在他所编的儿童智力量表中，采用离差智商（IQ_D）代替比率智商，离差智商是将一个人的测验分数与同年龄组的人比

较所得到的标准分数。离差智商的优点是，同样的智商分数在任何年龄水平上都代表同样的相对位置。

韦氏量表的离差智商是表示在以 100 为平均数、15 为标准差的量表上的分数，即：

$$IQ_D = 100 + 15Z$$

这里的 Z 是根据每个被试的总量表分数在常模团体中的百分等级，从正态分布表中查得的。如果分数为正态，也可根据常模团体中同年龄组的平均数与标准差由线性转换得出。

1960 年修订的斯坦福-比内智力量表也放弃比率智商而采用了离差智商，其公式为：

$$IQ_D = 100 + 16Z$$

离差智商已不是一个商数。韦克斯勒认为，传统的智商概念虽然有许多缺点，但许多测验使用者和临床医生已经习惯用智商来描述人的智力，因此应把它作为一个重要概念保留下来，并采用接近比率智商的平均数和标准差。因为斯坦福-比内智力量表在各个年龄的智商分布的标准差为 12～20，其中值接近 16，而韦氏量表的标准差要略小些，故将其定为 15。这就是说，在韦氏量表上智商 115 相当于斯坦福-比内智力量表上 116 的智商。

(3) 标准分数的评价。标准分数有以下几个优点：①用等距量表来表示测验分数，使进一步统计分析成为可能；②正态化标准分数可参照正态曲线面积表直接转换成百分等级，因而容易解释；③允许将几个测验或量表上的分数做直接的比较。

由于标准分数具有以上优点，所以目前大部分心理测验都用标准分数取代了其他种类的导出分数。

当然，标准分数也有缺点：①由于统计上较复杂，不像百分等级那样为一般人所熟悉，难以让门外汉了解；②在实际应用时，通常只以标准分数来表达，而没区分是正态化的还是线性转化的分数；③正态化标准分数是人为使分数呈正态分布，但当所测特质的分数在实际上不是正态时，便扭曲了分布的形状。

(4) 标准分数与百分位的关系。

图 7-2 是美国几种常用标准分数的比较及其与百分位的关系。从图中可以看出：Z 分数 0 相当于 T 分数 50、大学考试委员会（CEEB）分数 500、离差智商 100、标准九分数 5、百分位 50。Z 分数 1 相当于 T 分数 60、大学考试委员会（CEEB）分数 600、离差智商 115、标准九分数 7、百分位 84。

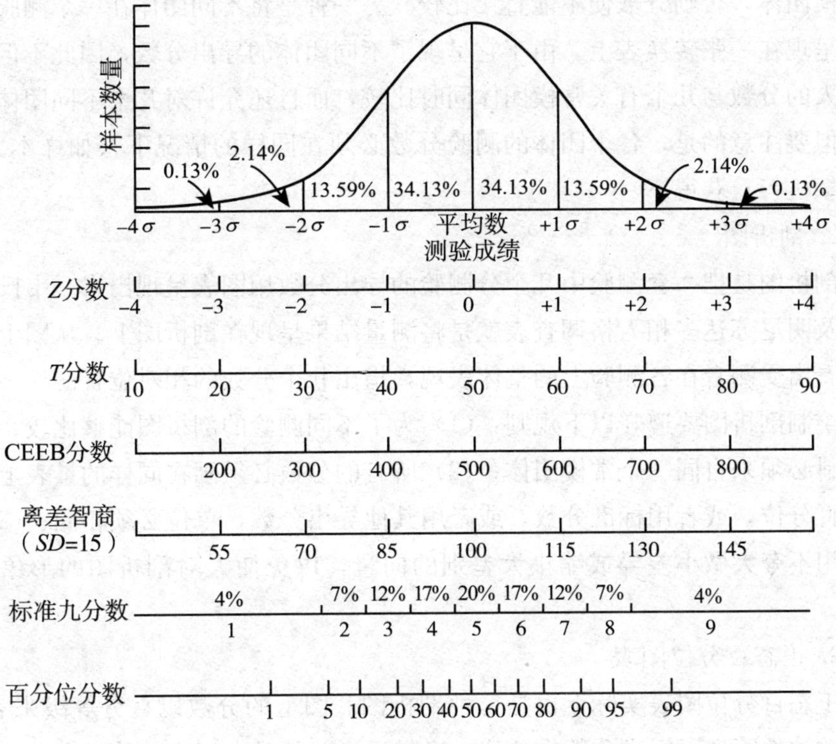

图 7-2 美国几种常用导出分数的比较

在对不熟悉标准分数的人解释测验分数时，将其转换为百分等级便很容易理解。

（三）呈现常模分数的方法

常模资料大多以图表的形式呈现在测验手册中。

1. 分数转换表

分数转换表也叫常模表，是最基本的呈现常模资料的方法。

转换表的要素为：（1）原始分数系列；（2）与每个原始分数对应的导出分数（百分等级、标准分数等）；（3）常模团体构成的描述。

简单的转换表是将单个测验的原始分数直接转换成一种或几种导出分数。

复杂的转换表有两种：一种是将来自几个分测验或来自成套测验的各个测验的原始分数和导出分数呈现在一张转换表上。这种量表的优点是，可以直接比较一个人在各种测验或分测验上的成绩。但要注意的是，资料必须来自同一个常模团体，否则分数便不能直接比较。另一种是将不同团体在一个测验上的分数呈现在一张转换表上。由于它呈现了不同团体的导出分数，因此不但可将一个人的分数与几个有关常模团体同时比较，而且还允许对几个不同团体做比较。但要注意的是，各个团体的测验分数必须在同样的情况下（如样本大小、应试动机等）获得。

2. 剖析图

剖析图是把一套测验中几个分测验的导出分数用图表呈现出来。韦氏智力量表及明尼苏达多相人格调查表就是将测量结果呈现在剖析图上。从图上可以一眼看出受测者在各测验上的整体表现，指出几个分数的相对位置。

绘制剖析图要遵守以下规则：（1）为了不同测验的剖析图能够比较，所用的资料必须来自同一个常模团体；（2）所有的分数必须画在同样的量表上，或者用百分位，或者用标准分数，或者用其他导出分数，单位必须相同；（3）必须使用不夸大微小差异或缩小大差别的向量，以免使人对剖析图的形象产生误解。

3. 正态百分位图表

正态百分位图表实际上也是一种剖析图。图上的分数以百分等级来表示，但分数轴的距离以标准分数作单位。换句话说，就是在标准分数量表上又加了百分等级。因为正态百分位图表把标准分数与百分等级结合起来使用，具有二者双重的优点，因此是一种最好的呈现测验结果的方法。在这种图表上，百分等级的差别在中央比较小，在两端较大，由于正确反映原始分数的分布，因而测验使用者就不会过分解释分布中央的微小差异。

美国心理公司（APC）发行的鉴别能力倾向测验（DAT），就是先将八个分测验的原始分数转换成相应的百分等级，然后把每个分数都画成以百分位为中心的带状分布，而百分等级的距离等于相应的标准分数的距离。

三、标准参照分数

在标准参照测验中，一个人在测验上的成绩不是和其他人比较，而是和某种特定的标准比较。一种标准是对测验所包含的材料熟练或掌握的程度，将分数与此种标准比较可以搞清一个人知道什么和能做什么，因为涉及的主要是测验的内容，所以这种分数叫作内容参照分数。另一种比较标准是外在效标，即用预期的效标成绩来解释测验分数，因为涉及的是后来的结果，所以这种分数叫作结果参照分数。

（一）内容参照分数

内容参照又叫范围参照，是看被试对指定范围中的知识或技能掌握得如何。在编制内容参照测验和对此种测验分数做解释时有两个主要步骤：一是确定测验所包含的知识或技能的范围；二是编制一个能报告测验成绩的量表。

在编制教育测验时，通常是把一个学科分成许多细纲目，然后为每一单元确定出行为目标，说明让学生做什么，达到什么熟练水平。

常用的内容参照量表有以下几种。

1. 掌握分数

有时，我们只想知道被试对一些基本知识和技能是否掌握，并不需要对被试做进一步的区分（只用“全”或“无”记分）。在这种情况下，只要定出一个可接受的最低标准就可以了。此种测验叫掌握测验，代表最低熟练水平的分数叫掌握分数。如果一个人达到这个分数，就说明他已经掌握了这种知识或技能，从而可以进入下一个水平的学习或训练。

掌握分数的确定通常是人为的，我国学校考试实行的60分及格，汽车驾照纸笔测试实行的90分通过，都是掌握分数。

2. 正确百分数

掌握分数以“通过”“失败”这种二分法记分会失掉一些信息，因此，有时我们需要以被试对内容的掌握程度来报告分数，最简单的指标就是正确百分数，亦即被试答对题目的百分比。

正确百分数计算简单，意义明了。但使用此分数要注意两点：(1) 对所要测的范围必须界定清楚，而且测验题目必须是这个范围的代表性取样；否则，我们所得到的便是某种未知物的百分数，这是毫无意义的。(2) 同一个正确百分数对于不同难度水平的测验，意味着不同的东西；在同一测验上，人们也可能通过正确回答不同的题目而获得相同的分数，如果题目内容或难度不等值，同一个百分数在不同人身上就可能具有不同的含义。

3. 内容标准分数

内容标准分数是把内容分数和常模分数结合起来使用。

在编制内容标准量表时，不但要明确界定内容范围，还要详细说明每种水平的“典型”人物正确回答和不正确回答的问题的类型。这样，将一个人的测验分数与此种量表对照，便既能指出他正确反应的百分比，又能指出他的成绩达到哪种人的水平以及他能解决哪类问题，指出他解决问题的难度和他所具有的技能。

4. 等级评定量表

在某些情况下，我们感兴趣的不是人们是否掌握了某种知识，而是一个人完成某种过程或生产出某种产品的技能。对于各种技能，是不能用回答问题来确定其掌握和熟练水平的，通常我们需要采用等级评定量表来报告一种活动的熟练水平或一种产品的质量。为了使评定尽可能客观，需要对各种等级定出标准并做出详细说明。

对内容参照分数的评价：

(1) 内容参照分数的主要优点在于用个人所掌握的知识或技能的水平来描述行为，指出一个人知道什么和能做什么。在大多数情况下，这比知道一个人在团体中的相对位置更有价值。

(2) 由于内容参照分数能够提供教学效果的反馈，所以特别适用于计算机辅助教学以及利用程序教材自我掌握进度的学习。在这种情况下，实际上是把测验与教学融为一体，用测验诊断出学习困难之所在，从而规定出下一步的学习内容。

(3) 内容参照分数主要用于成就测验以及能确定出可接受的最低标准的资格测验（如医生或司机的证书考试）。对于大多数能力倾向和人格测验来说，由于所测的范围很难确定，因而一般不用内容参照分数。

(4) 内容参照分数和常模参照分数只是看待一个人的行为的两种不同方式，二者之间并无严格界限，更不是互相排斥的。人们往往依据团体的典型行为或平均水平来确定标准，这种内容参照分数便隐含了一个常模基础。而且，有时人们还会把两种分数结合起来使用，既想知道一个人掌握了多少，又想知道他在团体中的位置。

（二）结果参照分数

结果参照又叫效标参照。将效度资料与常模资料结合起来，用效标行为的水准来表示的分数叫结果参照分数。此种分数适合于用测验来做预测的情况。假如高考平均分数在80分（各科满分为100分）以上的，我们预测其入大学后的学习成绩将为优等。这里，就是用结果来解释测验分数，而不是用常模和内容来解释。

得到结果参照分数必须有两个先决条件：首先，测验分数必须与一个重要的效标量数具有高相关，也就是要具有效度证据；其次，要有一个能把测验分数和效标成绩之间的关系结合起来的方法，也就是要有转换分数的图表。

呈现结果参照分数的常见方法有以下几种。

1. 期望结果的概率

此种方法是通过一种简单的图表，显示出获得特定测验分数的人得到每种效标分数的百分比，即将测验成绩以产生各种不同结果的概率来描述。

编制期望表一般分以下几个步骤：（1）收集预测源分数和效标分数，并分别将它们加以分类；（2）确定预测源和效标分数每种组合情况的次数；（3）把每一种组合的次数转换成百分比，并做成表格。

期望表的主要优点是结合了效度资料，使测验分数能够用期望结果的概率来解释。在很多情况下，知道一个人成功的可能性比知道他在团体中所处的位置更有用。

这种方法的主要缺点是：（1）因为用表格呈现，预测源和效标分数都进行了分组，因而不够精确；（2）当样本不够大时，一些小组将只包括少数个案，可能受偶然因素影响而使结果不可靠；（3）在没有确切的有意义的分界点时，任何分组方法都带有人为的性质；（4）当具有多个预测源时，用一个表呈现资料有困难。

当效标分数被二分为“成功”和“失败”时，还可以将获得每种测验分数的人按成功和失败的百分比画成期望图。美国航空公司在用成套测验选拔飞行员时，就用期望图来呈现获得每一级标准九分数的人在基本飞行训练上失败的百分比。

2. 预期的效标分数

呈现结果参照分数的另一种方法是将具有不同测验分数的人所可能获得的预期效标分数用图表显示出来。其编制程序是：首先收集一个样本中人们的测验分数和效标分数，再确定获得不同测验分数的每组人的平均效标分数，最后编制一个表或图来呈现这些信息。有时在图表中报告的不是实际效标分数，而是由回归方程导出的预期效标分数。

比如，下表就是由预测源的各种原始分和与其对应的预期效标分数组成的，类似于常模参照测验中的常模转换表。

表 7-1　结果参照测验转换表示例

ACT	GPA	ACT	GPA
32	3.17	26	2.51
31	3.06	25	2.40
30	2.95	24	2.29
29	2.84	23	2.18
28	2.73	22	2.07
27	2.62	21	1.96

表中数字由美国大学入学测验（ACT）分数和大学一年级学生的预期学年平均分（GPA）组成。从表中可以看到，一个在入学测验上得 22 分的学生，在大学一年级时可获得 2.07 的学年平均分。学年平均成绩分为 A、B、C、D 四个等级，其中 A=4 分，B=3 分，C=2 分，D=1 分。可见，该生成绩属于 C 等以上。相反，如果一个学生希望自己在大学一年级时获得 B 等以上的成绩，那么他的入学测验分数必须在 31 分以上。

测验分数和效标分数之间的关系也可以用图形来表示。利用表 7-1 的资料就可以画出一条回归直线。图示法的主要优点是醒目；主要缺点是图的形态取决于所用的单位，如果效标量表上点与点之间的距离过宽或过窄，便会夸大或缩小原始分数之间的差异，至少对于粗心的观察者来说是这样。

对结果参照分数的评价：

(1) 结果参照分数的主要优点是使我们能用预期的效标分数的水平去解释分数，因此特别适用于预测的情况。

(2) 当效标资料无法得到、效标资料没有意义或者我们对它不感兴趣时，结果参照分数不适用。例如，我们有时用教师对学生性格的等级评定作为某种人格测验的效标，但我们对预测教师所评定的等级并不感兴趣，因此不用它来解释分数。

(3) 在用期望结果的概率解释分数时，所依据的是团体的平均数，即只提供一组获得相同预测源分数的人们的成功概率。这种由团体得到的资料，只能用于对团体做解释，在解释个人分数时会遇到困难。

(4) 用预期效标分数来解释测验分数，无法看出误差大小，解决的方法是在预期表中加进一些误差指标，其误差的幅度取决于估计的标准误。

(5) 当只有一两个预测源时，使用结果参照分数清楚易懂，但有多个预测源时，则较为复杂，难于呈现。

四、分数的解释与交流

(一) 解释分数要注意的问题

1. 测验分数是遗传特征、学习与经验以及测验情境的函数

一个人在任何一个测验上的分数，都是他的遗传特征、测验前的学习与经验以及测验情境共同作用的结果，这三个方面对测验成绩都有影响。所以我们应该把测验分数看成对被试目前状况的测量，至于他是如何达到这一状况的，则受许多因素影响。

在解释测验分数时，必须将个人在测验前的经历或背景因素考虑在内。譬如，在词汇测验上得到相同的分数，对于大城市孩子和边远山区的孩子具有不同的意义。

测验情境也是一个需要考虑的因素。譬如，一个学生可能因为身体不适、情绪不好、不懂主试的说明或意外干扰而得到较低的分数，也可能因为某些偶然情况而得到意外的好分数。无论哪种情况，都要找出造成分数反常的原因，而不要单纯根据分数武断地下结论。

2. 为了对测验分数做出确切的解释，必须有效度资料

没有效度证据的常模资料，只告诉我们一个人在一个常模团体中的相对等级，不能做预测或更多的解释。在解释分数时，人们最常犯的错误就是仅根据测验的标题和常模资料去推论测验分数的意义，而忽略效度的不足或缺乏。假若一个测验的名称是内向量表，并有可利用的常模资料，那么就很容易把高分的人说成是内向性格，即把它当作有效度资料那样来解释。

即使有效度资料，在对测验分数做解释时也要十分谨慎，因为测验效度的概化能力是有限的。不同的常模团体和不同的施测条件，往往会得到不同的结果，在解释分数时，一定要依据从最匹配的团体和最相近的情境中获得的资料。

3. 不要把测验分数看成确切的点

由于测验不是完全可靠（信度不足），应该永远把测验分数视为一个范围而不是一些确定的点，也就是要对测验分数提供带形的解释，分数带的长短取决于测量标准误的大小。倘若使用确切的分数，应说明这些分数不是精确的指标，而是我们对某人真实分数的最佳估计。

4. 对于不同测验的分数不能直接加以比较

即使两个测验名称相同，由于所包含的具体内容不同（因而所测量的特质不完全相同），建立标准化样本的组成不同，量表的单位（如标准差）不同，其分数也不具备可比性。如来自两个成就测验的分数，在没有其他信息的情况下，我们无法判断孰高孰低。

为了使不同测验分数可以互相比较，必须将二者放在统一的量表上。当两种测验取样的范围相同时，人们常用等值百分位法将两种测验分数等值化。具体做法是：将两个测验都对同一个样本进行施测，并把两种测验的原始分数都转换成百分等级，然后用该百分等级作中介，就可制作一个等价的原始分数对照表。如果在测验 A 中原始分数 55 是 90 百分等级，而在测验 B 中原始分数 36 是 90 百分等级，那么 A 测验的 55 分就与 B 测验的 36 分等值。另一种方法是不用相同的百分等级作中介，而用相同的标准分数作等值的基础，此种方法叫线性等值。

（二）如何向当事人报告分数

为了使受测者本人以及与受测者有关的人，如家长、教师、雇主等，能更好地理解分数的意义，在报告分数时要注意以下几个问题。

1. 使用当事人所理解的语言

测验像其他特殊领域一样，具有自己的专业词汇，因此你所理解的词并不意味着当事人也一定理解。例如，你懂得标准差和标准分数，然而当事人可能不懂。因此你必须用非专业性的用语来解释标准分数，可以把它理解成相对位置（即百分等级）；必要时可以问问当事人是否听懂了，让他说说你的解释是什么意思。

2. 要保证当事人知道这个测验测量或预测什么

这里并不需要做详细的技术性解释，例如你并不需要向当事人解释职业兴趣量表的编制过程，但应该让他知道，职业兴趣量表是把他的兴趣和从事各种职业的人加以比较，如果在某一方面得了高分，就意味着他参加这个工作，会长期工作下去。但另一方面，也不能过于简单，只告诉当事人某个量表的题目或测量什么是不够的，这在具有情绪色彩的人格特征方面特别重要。例如，对人格测验中的男性化、女性化量表就要加以解释，以免被试误解。

如果分数是以常模为参照的，要使当事人知道他是和什么团体在进行比较。例如，同一个百分等级对于普通学校和重点学校，意义是不同的。

3. 要使当事人认识到分数只是一个“最好”的估计

由于测验的信度、效度不足，分数可能有误差，而且对于一个团体总体来说有效的测验，不一定对每个人都同样有效，但也不能让当事人感到分数是毫不足信的。

4. 要使当事人知道如何运用他的分数

当测验用于人员选择和安置问题时，这一点是特别重要的。要向当事人讲清楚：测验分数在做决定过程中起什么作用，是完全由分数决定取舍，还是只把分数作为参考；有没有规定最低分数线；测验上的低分数是否能由其他方面补偿；等等。

5. 要考虑测验分数将给当事人带来什么心理影响

由于对分数的解释会影响被试的自我认识、自我评价，从而会影响他的行为，所以在解释分数时一方面要非常慎重，另一方面又要做必要的思想工作，防止当事人因分数低而悲观失望，或因分数高而骄傲自满。

6. 要让当事人积极参与测验分数的解释

毕竟分数是他的不是你的，做出的决定会影响他的而不是影响你的生活，因此在解释分数的各个阶段，你都应观察他的反应，鼓励他提出问题。虽然测验分数的信息有限，但考虑到分数能够引起一连串的事件，严重地影响一个人的生活，因此你必须保证他完全了解分数的表面意义和隐含意义。除非当事人积极参与这个过程，否则你无法了解他对自己的分数有多大程度的理解。

【要点小结】

心理测验分数的合成可以在三个不同的层次上进行。(1) 项目的组合：每个测验都包含许多独立的项目，不同的项目可以组成量表或分测验，从而得到量表分或分测验分，所有项目也可以合成一个测验总分。(2) 分测验或量表的组合：有些测验是由几个分测验或量表组成的，每个测验或量表都有自己的分数，这些分数可以组合到一起得到一个合成分数。(3) 测验或预测源的组合：在做实际决定时，常将几个测验或预测源同时使用。

由于测验目的和所用资料不同，分数的合成方法主要有临床判断法和推理法。推理法包括单位加权法、等量加权法、多重分段法、多重回归法以及一些特殊方法。不同方法具有不同的适用条件。

在分数解释时，如果参照的是被试总体的分数分布（常模），则称常模参照测验。常模参照测验关心的不是一个人能力或知识的绝对水平，而是他在所属群体的能力或知识连续体上的相对位置。如果分数解释时参照的是某一测验之外的特定标准，则称为标准参照测验。标准参照测验中只判断测验分数是否达到了相应的水平，而与其他人的分数无关。

常模参照测验的分数解释方法主要是发展量表、商数、百分等级、标准分数等。标准参照测验的分数解释方法主要是内容参照分数和结果参照分数。

解释分数时要注意将个人在测验前的经历或背景因素考虑在内，同时，为了对测验分数做出确切的解释，只有常模资料是不够的，还必须有效度资料。另外，由于测验不是完全可靠（信度不足），应该永远把测验分数视为一个范围而不是一些确定的点，也就是要对测验分数提供带形的解释。对于不同测验的分数不能直接加以比较。

为了使被试本人以及与被试有关的人，如家长、教师、雇主等，能更好地理解分数的意义，在报告分数时要注意：使用当事人所理解的语言；要保证当事人知道这个测验测量或预测什么；要使当事人认识到分数只是一个“最好”的估计；要使当事人知道如何运用他的分数；要考虑测验分数将给当事人带来什么心理影响；要让当事人积极参与测验分数的解释。

【思考与练习】

1. 试比较各种分数组合方法的长处与短处。
2. 试比较分数组合的临床法与统计法。
3. 试谈当前存在的分数误用现象。
4. 试谈常模参照分数、结果参照分数、内容参照分数三者之间的关系。
5. 什么是智商？什么是成就商数？
6. 在向当事人报告测验分数时应注意哪些方面？

第八章　测验的编制

【内容提要】

本章介绍了标准化测验编制的主要程序和技术、测验项目编制的基本原则和要求，特别是客观性试题、主观性试题的编制技术，同时介绍了在测验编制过程中遇到的一些新问题。

【学习目标】

1. 明确测验项目编制的基本原则和具体要求。

2. 掌握标准化测验的编制程序，理解测验等值、题库建设、计算机化自适应测验的概念。

3. 了解测验等值、题库建设、计算机化自适应测验的基本原理和具体运用。

【关键词】

双向细目表　客观性试题　主观性试题　项目等值　题库建设　计算机自适应测验

在心理与教育测量中，测验的编制是非常重要也是较难的一个环节。即使一个对心理测量的理论知识掌握得很好的人，如果没有掌握测验编制的一般程序和原则，没有掌握相应的项目分析原理和编制方法技术，也很难编制出一个有效可信（即效度和信度非常高）的测验来。

"工欲善其事，必先利其器。"为了在理论研究和实际应用中更好地发挥测验的功能和作用，必须编制出各种高质量的测验。了解这方面知识，不仅可以为日后自己编制测验打下基础，也能够为评价和选用测验工具提供理论保证。

第一节 标准化测验的编制程序

对于编制测验的程序，不同的编制者和研究者持有不同的观点。为了简明和便于操作，我们提出"三阶段六步骤"的测验编制基本程序。首先是准备阶段，主要包括确定测验目的和拟订计划两个步骤；其次是编制阶段，主要包括产生测验题目以及预测与合成测验等步骤；最后是完善阶段，主要包括将测验使用标准化、评鉴测验基本特征并编写测验说明书等步骤。

一、测验编制的准备阶段：确定目的与制订计划

（一）确定测验目的

编制测验首先要明确为什么测量，即要明确测验目的。只有明确了测验目的，我们才知道测什么，怎样测，才能解决测验质量的优劣问题。

在教育测验或学绩测验中，教育目标是确定测验目的的唯一依据。因此，要明确教育测验目的，首先要明确教育目标，即教育目标必须是能够测量，适合于测量。所以，确定测验目的，首先要从分析教育目标入手。教育目标的确定是一个十分复杂的问题，它包括许多要素，这些要素既相互独立，又彼此联系。1956 年，美国心理学家布卢姆（B. S. Bloom）最早提出了教育目标分类系统。他把教育目标分为认知目标、情感目标、运动技能目标三大类，每类目标又分成不同层次。认知目标分成六个层次：（1）知道（knowledge）；（2）理解（comprehension）；（3）应用（application）；（4）分析（analysis）；（5）综合

(synthesis)；(6) 评价 (evaluation)。情感目标 (affective domain) 分为五个层次：(1) 接受；(2) 反应；(3) 评价；(4) 价值组织；(5) 品格形成。布卢姆的教育目标分类理论无疑对教育测验的编制有重要意义，但应该看到他的理论并不是尽善尽美的，如认知目标的六个层次存在着交叉重叠现象，在教育测验中很难将这些层次明确地划分开来。我国的测验理论工作者正在研究这个问题，准备创建一套适合我国实际的教育目标分类系统。

1. 选择测验对象

在编制测验前首先要明确测量对象，也就是该测验编成后要用于哪些个体或团体。只有对受测者的年龄、智力水平、社会经济和文化背景以及阅读水平等心中有数，编制测验时才能有的放矢。

2. 明确测验用途

所编出的测验是要对被试做描述，还是做诊断，抑或是选拔和预测，这一点也是在测验编制前就应明确的。目的不同，编制测验时的取材范围以及试题难度等也不尽同。譬如，中学毕业考试（标准参照测验）的目的是考查学生是否掌握了中学阶段所学的各学科的基本知识，在命题时主要注意取材的代表性，不必过多考虑题目的难度（题目通常不会太难）。大学入学考试（属于常模参照测验）的目的是对学生进行区分，以便择优录取，因此试题取样的代表性并不重要（在我国，高考实际上还具有左右中学教学的指挥棒作用，所以题目取样应符合课程标准），但必须根据录取率来确定适当的难度。而一个学科诊断测验只要能找出学生学习困难之所在就可以了，对题目的难度和取样的代表性都不必考虑。

3. 分析测验目标

所编的测验用来测量什么，是能力、人格，还是学业成就，也是必须首先考虑的问题。不但要明确测量的目标，还要对测量目标加以分析，将此目标转换成可操作的术语，即将目标具体化。如瑟斯顿通过因素分析，将智力分解为七种基本心理能力：

语文理解——阅读时了解文字意义的能力；

语词流畅——正确迅速拼字与敏捷联想词义的能力；

数字运算——正确而迅速使用数字解答算术问题的能力；

空间关系——运用感觉器官及知觉经验正确判断空间方向及各种关系的能力；

机械记忆——对事物强记的能力；

知觉速度——迅速而正确地观察与辨别事物的能力；

一般推理——根据已知条件推理判断的能力。

瑟斯顿根据上述七种因素于1941年编成了基本心理能力测验。

又如，在20世纪60年代后期，人们开始对测量创造力发生兴趣。作为指导测验编制的操作定义，吉尔福德将创造力看作发散思维的能力，即对规定的刺激产生大量的、变化的、独特反应的能力，据此定义从反应的流畅性、变通性（灵活多变）和独创性三方面来测量创造力。

（二）拟订编制计划

编制计划，实际上就是编制测验的蓝图，通常是一张双向细目表，指出测验所包含的内容和要测定的各种技能，以及对每个内容和技能的相对重视程度。不同的测验有不同的内容和技能。对于学绩测验来说，所谓内容就是某一学科教材中的各个课题；所谓技能，就是在教学中要达到的行为目标。在布卢姆等人编的《教育目标的分类》一书中，为每个认知层次提供了许多题目范例。后来人们一般就依据布卢姆的认知行为目标编拟学科试题，以测量学生的学习结果。

测验计划有两个用途：首先，在编题阶段，测验计划指出应该编制多少和哪些种类的题目；题目编好后可将题目的实际分布情况与测验计划对照，以确定测验题目是否恰当地代表了所要测量的领域，核对重要内容是否有遗漏。其次，在记分时可按表中百分比确定每类题目的分数。

表8-1是一个假定的小学高年级自然常识测验的双向细目表。此表的顶端开列了要测量的认知目标，左边一栏开列的是测验内容（教学内容），表中的数字代表每类题目所占的百分比，这些比例反映着每个内容及目标的相对重要性（即分配的权重）。

表8-1　假定的自然常识测验的双向细目表

教学目标 教学内容	知道	理解	应用	分析	综合	评价	合计
生物世界	3	5	6	3	2	1	20
资源利用	2	3	3	1	1	0	10

续表

教学内容＼教学目标	知道	理解	应用	分析	综合	评价	合计
动力和机械	2	3	4	2	0	1	12
物质与能量	5	6	8	3	2	1	25
气象	2	4	3	2	2	0	13
宇宙	2	5	4	1	0	0	12
地球	2	2	2	1	1	0	8
合计	18	28	30	13	8	3	100

编制这个表，首先要根据课程标准列出规定的教学内容的分配权重，其次对各种教学目标分配权重。在具体编制试题时，不宜过于拘泥于此表，要根据具体情况而定。在编制标准化的学绩测验时，这种双向细目表一般是由学科专家和有经验的教师在对教材和课程标准仔细分析的基础上，经过集体讨论制订的，以确保分类合理，比例恰当。

当然，在要求一般的教育测验或课程考试中，命题前最好考虑好命题的预计能力层次和难度等级、拟采用的题型、分值分配等问题，这样才能编制出较理想的试卷来。下面是某学校课程考试的命题双向细目表，可供一般教师命题时参考。

××学校课程考试命题双向细目表

考试时间：20____—20____学年第____学期　期末考试

考试课程：____________授课人：____________

年级专业：____________细目表设计人：____________

考试内容与能力层次、难度等级

考试内容（章）＼分值＼水平	能力层次				难度等级			分值合计
	Ⅰ	Ⅱ	Ⅲ	Ⅳ	A	B	C	
	识记	理解	应用	综合	容易	适中	较难	
第一单元（或第一章）××								
第二单元（或第二章）××								
……								
分值合计								100

题型与能力层次、难度等级

题号	题型	能力层次				难度等级			分值合计
		Ⅰ	Ⅱ	Ⅲ	Ⅳ	A	B	C	
		识记	理解	应用	综合	容易	适中	较难	
一	单项选择题								
二	多项选择题								
……	……								
合计									100

说明：

(1) 各能力层次的含义如下：

Ⅰ. 识记：能知道有关的名词、概念、原理的意义，并能正确认知和表达。

Ⅱ. 理解：在识记的基础上，能全面掌握基本概念、基本原理、基本知识、基本方法，能掌握有关概念、原理、知识、方法的区别与联系。

Ⅲ. 应用：在领会的基础上，能用学过的基本概念、基本原理、基本方法的一两个知识点分析和解决简单的问题。

Ⅳ. 综合：在简单应用的基础上，能用学过的多个知识点综合分析和解决比较复杂的问题。

(2) 不同能力层次要求的分数比例一般为：识记占 20%，理解占 30%，应用占 30%，综合占 20%。

(3) 试题要合理安排难易度结构。

A. 容易：难度系数≥0.8（预计全答对的学生达到 80%以上）。

B. 适中：难度系数 0.6～0.8。

C. 较难：难度系数 0.3～0.6。

(4) 题型应多样，一般不得少于五种题型。

二、测验的正式编制阶段：产生测题以及预测与合成测验

（一）产生测题

产生测题就是编辑测验的项目或题目。产生测题一般包括收集测验有关资料，选择测题的形式，编写、修订测题等工作。

1. 收集有关资料

测验计划编好后，就要收集有关资料作为命题取材的依据。一个测验的好坏和测验材料的选择适当与否有密切关系，为此要注意以下几个问题：

首先，材料要丰富。资料收集越齐全，命题工作便越顺利，这样测验内容就不致失之偏颇，而且能提高行为样本的代表性。如编制人格测验，收集的资料应包括：人格的主要理论，用于描述人格的术语，临床观察的资料，以及其他人格调查表的题目等。

其次，材料要有普遍性。所选择的材料对测验对象要尽可能公平，即受测者都有相等的学习机会。譬如，编制标准化的学科成绩测验时，要以统一的课程标准和广泛使用的教材作为题目来源，不能只考虑个别教师的意见，而要考虑大多数教师和专家的意见。在编制智力测验时则要尽量避免特殊知识经验和文化水平的影响。

2. 选择测题形式

测验编制者还必须确定题目的表现方式，是纸笔测验还是操作测验，是只要受测者认出正确答案还是需要他自己写出正确答案。在大多数情况下，任何题目都可以用几种形式呈现，问题是如何选择最优的形式（各种题目形式的比较和编题原则，在下一节详细讨论）。在一个测验中，可以采用一种形式，也可以采用几种形式。

在选择题目形式时，要考虑以下几点：

第一，测验的目的和材料的性质。如果要考查学生对概念和原理的记忆，适于用简答题；要考查对事物的辨别和判断，适于用选择题；要考查综合运用知识的能力，则适于用论述题。

第二，接受测验的团体的特点。如对幼儿宜用口头测验，对于文盲不宜采用要求读和写的项目，而对有言语缺陷的人（如聋哑、口吃）则要尽量采用操作项目。

第三，各种实际因素。譬如，当被试人数过多，测验时间和经费又有限时，宜用选择题进行团体纸笔测验，而人数少，时间充裕，又有某些实验器材和设备，则可用操作测验。

廖世承、陈鹤琴先生曾提出以下几条选择测验形式的原则：使被试容易明了测验做法；在做测验时不会弄错；做法简明省时，记分省时省力；经济。

3. 编写并修订测题

编制测题的过程包括写出、编辑、预试和修改等一系列过程。在获得一个令人满意的测题之前，这些步骤是不断重复的。在这个过程中，编制者和有关专家要对题目反复审查修订，改正意义不明确的词语，取消一些重复的和不合用的题目。然后将初步满意的题目集合起来组成一个预备测验。编写题目要注意以下几个问题：

（1）题目的范围要与测验计划所列的双向细目表一致；

（2）题目的数量要比最后所需的数目多一倍至几倍，以备筛选和编制复本；

（3）题目的难度必须符合测验目的的需要；

（4）题目的说明必须清楚明白。

（二）**预测与合成测验**

试题编好后，应对题目进行检查、组合，最后编辑成完整的测验（或试卷）。对于题目的检查，第一，看题目是否符合双向细目表的要求。因为题目的编写一般是根据双向细目表来进行的。第二，检查题目叙述是否明确清晰，内容有无科学性错误。第三，检查题目的难度是否恰当，题目的数量是否合适。第四，检查题目的内容是否彼此独立，没有交叉。第五，检查题目是否适合所测对象。具体要做的工作有如下几项。

1. 预测和复核

初步筛选出的项目虽然在内容和形式上符合要求，但是否具有适当的难度与鉴别作用，必须通过实践来检验，也就是要通过预测进行项目分析，为进一步筛选题目提供客观依据。预测和复核的过程，事实上就是进行项目分析的过程。具体如何进行项目分析在前面已有详细介绍。

（1）关于预测或试测。项目性能之优劣，不能仅凭测验编制者主观的臆测来决定，必须将初步筛选出的项目结合成一种或几种预备测验，经过实际的试测而得到客观性资料。预测应注意以下几个问题：一是预测对象应取自将来正式测验准备应用的群体。例如，对于一个学绩测验来说，接受预备测验的学生必须和测验所指定的被试属于同一个年级，并且具有相同的课程背景。取样时应注意其代表性，人数不必太多，亦不可过少。二是预测的实施过程与情境应力求和将来正式测验时的情况相近似。三是预测的时限可稍宽一些，最好使每个受测者都能将题目做完，以收集较充分的反应资料，使统计分析的结果更为可靠。四是在预测过程中，应对受测者的反应情形随时加以记录，如在不同时限内一般受测者所完成的题数、题意不清之处及其他有关问题。

预测的目的在于获得被试对题目如何反应的资料，它既能提供哪些题目意义不清，容易引起误解等质量方面的信息，又能提供关于题目好坏的数量指标，而且通过预测还可以发现一些原来想不到的情况，如检验时限多长合适，在施测过程中还有哪些条件需要进一步控制等。

（2）关于再测或复核。编制一套测验，只依据一次预测的结果所做的题目分析是不够的。由于预测的被试样本可能会有取样误差，故由此得到的项目分析结果未必完全可靠。为了检验所选出的项目的性能是否真正符合要求，通常需再选取来自同一总体的另一样本再测一次，并根据其结果进行第二次项目分析，看两次分析结果是否一致。如果某个题目前后差距较大，说明该题的性能值得怀疑。这种在两个独立样本中进行项目分析的过程叫作复核。关于项目分析方面的具体问题，请参见本书第六章。

2. 项目选择和编排

经过预测和项目分析，对各个题目的性能已有可靠的资料作为评价的根据，下一步就可以选出性能优良的题目加以适当的编排，组合成测验。

（1）关于项目的选择。在选择项目时，不但要考虑项目分析所提供的资料，还要考虑测验的目的、性质与功能。最好的题目，就是只测定所需要的特征，并能对该特征加以有效区分的难度合适的题目。首先是要测定所需要的特征，如果我们想测定语言推理能力，就不要包括主要测量阅读能力或算术知识的项目。题目性能好坏是相对的，不同的测验对题目的难度和区分度有不同的要求。

一般来说，题目的区分度越高越好，这是选择题目的一条重要标准。特别是对于选拔测验，此条尤为重要。但有时根据需要也可以保留个别鉴别力不高的题目。如在学科成就测验中有些内容十分重要，即使区分度低一些，也要包括在内。

选择题目的另一个指标是难度。难度多大合适并无一个绝对标准，而要根据测验目的来确定。有的要求难一些，有的则要求容易一些，有的可不考虑难度。就是同一张试卷，题目难度也可以不同，只要整个测验的平均难度符合测验要求即可。

根据题目分析资料选出的题目，还要与测验计划（双向细目表）再次对照，看看在材料内容以及所测量的认知技能上的比率是否与计划相符，必要时须加以适当调整。此外题目的数量还必须适合于所限定的时间。

（2）关于项目的编排。项目选出之后，必须根据测验的目的与性质，并考虑受测者作答时的心理反应方式，加以合理安排。在测验开头应该有一两个十分容易的题目，以使受测者熟悉作答程序，消除紧张情绪，建立信心，进入测验情境。对试题的总的编排原则是由易到难。这样可避免受测者在难题上耽搁时间太多，而影响对后面问题的解答。在测验最后可有少数难度较大的题目，以测出受测者的最高水平。

将测题编辑成完整的测验，一般有如下几种形式：①按题目的类型组合测验。将同一类型的测题组合在一起，这样便于记分和被试回答，如大部分学业成就测验即属于这种形式。②按题目所测量的内容排列。将测量相同要素的测题排列在一起，如韦氏儿童智力量表。③按题目难度排列。包括三种形式：一是直接递增式排列，测验的所有题目是直接按照由易到难排列的；二是并列直进式排列，是将整个测验按试题材料的性质归为若干分测验，每个分测验是按由易到难排列的，如韦氏智力量表；三是混合螺旋式排列，即按难度分层次排列，将各种类型的测题依难度分成若干不同的层次，将同难度水平但不同性质和类型的题目组合在一起，再依难度排列，如比内—西蒙智力量表。此种排列的优点是，受测者对各类试题循序作答，从而维持作答的兴趣。

但是，在实际编排测题时，有时是将上述几种类型混合起来，并不一定按照某一单一类型。类型的划分主要是便于实施和记分，而对被试测验分数的提高无明显影响，真正影响测验分数的是测题本身。因此，应更多地注意题目的质量。

3. 等值复本的编造

为增加实际的效用，一种测验至少要有等值的两份，份数越多，使用起来越便利。例如，我们要用测验来考查一个班的学生在一学期中的进步，必须测量两次，一次在开学初，一次在学期末，两次结果的差别代表一学期中成绩的提高。如果测验只有一份，用两次就难免有练习的影响，不能完全代表进步的数量。如果这个测验有好几份替换使用，就可以克服这种困难。目前，在一般教育测验或考试中，常常要求教师出A、B试卷，其中A卷用于正式考试，B卷用于补考或应急（如A卷已经泄密）。

测验的各份复本必须等值，所谓等值需符合下列几个条件：

（1）各份测验测量的是同一种心理特质或教育内容；

（2）各份测验具有大致相同的内容和形式；

（3）各份测验的题目原则上不应有重复的地方；

（4）各份测验题目数量相等，且有大体相同的难度和区分度；

（5）各份测验的分数分布大致相同。

只要有足够数量的题目，编造复本的手续是很简单的。先将所有合用的题目按难度排列，其次序为1，2，3，4，5，6，…。如果要分成两个等值的测验本，可采用下面的分法：

A本：1，4，5，8，9，12，13，16，17，20，…

B本：2，3，6，7，10，11，14，15，18，19，…

如果要分成三个等值的测验本，可采用下面的分法：

A本：1，6，7，12，13，18，19，24，…

B本：2，5，8，11，14，17，20，23，…

C本：3，4，9，10，15，16，21，22，…

采用上面的分法可使复本之间在难度上基本相等，从而获得大体相同的分数分布。

复本编好后，应该再试测一次，看各测验究竟是否等值。

项目反应理论提出后，利用电脑可以通过项目参数（难度、区分度）等值编制出更精确的等值测验。

三、测验编制的完善阶段：将测验使用标准化与编制使用说明

（一）测验使用的标准化

一套好的题目并不一定是一个好的测验。对于测验的基本要求是准确、可靠。为了减少误差，就要控制无关因素对测验目的的影响，这个控制的过程称作标准化，包括测验编制的标准化和测验使用的标准化。本节所讲的编制测验的科学程序，就是测验编制的标准化。测验使用的标准化包括以下几方面。

1. 测验内容标准化

标准化的首要条件，是对所有受测者施测相同的或等值的题目。用同一把尺子来度量，结果才具有可比性。

2. 测试过程标准化

尽管对于所有的受测者使用了相同的题目，但如果在施测时各行其是，所得的分数也不能进行比较。为了使测验条件相同，必须有统一的指导语和时间限制。

（1）关于指导语的要求。给受测者的指导语属于测验刺激的一部分，它的内容通常包括对测验目的的说明和受测者应该如何作答的指示（包括如何选择反应、记录反应以及时限等）。对于纸笔测验来说，这些指示一般印在测验的开始部分，也可以印在另外一张纸上；要求简单明确，不引起误解。如果题目形式对被试是生疏的，还应该有一些例题。

指导语会直接影响受测者的作答态度与方法。有人以不同的指导语对几组被试实施同一个能力测验，结果表明，将该测验说成“智力测验”的一组的成绩最高，将之说成“日常测验”的一组的成绩最低。

为了保证测验情境的一致，还要有对主试的指导语，主要是对测验细节做进一步解释，以及其他一些有关事项，包括测验场地的安排（照明、桌椅、隔音、温度等），测验材料的分发，如何计时、记分，对被试的各种提问如何回答，以及在测验中途发生意外情况（如停电，有人迟到、生病、作弊等）应该如何处理。对主试的指导语与测验题目是分开的。

（2）关于时间限制。确定测验的时间限制（简称时限），要考虑施测条件和实际情况的限制（如一节课时间的长度），以及被试的特点（如对儿童、老人或病人施测时间不宜过长），不过更重要的是考虑测量目标的要求。

对于人格测验来说，反应速度是不重要的，可不必规定严格的时限，但是在测量能力和学习成就时，速度是需要考虑的一个重要因素。依据速度在活动中所起的作用，可以把测验分成速度测验和难度测验。纯速度测验在时间上应当严格限制，使被试中没有人能在规定时间内做完全部题目。纯难度测验只考查被试解决难题的水平而不考虑完成时间。实际上，大多数能力和学绩测验介于上述二者之间，既考查反应的速度，也考查解决难题的能力。通常所用的时限是使大约90%的受测者能在规定时间内完成全部测验，如果题目由易到难排列，应使大多数人在规定时间内完成他们会答的问题。

确定时限一般采用尝试法，即通过预测来决定。假设根据第一次试测的经验，我们估计大部分被试可以在25分钟内做完，在第二次试测时，可以先让被试用黑铅笔做20分钟，然后换成红铅笔，再过5分钟换成蓝铅笔，这样便可了解被试在规定时间内完成题目的数量。另一种方法是在施测现场挂一个钟，每个被试做完后将当时的时间写在试卷末尾。试卷收齐之后再根据被试完成的情况规定合适的时限。

3. 评分记分标准化

标准化的第三个要素是客观评分。客观性意味着在两个或两个以上受过训练的评分者之间有一致性。只有当评分是客观的时候，才能够把分数的差异归于受测者的差异。一般来说，对于自由反应的题目（如问答题、论述题、作文题等），评分者之间很难取得完全一致，而选择题的评分较为客观，因此有人将选择题组成的测验叫客观性测验。无论采用何种评分方法，都必须符合客观、正确、经济、实用四项原则。

无论哪种测验，为使评分尽可能客观，有三点要求：

（1）对反应及时和清楚地记录。特别是对口试和操作测验，此点尤为重要，必要时可以录音和录像。

（2）要有一张标准答案或正确反应的表格，即记分键。选择题的记分键包括一系列正确的答案和容许的变化；论述题和作文题的记分键包含各种可能答案的要点；人格测验不可能有明确而统一的答案，记分键上指明的是具有或缺少某种人格特征者的典型反应。

（3）将受测者的反应和记分键比较，对反应进行分类。对于选择题来说，这个程序是很容易的，但是当评分者的判断可能是一个起作用的因素时（如问答题、论文题），就需要对评分规则做详细的说明，评分时将每个人的反应和评分说明书上所提供的样例相比较，然后按最接近的答案样例给分。

4. 分数解释标准化

一个标准化测验，不但内容、施测和评分要标准化，对分数的解释也必须标准化。如果对同一个分数可做出不同的推论，测量便失去了客观性。

多数测验用常模作解释分数的依据。测验分数必须与某种标准比较，方能显出它所代表的意义。例如，某学生成绩单上的物理成绩为 85 分，我们仅从这个分数很难断定他学得如何，因为没有一个比较的标准。在传统心理测验中，是把个人所得的分数与代表一般人同类行为的分数相比较，以判别其所得分数的高低。此处所指的“代表一般人同类行为的分数”，即为常模。例如，用温度计测得体温 38 ℃，便可确诊为发烧，因为一般人的正常体温是 37 ℃，这就是成人体温的常模。

建立常模的方法是，在将来要使用测验的全体对象中，选择有代表性的一部分人（称标准化样本），对此样本施测并将所得的分数加以统计整理，得出一个具有代表性的分数分布。标准化样本的分数分布，即为该测验的常模。常模可因标准化时选取样本的不同而有不同的类别。常见的有年龄常模、年级常模、性别常模、地域常模、民族常模、职业常模等。

对于标准参照测验也要定好对分数做解释，如通过、未通过的标准。

（二）测验的使用说明

1. 鉴定测验的基本特征

测验编好后，必须对其测量的可靠性和有效性进行考验，为此就要进行测量学方面的分析，收集信度和效度资料。因此，鉴定测验的基本特征，主要是收集、评估测验的信度、效度等资料。关于信度和效度等问题，本书前面已详细论述过。

2. 编写测验指导手册

为使测验能够合理地实施与应用，在正式测验编制完成后，还要编制一份测验指导手册，或称为测验指导书、测验使用说明书等。在指导手册中应该就下列问题做出详尽而明确的说明：本测验的目的和功用；编制测验的理论背景以及选择题目的根据；测验的实施方法、时限及注意事项；测验的标准答案和评分方法；常模资料，包括常模表、常模适用的团体及对分数如何做解释；测验的信度、效度资料，包括信度系数、效度系数以及这些数据是在什么情境下得到的。

一般来说，经过以上几个步骤，一个测验便可正式交付使用了。随着现代科学技术发展，尤其是计算机技术的应用，一个测验可以借助电脑和网络进行储存、实施和运用。

值得注意的是，测验编制的一般程序和步骤并非一成不变，在编制具体测验时，应结合具体问题进行具体分析，灵活运用。同时，要明白测验编制的过程不是一劳永逸的过程，而是需要反复修改、不断提高、逐渐完善的过程。

第二节　测验项目的编制

编制测题是一项非常复杂的工作，它是实现测验目的的关键。欲编制良好的测验，除了必须掌握前述测验编制的程序外，还要遵循命题的一般原则，掌握命题的方法与技巧。

一、项目编制的原则与要求

测验的类型繁多，性质不同，功能各异，但是，在编制测验项目时必须遵循一般原则和基本要求。

（一）项目编制的基本原则

编制测验项目必须针对测验的对象特征、目标任务和心理测验本身的特点（间接性、相对性等），尽量做到科学客观（有效精确、稳定可靠、标准化）、实用操作、合理适度、简洁明白等要求。测验项目编制一般应遵循以下几个基本原则。

1. 科学性原则

试题内容必须是科学的，不能有任何学术性错误或思想感情不健康的内容。

2. 目的性原则

要依据测验目的选择题型。题目的内容应符合测验的目的，避免贪多而乱出题目。

3. 代表性原则

题目取样要合理，要符合测验编制计划的内容，要对所测量的内容领域有代表性。

4. 合理性原则

各种题目类型要合理搭配。主观性和客观性两类题目各有利弊，在编制测验时应根据测验目的的要求，在充分了解各类试题特点的基础上，选择合适的题型。

5. 经济性原则

试题的语言表达要简洁明白，施测与评分等都应符合经济、实用、可行的原则。

（二）项目编制的具体要求

编写测验的题目除了遵循上述基本原则外，还要遵从某些具体的要求。

（1）题目格式应明确具体，不要让被试误解。根据测验目的和实际需要，可选择多种多样的题目形式。

（2）题目之间必须彼此独立，不可互相重复或牵连，不要使一个题目的回答影响另一个题目的回答。

（3）题目文句要简明扼要，即文字应该力求浅显简短，避免使用孤僻艰深的字词。要排除与解题无关的因素和多余信息，但又不可遗漏解题所依据的必要条件。

（4）题目意义必须明确，不得含糊，尽量避免使用双重否定句。

（5）题目中不可含有暗示本题或其他题正确答案之线索。如果一个题目的命题或答案的内容，为另一个题目的解答提供了线索，那么后一个题目就失去了意义。

（6）所提问题应避免涉及社会禁忌与个人隐私，避免使用主观性和情绪化的字句，避免提出令被试为难的问题。

（7）题目应有确切答案，没有引起疑义和歧义的可能，也就是要有不致引起争论的确定答案（创造力测验、人格测验除外）。

(8) 题目内容不要超出受测团体的知识、能力范围，难度要适合被试的水平。

(9) 尽量做到施测与评分省时。

总之，在测验编制过程中，要尽量使测验内容做到准确有效、稳定可靠、科学客观和经济实用，即效度和信度高，误差少，项目鉴别力强，难度适中，同时又能够针对心理特点和实际情况灵活处理。

二、客观性试题的编制要领

要想编好测验，除了必须遵循前述测验编制的程序和命题原则外，还要掌握命题的方法与技巧。测验试题的种类很多，根据不同标准可以将试题分为不同种类，最常见的是根据应答方式和评分是否客观将试题分为两大类，即客观性试题和主观性试题。客观性试题又称固定应答型试题，是让受测者从测验编制者事先定好的答案中辨认出正确答案，包括选择题、是非题、匹配题等。这种题目因为施测方便，评分客观，所以在标准化测验中用得较多。

客观性试题的评分标准和评分过程都是客观的，评分者之间的信度系数可达到 1.00。

客观性试题又可分为是非题、匹配题、选择题等。

客观性试题的优点是：(1) 有明确的标准答案，评分简单准确，便于使用计算机阅卷，节省时间；(2) 这类题目适合于测量被试的记忆、理解、应用、分析几个层次的认知目标；(3) 在限定的时间内可包含足够的试题数量，保证对所测内容的覆盖率和代表性。

客观性试题的缺点是：(1) 编制要花费较多时间和精力；(2) 不适合测量被试的综合、评价两个高层次的认知目标；(3) 在答题时难以排除猜测。

（一）选择题

在标准化测验中（如学科测验、学能测验和团体智力测验），选择题是应用最多的一种题型，它是由题干和选项两部分组成的。题干通常由直接问句或不完全陈述句构成，选项由一个正确答案（单项选择题）或正确答案的组合（多项选择题）及若干错误答案（一般为 3～5 个）组成。错误答案又称干扰项，目的是干扰被试的选择，因此又称诱答项。

1. 选择题的常见变式

选择题可适用于文字、数字和图形等不同性质的材料，可以考查记忆、分析、鉴别、推理、理解和应用知识的能力。下边是几种常见的变式。

（1）简单计算。

例题，小明给了同学 3 支铅笔，自己还剩 6 支，小明原来有几支铅笔？

（A）3　　（B）6　　（C）8　　（D）9

（2）类比推理：已知甲和乙的关系，推出丙和丁的关系。

例 1，船—水，飞机—？

（A）大地　　（B）白云　　（C）天空　　（D）海洋

例 2， 对于  相当于  对于（　　）。

（A）　　（B）　　（C）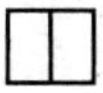　　（D）

（3）找不同类：每题内有几项属于同类事物，只有一项不属于这类，请找出。

例 1，找出与其他几项不属于同类的一项：

（A）狗　　（B）鸟　　（C）树　　（D）鱼

例 2，找出与众不同的一个图形：

（A）　　（B）　　（C）　　（D）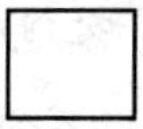

（4）最好理由：几个备选答案都是对的，但其中有一个最好，请把它找出来。

例题，偷东西的人应该受惩罚，因为：

（A）惩罚可使他不敢再犯　　（B）偷窃为法律所不容

（C）偷东西的人不是好人　　（D）偷窃扰乱社会治安

2. 编拟选择题的要领

（1）根据测验的目的和内容来选择最适当的题型。例如，要考虑辨别、比较和评价能力，宜用最好理由式，要考查推理能力宜用类比法。

（2）题干的陈述要简单、明确。避免使用不必要的修饰词和太复杂的句子。题干应当包括解题所必需的共同要素，并尽可能做到精练、准确、清楚，不要把选项夹在题干中间。

例题，战国初期，魏继承（A）秦（B）燕（C）齐（D）晋的旧业，最为富强。

此题的题干被选项分隔为两部分，增加作答困难。应改为：战国初期，魏国继承何国旧业而最为富强？

（3）题干意义要完整、准确。读了题干，即使不看选项，也能知道该题的确切要求。每题只能环绕一个中心，正确答案在内容和形式上不可特别突出，但其正确性必须确凿无疑。

（4）题干要尽量创设新的情境，文字要自己拟订，避免重复书本上的现成实例或措辞。

（5）备选答案要简短，在选项中不宜使用重复的语句。必要的叙述或相同的修饰语应全部置于题干中。

例1，孔子最伟大的成就在于

（A）学术教育方面　　（B）国防军事方面

（C）艺术建筑方面　　（D）内政外交方面

四个选项皆有“方面”两个字，可移置于题干中，将题目改为直接问句：“孔子最伟大的成就在哪一方面？”如此，可使选项更为简短。

例2，客观性试题的所谓“客观”，指的是哪方面？

（A）指鉴别认知目标的方法　　（B）指选择测验内容的方法

（C）指提出问题的方法　　（D）指试题评分的方法

选项中都有“指”和“的方法”，没必要，应删去，可改为：

（A）鉴别认知目标　　（B）选择测验内容

（C）提出问题　　（D）试题评分

（6）错误答案对被试具有迷惑性，不要错得太明显。这种答案可以是人们经常出现的错误，也可以是一般性的误解和似是而非的内容。

例题，美国的首都是：

（A）东京　（B）华盛顿　（C）太平洋　（D）1776

此题中选项（C）非地名，（D）为美国建国年代，（C）、（D）均与题干间缺乏逻辑联系，错得过于明显。如改为：(A) 纽约 (B) 华盛顿 (C) 巴黎 (D) 伦敦，则好些。

(7) 各个选项在形式上应该协调一致，或为数字，或为图形，或为人名，应取一律，文字长短也应大体相当，以免对正确回答提供线索。

(8) 选项之间不应相互重选、相互包括、相互依赖。

例题，9—3是多少？

(A) 大于5　　(B) 6　　(C) 小于7　　(D) 12

选项中除 (D) 外，其余三者相互重选，均为正确答案，故应修改。

(9) 几个选项最好按逻辑顺序（如按量值大小、时间先后等）排列或随机排列，正确答案在每个位置上出现的次数要大致相等，且不要形成固定的格式。

(10) 所有选项在逻辑上和语法上都能与题干相接，否则本来正确的答案，会因为逻辑上或语法上与题干不一致而放弃。反之，如果干扰答案在逻辑上或语法上与题干不吻合，被试就会根据常识，发觉它们之间的矛盾而加以排除。

3. 选择题的优缺点

选择题的优点是：(1) 单位时间内可以施测很多项目（一般每题不超过一分钟），从而保证取样的广泛性、代表性，使测验更有效；(2) 评分客观，加上题目数量多，可以减少随机因素的影响，从而保证测验的可靠性；(3) 可以通过改变错误答案的迷惑性来调整题目的难度；(4) 阅卷方便迅速，并可用机器评分，被试多时比较经济、省时；(5) 保密性好，优良的题目可存入题库重复使用。

选择题的缺点是：(1) 有固定答案，测不出对材料的组织能力和创造力；(2) 题目量大，编题复杂，并要为每个题目编出几个似是而非的答案，因而编写困难、费时，需要一定的技巧。

（二）是非题

是非题又叫正误题，是提出一个论点要被试判断是否正确，或从是非两个答案中做出选择，因此可把是非题看作两个备选答案的选择题。此种格式出题容易，回答方便，适于考查学生对简单观念或知识的了解。其缺点是：易受猜测因素的影响，重要的材料有时不能用对与错简单回答；缺乏教育诊断作用，故应用不如选择题广泛，主要用于年幼儿童以及需要快速而粗略地做出判断的情况。

例题，鲸是哺乳动物　　是□　　非□

编拟是非题应注意下面几点：

（1）内容应以有意义的事实、概念或原理为基础，避免无关紧要的问题或琐碎的细节。

（2）每题应只包含一个观念，避免两个以上的观念在同一题中出现，而造成题目“似是而非”或“半对半错”。如“纽约是美国的首都和第一大城市”，此题后一半是正确的，前一半是错误的。

（3）论点要简明扼要，意义明确，不要有艰深难懂的词句或含糊不确定的文字叙述。

（4）对论点的陈述要重新组织，不要照搬教科书上的词句或仅仅加上否定词就构成错误项目。

（5）避免使用具有暗示性的特殊字词，如“绝不”“完全”等通常带有“错”的暗示，而“有时”“可能”等通常带有“对”的暗示。

（6）尽量采用正面肯定的叙述，避免反面陈述或双重否定的文句。如“生物没有不是由细胞所构成的”，此题既难读又难理解，宜改为“生物是由细胞构成的”。

（7）“是”与“非”的题数应大致相等，且随机排列。

（8）题目数量不能太少。

（三）匹配题

匹配题有时又叫连线题，此种试题一般包括并列的两行，一行为刺激项目，另一行为反应项目，被试的任务是由后者中选出与前者相适合的项目。可以是完全匹配（刺激项目与反应项目数量相等），也可以是不完全匹配（反应项目多于刺激项目）。

例题，从右边所列的人名中找出左边所列的每本书的作者，每个人名可以用一次，也可用多次或全然不用。

（　　）1. 家　　　　A. 鲁迅

（　　）2. 子夜　　　B. 郭沫若

(　　) 3. 阿Q正传　　　　C. 茅盾

(　　) 4. 骆驼祥子　　　　D. 老舍

　　　　　　　　　　　　E. 巴金

从本质上讲，匹配题是选择题的一种变式，一个匹配题实际上就是一套选择题，适用于测量概念或事实之间的关系。其优缺点与选择题相同。

编写匹配题的要领是：(1) 一个题目的各个刺激项目及各个反应项目应在内容上同质，若涉及年代都为年代，涉及地点都为地点，涉及符号都为符号。(2) 在指导语中要讲清匹配依据，告诉被试每个反应可用几次。(3) 配对项目不可过多或过少，如在十对以下，最好应用不完全配合，使反应项目比刺激项目多出一两个，以增加其可靠性。(4) 每个刺激项目应有一个而且只有一个反应项目相匹配。(5) 按一定逻辑次序（如按字母顺序、数字大小、时间先后等）安排反应项目，同时要避免答案的固定格式。(6) 同一组项目应印在同一页上，以免造成作答时的困难。其他原则与编选择题相同。

三、主观性试题的编制要领

主观性试题又称自由应答型试题、非客观性试题、论文性试题，是让受测者用自己的语言或行动来对某一问题做出回答，包括排列题、改错题、填充题、简答题、应用题、论文题、操作题、发散题、联想题等。其中排列题、改错题和填充题若有固定答案，便成了客观性试题。各种类型的题目均有自己的特点和编制要领。

主观性题目的优点是：(1) 适合测量被试较高层次的认知目标，如组织材料的能力、综合能力、文字表达能力、评价能力和创造能力等，这是客观性试题难以测量的；(2) 编制起来比较简单，不需要准备很多选项，省时省力；(3) 可避免被试随机猜测以及对知识的简单背诵而得高分的现象。

主观性试题的缺点也是明显的：(1) 没有明确答案，评分困难且不可靠；(2) 题目数量少，对要测量内容的覆盖面小，不能保证内容效度；(3) 测验成绩易受被试写作能力、书写质量等无关因素的影响。

（一）排列题和改错题

排列题是要求依据时间、大小或其他原则，把测题中所列的项目重新排列顺序。此种题目评分较为客观，但应用范围有限。若列出几种排列供受测者选择，就成了选择题。

改错题是改正错误的字词、内容或逻辑错误等。此种题目评分也比较客观，但不利于测试对象作答和试卷评分，应用范围受限。若列出几种答案供选择，则成为客观性试题。

（二）填空题和简答题

填空题和简答题要求的是对正确答案的回忆，即由被试自己写出答案。填空题是提出一个不完整的陈述，要求被试把缺少的字词填上，可以空一处，也可以空几处。

例题，第一个智力测验是由______与______编造的。

简答题是提出简单的问题，让被试回答，通常只要几个字或一两句话即可答完。

填空题、简答题与选择题适于同样类型的材料，但填空题和简答题比选择题容易编写，而且被试无法猜，但评分不如选择题方便和客观。

填空题的编写要领是：(1) 题目所空出的应该是关键字句，并且要和上下文有密切联系，不要空出无关紧要的字词；(2) 一句话内不要有太多的空白，空白太多，不容易让受测者明了题意；(3) 空白最好放在句子的尾部，免得空格数量为答案提供线索；(4) 测题句子避免直接引用教科书的措辞。

简答题的编写要领是：(1) 问题要具体，范围要确定，要使受测者知道答案的类型、长度和确切程度；(2) 准备一个正确答案和可接受的变式的标准，如果部分正确也适当给分，则要做出更具体的规定。

（三）论述题和作文题

简答题若流于空泛或对其范围不加限定就变为论述题和作文题（统称论文题）。这两类题目的区别不仅在于长度，还在于它们所起的作用。填空题和简答题最适合测量实际知识的记忆和理解，而论述题和作文题最适合测量组织能力、综合能力和文字表达能力，有时还可测量评价能力和创造能力。论述题和作文题编写容易，不允许猜测和简单背诵，可以反映理解的深度。但题目少，取样缺乏代表性，特别是评分困难，既费时又易受无关因素（如文字风格、卷面整洁、个人成见等）的影响，从而使测验的可靠性和有效性降低。编拟论文题目要注意以下几点要领：

（1）题目的范围应限制好。要让被试明确答题的范围、要求和方向，不使题目过于笼统。但不可规定得太具体，以免变成一系列简答题。

（2）最好要求被试在新的情境下应用知识去解决新问题。

（3）题目的数量要适当，内容要具体。题目太少，其代表性就差，测验误差就大；题目过多，易成为速度测验，不利于被试对题目做深入的分析、理解。题目不要过小或过大，数量要适当多些，内容要适当具体些。

（4）要选用具有可接受的正确答案的题目（并不是只有一个正确答案），不用那些仅测量意见和态度的问题。

（5）在编写试题的同时应拟定出较具体的答案及评分标准。一般来说，这类题目的答案常常是不固定的，有时会有多个理想答案，这在测量前都应考虑到。对部分正确的回答如何评分做出尽可能具体的规定。

（6）一般不要有任选题，因为两个论文题目很难做到等值。

（四）应用题和操作题

在数学、物理等学科中，常常以应用题（包括计算题、实验设计等题型）作为测验题目。这种题目是叙述一个具体的情境并提出一些有关的数据，让被试解决所提出的问题。

应用题适合测量计算技能、推理能力，以及运用知识到新情境中的能力。如果只要求答案正确，评分可以很客观。但如果对最后结果错误而方法正确或部分操作程序正确的题目给予一定分数的话，评分就不容易做到客观。

编写应用题要遵循以下要领：（1）题目的陈述要使被试明白让他干什么，答案应以什么形式出现，以及对单位和精确度的要求等；（2）题目中应包括对解题所需要的一切数据和信息，有时也可包含一些无关数据和信息作为干扰；（3）采用新的情境和例子，不要重复过去用过的；（4）应向被试指明是否要求写出解答步骤，以及对各个步骤详细到什么程度等；（5）对一个问题的答案不论正确与否，都不要影响另一个问题的解答；（6）文字要通俗易懂，不要变成阅读理解测验。

在心理与教育测验中，有些项目是让被试动手操作，如画图、走迷津、拼配物体等，这类题型叫作操作题。制订操作项目的主要原则和要领是，使被试明确知道要他们干什么和在什么条件下干，如使用什么工具以及时间限制等。有些操作项目可以根据完成的数量和错误次数客观记分，有些项目的评分则较为困难。在后一种情况下，事先要向被试说明评分标准，最好把整个操作分解成许多部分技能，并分别定出给分标准。

（五）发散题和联想题

发散题和联想题也是非常重要的非客观性试题。发散题是让被试把与某个事物有关的各种事物尽可能多地写出来，如“说出所有圆形的东西”“举出砖头所有可能的用途”等。此外，还有语词联想和自由联想等题目。这些题目都能够考查发散思维能力，其缺点是评分不易有客观标准。

当然，上述几种题目形式不是彼此对立的，而是相互补充的，不同的内容可以采用同一种题目形式。同一个内容，根据需要也可以用不同形式的题目来表达。譬如对美国的首都这一内容就可以用下边几种形式来测量：

简答题：美国的首都在哪儿？

填空题：美国的首都是（　　）。

是非题：美国的首都是纽约。　　　是□　　非□

选择题：美国的首都是：

（A）纽约　　（B）华盛顿　　（C）伦敦　　（D）巴黎

匹配题：从右边一列中找出左边一列各国的首都。

（　　）1. 美国　　A. 巴黎

（　　）2. 英国　　B. 纽约

（　　）3. 法国　　C. 柏林

（　　）4. 德国　　D. 伦敦

E. 华盛顿

总之，上述分类只是采用一种标准，题目的种类远不止这些，根据测量的目的和内容，还可以设计出各种形式的题目，如案例分析题、综合应用题、故事解读题等。

不同形式的题目各有利弊。迄今为止，还没有一种题目能全面考查能力、学绩和人格的所有方面，这就要设计者根据不同情况，将各种形式互相配合，灵活掌握。运用之妙，存乎一心。如果墨守成规，就会事倍功半。题目形式是人创造出来的，只有敢于创新，才能使科学不断发展。

第三节　测验等值与题库建设

在测验编制和试题开发过程中，我们必须保证试题的稳定性、分数的公平性，合格试题的有效存贮、高效成批生成等问题，这就涉及测量理论中两个重要问题：测验（项目）等值与题库建设。

一、测验等值

对于一个大规模标准化测验或考试，必须保证在不同时间、使用不同试卷的考生可以得到公平的对待，必须保证证书的授予标准不随试卷难度而起伏，必须保证不同试卷得分之间具有可比性，这涉及测验等值的问题。测验的等值是心理与教育测量理论及应用中的重要组成部分。

（一）等值的概念与条件

尽管我们在命题过程中总是尽量保持测验或考试难度的稳定性，但不同测题在难度、信度、分数分布方面的差别很难完全避免，这种差别会使受测者或考生受到不公平的对待。如何保持测题或试卷难度的稳定性，如何保证分数的公平性？这是测验编制和试题开发过程中所要考虑的重要问题。

1. 等值的概念与种类

大规模标准化测验（或考试）的重要标志之一是分数的可比性。为此，首先必须根据测验的性质和目的确定记分体制，使分数具有可解释性，能够说明分数所反映的考生实际水平，以便于用户使用。如果对使用这份试卷的人一个标准，对使用另一份试卷的人又一个标准，那么，不仅会大大影响测验的信度和效度，而且会对有关的决策产生误导，会使考生受到不公平的对待。因此，必须通过对测验或试题进行等值处理，使不同测验或考生的分数具有可比性，并保持稳定的测量标准，也就是保持记分体制的参照系不变。而等值正是测验或考试公平性的保证。

在心理与教育测量中，把测量同一种心理特质的不同测验分数，通过一定的数学模型转换成同一单位系统中的过程称为测验等值（test equating)。简言之，等值是将测验不同版本的分数统一在一个量表上的过程。如果一个考生在参加不同版本的考试时，他的成绩不会受到影响，那么，我们可以认为这些不同版本的试卷是等值的。测验等值就是寻找到不同测验形式之间测验分数的转换关系，把所有不同测验形式上的分数都转换到同一个分数量表上，从而达到统一评价的目的。从本质上讲，等值就是通过对考核同一种心理品质或能力的多个测验形式做出测量分数系统的转换，从而使这些不同测验形式的测验分数之间具有可比性。

根据等值的内容不同，可将等值分为两种：一是测验分数等值，即把不同测验的分数（包括观测分数、真分数、潜在特征分数）进行等值；二是项目参数等值，即对测验题目参数（如难度、区分度等）进行等值。

根据等值的应用不同，可以将等值分为横向或水平等值和纵向或垂直等值。一般来说，等值是在测验的平行版本之间建立联系，这种联系属于横向的联系。因此，多数的等值属于横向等值。有的时候测验被用来建立发展量表，一组水平不同的测验被用来刻画考生的发展水平。在这些不同水平的测验之间建立联系的过程被称为纵向等值。

根据在等值时以何种测验理论作指导，可以将等值分为经典测量理论等值和项目反应理论等值。这在后面有较为详细的论述。

2. 等值的条件与性质

等值是有条件的，并非任意两个测验都可以进行等值。等值的条件是由测验等值的性质决定的。因此，测验等值的条件与性质实质上是统一的。

测验等值必须具备两个前提：(1) 要进行等值的测验必须是测量同一心理特质或能力（即同质性）的。只有同类性质的事物相比较才有实际意义。很难想象可以把数学测验的分数等值转换成语文测验的分数，但一次数学测验的分数可能转换成另一次内容、难度近似的数学测验的分数。(2) 只有信度相近的测验才能等值（即等信度性）。尽管两个测验测量同一心理特质，但是信度不同，这两个测验之间也不能进行等值。只有当测量同一特质的两次测验的信度即可靠性相同或相近时，才能进行等值。信度值相差太大的两次测验不能进行等值。

测验等值的性质和条件主要有如下几点：

（1）公平性（equity），又叫等价性，即测验等值转换关系应具有公平性。公平性是指若两个或多个测验可以进行等值，则无论以其中任何一个测验作为基础来进行等值转换，结果都应该是一样的。这样，考生接受其中任何一个测验，其分数经等值变换后都不会低估或高估其实际水平。也就是说，如果测验X和测验Y的等值对于每个被试都是公平的，则对每个一定水平的被试，无论他接受的是测验X或测验Y都应该无所谓。一组能力相同的考生在测验X上的真分数分布经等值转换后，应该与他们在测验Y上的真分数分布相同。如果一组考生在测验X上的观察分数分布与在测验Y上的观察分数分布相同，我们就认为测验X与测验Y等值。公平性一般包括以下具体含义：一是等难度性，难度水平变化着的测验上的原始分数不能被等值（因为真分数有可能存在非线性关系，即在不同能力水平上测验并非同等可靠）；二是可递推性，即如果考生在给定的能力水平为 θ 的条件下，测验X上得分的条件次数分布 $f(X/\theta)$ 与转换 $X(Y)$ 的条件次数分布 $f[X(Y/\theta)]$ 相同，这里 $X(Y)$ 是Y的一个一一对应函数；三是平行性，即测验X与测验Y是严格平行的。

（2）对称性（symmetry），又称可逆性，是指等值转换关系是双向的。对于两个平行测验X和Y，如果测验Y上的60分等值于测验X上的50分，那么测验X上的50分也一定等值于测验Y上的60分。这种对称性的要求将回归方法排除在等值方法之外。等值问题并不单单是个回归问题。通常，X对Y的回归与Y对X的回归并不一致，回归关系不具有对称性。

（3）跨群体的不变性（invariance across groups）。测验等值转换关系应具有唯一性、不变性，也就是指两个等值测验间的等值关系，即使是选用不同的被试群体进行估计，结果都是相同的。因为测验等值是两个或多个测验之间客观存在的实际关系，虽然等值的转换关系（方程）源于样本方程，但等值转换方程的求得应独立于被试样本或考生组的特点和实测时的具体情境，因而适用于需要进行等值转换的所有场合。因此，如果两个测验形式是等值的，那么这种等值关系或等值方程可以适用于同分布的总体。

（4）样本组间的一维性（undimensionality of the tests），又叫一致性、同规格性，是指被等值的测验都必须是测量同一维的心理特质，等值处理的结果应该不受进行等值处理所采用的考生样本组的影响。当应用项目反应理论来进行等值时，由于目前广泛使用的模型都是单维模型，因而要求等值测验的潜在特质也必须是一维的。因此，根据不同的样本组建立起来的测验 X 与测验 Y 之间的等值关系应该基本一致。如果测验被等值，那么，这些不同形式测验的内容和统计规格应该是相同的；否则，不管所使用的统计方法是什么，这些分数之间是不能替代使用的。事实上，其他一些特征，如测验的同质性、等信度性和观察分数的等值性等也应该包括在这一性质之中。例如，两个测验版本之间的等值关系对于男生样组和女生样组应该是一样的。在实际的等值过程中，等值的这一含义往往难以满足。等值结果或多或少要受到等值样组的影响，有时影响会很大。一般来说，真分数等值模型较少受到等值样组的影响，而观察分数模型则较多受到等值样组的影响。因此，在等值过程中，应该尽量使样组对于测验的对象群体具有好的代表性。

实现测验等值必须发展等值方法，而发展等值方法必须以等值关系的性质为原则依据。在等值概念中，也包括公平性（等价性）、对称性、群体不变性、样本组间一致性等含义。因此，测验等值的理论和方法是建立在以上假设的基础之上的。

（二）等值的理论与方法

根据等值设计得到成批数据之后，就可以采用适当的方法对测验进行等值。

1. 经典测量理论等值

基于经典测量理论的等值模型或方法有多种，平均数等值、线性等值、百分位等值、回归等值都是常用且简单的等值方法。

（1）平均数等值（equimean equating）。平均数等值是最简单的等值转换模型，用于共同组设计的情况。当我们将测验的两个不同版本在较短时间内先后施测于同一组考生时，可以认为这组考生的水平在两次考试之间没有变化，在两个测验中的真分数应该具有相同的平均数。当某一个版本的所得分数平均分较高时，可以认为这个版本较容易。

（2）线性等值（linear equating）。线性等值是平均数等值的扩展，前者是指两个不同版本测验的分数的平均数应该是相同的。在线性等值模型中，我们假设两个不同版本的测验具有相同的分数分布，即平均数和标准差都相同。对于两个平行测验上的分数（x、y），如果它们在任意给定被试组上各自的标准分数都相等，则被认为这两个分数等值，即有公式：

$$\frac{x-\overline{x}}{S_x}=\frac{y-\overline{y}}{S_y}$$

式中 x、y 分别是两个测验的原始分数，$\overline{x}$、S_x 和 $\overline{y}$、S_y 分别是两个测验原始分数的平均值和标准差。把上式整理后即得公式：

$$y=Ax+B$$

其中 A 和 B 是等值常数，$A=S_y/S_x$，$B=\overline{y}-A\,\overline{x}$。如果能够求出参数 A 和 B，则对于测验分数 x 均可以利用该公式求出与之等值的 y 分数。

以上是在单组设计时的线性等值方程。若在随机分组情况下，等值方程就要复杂得多。

用线性等值法对两种测验进行等值，要求两个测验的分数分布是相同的，因此该方法所需的假设条件比百分位等值法要强，但线性等值并未从根本上突破百分位等值的一些局限性，因此有必要寻找更好的等值方法。

（3）百分位等值（equipercentile equating）。百分位等值是指测验 X 上的分数的累积分布与测验 Y 上分数的累积分布是相同的。对于测量同一特质的测验 X 与 Y，若两个分数相对于各自样本组的百分等级相同，则认为这两个分数等值。这一模型是将两个测验版本上百分等级相同的分数界定为等值分数。以最简单的共同组设计为例，在版本 X 上得分低于 60 分的人占全体考生的 80%，在版本 Y 上得分低于 65 分的人占全体考生的 80%，那么，我们就认为在测验版本 X 上与测验版本 Y 的 65 分对应的等值分数是 60 分。

这种方法的定义直观，也容易理解，对两个测验的分布是否相同也无要求。只要分别计算出两个样本中被试得分的相对累积频数，则分数 x 的百分位等级分数就等于比 x 分数小的考生占全体考生的百分比，而在这两个样本中同一百分等级所对应的原始分数就是等值分数。但是，百分位等值法有两个明显的缺点：一是分数等值转换关系的求得依赖于所选用的样本，当抽取的样本改变之后，具体的等值关系就会发生变化，因此唯一性要求没有得到满足；其二，百分位等值法通常要使用平滑化处理方法，这无疑增大了等值的误差。

值得说明的是，百分位等值是非线性的。在线性等值中，两个版本的分数是线性转换关系，而在百分位等值中，两个版本的分数是非线性转换关系。另外，在共同题设计中，等百分位的等值计算要比共同组设计复杂许多。在复杂的百分位等值计算中，分布函数的表示具有非常重要的意义。

2. 项目反应理论等值

如果已经存在科学化题库，如果题库中每个题目均已经标定了具有可比性的项目特征参数，我们就可以根据考生在测验中的反应模式估计出考生的能力参数 θ。这时，从不同测验版本中得到的能力分数具有直接的可比性。如果两名考生分别参加了来自同一题库的两个不同版本的测验，经过能力估计，得到两个相同的能力分数 θ，我们就可以认为这两名考生具有相同的能力水平。

这时，如果以观察分数作为真分数的估计值，我们就可以在两个测验版本的真分数之间建立联系。首先找到对应于版本 X 的每个真分数的能力分数 θ，再在版本 Y 上找到对应于每个 θ 值的真分数。这样，就在两个版本的观察分数之间建立了联系，实现了等值。

3. 等值的误差理论

等值作为一种统计处理方法，像测量误差不可避免一样，等值误差也是不可避免的。等值误差一般包括随机误差和系统误差。在测验等值中，只能以样本数据估计两个测验之间的等值关系。由于抽样是会有误差的，因此，等值的结果就存在由于抽样而引起的随机误差。如果能够直接应用总体数据估计测验间的等值关系，那么所估计的等值关系就不会存在随机误差。因此，等值的随机误差是随着样本容量的增大而减少的。从根本上说，测验等值的随机误差应该采取加大样本容量的办法来控制。但是，在样本容量受到条件限制的情况下，对于各种百分位等值，应用“平滑技术”（用一条光滑的曲线来拟合样本分布，从而进行等值关系的估计，达到控制抽样波动的目的）可以适度减小随机误差。

等值的系统误差形成原因比随机误差要复杂许多，主要有以下四种：一是当应用等值方法的统计假设不满足时，所估计的等值关系中就会出现系统误差。二是当为估计等值关系所设计的数据采集规则没有被严格遵循时，所估计的等值关系中就会出现系统误差。三是估计等值关系时，所用的被试组与实际使用这两个测验的被试组有实质性的差异，此时将所估计的等值关系应用于实测群体，系统误差就会产生。四是某些等值数据处理技术的使用可能导致系统误差。如采用降低随机误差的平滑技术，就会同时产生系统误差。当然，在测验等值中的系统误差有些是可以设法估计并控制的，为此要根据具体情况进行具体分析和处理。

影响等值误差的因素很多，主要包括：（1）被等值测验的同质性；（2）被等值测验之间的难度差别；（3）被等值测验分数的分布特点，包括偏度、峰度等；（4）被等值测验的单维性；（5）锚题对测验的代表性，或锚题分数与测验分数的相关；（6）用于等值估计的考生样本的容量；（7）用于等值估计的考生样本分数分布的相似性；（8）测验长度；（9）锚题数量；（10）锚题在测验中的位置。实际的影响因素可能更多，等值还会受到测验所关注的分数段、测验目的对分数精确性的要求水平、测验分数的应用、计算条件等多种因素的影响。

（三）等值设计与处理

要揭示两个测验形式的等值关系，实现测验等值，一般可以按照以下步骤进行：确定等值目的；选择一种数据收集方法；执行数据采集设计方案；选择等值的操作性定义；选择统计估计方法；评价等值经过。其中，等值数据的收集和等值数据的处理是测验等值过程的两个重要阶段。要对不同测验进行等值，就必须收集可以用于等值的数据。如果两个不同测验间的分数没有统计关系，则无法使用统计方法使之产生联系。为此，须对测验的编制或施测的过程进行设计，此工作称为测验等值设计。

等值数据资料的收集方法有很多种，一般可以分为两大类：一类是采用以“人”为媒介的共同组等值设计（common-subject equating design），即让一组人接受不同的测验版本；另一类是以“题目”为媒介的共同题等值设计（common-item equating design），即在不同测验版本中含有共同的题目。共同组设计又叫共同被试组设计，包括单组设计（single-group design）、平衡随机组设计（counter balanced random-group design）和等组设计（equivalent-group design）等几种不同的等值设计。共同题设计又叫锚测验设计，包括锚测验随机组设计（anchor-test-random-group design）、锚测验非等组设计

(anchor-test-nonequivalent-group design)、部分预先等值设计（section pre-equating design)、题目预先等值设计（item pre-equating design）等几种不同的等值设计。

所使用的数据资料的收集方法不同，则会有不同测验等值方法，从而会有不同的测验等值的设计。但是，设计的一个共同的目的，就是要确保样本可靠，减少无关因素对测验的影响，从这一角度来说，经典测量理论和项目反应理论的测验值的设计又有共同之处。这里将介绍两种测量理论都适应的测验等值的设计方法。

1. 单组设计

单组设计就是把应予等值的两个或多个测验同时向同一被试组施测，然后借助于同一被试组把应予等值的测验联系起来，这时两组测验分数的差异主要是由于两个测验的难度不同而引起的，因而从理论上来说，这种等值设计既简单又无抽样误差。但实际上，练习效应、疲劳及厌倦等因素会给等值结果带来偏差不明的误差。单组设计有两种具体的实施方式：

(1）对考生总体随机分组。按统计理论，可以认为随机分配的两个组的考生的能力应该相等。组 1 的考生做测验 X，组 2 的考生做测验 Y。在两组考生分别完成了测验后，则可对两组考生的分数等值，如线性等值、百分位等值。

(2）考生不分组，同一考生组完成测验 X 和测验 Y 两个测验。因为是同一考生组完成两个测验，可以认为考生的能力水平是不变的，则可以通过线性等值、百分位等值方法使两个测验分数等值。

第一种方式的抽样误差有可能使两个组考生的能力水平分布不完全相等，这样就会给等值带来偏差；第二种方式则会受练习效应和疲劳等因素的影响，从而给等值带来偏差。但这种设计仍不失为一种简单和易于实施的设计方法。

2. 共同考生设计

共同考生设计（common-person design）有两种实施的方式：

(1）等组设计。从同一总体中随机抽取两组考生，这两组考生被认为在能力分布上是相同的或很接近，让这两组考生分别接受两份不同测验 X 和 Y，然后把所得测验分数加以等值（如图 8-1）。

这种设计克服了单组设计中因分组可能存在的能力水平不同而影响等值的

可靠性，也可克服练习效应和疲劳等因素的不利影响，但由于两组考生的能力分布可能不一样，因此会给等值带来偏差。因此，从某种意义上讲，它已归类到单组设计的第二种，实施时间的限制、试题的保密、练习的效应都会带来偏差。

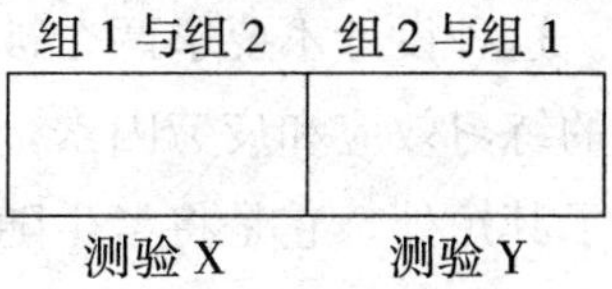

图8-1　共同考生设计示意图之一

另外，把单组设计和等组设计两种方法结合起来而产生的一种设计方法叫等组交叉设计。这种设计方法是把考生随机分成两组，第一组考生先做X测验后做Y测验，第二组考生则先做Y测验后做X测验。这种方法兼有两种设计的优点，但仍无法克服练习效应和测试时间太长的缺点。

(2) 共用被试设计，即把考生随机分为三组，即组A、组B、组C，组A和组C的考生接受测验X（其中，组A+组C=组1），组B和组C的考生接受测验Y（其中，组B+组C=组2）。组C的考生同时接受测验X和测验Y，利用这部分被试作为桥梁，可以建立测验X和Y的等值方程（如图8-2）。

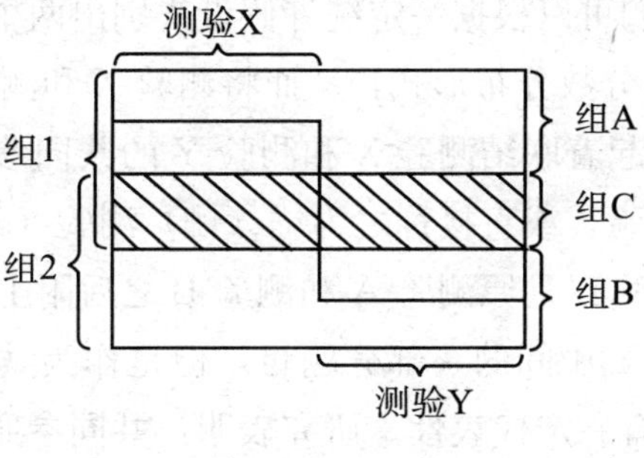

图8-2　共同考生设计示意图之二

在这种设计中，只有一部分考生接受测验X和测验Y两个测验，我们可以根据这部分考生的成绩或求得的题目参数建立相应的等值方程，从而对测验分数或题目参数进行等值。

3. 共同参照测验设计

共同参照测验设计（anchor-test design）又称为锚测验设计（“锚”又译“铆”）。把应予等值的测验分别向不同的考生组施测，但这两个测验都附加由共同项目组成的附加测验（称为锚测验），由其作为桥梁把测验X和Y联系起来。这种设计不要求两个被试样组的能力分布完全一样，也不会给考生带来太大的练习效应和疲劳因素，因此它兼有第一、第二两种设计方案的长处，又克服了其短处。它是将考生随机分为两组，即组 1 和组 2。除对组 1 和组 2 两组考生分别实施测验 A 和测验 B 外，还通过对一个小的测验 U 把测验 A 和测验 B 联系起来（测验 A＋测验 U＝测验 X，测验 B＋测验 U＝测验 Y），组 1 和组 2 的考生都做测验 U（如图 8-3）。

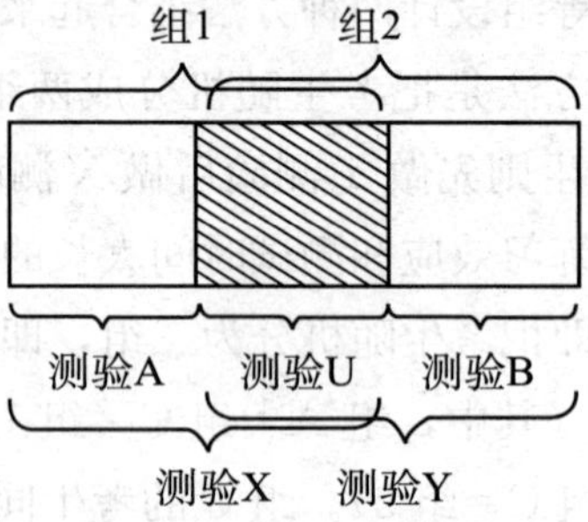

图 8-3　共同测验设计示意图

通过测验 U，我们可以根据一定统计假设辨别出两个考生组的能力水平以及测验 X 和测验 Y 的分数分布形式，从而将测验 X 和测验 Y 的分数或题目参数等值。由于测验 U 起着联结测验 X 和测验 Y 的共同参照作用，因此我们称测验 U 为共同参照测验，或直接称之为锚（铆）测验（anchor-test）。

共同参照测验 U 可以是原测验 A 和测验 B 之后附上的一个附加测验，也可以是测验 X 和测验 Y 中间的一部分题目。但是作为共同参照测验 U，它的内容、形式都应该具有一定代表性。研究表明：共同参照测验与原测验在难度上的不同而造成的等值误差，要比二者在内容上的差异所造成的误差要大；当共同参照测验是原测验各部分比例相同的小型缩样时，等值的效果最佳。一般来讲，共同参照测验的题目应达到原测验题目数量的 1/5 为好；考生在共同参照测验上的得分与原测验上的得分相关程度高时，等值的准确性较高。

共同参照测验设计还可以根据研究的需要，设计成连环共同参照测验（又称为连环锚测验）和中心共同参照测验（又称为中心锚测验）等形式，如图 8-4、图 8-5 所示。这种设计有很多优点，在实际使用中得到广泛关注。如果条件允许，可以认为这是最佳的设计方法之一。

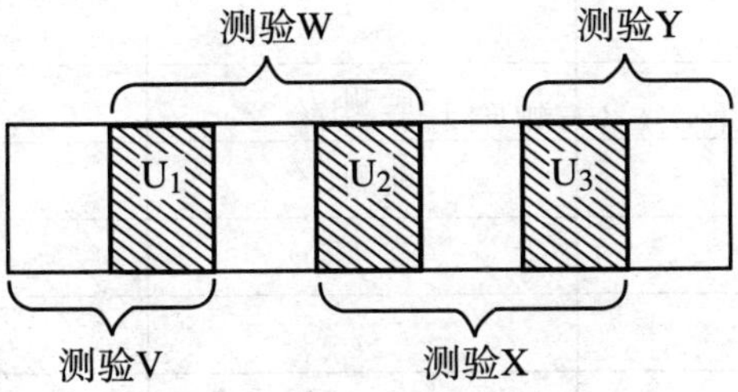

图 8-4　共同参照连环锚测验示意图

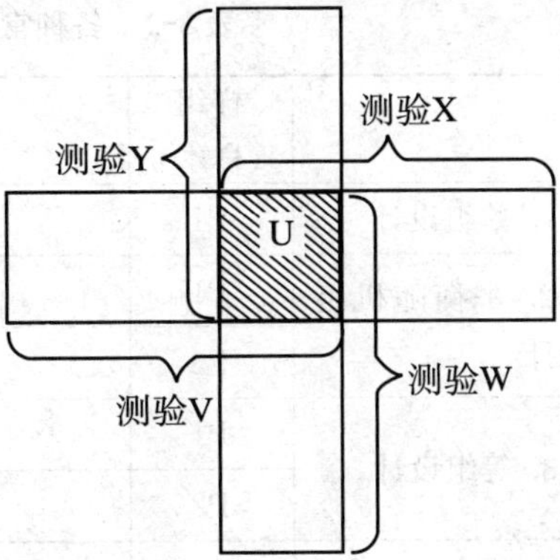

图 8-5　共同参照中心锚测验示意图

4. 共同参照测验和共同考生的混合设计

共同参照测验和共同考生的混合设计（anchor-test and common-person mixed design）是第二、第三种设计派生出来的。这种设计可以在施测后对同一批数据做两种分析或两种等值，以利于对照和比较。当然，在使用这种设计时，共同参照测验设计和共同考生设计的相关条件也应该同样得到满足。

等值结果是两个不同测验版本或项目参数的转换关系，它的表示方法一般有三种：一是表列法，即将两版本对应相等的分数对应排列成表。这种方法简单明了、查找方便，是应用最普遍的等值结果的表示方法。二是公式法，即用一些公式计算而获得的等值结果。常见的公式形式为 $y=Ax+B$（其中 A 与 B 是等值常数，x 与 y 处于平等地位）。用公式表示等值结果简明、方便，等值关系清晰，但并非所有的等值结果均能用公式表示，且对于具体分数的配对还需进一步计算。三是图示法，此法能够生动形象地揭示两个测验分数之间的等值转换关系，不受计算方法限制，但表示的对应关系的精确度有限，故多用于对等值关系的整体分析。

表 8-2 是对各种常用等值设计方法的比较。

表 8-2 各种常用等值数据收集方法的比较

	样组（样本）	测验 X	测验 Y	锚测验 V
1. 单组设计	P1	√	√	
2. 平衡随机组设计	P1	前测√	后测√	
	P2	后测√	前测√	
3. 等组设计	P1	√		
	P2		√	
4. 锚测验随机组设计	P1	√		√
	P2		√	√
5. 锚测验不等组设计	P1	√		√
	Q1		√	√
6. 部分预先等值设计	P1	测验 X 的各部分 X1√	测验 Y 的各部分 Y1√	
	P2	X2√	Y2√	
	P3	X3√	Y3√	
7. 题目预先等值设计	P1	测验 X 的各个题目 X1√	测验 Y 的各个题目 Y1√	
	P2	X2√	Y2√	
	…	…	…	
	P_n	X_n√	Y_n√	

注：P1 是从总体 P 抽取的随机组，Q1 是从总体 Q 抽取的随机组。“√”表示收集数据，没有“√”的项目表示不收集数据。

二、题库建设

题库是许多行业中合格试题的有效存贮，目的是为高效成批生成具有指导性能的试卷服务。它是适应心理与教育测量，尤其是社会考试事业大规模发展，要求人员测评工作进一步科学化而兴起的，是对临考前抽人入闱的工作方式与一两份标准化测验反复使用的施测模式的革新，是建立在坚实的心理与教育测量理论以及计算机等现代技术基础之上的。

（一）题库的定义与功能

1. 题库的定义

“题库”（item bank）一词源于 20 世纪 60 年代英国的一个全国教育研究课题，其本义是指测验试题的有序集合。就像图书馆的书籍一样，试题均有“分类”和“编目”，即在统一的类别系统上标定了位置。正是由于试题都已有序存放，故能根据需要准确而方便地调取。因此，题库不同于一般的题集（item pool），不是未经加工处理过的试题的简单堆积。现代意义上的题库，一般是指由适用于不同目的、技能和任务需要，且具有必要参数的大量合格或优质的试题的集合，即按照一定的心理与教育测量理论，在计算机系统中实现的某个学科题目的有序存贮。它是严格遵循心理与教育测量理论，在精确的数学模型基础上建立起来的测量评价工具。

2. 题库的功能

传统命题技术存在许多不足和失误。传统的命题过程一般是：首先制订考试大纲和试题编写原则，向有教学经验和命题经验的教师或命题专家征集题目，通过小规模的试测获取关于题目和试卷的统计数据；然后从质和量两方面的角度对题目和由题目组成的试卷进行分析、判断和调整；之后再以这套试卷施测于考生。这种命题过程存在着大量人力、财力浪费的问题，而且不能保证出题的科学性。随着经济和社会的发展、终身教育观念的普及，迫切需要有科学、方便、完善的题库管理系统，作为积累题目、自动组卷、保存成卷、分析试卷的工具。

常见的命题失误有以下几种：首先，试题内容的知识覆盖面过窄。各部分考核内容在试题数量、权重分配方面比例失调，某些章节的试题过多或过少，权重过大或过小。或者考核内容与考核目标的分层要求之间出现明显的不协调，例如某一考核内容的试题其最低层次（识记）的比重过大，中间层次（理解和运用，分析和综合）的比重过小。其次，试题的难度起伏大，信度、效度低。同一份试卷中试题的难度高低起伏太大，有些题特别难，有些题特别容易，导致部分试题的区分度接近于 0，或者试卷中全部是中等难度的题，难度差异过小。这样，使整套试题的信度、效度都不高。再次，试题要求偏高或偏低，施测容易走向极端。试题的总量偏多或偏少，试卷的总体要求偏高或偏低，致使考生的考试用时偏紧或偏松，平均考分过低或过高。最后，试题内容和表达形式较陈旧。试卷中流传已久的“保留题”“成题”过多，经加工、创新的题目少，反映新教材编写新意的题目少。

采用经验型的手工作坊式的命题方式，有时免不了要做低水平的重复劳动，不仅使考试命题的质量难以提高，而且使命题工作乃至学校对考试的组织管理工作的效率都难以提高。

题库应用技术是提高心理与教育测量效果与效率的一种新技术，具有一定优越性。建立题库，在现代心理与教育理论指导下在命题技术方面来一场革命，这是提高考试命题质量，使教学质量评估科学化、规范化的重要途径。这对于提高教学质量管理水平，对于逐步实现考试管理科学化、教师办公自动化等都有重要意义。

（1）题库是大批优良试题的储存库。凡是入库的试题都是经过严格筛选，并按合理的原则组织起来的，其技术参数、质量指标（如难度、区分度等）是经过测定的。题库犹如“零件库”，题目数量多，品种齐全，规格型号标注清楚，检索方便，可为组装各类优质“产品”提供足够多的“标准件”。而且库内的优良试题不会只用一次就丢弃，可以不断积累、充实。

（2）题库使整个测量系统具有良好的稳定性、一致性和通用性。题库内的全部试题都具有标准统一的技术参数，便于人们按照一定的科学程序，按已有的技术参数挑选，优化组合成内容、性质、难度等各不相同的试卷，使试卷符合预定的各项质量指标，保证考试的信度和效度，从而使整个测量系统具有较好的稳定性、一致性和通用性。

（3）题库可以提高命题工作的效率，减轻命题教师负担，为教学质量的优化管理提供科学依据。计算机管理题库，自动化程度高，可大大提高命题工作的效率。计算机题库系统具有自动寻找的功能，便于教师通过手指击键、自行选题组卷。利用这种管理系统还能让计算机根据命题要求自动生成试卷，自动完成试卷及考分的等值处理，必要时还能生成互相等值的平行试卷，能客观地比较历次考试的不同水平，从而为教学质量的优化管理提供科学依据。

（4）题库可以使命题过程规范化、科学化。利用题库系统自动生成试卷，要求命题者事先制订详细的命题计划，并按规定输入有关信息，这有助于克服命题的盲目性和随意性，使命题过程规范化、科学化。

总之，题库在心理与教育测量中，特别是教学实践和考试评价中，具有两个独特的优越性。第一是管理上的优势，在先进理论指导下用计算机管理的题库，具有科学、高效、经济、灵活、方便、保密性好等显著特点。题库为题目的保存、分类和检索提供了便利，为编制试卷提供了高效率和低成本的手段。第二是测量上的优势，体现为由题库生成的试卷具有高质量、能预控和等值可比等特点。题库作为测量评价工具的作用非常明显。教学过程中充分利用题库这种教学资源，进行富有成效的形成性测验，可以帮助师生把注意力从名次、得分转移到要实现的教学目标上来，真正关心学生的学习困难和错误所在，关心学生素质的提高，促使教育观念从“应试教育”向素质教育转变。因此，题库建设具有十分重要的意义。

（二）题库建设的理论与方法

题库要有一定的数学模型，没有数学模型的试题的集合称为题海。题库建设可以采用经典测量理论数学模型和项目反应理论数学模型，并在此基础上逐步开发出计算机自适应考试系统。

1. 题库与经典测量理论

经典测量理论是传统心理与教育测量理论的代表。它对试题的难度、区分度等参数采用直接测算的办法。例如，用一组被试解答某个试题的实际得分相对于满分值的比率来确定该试题的难度参数。这比较符合人们的思维习惯和一般教师的操作习惯。经典测量理论的主要缺点是试题技术参数的测定结果受样本的影响较大，这对组拼试卷会有不利影响（这种影响经多次施测，对试题参数不断修正后可望减小）。

2. 题库与项目反应理论

项目反应理论是现代心理与教育测量理论的代表。从理论的严密性、深刻性来说，它比经典测量理论更优越。项目反应理论通过把学生的能力水平与答对题目的概率挂钩来决定试题的技术参数（如难度、区分度等），借助项目特征曲线来表征这种关系，与样本不直接相关，较经典测量理论更合理。但是，由于项目反应理论的技术复杂，参数测试的工作量大，不如经典测量理论直观、简明，因此目前难以大面积推广。

3. 题库与教育理论

许多教育教学理论，如学科体系与教育目标层次分类理论，决定了整个题库及编制成试卷的内容效度和结构效度，是提出命题与征题规划的根本依据。不同学科、不同目的有不同题库结构。题库建设涉及心理与教育统计、心理与教育测量、教育心理、发展心理、认知心理、学习理论及教育学问题，主要包括题型功能与命题技术、题目统计分析技术、测验等值技术、试题和试卷的拼合与质量评价技术等具体技术。

4. 试卷的计算机生成

随着心理与教育测量理论和计算机应用技术的发展，计算机题库及试卷生成的研究受到关注。通过计算机技术建成题库，并利用计算机题库和相应的试卷生成系统，可在几分钟内按指定的命题要求自动生成一份高质量的试卷。在计算机题库系统建设中，试题质量控制与参数设置、组卷策略是最重要的环节。

题库建成后，通过输入一些查询参数，系统将根据这些参数抽出最适合参数要求的试题，组成能够实际使用的试卷。这种查询参数以及对这些参数进行变换算法，我们称之为组卷策略。组卷策略的实质是将对人比较直观明了的组卷参数变换成计算机能够直接操作的试题属性项，然后根据这些属性项，在题库中抽取试题组成试卷。因此，完整的组卷策略应该由三部分组成：试题属性项的定义、组卷参数的定义、变换算法的说明。

（1）试题属性项的定义。一般题库中试题所具有的属性项有：试题编号（试题的唯一标志，只要知道某个试题编号，便可唯一确定一道试题，这对利用计算机处理试题极为重要），试题类型（如填空题、计算题等，这是抽题和组卷的重要参数之一），考查的知识点（这道试题在这个学科的课程标准中所属的知识点，它是教师用来确定考试范围的重要依据之一），难度，区分度，认知分类（一般是采用布卢姆的知道、领会、应用、分析、综合、评价等六类，但在实际应用中，不同地域、不同学科的教师或教育研究人员也可提出更符合实际情况的分类标准），操作说明，答题时间，建议分数，使用总次数，上次使用时间（题目的使用总次数和上次使用时间两个参数可以用来控制题目的曝光度，为了试卷的保密性、公平性和安全性，在抽取题目组成试卷的时候，需要控制题目的曝光度），出题人，出题日期，归档时间，保留项。

（2）组卷参数的定义。计算机抽题是根据试题的属性一道一道进行处理的，人们一般不可能对所有试题的属性进行设置，因此，我们要设置一些易于理解、容易操作，同时又能很好体现考试意图的组卷参数。设置组卷参数的主要依据是一套完整试卷的属性，如试卷标题、考试时间、考查的知识点等。主要参数包括：①总体参数，指对试卷的整体属性的说明，具体有试卷标题、考试时间、满分值、平均难度、平均区分度、曝光时间、考查的知识点。②题型比例，指试卷的题型结构，也就是试卷中有哪些大题型，某道大题型下有多少道小试题，这些试题在试卷中占多少分，某题型要考查哪些知识点等。③知识点—难度比例、知识点—认知分类比例。④其他参数约束条件。

（3）变换算法的说明。通常情况下，我们只需要设置试卷的一些整体属性参数和题型结构参数，便可以组出一份满意的试卷，它对题目的知识点、难度分布没有特殊要求，只设平均难度和平均区分度参数，参数设置简单直观，常常用于快速组卷。对于相对评价，主要目的是将学生的成绩拉开档次，以显示出差异，这就需要在题目的难度上拉开档次，需要在知识点的难度比例等级上进行必要的分布。而对于绝对评价，主要考查学生知识点的掌握情况，它以认知分类为主要参数抽题，需要填写知识点—认知分类比例参数表。

（三）题库的管理与使用

1. 题库管理的基本要求

（1）题库中的试题应该是合格优质的试题。题库的基本组成单位是试题，题库不等于卷库，不是试卷的集合，而是由许多单个优质的试题组成并有翔实的编码系统的“仓库”。

（2）题库中的题目数量必须很大，并具有合理的比例结构。

（3）题库中所有试题的有关技术参数应当齐备，试题参数必须转换到同一度量系统上。

（4）题库中的试题必须按照科学原则分类、贮存，形成有机整体。

（5）题库必须是动态的。

2. 题库建设的指导思想

学科题库与习题集的实质性区别在于前者是一个运用测量学、统计学的原理和方法，借助于先进的计算机软件技术而建立起来的教学测量系统。构建题库是一项复杂的系统工程。在建立一个规模较大、功能齐全、水平较高的题库前，首先必须明确建库的工作目标、指导思想与原则。构建题库的工作目标是要形成一个适应目前和未来教育教学需要，能服务于日常教学和各类学习水平测试需要的通用测试系统。这个系统的核心部分由一个具有分层结构的题库群组成。这个题库群中有一个是总库，还有若干个既相互独立又有密切联系的一级分库，每个一级分库下可再设二级分库。总库与各级分库之间的关系呈树形结构。总库和各级分库都配备有相应的试卷生成系统等处理系统。这样安排，既有利于分阶段、分工完成建库工作，又有利于灵活使用各级题库。

构建题库的指导思想应是：以国家的教育政策文件文本（如课程标准和全国通用教材）为依据，以教育学、心理学原理为指导，以科学的教育测量技术和计算机应用技术为基础，以教育教学实践经验为参照，不仅要使题库质量充分体现该学科最优秀的专家、教师的水平，同时还要融合心理与教育测量人员、计算机专业人员和教育行政管理人员的集体智慧。

3. 题库建设的具体原则

就建库实践而言，应贯彻以下几项原则：

（1）在建库的初级阶段，应以经典测量理论为指导理论。这样有利于题库的协作共建和迅速推广应用。经典测量理论和项目反应理论在本质上是一致的，都是通过考试分数来推测学生的能力水平，主要区别在于对试题的技术参数的分析及演绎的功能方面。

（2）题库应具有鲜明的时代特色，体现教育教学目标的各项要求，适应学生的学习水平。

（3）题库中试题的储存量要足够大。

（4）题库中试题的分类要清楚，组织要严密。可先按考试类别分类，再按教学内容分类；同一教学内容的试题，根据教学目标的层次高低、试题的难度高低按顺序排列。

（5）入库的每道试题的题意要清楚，题文用语要准确、精练，题图要规范，并附参考答案（或答案要点）、满分值、评分规定、难度参数、区分度参数、答题时间等信息。

（6）题库应是一个动态系统，能供用户随时增删题目，更换题中数据。

（7）题库作为一个科学测量系统，应随时保持其整体性和可靠性。

（8）建设题库应有一个高起点，应充分吸收和利用国内外题库建设的先进经验。

（9）题库要求优质高效、安全可靠，因此，在题库建设、管理与使用过程中要做好安全保密工作。

4. 题库建设的一般程序

题库建设是一项系统工程，要由多学科专业人员协同合作，在科学的题库建设理论指导下有步骤地进行。题库建设理论是整个题库工作的基础理论，内容很多，主要有学科体系与教育目标层次分类理论、题型功能与命题技术理论、题目分析理论、参数等值理论、测验编制理论等。题库建设工作过程大致包括如下几个阶段：

（1）试题开发。这是起始工作阶段，应该按照命题规划和要求进行。试题开发的形式多种多样，可以是组织专家命题，向社会征题，从诸如习题集等有关资料中选题。无论是通过命题、征题或选题得来的试题，新编拟的题目应该占题库总量的多数，并都要组织专人审查，即“审题”，这是保证试题质量的关键。

（2）分析等值。此阶段要进行统计分析和等值处理，查明拟入库试题的性能、质量，并将其参数转换到同一度量系统上去。主要通过专家评估，来查明试题的考核内容范围与能力层次。试题难度等指标值的确定：一是通过试验性测试获得实测资料后，经过统计分析求取（抽样测试法），这是根本方法；二是不经测试由专家评估确定（专家评估法）。无论是抽样测试还是专家评估，都要分批次进行，在不同批次工作中获得参数值，通过使用等值技术转换到统一的共同量表上去。

（3）存贮建库。单个试题符合要求，利用编码技术实现有序存贮。也就是把试题正文、答案、参数等有关信息按照一定逻辑规则具体存放起来，并给出标示编号。存放形式可以是纸质题卡，可以是计算机管理存贮。后者主要是建立计算机题库系统，一般包括题库管理子系统（含录入、查询、修改等）、试题分析等值子系统（经典的和现代的测量理论方法等）、试卷生成子系统（检索调取成卷、智能化自动生成等）、考试施测子系统（固定化策略、自适应策略等）、编辑印刷子系统以及成绩分析报告子系统等。可以是单机版，也可以是网络版。

（4）动态维护。题库具有动态性，应该根据情况变化而变化，要经常检查试题的思想性、科学性，要根据学科本身发展和时代特点不断调整、增减、修订试题及其参数，进行动态维护。

三、计算机自适应测验

随着计算机技术的发展及应用，计算机辅助测验（computer-assisted testing）在教育中发挥着它特有的优势，以其强大的功能在教育中扮演着十分重要的角色。计算机辅助测验的发展趋势——计算机自适应测验（computerized adaptive testing）更是具有极大的潜力。

（一）计算机自适应测验的含义

计算机自适应测验又叫电脑化自适应测验，是用项目反应理论建立题库，并由计算机根据被试能力水平自动选择测题，最终对被试能力做出估计的一种新型测验。它是一种通过计算机来选择项目，为每个被试提供最有效、最合适的测验的方法。其施测方式是从题库中选择与被试水平相匹配的题目进行施测，直到测验的终止规则达到为止。计算机自适应测验具备下列一些特征：一是有由一定量精选而来的测题所组成的题库作为支持；二是按照一定的策略进行选题并根据被试的作答情况不断地调整测题；三是按一定的规则终止测验，评分在施测的过程中进行。

在项目反应理论的基础上出现的计算机自适应测验被誉为“测验领域的新天地”。传统的纸笔测验不论被试水平高低，都作答同样一批题目，导致低难度对高水平被试和高难度对低水平被试而言都是形同虚设，测验效率低下，计算机自适应测验摒弃了这一缺点。

计算机自适应测验不同于传统的纸笔测验，它的测验试题的呈现和被试对试题的解答都是通过计算机完成的。计算机自适应测验也不同于一般的计算机化测验，计算机在测验过程中不光是呈现题目、输入答案、自动评分、得出结果，而且根据被试对试题的不同回答，它能自动选择最适宜的试题让被试回答，最终达到对被试能力做出最恰当的估计。因此，计算机自适应测验是因人而异、量体裁衣的测验。

（二）计算机自适应测验的基本原理

计算机自适应测验是在项目反应理论基础上发展起来的一种在项目水平上进行分析的测验。这种测验的编制者认为，要测量一个人的能力，最理想的项目就是难度适中的项目，即答对或答错的概率都在 0.50 左右。在测验开始时，计算机一般给出一个难度中等的题目。如果被试做对，计算机就会估计他的能力高于中等水平，然后再给他一个难度高一点儿的题目；如果他做错，计算机就会估计他的能力低于中等水平，然后给他一个难度较低一点儿的题目。然后，计算机根据被试第二题的回答情况对其能力再做估计，在第二次估计基础上，计算机在题库中选择最接近他能力估计值的题目，接着根据被试的反应，对其能力再进行估计。这样，随着被试做的题目增多，计算机对他能力的估计精度越来越高，最后其估计值将收敛于一点，该点就是该被试的能力较精确的估计值。

（三）计算机自适应测验的实施

计算机自适应测验一般包括测验构成、测验实施、记分、试题分析、题库等部分。

计算机自适应测验具有其他测验无法相比的许多优点，如结果更加准确、测试时间更短、测验安排的时间更方便、测验的安全性更高、题目曝光率更好控制、测验结果的呈现更及时等。具体表现为：

（1）如果有足够多的计算机终端系统可以使用，则可以通过终端对被测者进行测验。联机测验方式同样支持自适应测验。

（2）它能因人而异地选题，可以用较少的题目较精确地估计被试的能力。由于计算机知道哪些问题要对被测者进行测验，并能记忆对问题的回答，因此问题的排列顺序是无关紧要的，并且因为计算机能支持打印、记分，方便对各种问题的处理，因此可以省去考卷。

（3）它不必规定测验举行的时间，被试可选择自己最理想的时间进行测验。这是因为计算机自适应测验是因人而异的，不必因害怕泄露试题而规定统一的测验时间。同时在具有内部时钟的系统中，允许对被测者在一定的时间内进行单独测验。

(4) 它可采用多媒体技术，可创设各种生动、形象的情景，使测验呈现方式能满足多种测验目的，同时更能激发被试的测验动机。

(5) 它能及时了解测验结果，并能方便地通过网络将测验结果传送到相关部门或个人。在测验过程中，被测者能够及时得到反馈，并且测验一结束，就能得到测验结果。

总之，计算机自适应测验是近年发展起来的一种新的测验形式。这种测验以项目反应理论为基础，以计算机技术为手段，在题库建设、选题策略等方面形成了一套理论和方法。目前，美国教育测验服务中心采用的研究生资格考试(GRE)、托福(TOEFL)、护士资格证书等计算机考试都属于这种形式。计算机自适应测验近几十年来在测验研究中引人注目并取得了重大发展。

【要点小结】

测验编制的一般程序是：准备阶段，包括确定测验目的并拟订编题计划；正式编制阶段，包括产生测验题目、合成测验、测验使用标准化；结尾完善阶段，包括评鉴测验基本特征和编写指导说明书。

根据评分是否客观将试题分为两大类，即客观性试题和主观性试题。主观性试题又称自由应答型试题，是让受测者用自己的语言或行动来对某一问题做出回答，包括排列题、改错题、填充题、简答题、应用题、论文题、联想题、发散题、操作题等。客观性试题又称固定应答型试题，是让受测者从测验编制者事先定好的答案中辨认出正确答案，包括选择题、是非题、匹配题等。

把测量同一种心理特质的不同测验分数，通过一定的数学模型转换成同一单位系统中的过程称为测验等值。测验等值的性质和条件主要有公平性、对称性、跨群体的不变性和样本组间的一维性等。等值数据资料的收集方法一般可以分为两大类：一类是采用以“人”为媒介的共同组等值设计，即让一组人接受不同的测验版本；另一类是以“题目”为媒介的共同题等值设计，即在不同测验版本中含有共同的题目。

题库是指测验试题的有序集合。它使整个测量系统具有良好的稳定性、一致性和通用性。题库建设可以采用经典测量理论数学模型和项目反应理论数学模型，并在此基础上逐步开发出计算机自适应考试系统。

【思考与练习】

1. 标准化测验的编制有哪些步骤？
2. 什么是客观性试题？在编制时应该注意哪些事项？
3. 什么是主观性试题？在编制时应该注意哪些事项？
4. 在测验编制过程中，应该遵循哪些基本原则和采用哪些具体技术？
5. 什么是测验等值与题库建设？如何进行测验等值与题库建设？
6. 什么是计算机自适应测验？其基本原理和优点是什么？

第九章　测验的使用

【内容提要】

测验的正确使用是测验能真正发挥实用价值的一个重要方面。本章讨论了心理测验的选择与标准化施测需要注意的一些问题，介绍了测验管理所涉及的重要方面，并对测验使用中可能涉及的相关专业伦理与社会问题进行了分析讨论。

【学习目标】

1. 能根据测量的目的并综合考虑其他因素选择适合的测验。
2. 掌握标准化施测的程序。
3. 了解测验管理和使用时可能涉及的专业和伦理问题。
4. 了解测验使用可能带来的社会问题。
5. 能分析电脑与网络测验的兴起带来的新问题。

【关键词】

标准化施测　测验使用者资格　测验接受者权利

通过前几章的介绍，我们已经了解心理测量的基本理论以及测验编制技术的相关知识。一个精心编制的测验要真正发挥效用，除了要达到上述专业标准外，还会受到许多因素的影响。美国心理学会（1974）曾指出：即使是最好的测验，若是使用不当，也会伤害受测者。事实确实如此，从测验的编制到测验发挥实效之间实际上还有很长一段路要走，能否正确合理地使用测验正是非常关键而又常常被我们忽略掉的一个环节。测验的使用一般包括测验的选择、测验的实施、分数解释以及以分数为基础做出决策或判断的全过程。

第一节　测验的选择

正确选择测验是使用测验的前提之一。在选择测验时以下是一些值得考虑的方面。

一、测量目的和对象

所选测验要真正适合我们测量的目的，这是测验选择最基本的原则。测验按其功能可分为能力测验、成就测验和人格测验等大类，每个测验又都有其特定的功用和使用范围。比如，有的测验用于鉴别个体是否有精神障碍，这样的测验就不适合用于对正常人群的心理状况进行调查；如果想了解某学生是否有学习障碍，就应该选用专业的学习障碍诊断测验，而不应该选用如学习动机、学习兴趣之类的测验。因此，测验使用者首先应当对各种测验的性质、功能、适用条件以及优缺点有一个了解，在此基础上根据实际需要和条件来确定究竟选用哪个测验才能最好地达到测量目的。尤其要注意的是不能仅仅根据测验的名称来选择测验，因为有时测验按编制人员或机构来命名，有时测验名称采用英文简写，还有的测验名称中涉及的关键词与我们惯常使用的术语间存在一定的差别（尤其在使用修订的国外测验时常常会遇到这样的问题），这些因素使得只通过测验名称来了解测验目的变得困难并很可能造成误解。测验使用者必须了解测验的真正适用范围和功效，认真研读测验指导手册，只有这样才能最大限度地避免测验的误用。

除了测量目的外，我们还必须注意的是测验所适用的对象范围。当然，测验的对象常常又是与目的紧密相连的。从测验对象的年龄来看，有的测验适用于儿童，有的适用于成人，有的则专门针对老人设计。如有的学绩测验是针对不同年级的学生编制的，有的智力或推理测验对受测对象所处的年龄段也有非常明确的界定和区分。有的测验是适合于正常人群的，而有的测验则是针对特殊群体设计的。总之，我们需要全面考察测量目的和测验对象的特征，选择真正有助于我们的测验。

二、测验的质量

测验的质量是测验发挥效用最基本的保证，也是测验选择时要考虑的一个非常重要的问题。随着社会的不断发展，心理与教育测验越来越多地被大众接受并被运用到现实生活的各个领域。但是在测验被广泛接受和认可的同时，目前社会上也开始流行大量非标准化的、娱乐倾向的所谓心理测验和编制质量很差的各类教育测验。比如在网站上、各类报刊上很容易看到诸如“心理小测验”“测测你的情商”“谁是恋爱高手”等各种类型的心理测验，内容涉及性格、情绪、婚恋、升学、职业等几乎是我们能想到的心理的各个方面，可以说是无所不包。还有一些打着所谓的某某教育研究机构的名义编制的各种成就测验或学绩测验，其编制者既没有测验编制的相关知识，也未能很好地把握内容范围，甚至对测量目标的把握还存在一些偏差。这类测验的广泛兴起对心理与教育测验的专业化和受测人群都存在一些潜在的问题和危害：测验的质量良莠不齐，科学性得不到保证；它们大多不是在严谨的科学编制程序下产生的，也没有达到测量学的质量要求，因此测验的效用大打折扣。当大众不了解标准化测验编制的相关程序和使用范围时，很容易对这类非正规测验丧失辨别力。他们可能认为从这些测验获得的结果就是非常科学的信息，并将其作为决策的依据。因此，那些不具有心理与教育测验相关知识的个人最好不要自己盲目地选取测验自行施测和解释，而应该在测验专业人员的指导下正确选择测验。

选择测验时常常要认真考察测验的测量学指标，主要参考标准有信度、效度、难度、区分度和常模等，这些测量学指标可在一定程度上保证测验的质量并使我们对测验的使用变得有信心。具体可参考如下几个方面。

（一）测验的功效性

测验的功效性指使用的测验能否全面、清晰地反映要评定的内容特征和真实性。这与测验本身的内容结构有关。有的测验可评定多方面特质，而有的只限于评定一两种特质。有的测验适用于所有年龄和各种类型的人群，而有的只限于某一年龄段或某一特殊人群。质量好的测验项目描述清晰，等级划分合理，定义明确，反映行为的细微变化，简短而又不损失必要的细节。

（二）测验的敏感性

测验的敏感性指测验能测出受测者某种特质、行为或程度上的有意义的变化。它既与测验的项目数和结果表达形式有关，又受测验的标准化程度和信度高低影响。此外，主试的经验和使用测验的动机也会影响测验的敏感性。

（三）测验的技术性

测验的技术参数是选择测验的另一个重要指标。使用测验的目的就是要对评定对象的特质、行为或现象做质与量的估计。测验应有其比较标准，如常模或描述性标准。因此，测验的信度、效度和常模的有效性就是选择时重要的判断依据。一个具备很高信度、效度的测验，说明其结果稳定、可靠，不会因时间、地点和施测者而发生变化，能达到测量目的，能测到想要测的特征。常模的有效性则意味着标准化样组具有代表性，能代表相应的全域。

（四）测验的时效性

测验的时效性指一项测验有一定的使用时效。因为社会总是不断进步的，特别是现代社会，随着科学的日新月异、经济的飞速发展，一些测验内容也会逐渐陈旧，不加以修改就会影响测验效果。有些测验形式也会随着社会的发展而落伍。尤其要注意的是常模样本是否符合测验对象，常模资料是否太久而失效等。

关于测验质量还需要一提的是，随着电脑与网络测验的兴起，传统测验中不曾出现的影响测验质量的技术问题不断浮现出来，这使选择测验需要考虑的问题更复杂，并且很多质量问题已超出了传统测验的专业性、科学性所涉及的方面。举例来讲，如果标准化测验在开发时是以某特定国家或地区建立常模的，当此测验在互联网上公布时，其他国家和地区的个体也很容易获得此测验，但他们的测验结果报告是以测验编制时的常模为基础的，这很可能带来有误差的解释甚至是错误的结论。又比如，当网络测验由远程服务器所提供时，服务器和受测者所用电脑的性能如硬件配置、数据存储容量、带宽等技术性问题都会影响到试题呈现的速度与质量，并进而影响到测验的信度和效度。尤其当呈现有时间限制的图像或图表时，网速就是一个值得考虑的重要因素；还有电脑呈现刺激的标准化程度也不尽理想，像素、色彩、对比度、亮度、字体、大小等刺激变量都会随着受测者电脑特征的不同而不同。

三、选择测验应考虑的其他因素

除了测量的目的、对象和测量学指标外，在选择测验时还需要同时考虑测验的经济性、简便性、文化适用性、测验的可得性等问题。一般来讲，实施标准化测验的成本还是比较高的，尤其是那些经过数十年才编制而成的智力测验、人格测验常常需要专业人员进行操作和解释分数；有的测验可能要用到一些特殊的设施；由于测验的专业化管理和保密性要求，有的测验并不容易被一般人获得；等等。上述所有问题都应该在选择测验时充分考虑，很多时候我们可能无法做到满足各方面的要求，但了解这些因素可以让我们做出一些权衡以最贴近我们的测量目的。

第二节　测验的实施

测验分数的有用性和可比较性要求测验是按照测验开发者的指示进行施测和评分记分的。为达到这一要求，测验实施过程可以用“标准化施测”来总结，即当给被试的指示、施测条件和评分记分步骤都遵循同样详细和一致的程序时，此过程就可称为标准化施测；否则，分数解释的准确性和互比性就会打折扣。对于用来测量被试的知识、技能或能力的测验而言，标准化使得被试在同等的、可比较的机会中展示他们所知道的内容以及在被测试领域的表现，即标准化有助于确保所有的被试都拥有同样的机会表现他们的竞争力，可以说标准化施测在保证测验标准化中的重要地位和作用怎么强调也不过分。如果没有很好地控制和规范施测过程，即使在测验编制和分数解释的程序上都做到了标准化并具有一致性，也会在很大程度上影响到测验的质量和实用价值。

一、测验前的准备

（一）事先告知被试

在测验前应该事先告知被试测验确切的时间、地点、目的、内容范围以及试题的类型等。这样可以使得被试对测验有充分的心理准备，而不至于因觉得突然和吃惊而引起测验焦虑。有时为了避免被试的防御并利于获得真实信息，测验前可以不告知被试该测验的真实目的，但是测验后或研究完成后测验者应对此有一个交代和解释，并有责任处理与消除因此而可能给被试带来的消极影响。

（二）主试自身的准备

在测验前，主试首先需要熟悉指导语并能流利地用口语表达出来；其次还需要熟悉测验的具体程序，准备测验所需要的辅助材料，如操作器材、幻灯等。测验的实施并不仅仅是简单地分发、收回问卷，对于某些个别测验和团体测验来说，测验的实施还有许多专业化和技术性的工作，如韦氏智力量表包括言语和操作两大部分，操作部分的测试涉及如何摆放物体、如何示范等具体程序；某些团体测试还涉及播放幻灯片等问题。最后主试还需要做好应付被试提问或突发事件的准备。一般来讲，被试可能对测验的目的、个人可从测验中获得的好处或针对某道题目的表述提出疑问，这时主试需要给予恰当的说明和解释，但要注意的是，解释题目时不要加进过多的额外说明。对于测验过程中可能出现的突发事件如停电、有人生病等，也需要主试有一个事先的心理准备。为了使主试能轻松自然地实施测验，一个有效的方法常常是事先对主试进行培训，详细讲解并结合观察演示和操作练习使主试熟悉测验操作程序，然后对可能出现的问题和突发事件进行讨论并提供有效的应对措施。

二、施测过程的标准化

在第三章考察误差来源时我们已经讨论了测验实施过程中可能给测验结果带来的种种误差，因此主试在实施测验时应严格按照测验指导手册中的说明来执行，不能按照自己的主观理解随意增减信息或做出可能影响到测验结果的暗示。尤其是对于那些赋予了主试在测验实施过程中一定程度的灵活性、主动性和判断权利的测验，主试尤其要谨慎并按照自己所接受的专业训练来实施。

（一）**标准化指导语**

测验标准化的第一步是指导语标准化，即在测验实施过程中应该使用统一的指导语。指导语通常有两种：一种是对被试的；另一种是给主试的。前者用来向被试说明他应该做什么，即如何对题目做出反应。这种指导语应力求清晰和简单，一般印在测验的开头部分，可以让被试自己阅读，也可以主试口头说明。

对被试的指导语一般包括：

（1）如何选择反应形式（打钩、口答、书写等）；

（2）如何记录这些反应（答卷纸、录音、录像等）；

（3）时间限制；

（4）如果不能确定正确反应时该如何去做（是否允许猜测等）以及记分的方法；

（5）当题目比较生疏时，应该给出附有正确答案的例题；

（6）有时告知被试测验目的。

测验的指导语必须清楚、明确、易懂。有时需要做适当的演示，并且注意观察被试的反应。标准指导语通常要求主试在指导语念完后询问被试有何问题，主试在回答这些问题时不要加入自己的想法而使得测验不标准。因为指导语也是测验情境之一，不同的指导语会直接影响到被试的回答态度与回答方式。为了减少指导语的误差，有些新近出版的测验采用录音说明来代替主试说明，这是指导语标准化的一个可行方法。

给主试的指导语通常单独印在另一张纸上，主要包括对测验的进一步解释及其他注意事项。由于主试的一言一行，甚至表情动作都会对受测者产生影响，所以主试一定要严格遵守施测指导，不要任意发挥和解释。总的要求是，无论什么人在什么时候、什么地点使用同一测验，都必须做同样的事，说同样的话。对主试的指导语与测验是分开的。

（二）关于测验时间

对于那些在标准化施测指导手册中有明确时限要求的测验，主试要严格按规定执行，而不能随意调整和变动。

测验时间的选取也是需要考虑的一个因素。例如，在体育课后或被试刚刚参加了某项激动人心的活动后紧接着实施测验，测验结果就会受到这些活动的干扰。在标准化施测时应尽量选取被试生理和情绪状态都比较平稳的时期，即测验前后没有什么重大事情发生。

（三）测验的环境条件

测验的标准化不仅包括指导语、时限、测验材料，还包括施测的环境因素。良好的环境包括安静而宽敞的地点、适当的光线和通风条件。在测验期间还要防止干扰。有时候可在门外挂一个写有“正在测验，请勿打扰”的牌子，或在门外派助手阻止欲进的人。必须知道，测验环境也会影响测验结果，即使是很不引人注目的细节也应予以注意。例如，使用一般课桌或仅用带记录板的椅子，对团体测验的被试来说，前者可能有助于获得高分。因此，对于测验的环境条件，首先必须完全遵从实验手册的要求，其次是记录下任何意外的测验环境因素，最后在解释测验结果时也必须考虑这一因素。

（四）评分记分的标准化

评分记分的标准化要求主试严格按照测验开发者所提供的标准化程序来实施这一环节，记分标准化的关键是使评分的方法尽量客观化，减少由主观性带来的误差。目前大多数的心理测验采用客观题型，使记分过程变得简便、客观。但是，有些心理测验和很多成就、学绩测验除客观题之外还有论述题等主观性试题，这些问题的存在使评分记分过程变得更复杂，需要考虑的因素更多。具体来讲，主试在实施测验过程中，记分应当做到下面几点：

（1）主试事先仔细阅读测验手册，熟练掌握测验题目的评分要求和记分规范。

（2）对被试的反应及时而清晰、详细地记录，特别是对于口试和操作型的测验，必要时可以录音或录像以供后来补充和检查。需要注意的是，记录的内容是被试的客观表现和反应，而不能加进主试的主观理解和推测。

（3）对于需要主试对每道题的回答进行记分后才往下继续做的测验，主试要注意不能有暗示性的反应，如摇头、叹气、失望、皱眉、点头或夸奖等，因为这会影响到被试后面的答题，尤其是对于年龄小的被试或受暗示性强的被试。此外，在个别施测时主试要注意不能让被试看见记分结果，可以用纸或物品遮挡；否则，会影响被试作答的情绪或分散被试的注意力。

最后，在实施过程中还要经常性地检查自己对这些规则把握的程度和运用的准确性，以防止因人为地偏离标准而给测验分数带来偏差。如果条件允许，可以配一名助手协助并监督以确保此环节的客观性与公正性。

三、测验分数的解释

有的测验可以在受测者做完所有项目后当场对分数进行解释。分数的解释要严格按照标准化测验使用手册中的说明进行，具体参照“测验分数的合成与解释”一章。需要强调的是：不要使用高深的技术术语，而是以被试容易理解的形式呈现；必须有适当的保护措施以防止测验结果的误用及错误解释；不能随意给被试下一个定论、判断或贴上任何有侮辱性的标签；让被试有机会评论结果，并提供更多的信息以整合到测验分数的解释中。

四、主试和被试的关系

在测验实施过程中，主试和被试的交往本质上就是一个社会人际交往的过程，因此人际的因素也会出现在测验情境中，如前面在讨论误差来源中提到的主试期待效应等。因此在实施测验时，主试要对自己的态度和言行保持敏感和谨慎。

主试和被试之间融洽的合作关系有利于被试降低测验焦虑，减少防御并愉快地配合以使测验顺利进行；如果被试对主试产生消极的感受或体验，也将影响到他们在测验上的投入程度。因此，一般来讲，除了那些旨在测试个体的焦虑唤起水平或动机的特殊测验外，主试应表现得亲切、随和，以减轻被试的测验焦虑，让他们积极投入到测验中来；尤其对于年龄小的被试，主试更要注意激发和维持他们在整个测验过程中的兴趣，保证测验的实施按照标准化要求顺利进行。

第三节 测验的管理

心理与教育测验一般具有很强的保密性，一旦在社会上尤其是非专业人士之间广泛流传开来，不但会使测验在正式使用时失效，而且会因广泛传播而变得不可控，这就可能产生对测验的误用和误解，给受测个体带来伤害。尤其是很多测验的结果解释以及建立在结果基础上的决策判断和教育对策的制订都需要在专业人士的指导下进行，否则根据测验得出的推论就可能是错的或误导性的。为了测验能真正为大众服务，对测验的管理显得尤为重要。测验的管理具体涉及测验如何登记出版、测验使用者的资格以及测验的控制使用和保管等相关问题。

在发达国家，心理与教育测验作为一种测量工具，对其使用者的资格及道德准则都有明文规定。美国心理学会（APA）是率先关注心理学职业伦理道德的组织之一，在有关测验的版权、使用、使用者资格认定方面做出了大量贡献。20 世纪 40 年代后期，APA 成立了心理学伦理标准委员会（Committee on Ethical Standards for Psychology），并形成关于测验的第一套伦理准则。最初的主题是关于出版和发行以及用于辅助诊断方面的伦理标准，并于 1950 年首次公开颁布。此后 APA 又陆续颁布了一系列相关的伦理道德规范（APA，1953，1981，1992），在 APA 伦理准则 1992 年的版本中还涉及关于最优测验选择的一系列标准（appropriate test use standards）。2000 年 APA 又专门颁布了《测验使用者资格》（*Report of the Task Force on Test User Qualifications*），这一规范不仅详细地阐述了对于测验使用者一般资格的具体要求，还有针对性地讨论了在某些特定领域和特殊目的情况下为了最优运用测验而设定的特殊资格，包括工作、教育、生涯咨询、心理卫生和健康以及法律等应用领域中，为达到分类诊断、描述分析、预测、干预以及追踪等目的而对测验使用者提出了相关资格要求。

除了 APA 以外，美国其他心理和教育专业委员会也在对测验的管理和使用的规范方面做出了很大贡献，如美国咨询与发展委员会（现改为美国咨询学会；ACA，1988）、国家教育测量委员会（NCME，1966，1974，1995）、美国全国教育测量理事会（AERA，1966，1985，1999）等。随着心理测验专业化水平的不断发展，一个由 APA、AERA、NCME 以及测验发行商等共同组成的致力于测验应用的跨学科组织“测验实践联合委员会”（The Joint Committee on Testing Practice，简称 JCTP）于 1985 年正式成立。此组织一经成立，就迅速发起了一项以数据为导向的促进测验有效使用的运动，进行了许多关于测验使用者能力类型方面的经验研究，并出版了一系列测验使用方面的职业与伦理规范，如《教育与心理测验标准》(1999)、《教育领域公平测验实施准则》(2004)。

在过去的十几年中，除了美国心理学界做出了上述努力外，防止测验误用的呼声也越来越多地受到各国心理学专业组织的广泛关注。比如，国际测验学会（International Test Commission，简称 ITC）、英国心理学会（British Psychological Society，简称 BPS）和加拿大心理学会（Canadian Psychological Association，简称 CPA）等组织都陆续发起了关注测验使用者资格和测验使用伦理规范的运动。我国也在 1992 年 12 月由中国心理学会颁布了《心理测验管理条例（试行）》，在测验的登记和注册、测验使用人员的资格认定以及测验的控制、使用与保管方面做出了详细的规定。2008 年 1 月，对此条例进行了修订，相关规定更加完善（见书后附录）。

一、测验的登记和鉴定

任何能够在专业领域流通的标准化测验都必须经过专业机构的登记和鉴定。中国心理学会的《心理测验管理条例》中明确规定：

凡个人或机构编制或修订完成，用以研究、测评服务、出版、发行与出售的心理测验，都应到中国心理学会申请登记。

登记是心理测验的编制者、修订者或者其代理人到中国心理学会就其测验的名称、编制者（修订者）、测量目标、适用对象、测验结构、示范性项目、信度、效度等内容予以申报，中国心理学会按照申报内容备案存档并予以公示。心理测验登记的申请者应当向中国心理学会提供测验的完整材料。

心理测验只有获得登记才能申请鉴定。中国心理学会只对没有知识产权争议、经过登记的心理测验进行鉴定，只认可经科学程序开发且具有充分科学论据的心理测验。

对于已经通过鉴定的心理测验，中国心理学会颁发相应级别的证书。

经登记和鉴定的心理测验只限具有测验使用资格者购买和使用。未经登记和鉴定的心理测验中国心理学会不予以推荐使用。

对于已经登记和鉴定的心理测验，中国心理学会将协助知识产权所有者保护其相关权益。

这一条例的颁布对测验的登记和鉴定进行了专业规范。

二、测验使用者的资格

测验使用者是指那些为测验的选择、实施、评分记分、测验分数的解释、传达测验结果以及任何建立在测验结果上的决策或行动等负有责任的个体。这些人包括心理学家、教育工作者以及那些有权或被授权选择特定的测验工具和监管实施测验的专业人士；在某一次具体的测验实施过程中，实现这些环节的可以是同一个人，也可以是由不同的人各负其责所组成的团队。一般而言，测验使用者的资格包括对测验使用者的知识、能力、技能、所接受的训练、受督导的经验等方面的要求，对测验使用者资格的认定是保证测验正确使用的重要前提条件。综合美国心理学会和其他专业委员会以及我国对测验使用者资格的要求，可以归纳出以下几个重要方面。

（一）具备关于测量学和心理测验方面的基本理论知识

测验使用者需要掌握经典测量理论的相关知识，包括描述统计量、分数转换、信度和测量误差、效度和常模等方面。必要时对当代测量理论也要有所了解。

（二）具备关于最优测验选择方面的知识和技能

为了立足于某种特定目的和实际条件而选择最优的测验，测验使用者需要仔细考察测验的构造、实施、记分以及解释如何与当前的需要和情境相切合。测验的测量学特征、理论和研究的基础、使用目的、施测条件要求等都会影响到测验的选择。简单来讲，最优测验选择就是在综合考虑测验和受测者各种特征与影响因素基础之上选择一个最能达到预期目的的测验的过程。

具体来讲，为了达到最优测验选择，测验使用者首先应该了解测验分数将做何使用。其次，测验使用者应该具备关于开发和修订测验的方法与程序方面的知识。如果测验有一些特殊的要求和限制，测验使用者在选择测验时也要注意。测验使用者还要理解测验接受者的变量（如人口统计学特征、动机水平、情绪状态以及对测验的熟悉程度等）将影响到测验的效度以及在分数解释时如何将这些因素考虑进去。最后尤其需要注意的是，当出现下列情境之一时，测验分数以及建立于分数之上的推论和决策可能会受到影响：受测者的重要特征没有包含在常模群体中；施测和记分程序没有严格按照标准化测验的要求进行；测验的特征可能影响到测验在某特定情境中的应用（如测验的天花板效应和地板效应）；测验包含的一些任务与测验接受者的文化适切性不高；效度资料并不足以支持在此测验分数的基础上做出推论和决策；等等。

（三）具备有关测验实施程序的知识和实施标准化测验的技能

首先是测验使用者要深刻理解测验接受者的法律权利，并在实际操作过程中保证测验接受者相关权利的实现；其次测验使用者要熟练掌握标准化施测的程序和记分程序；再次是测验使用者要保证测验相关信息的保密性；最后是测验使用者要具备以合适的方式给测验接受者、监护人以及其他相关人员报告测验结果的知识和技能。

（四）具有对残障人士和不同语言背景的受测者施测的知识和技能

残障人士指因身体、心理或发展上的缺陷，而明显限制了他们一种或多种主要日常活动的人。当测验接受者涉及残障人士时，测验使用者需要考虑测验调整方面的问题，即测验是否需要调整以及如何对测验进行合理的调整、修改和改编，使得与构念无关的受测者个人特质对于测验过程和分数的影响降到最低限度。

对于所有受测者而言，测验有一部分是在测量他们的语言能力。尤其当测验所用语言不是受测者的母语时，这是一个特别需要注意的问题。若测验是在受测者的语言能力没有达到一定程度的情况下施测，无论将测验结果用于任何目的，都可能会在测验过程中引入与测验构念无关的因素，此时的测验结果就不能反映受测者的真正特征和能力。因此在遇到这种情况时，测验使用者要能参照法律要求或测验调整策略（如翻译、改编、修改等）来指导实际施测的过程，以保证受测者有机会来表现所要测量的能力或特质。

（五）受督导的经历

除了具备上述的知识和技能外，测验使用者还需要具有在有经验的测量专业人员指导下练习和发展其测验技能的受督导经历。这不仅是测验使用者提高自己专业技能的一个重要方法，也是减少测验误用的重要保障。

早在1966年，APA、AERA和NCME合作制定的《教育与心理测验和手册的标准》中就包含了一个测验分类的三水平系统，以判定测验使用者资格。此系统依据对测验使用者专业化程度的要求而将测验分为A、B、C三种水平。A水平的测验可以由非心理专业人员施测和解释，如教育成就和职业熟练程度测验；B水平的测验（如一般智力测验和兴趣问卷）使用者需要掌握测验编制和使用的技术知识；C水平的心理测验（如个别施测的智力测验、人格测验以及投射测验等）则要求使用者至少要有心理专业硕士学位，并且至少要有一年在心理学家指导下使用测验的经历。

以上这些是关于测验使用者资格尤其是知识和技能方面的描述性要求，资格审查方面的具体规定可参照由中国心理学会颁布的《心理测验管理条例》。

三、测验的控制、使用

测验材料的保密是保证测验公平性和测验发挥效用的一个重要方面。有的测验材料如果被大众知道后在实际使用中就会失去效度，而且当测验接受者接触测验材料的机会不均等时也就破坏了公平性施测的要求。比如，在人员选拔或安置中使用的测验如果被有的受测人事先知道，他就可能做出不真实的或倾向于有利于自身利益的回答；从另一方面来讲，这也损害了其他受测者的利益，破坏了公平性测验的要求。为了保证测验的效用和公平，测验开发者、出版商和测验使用者都有义务联合起来，在不侵犯受测者基本权利的前提下做好测验材料的保密工作。

测验的安全级别视其利害关系可分为高度保密、限制级和非保护性三种。比如：有些测验的项目和答案均是高度保密的，一旦流传开来就会使其失去效用；有些测验有助于大众自我评估与个人成长，这些测验就可以是非保护性的。国外的许多关于测验管理的规范及我国的《心理测验管理条例》均明确规定：任何测验必须对该测验的使用范围、实施程序以及测验使用者的资格加以明确规定，并在该测验手册中做出详尽描述；而测验的出版和销售者需要审定测验使用者的资格，只能将测验出售给那些具备测验使用资格的单位及个体；

双方都有责任和义务负责对测验器材的妥善保管。为保证测验的科学性与实用价值，标准化测验的内容与器材不得在各类非专业刊物上发表。电脑和网络测验尤其要注意对需要保护的测验材料严格保密，任何组织或个人不能出于商业或其他目的而使保密材料被那些不具有使用资格的非专业人员获得。测验的保密还要防止受测者从网页上拷贝，因此在题目呈现时热键和鼠标右键应该通过技术处理而被禁用。但是由于网络技术的不断发展，即使这样的预防措施也不能完全避免测验材料通过非法途径获得。

测验内容和评分记分细则的保密不应该妨碍与受测者、有关的专业人员以及一般大众进行有关测验信息的有效交流。测验信息的有效交流至少可达到下述三种目的：一是有助于消除与测验有关的神秘感，特别是大众对于心理测验到底可以测到什么以及分数代表了何种意义的了解；二是关于编制和评价特定测验的测量学技术程序可以提供如信度、效度等其他资料，这方面的信息交流可以提高专业监督的力度；三是使测验参加者熟悉测验程序，消除测验焦虑，以保证他们都在自己最佳的状态下接受测验；四是提供给受测者关于他们自己所参加的测验成绩的反馈。总之，在测验材料的保密与测验信息的交流之间要视具体情况而定，把握好一个“度”的问题，包括交流的范围和限度。比如，当把保密性要求高的测验的相关信息报告给受测者时，可以告知测验的目的和分数的用途，但是没有必要告知其测验编制的理论基础和原理、评分规则和具体的记分程序等。另外，一般测验的题目仅能在有接触测验资格的专业人士之间进行交流，而其他测验的辅助材料如普及性介绍、宣传和测验出版者提供的使用手册等则可以在非专业人士间进行交流。

第四节　与测验使用相关的社会及专业伦理问题

一、测验相关的社会问题

（一）大众对测验的认识偏差

自从心理测验问世以来，社会上对测验的态度褒贬不一，总的看来存在两种极端的认识偏差。一种是“测验万能论”，即高估测验的效用，认为测验是万能的，因而仅仅依靠测验结果就做出决策，忽略其他相关信息。这种观点过于夸大了测验分数的作用，并带来了一些消极后果和决策偏差。二是“测验无用论”，当测验的效用在实际运用中被质疑时出现了另一种极端的态度，即完全否定测验的功效，认为测验对于实际工作是毫无帮助的。这两种观点都过于偏激，正确的态度应该是一分为二地看待测验的效用。首先，测验是心理学研究的一种重要方法和做决策的重要辅助工作。达到测量学要求的标准化测验是建立在科学的理论基础和严格的编制程序之上的了解人类行为的一种有效方法。其次，测验作为一种研究手段和测量工具还有待完善。测验与其他的研究方法如观察法、实验法一样各有优缺点，这是由于心理现象的复杂性和内隐性决定的，因此测验结果不应作为唯一信息来源以做出重要决策。最后，测验是手段而不是目的，我们对测验的运用不要仅仅停留于分数这一层次，而是要深入发掘分数所代表的意义和带给我们的启示，以使测验真正为提高我们的生活品质服务。

（二）接受心理测验服务的相关社会问题

既然正确使用达到测量学要求的测验对于社会和个人都是有价值的，那么，谁能接受专业的心理测验服务呢？目前在我国接受标准化心理测验相对还是比较昂贵的，尤其是在操作和解释上专业化程度较高、较为复杂的人格测验和智力测验以及一些精神诊断测验。一般来讲，接受一整套人格测验服务，包括施测、评分记分、结果解释和出具书面报告，需要200～300元；即使是相对简单的如焦虑、抑郁等测验，也需要50～100元不等的花费。此价格还因为城市的消费水平和提供服务的机构性质不同而存在很大差异，并且按目前发展来看有不断上涨的趋势。与其他许多商品一样，心理测验服务的价格超过了经济相对贫困的社会成员所能接受的水平。但是，如果测验对于提高社会成员的心理健康水平和生活质量来讲是必要的话，我们如何保障社会成员在获得心理测验服务上的公平性呢？规范测验服务的价格和实行国家健康保险是两种可能的解决办法，其他国家的相关政策法规可以为我们提供借鉴。如在美国加州，发育残障的人（如智能不足）或那些被怀疑为发育残障的人可在遍布全州的相关机构接受心理测验服务。因此，当任何人被怀疑可能有一种源于发育时期的障碍时，都可以请求（或是其监护人代为请求）一次包含身体检查与心理测验在内的评估。这项服务是免费的，不受收入与社会经济条件的影响。另外，有关心理测验服务是否能包含在国家健康保险计划之内也是一个重要的议题。假如国家健康保险计划包括心理测验服务，可以想象测验服务的可使用性将大大增加。从某种意义上说，国家健康保险计划是否决定将心理测验服务包括进来是社会对测验价值做出的判断。在我国，这一问题的解决还需要测验专业人员、国家相关政策法规制定者的思考和商讨，并最终制定出符合我国现实国情的相关政策与规定，以使心理测验更好地为社会和大众服务。

二、测验接受者的权利

测验接受者的权利与测验使用者的责任是相互对应的，测验使用者有义不容辞的责任来保证受测者基本权利的实现。美国的测验实践联合委员会于1998年颁发的《测验接受者的权利和责任：指导方针和期望》中提及了以下重要部分："作为一个测验接受者，你有权：被告知作为一个测验接受者所拥有的权利和责任；受到有礼貌的、尊重的和公正的对待，而不管自己的年龄、残疾情况、民族、性别、国籍、宗教信仰、性取向或其他个人特征如何；接受那些达到了专业标准并且适合自己的测验；在测验前以口头或书面的方式获知测验的目的、测验的性质、测验结果是否会报告给自己或其他人、打算如何运用此测验结果等。如果是残障人士，你有权询问并获取关于测验调整方面的信息；如果你在理解测验所使用的语言上存在困难，你有权事先知道是否能获得较适合的替换方案；提前知道何时施测，测验如何进行；是否能获得以及何时能获得测验结果，是否需要付费等；由那些受过适当训练并遵循伦理准则的专业人员施测和解释测验结果；有权在对测验本身和测验结果的预期用途有足够信息的情况下，做出是否参加测验的决定；知道参与测验是否是可选择的；参加或不参加测验、全部完成测验或中途退出将带来什么样的后果；在测验后的适当时间内获取关于测验结果的书面或口头解释，并且这种解释要以通俗易懂的方式来表达；测验结果在法律允许的范围内被保密。"

在我国，无论是专业工作者还是社会大众对测验接受者的权利都有了越来越多的认识，也能在一定程度上保护和维护这一权利不受到侵犯，但目前还没有明确的成文规定。在众多的权利中，值得指出的一点是对受测者隐私权的保护。在心理与教育测验中常常会涉及一个特殊的问题，即对个体隐私权的侵犯。隐私权可以被理解为个体决定和其他人分享自己关于个人生活的想法、情感、事实的多少及程度的权利。但是由于一些有关态度、动机和人格的测验是经过伪装的，因此在这类测验中被试就可能在不知情的状况下暴露自己的一些真实特征。除此之外，在任何种类的智力测验、能力倾向与成就测验中，都有可能揭示个体不愿意表明的技能和知识方面的局限性；再进一步，事实上对个体行为的任何观察活动如自然观察、参与式观察、访谈等都有可能得到个体试图掩饰和不愿被披露的信息。从这个意义上讲，可以说侵犯隐私权的可能在任何与人类行为相关的研究中都同样存在，只是在心理测验中这个问题似乎更为突出。究其原因，可能有以下几个方面：首先是因为测验常常被错误地作为个体的唯一信息来源和基础；其次可能是社会上存在的对心理测验的一些错误认识和偏见，如有时测验被宣传过了头，大众以为通过心理测验自己的一切隐藏的东西都暴露无遗，而并未认识到借助测验了解人类行为的局限性；还有可能是因为对侵犯隐私这个概念本身的误解。找出一个与个人有关的信息一定就是有害的、错误的吗？事实上只有当这些信息被不当使用时，才侵犯了个人隐私。从另一个意义上讲，心理学家的一个重要使命是提高对人类行为的认识和理解，而在这一目的达成的过程中，出现价值冲突几乎是无可避免的。

综合上述讨论，目前一致认为在保护受测者隐私权和理解人类行为这个争论上可以做出一些努力来达成和解，比如：清楚地告知被试关于测验结果的用途，而受测者有权拒绝测验；测验只是作为众多决策信息的来源渠道之一，在对个体做出利害攸关的重要决策时，不过分强调任何特定测验的结果；心理学家在道德伦理上或法律上都有保密责任，除了完成测量目的所必需的信息外，不做更多的探索。

和隐私的保护相似，测验结果的保密也是颇能引起争议、非常重要的一个方面。对测验结果保密的讨论，通常涉及除被试和施测者以外的第三者是否可以接触测验结果。保密的一项基本原则是：心理学家从任何来源取得的个人信息，只有在此人同意的情况下方可交流。当然也有例外的情况，如在危及个人和社会安全时，或当法庭传唤包括测验在内的特殊记录时。

保密原则在实践中很可能会遇到一些伦理道德方面的冲突。尤其当测验在某种组织中实施时，或心理学家受雇于某一机构对其成员实施测验时，个人利益与组织利益之间存在的不一致会给心理学家实践保密原则带来冲突。比如，一家公司聘用一个心理学家通过测验识别那些在压力下更可能崩溃的组织成员，以协助其做出人事决策和安置。心理学家一方面有责任为这家公司确认这些抗压能力差的个体，另一方面也有保护供职于这家公司的员工权利的责任。这一冲突可以通过下面的方法得到解决：首先清楚地告诉被试和有关人员保密的原则和范围是什么，测验结果将如何使用并可能给个体带来什么样的影响，它们将被提供给哪些有合法需要的个人和单位。在被试知情同意的前提下实施测验。其次在允许的范围内传达测验结果时一定要注意防止对测验结果做出错误的解释和任何仅仅建立在测验分数基础上的决定性判断。最后告知相关人员测验本身在了解人类行为上的局限性以及测验结果的有限参考范围和价值。

测验结果保密的另一个问题涉及测验结果记录的保存问题。个体资料的保存对于纵向研究或关注个体发展以及对个体进行咨询都是很有参考价值的。比如，用心理测验资料预测个体工作绩效，需要在十几年后或几十年后再重新打开当年个体的原始资料以对照他现在的工作表现。处理这类问题一个总的原则是，测验结果记录的保存和再次使用的优越性必须以测验结果的恰当使用和解释为前提，尤其要留意从过时的资料中进行不正确的推论或未经许可将测验用于原始目的之外的其他目的。这要求测验使用者事先告知被试其测验结果被保留的时间和以后的用途，并对测验资料的提取加以严格控制。任何类型的组织机构关于个人记录的销毁、保存和提取都应该形成一套明确的政策。具体这方面的讨论可参考美国心理学会或相关组织颁发的指导纲要，如《关于测验资料披露的声明》（APA，1996）以及《记录保存指导》（APA，1993）等。

【要点小结】

在选择一个测验时，需要考虑测验的目的、对象以及测验本身的质量，此外经济性、简便性、文化适用性、测验的可得性等问题也是需要权衡和纳入考虑范围的。

当给被试的指示、施测条件和评分记分步骤都遵循同样详细和一致的程序时，此过程就可称为标准化施测。标准化施测包括标准化指导语、标准时限、标准的测验环境、评分记分的标准化以及结果解释的标准化。

测验的管理主要是要保证由合格的主试来实施测验，防止测验内容的流传而导致的测验失效。测验管理一般涉及测验的登记与鉴定、测验使用者资格的认定，以及测验的控制、使用与保管等。

目前社会上流行“测验万能论”和“测验无用论”两种对测验的错误看法，这两种观点都过于偏激，正确的态度应该是一分为二地看待测验的效用：首先，测验是心理学研究的一种重要方法和做决策的重要辅助工具；其次，测验作为一种研究手段和测量工具还有待完善。

接受测验者有受专业伦理保护的多种权利，其中非常重要的一个方面是对受测者隐私权的保护。

【思考与练习】

1. 选择一个测验时要考虑哪些因素？
2. 什么是测验的标准化？测验使用的标准化具体指的是什么？
3. 为什么需要外在的规范来管理和监督测验的使用？
4. 测验的误用可能带来哪些危害？
5. 如何处理好测验的保密和测验信息的交流之间的关系？

第十章　能力测验

【内容提要】

本章详细介绍了具有代表性的智力测验的理论基础、构成、实施方法和结果解释方式，最后还介绍了创造力测验的编制原理和使用方法。

【学习目标】

1. 了解具有代表性的智力测验的理论基础、构成、实施方法和结果解释方式。
2. 了解如何正确使用智力测验。
3. 了解多重能力倾向测验的运用范围及使用方法。
4. 理解学习潜能评估的意义。
5. 了解创造力测验的编制原理和使用方法。
6. 理解如何减少能力测验中的偏向，保证测验的公平性。

【关键词】

斯坦福-比内智力量表　韦氏量表　瑞文推理测验　加工速度　同时性加工　继时性加工　DN 认知评价系统　能力倾向　创造力测验

自从达尔文提出进化论以来，对物种差异的研究引起了很多科学家的兴趣。心理学家把这种思想带入到对人的研究，即发展出一系列描述个体差异的测验，其中智力测验是最早也是影响最大的心理测验之一。尽管时至今日，心理学家们对智力也没有统一的认识，但这并没有妨碍智力测验的产生和发展。

第一节 智力测验

智力测验是对人表现在各种领域、各种场合的一般能力的测量，故亦称一般能力测验。按照实施方式的不同，智力测验可以分为个体测验和团体测验，两者在使用方法、目的、过程上均有很大不同，因此分别予以介绍。

一、个体智力测验

个体测验具有悠久的历史，在很多国家和领域都得到广泛的使用。顾名思义，个体测验指在一定时间内只能测量一个被试，其特点主要在于较为精确、反馈及时，但不是很经济。目前使用最为广泛的个体智力测验主要有比内量表、韦氏量表、考夫曼量表等。

（一）比内量表

1. 比内-西蒙智力量表

比内-西蒙智力量表是世界上第一个智力量表，诞生于1905年。法国心理学家比内和他的助手西蒙编制这个测验的目的，是为了把异常儿童和一般儿童区分开来，并对前者进行特别的教育。1905年版本的比内-西蒙智力量表包含30个测验项目，测量儿童的记忆、言语、理解等。该量表在今天看来很多方面不令人满意，但在当时引起了很多心理学家的注意，在很多国家都有翻译和修订版本。

在1905年量表的基础上，比内等通过应用中的反馈，于1908年推出比内-西蒙智力量表修订版。1908年的比内-西蒙智力量表删除了一些不令人满意的项目，新增加了一些项目，使测验项目增加到58个。所有项目都按照年龄分组，从3岁到13岁，每岁一组。80%～90%的3岁正常儿童通过的项目放入 3 岁组，80%～90%的 4 岁正常儿童通过的项目放入 4 岁组，依此类推。儿童最后能通过哪个年龄组的项目，便说明他具有此年龄组的智力水平。1911 年比内等人又对比内-西蒙智力量表进行了修订，主要是改变了一些项目的内容和顺序，并且增加了一个成人组，将智力测验的应用范围扩大。

比内-西蒙智力量表在心理测验历史上具有划时代的意义，对以后的智力测验影响巨大。但限于当时的条件，比内-西蒙智力量表也暴露出一些缺点，如施测项目太少、分数不够稳定等。很多研究者对比内-西蒙智力量表进行了修订。

2. 斯坦福-比内智力量表

比内-西蒙智力量表一经推出，即受到很大的关注，但也暴露出很多问题，于是有很多心理学家对其进行修订，其中影响最大的莫过于美国斯坦福大学推孟于 1916 年推出的斯坦福-比内智力量表（Stanford-Binet Intelligence Scale）。推孟对比内-西蒙智力量表进行了较大的改动，保留该量表中的 51 道题目，但修改了部分题目的内容和所属的年龄水平，又自编了 39 道题目，使测验的长度达到 90 道题目。更具有划时代意义的是，该量表使用智商来表示智力水平，即用实际年龄除以智力年龄，再将结果乘以 100。从此以后，“智商”或“IQ”这个词在心理学研究中应用非常广泛，并且进入人们的日常语言，可以说已经是妇孺皆知了。1937 年推孟对该量表进行了第一次修订，分为 L 型和 M 型两个等值版本。1960 年，又将两个版本合并，保留了最好的项目，称 LM 型，并舍弃比率智商，引入离差智商的概念，用平均数和标准差来计算智商。下表是该量表所得的智商分布情况。

表 10-1 斯坦福-比内智力量表智商分布

IQ	类别	理论百分比/%	实际百分比/%
140 以上	天才	1.6	1.3
120～139	优秀	11.3	11.7
110～119	聪颖	18.1	18
90～109	中等	46.5	46
80～89	迟钝	14.5	15.1

续表

IQ	类别	理论百分比/%	实际百分比/%
70～79	临界智能不足	5.6	5
69 以下	智力缺陷	2.9	2

1972 年 LM 型被重新标准化，测验内容不变，但常模是从更具代表性的样本中得到的。1986 年，桑代克、哈根（E. Hagen）等花了 7 年时间（1979 年起）完成了对斯坦福-比内智力量表的第四次修订。该修订版（SB-IV）引进了卡特尔的流体智力和晶体智力的概念以及桑代克和哈根编制的认知能力测验，构成了认知能力的理论框架。目前最新版本是 2003 年推出的第五次修订版（SB-V），它是依据现代测量理论，在卡特尔、斯滕伯格等人智力理论的基础上，对该测验不断进行积累和完善的成果。该版本测量智力的五个一般因素，分别是流体推理、知识、数量推理、空间视觉过程和工作记忆，每种一般因素又通过言语和非言语两种测验形式来反映，见表 10-2。测量的五种一般能力和两种测量形式组合构成了斯坦福-比内智力量表的分测验，每个分测验的原始分转换为平均分为 10、标准差为 3 的量表分。在分测验的基础上，可以得到言语、非言语智力分数和智力总分。从 1960 年版本开始，斯坦福-比内智力量表的平均智商为 100，标准差为 16，但其他主要的智力测验几乎都是采取以 100 为平均数，15 为标准差，这就给斯坦福-比内智力量表与其他量表的分数进行直接比较带来不便。SB-V 采用韦氏量表的方法，分量表的平均数为 10，标准差为 3，合成分数的平均数为 100，标准差为 15。这就为和其他主要智力测验做比较提供了便利条件。

表 10-2　SB-V 的理论模型

	言语	非言语
流体推理	早期推理 语言谬误 语言类推	客体关系或矩阵
知识	词汇	程序性知识 图像谬误

续表

	言语	非言语
数量推理	数量推理	数量推理
空间视觉过程	位置和方向	形状板 形状图
工作记忆	语句记忆 最后的词	延迟反应 阻滞时间

关于斯坦福-比内智力量表的信效度检验的研究非常多，众多证据支持其具有良好的信效度。该测验与学生成绩、成就测验分数和教师评定等级之间的相关通常都为 0.40～0.75，与其他效度良好的能力测验之间具有高度相关，并且具有相当好的内容效度。

斯坦福-比内智力量表保留了比内-西蒙智力量表的一贯性，并且在智力的基本定义上保持一致。每个新的版本和前一版本相比，测量的效果似乎都要好一些。斯坦福-比内智力量表的这种连贯性使得对智力进行纵向的追踪研究成为可能。斯坦福-比内智力量表以其良好的心理测量学特征，成为判断其他许多一般心理能力测验的重要标准。

3. 中国比内测验

智力量表自从诞生起，中国的研究者就在考虑将其引入中国。1924 年，陆志韦在斯坦福-比内智力量表（1916 年版）的基础上，修订出中国比内-西蒙智力测验，1936 年他又和吴天敏合作完成比内量表的第二次修订。时隔半个世纪以后，1982 年吴天敏主持推出第三个修订版，称为中国比内测验，其内容见表 10-3。中国比内测验共有 51 个项目，适用范围是 2～18 岁，每个年龄段有 3 道题目。最后得到的结果是离差智商。

此外，吴天敏根据临床的实际需要，从中国比内测验中选出 8 个项目，组成了中国比内测验简编，用于快速测查儿童的智力水平。

表 10-3 中国比内测验的内容

1. 比圆形	18. 找寻数目*	35. 方形分析（二）
2. 说出物名	19. 找寻图样	36. 记故事
3. 比长短线	20. 对比	37. 说出共同点
4. 拼长方形	21. 造语句	38. 语句重组（一）*
5. 辨别图形	22. 正确答案	39. 倒背数目
6. 数纽扣	23. 对答问题	40. 说反义词（二）*
7. 问手指数	24. 描画图样	41. 拼字
8. 上午和下午	25. 剪纸	42. 评判语句*
9. 简单迷津	26. 指出谬误	43. 数立方体
10. 解说图物	27. 数学巧术*	44. 几何形分析
11. 找寻失物*	28. 方形分析（一）*	45. 说明含义
12. 倒数 20 至 1	29. 心算（三）*	46. 填数
13. 心算（一）	30. 迷津	47. 语句重组（二）
14. 说反义词（一）	31. 时间计算	48. 核正错数
15. 推断结果	32. 填字	49. 解释成语
16. 指出缺点	33. 盒子计算	50. 明确对比关系
17. 心算（二）	34. 对比关系*	51. 区别词义

注：标“*”的为中国比内测验简编的项目。

（二）韦氏量表

1934 年韦克斯勒开始编制智力测验。他最先关注的是当时研究者较少涉及的成人智力领域，并于 1939 年推出韦克斯勒-贝尔维智力量表（Wechsler-Bellevue Intelligence Test，简称 W-BⅠ），主要用于测量 10～60 岁的个体。接下来 1942 年推出第二个韦克斯勒-贝尔维智力量表（W-BⅡ），亦称韦氏军人量表。韦克斯勒在 1949 年又推出韦氏儿童智力量表（Wechsler Intelligence Scale for Children，简称 WISC），该量表适用于 6～16 岁儿童，是当今世界上应用最为广泛的儿童智力量表。1955 年，韦克斯勒对 W-BⅠ进行修订，获得韦氏成人智力量表（Wechsler Adult Intelligence Scale，简称 WAIS），此量表适用于 16～74 岁的成人。此外，韦克斯勒还编制了韦氏学龄前和学龄初期儿童智力量表（Wechsler Preschool and Primary Scale of Intelligence，简称 WPPSI），适用范围是 4～6.5 岁的幼儿。韦克斯勒和其他研究者根据需要又对上述量表进行了若干次修订，使其成为智力测验的佼佼者而得到广泛使用。

1. 韦氏成人智力量表

韦克斯勒受斯皮尔曼和皮尔逊的影响较大，认为测量一般能力（G 因素）是非常重要的。他认为，智力是个人有目的地行动、理智地思考以及有效地应对环境的整体的或综合的能力。他据此设计了 11 个分测验，综合测查智力的各个方面。目前该测验的最新版本是第三版，该版本包括 14 个分测验，其中 11 个分测验用于计算全量表智商分数、言语智商分数和操作智商分数。

韦氏量表一般都包含言语量表和操作量表两个部分，每个部分又包含若干种任务，见表 10-4。言语量表和操作量表交替进行，以减少疲劳对受测者的影响。每个分测验的原始分各不相同，高的为 90 分，低的仅为 18 分，因此需转化为标准分后才能进行比较。转化为标准分之后，每个测验的平均分为 10 分，标准差为 3 分。其中的 11 个分测验分数可以进行合并，得到言语总分、操作总分和全量表总分。再使用常模表，可以查到三个智商分数：言语智商（VIQ）、操作智商（PIQ）和全量表智商（TIQ），它们的平均数都为 100，标准差都为 15。

表 10-4　WAIS、WISC 和 WPPSI 最新版的各分测验

WAIS-Ⅲ	WISC-Ⅳ	WPPSI-Ⅲ
1. 常识（V）	1. 常识	1. 常识（V）
2. 填图（P）	2. 图形概念	2. 动物房（P）
3. 数字广度（V）	3. 类同	动物房复本（P）
4. 图片排列（P）	4. 图片排列	3. 词汇（V）
5. 词汇（V）	5. 算术	4. 填图（P）
6. 积木图案（P）	6. 数字广度*	5. 算术（V）
7. 算术（V）	7. 词汇	6. 迷津（P）

续表

WAIS-Ⅲ	WISC-Ⅳ	WPPSI-Ⅲ
8. 物体拼配（P）	8. 物体拼配	7. 几何图形（P）
9. 理解（V）	9. 理解	8. 类同（V）
10. 数字符号（P）	10. 译码	9. 积木图案（P）
11. 类同（V）	11. 字母-数字排序	10. 理解（V）
12. 字母-数字排序（VN）	12. 符号搜索	11. 物体拼配（P）
13. 符号搜索（PN）	13. 矩阵推理	12. 句子（V）*
14. 矩阵推理（PN）	14. 词语推理	
	15. 划消	

注：标“*”者为备用测验；P属于操作量表，V属于言语量表，N表示新增分测验；WISC-Ⅳ取消了对言语量表与操作量表的划分。

言语量表中包含7个分测验，分别是常识（information）、数字广度（digit span）、词汇（vocabulary）、算术（arithmetic）、理解（comprehension）、类同（similarities）和字母-数字排序（letter-number sequencing）。

（1）常识，包含29个涉及广泛知识的题目，要求被试用几句话或者几个数字回答，问题由易到难排列。韦克斯勒认为，智商越高的人，兴趣越广泛，好奇心越强，所获得知识就越多。常识分测验不易引起被试的紧张和厌倦，故通常作为第一个分测验。但常识的题目受文化背景的影响较大，在修订成中文时，此分测验的项目改动较大。

（2）数字广度，包含顺背和倒背两个部分。顺背时，主试以每秒1个数字的速度念出数字，要求被试从三位数字开始按顺序重复。倒背时，主试念出一串数字后，由被试倒背出来。此分测验主要测量短时记忆能力和注意力，总分为顺背分数和倒背分数的总和。临床表明，数字广度对智力较低者测的是短时记忆能力，对智力较高者实际测量的是注意力。

（3）词汇，以文字形式向被试呈现35个难度逐渐加大的词语，要求被试说出每个词语的意思。此分测验考查的是言语理解能力，与抽象概括能力有关，在一定程度上反映被试的知识范围和文化背景。研究表明，此分量表是G因素的最佳指标，可靠性很高。但其记分较为烦琐，评分标准难以掌握，并且需要较长的测试时间。

(4) 算术，包含 14 道算术题，从易到难排列。测试时，主试口头提问，被试心算并口头回答。此分测验主要测量推理能力、计算能力和解决问题的能力，并且可以考查智力的发展情况。实施较为简便，但心算易引起被试紧张。

(5) 理解，包含 16 个从易到难排列的问题，要求被试说明在某种情形下的最佳活动方式、为什么要遵循社会规则和解释常用成语。比如，“为什么要交税?”“过河拆桥比喻什么?”该分测验主要考查被试的常识、判断能力、应用知识解决问题的能力、对伦理道德的理解能力。此分量表与 G 因素相关较大，并且比常识分测验更少受到文化背景的影响，但记分较为麻烦。

(6) 类同，包含 14 对名词，要求被试说出每对事物的相同点。比如，“高兴和悲伤有何相同之处?”此分测验主要考查被试的逻辑思维能力、抽象概括能力以及分析能力，是 G 因素很好的测量指标。

(7) 字母-数字排序，这是一个新的分测验，测试者以混合的顺序呈现一系列字母和数字（如“X—4—B—2—H—1—C”），被试必须重复这一系列字母和数字，而且要先按照升序背诵数字，然后按照字母顺序背诵字母（上面例子的正确反应为“1—2—4—B—C—H—X”）。这个分测验是作为工作记忆指标的一部分而被包含在测验中的。

操作量表包含 7 个分测验，分别是填图（picture completion）、图片排列（picture arrangement）、积木图案（block design）、物体拼配（object assembly）、数字符号（digit symbol coding）、符号搜索（symbol search）和矩阵推理（matrix reasoning）。

(1) 填图，包括 20 张图片，每张图片中都缺少了某些部分，要被试指出图中的缺失部分。此分测验主要考查视觉记忆能力、视觉辨认能力以及区分主要特征与细节的能力。填图测验比较有趣，与 G 因素有密切联系，也具有临床意义。

(2) 图片排列，包含 10 组图片，每组图片有一定的情节，打乱顺序呈现给被试，要求被试按照适当顺序重新排列，组成一个有意义的故事。此分测验主要考查受测者知觉组织、分析综合等方面的能力。图片排列与 G 因素有一定联系，并且在不同文化背景下均可以使用。

（3）积木图案，主试呈现9张红白相间的几何图案卡片，让被试用提供的9块积木拼成卡片中的图案。这9块积木都是长、宽、高各1英寸（1英寸=2.54厘米）的立方体，每块各面涂有红、白和半红半白的颜色。此分测验主要考查被试的分析综合能力、知觉组织能力以及视觉—运动综合协调能力，对于诊断知觉障碍、老年衰退等具有很高的效度。操作具有趣味性，容易调动被试的积极性，缺点在于手指灵活性会影响到测验分数。

（4）物体拼配，要求被试把一套切割成几块的零散拼板组合成一个熟悉物体的完整画面，如汽车。此分测验主要考查被试的思维能力、知觉组织能力和辨别部分与整体关系的能力。该分测验具有临床意义，可以了解被试的知觉类型，但与其他分测验的相关较低，并且施测比较费时间。

（5）数字符号，被试按照事先提供的数字—符号关系，在给出的数字下写出相对应的符号。此分测验属于速度测验，有时间限制，主要考查被试的一般学习能力、知觉辨认速度和灵活性等。该分测验与性别、性格和个人缺陷有关，具有记分快、不受文化影响等优点，但与G因素的相关程度较低。

（6）符号搜索，这是一个新的分测验，被试先扫描一系列的符号配对组，每一对里包含一个目标组和一个搜索组。被试的任务是尽可能快地检测出目标符号是否出现在搜索组当中。这个限时测验测量的是加工速度。

（7）矩阵推理，这也是一个新的分测验，被试要识别出从26张卡片中抽取出来的象征性刺激之间的循环规律或者关系。

韦氏成人智力量表是一个标准化程度很高的测验，对施测及记分程序都有十分详细的说明，因此对主试的要求也较高，需要经过专门的训练。

韦克斯勒1981年发布了韦氏成人智力量表修订本（WAIS-R），其标准化常模由1 880人组成，男女各半，分布在16～17岁、18～19岁、20～24岁、25～34岁、35～44岁、45～54岁、55～64岁、65～69岁、70～74岁9个年龄组，各年龄组根据性别、地域、受教育水平等因素分层取样。其信度是按照年龄组计算的，除数字广度和数字符号采用复本信度外，其余分测验均采用分半信度并用斯皮尔曼-布朗公式进行了校正。全量表智商的信度在各年龄水平分布为0.96～0.98，言语智商信度为0.95～0.97，操作智商信度为0.88～0.94。以斯坦福-比内智力量表作为效标，其相关达到0.80以上。

20世纪80年代初，龚耀先主持了韦氏成人智力量表（1955年版）的修订工作，于1982年发表了中国版的韦氏成人智力量表，称为WAIS-RC（Wechsler Adult Intelligence Scale-Revised in China）。WAIS-RC在项目内容和记分上与WAIS基本相同，只是替换了一些不适合我国文化背景的项目，并根据我国当时的国情，建立了农村和城市两套常模。由于韦氏成人智力量表的权威性和我国心理测验在停滞若干年后的需求量较大，WAIS-RC在我国的推广相当迅速，从1982年到1998年，全国共推广934套，在国内常用测验中排第三位，在我国临床、科研、教学和司法鉴定等方面起着很大的作用（程灶火、郑虹，2000）。

2. 韦氏儿童智力量表

韦氏儿童智力量表适用于6～16岁的儿童，编制原理与韦氏成人智力量表相同，在测验题目上做了一些改变。历史上，韦氏儿童智力量表包含12个分测验，其中5个言语测验和5个操作测验是必做的，另外还提供了数字广度和迷津两个备用测验。备用测验只是在同一类测验失效时才使用。在解释分数时，测验手册为6～16岁儿童按每四个月为一个年龄组分别提供了常模表，并且韦氏儿童智力量表提供的量表分是在儿童自己所属的年龄组内进行转换的。各量表分是以10为平均数、3为标准差的标准分。言语智商、操作智商和全量表智商的平均分为100，标准差为15，这些都与韦氏成人智力量表相同。韦克斯勒在1949年出版的韦氏儿童智力量表中第一次用离差智商代替比率智商。

2003年发行的韦氏儿童智力量表第四版（WISC-Ⅳ）与韦氏其他量表及本量表的前期版本在划分理念与结构上有所不同。实际上，韦氏儿童智力量表早在第三版就已经在评分方面发生重大改变，第四版延续了这种评分方式，测验可得到全量表智商和言语理解、知觉组织、注意力集中或克服分心、加工速度等四个合成分数。

20世纪80年代初，林传鼎和张厚粲对韦氏儿童智力量表进行了修订，使之适用于中国儿童。修订后的韦氏儿童智力量表具有较高的信度和效度，但只有大中城市儿童的常模，在使用上受到一定的限制。

目前该量表在我国的最新版本为韦氏儿童智力量表第四版中文版（2008），是由张厚粲主持修订的。WISC-Ⅳ中文版面向6～16岁的中小学生，已制定出中国最新标准常模，由 14 个分测验组成。其测量结果提供一个全量表的总智商，用以说明儿童的总体认知能力，同时也导出另外四个合成分数，用以说明儿童在不同领域中的认知能力。

言语理解指数的各个分测验主要是用于测量学习语言的能力、概念形成能力、抽象思维能力、分析概括能力等。该项指数有助于教师和家长更好地了解孩子言语方面的能力，对于有言语发展障碍的孩子能起到较好的筛查作用。

知觉推理指数的各个分测验主要测量人的推理能力、空间知觉能力、视觉组织能力等。与以往的量表相比，该项指数可以更精确地测查被试的非言语推理能力，有助于家长和教师更好地了解孩子的推理能力、空间思维能力等。

工作记忆指数主要反映人的记忆能力、对外来信息的理解应用能力。工作记忆是人的学习能力的一个重要指标，该项指数可以准确地帮助人们了解孩子的注意力、记忆能力以及推理能力等。

加工速度指数考查的是人对外界简单信息的理解速度、记录的速度和准确度、注意力、书写能力等。日常的学习生活往往要求个体既有处理简单信息的能力，也有处理复杂信息的能力。加工速度比较慢的个体往往需要更长的时间来完成日常作业和任务，也更容易产生疲劳。该项指数可以更有效地检测出孩子完成信息处理的能力。

使用 WISC-Ⅳ可以对儿童的认知功能进行全面评估和鉴定，鉴别智力超常和智力落后，鉴别认知能力的强项和弱项，分析儿童认知能力的内部差异。

3. 韦氏学龄前和学龄初期儿童智力量表

1968 年发行的第一版 WPPSI 适用于 4～6.5 岁的儿童，包含 11 个分测验，但只用 10 个分测验来计算智商。8 个分测验与 WISC 中的相似，只是内容进行了替换。有 3 个分测验是新加的，包括句子测验、动物房测验和几何图形测验。句子测验是备用测验，可以取代任何一个言语分测验，操作上类似于 WAIS 中的数字广度测验，主试念完一个句子，要求受测者立即重复。动物房测验类似于 WAIS 中的数字符号测验，给幼儿提供一个标准参照样本，即画有狗、小鸡、鱼和猫四种动物，每种动物下都有一个洞，插着不同颜色的圆柱体（动物房），要求儿童在板上画出动物图案下的动物房。几何图形测验是让儿童用彩色铅笔临摹 10 个简单几何图形。目前该量表的最新版本是 2003 年发行的第三版。第三版适合 3～7 岁的儿童。

WPPSI-Ⅲ被分为两个年龄段。年龄在 2.5～4 岁的儿童只接受四个核心的分测验：词汇、常识、积木图案和物体拼配。每个分测验都使用适合该年龄的任务。大点儿的儿童（4～7 岁）还要接受另外的分测验，即那些用来测量知觉速度的测验。

WPPSI 在国内有两个第一版的修订版。上海第六人民医院等单位推出过一个修订版，从全国选取 3 188 名儿童，以每三个月为一组，制作了 11 个年龄组的常模表。龚耀先推出了另外一个修订版，这个版本对 WPPSI 进行了一些修改，词汇测验改成图片词汇，类同测验改成图片概括，几何图形改成视觉分析，动物房改成动物下蛋，语句背诵测验取消了，另外，项目数量、命题方式和记分方法都有所改变，因此这个版本被称为中国-韦氏幼儿智力量表(C-WYCSI)。C-WYCSI 有长沙常模和全国常模，施测时间也较 WPPSI 短。

韦氏量表的智商分布情况见表 10-5。

表 10-5　韦氏量表智商分布表

IQ	类别	百分比/%	
		理论分布	实际样组
130 以上	极优秀	2.2	2.3
120～129	优秀	6.7	7.4
110～119	中上	16.1	16.5
90～109	中等	50	49.4
80～89	中下	16.1	16.2
70～79	边缘	6.7	6.0
70 以下	智力缺陷	2.2	2.2

（三）考夫曼量表

考夫曼量表的历史没有斯坦福-比内智力量表和韦氏智力量表那么悠久，但正是由于其诞生时间较晚，因此体现出智力研究和测验编制的新进展。考夫曼量表的主要编制者考夫曼夫妇（A. S. Kaufman & N. L. Kaufman）参与过韦氏儿童智力量表第四版的修订工作。

1. 考夫曼儿童成套评价测验

考夫曼儿童成套评价测验（Kaufman Assessment Battery for Children，简称 K-ABC）是考夫曼夫妇于 1983 年编制的，用于评价 2.5～12.5 岁儿童的智力加工，测试时间为 40～90 分钟。K-ABC 的多数项目都是非语言的。

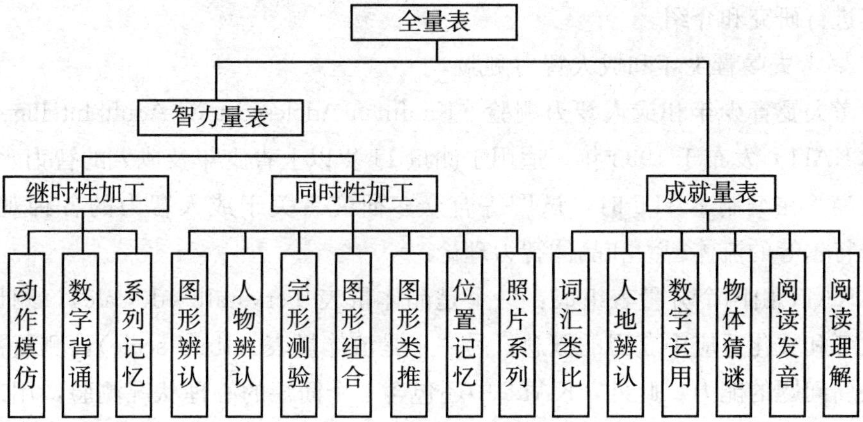

图 10-1　K-ABC 的结构

K-ABC 的编制者考夫曼夫妇受到认知心理学的影响，把测验的重点放在信息加工上，在测验中区分了同时性加工（simultaneous processing）和继时性加工（sequential processing）。同时性加工包含 7 个分测验，要求被试能够从总体上观察空间的和视知觉的内容，并对这种内容进行综合和组织。继时性加工包含 3 个分测验，要求被试进行系列的或时间的排列。K-ABC 还包含一个成就量表，由 6 个分测验构成，评价被试在阅读、算术、词汇和一般常识等方面的能力。

K-ABC 最后可以得到四个综合分数：同时性加工分数、继时性加工分数、心理加工组合分数（两种加工的联合分数）和成就分数。每种综合分数都是标准分数的形式，平均分都为 100，标准差为 15。

K-ABC 之所以值得注意，首先是因为该测验如同斯坦福-比内智力量表第五版一样，是基于良好而明确的智力理论的，而这个智力理论是基于大量的神经心理学与认知心理学的研究。其次，K-ABC 设法缩小普遍存在于许多智力测验中的文化偏向性影响。与其他智力测验相比，K-ABC 不易产生文化偏差。再次，该测验试图分离出流体智力和晶体智力，从而提供诊断信息，以帮助确定为什么一些儿童在一些任务上表现良好而在另外一些任务上表现较差。最后，K-ABC进一步将流体智力分解为同时性加工和继时性加工。

K-ABC在美国是使用频次较高并得到广泛认可的智力测验，我国已有人对其进行研究和介绍。

2. 考夫曼青少年和成人智力测验

考夫曼青少年和成人智力测验（Kaufman Adolescent & Adult Intelligence，简称KAIT）发布于1993年，适用于测量11岁以上青少年及成人的智力水平。考夫曼等在编制KAIT时，试图综合众多研究者关于成人智力的各种观点，如卡特尔等的流体智力和晶体智力理论。

KAIT由两个分量表组成：一个是晶体量表（crystallized scale），测量学校教育和文化适应中获得的概念；另一个是流体量表（fluid scale），测量被试解决新问题的能力。此外，KAIT中还包含一个简短的心理状况测验，用来评定认知损伤严重、不能完整参加成套测验的被试的注意和定向。

KAIT在测验使用题目的选择上也颇为认真，要求问题不仅要体现皮亚杰形式运算思维中典型的问题解决类型，还要表现鲁利亚（Luria，1993）和戈尔登（Golden，1981）提出的成人思维所特有的计划评价机能。因此，KAIT的题目就显得特别有趣，如著名人像（famous faces）、神秘代码（mystery codes）、双重意义（double meanings）等。

（四）麦卡锡幼儿智能测验

麦卡锡幼儿智能测验（McCarthy Scales of Children's Ability，简称MSCA）是麦卡锡（D. McCarthy）于1972年编制的，可用于对儿童心理发展做综合的测定与评价。适用于2.5～8.5岁的儿童，尤其侧重于幼儿及学龄初期儿童。测验时间为1小时左右。由于其起点较低，也可用于对弱智儿童的临床诊断。测验的材料多数近似玩具，因此较少受文化影响，受到儿童的欢迎。

MSCA由5个分量表18个测验组成，有的测验又包括若干项目。具体内容如下：

（1）言语分量表：包括5个测验（图画记忆、词语知识、语词记忆、词语流畅、反义类推），被试要用单词、词组或语句回答与短时记忆、长时记忆、发散思维和演绎推理有关的问题。主要测量被试的言语表达能力和对词语概念的理解能力。

(2) 知觉-操作分量表(P):有 7 个测验(积木、拼图、连续敲击、左右方向、图形临摹、画人、概括归类),通过被试操作玩具来测试其推理、概括归纳及模仿的能力。主要测量儿童的注意力和知觉—动作的协调性。

(3) 数量分量表:由 3 个测验组成(数的问题、计数与数的区别、数字记忆),通过一步计算来测量被试数的能力及对数量词的理解。

(4) 记忆分量表:由图画记忆、词语记忆、连续敲击和数字记忆 4 个分测验组成,主要测量被试的短时记忆能力。这 4 个分测验分别来自前 3 个分量表,因此这不是一个独立的分量表。

(5) 运动分量表:共 5 个测验(图画临摹、画人、腿的动作、手臂动作、动作模仿),测量被试的大机体运动和精细动作的整体协调能力。

其中,言语分量表、知觉-操作分量表和数量分量表可合成一般智能(GI)分量表。

将各分量表的原始分按指导手册加权后得出合成原始分。求出各分量表的 T 分后,可与其他智力测验结果做比较。

该量表还专门对人的一侧化加以评定。如果儿童在 5 岁后尚未形成一侧化,意味着有智力落后的可能,所以一侧化的评定也可作为一项指标。

(五)伍德科克-约翰逊认知能力测验

1. 理论基础

卡特尔-霍恩-卡罗尔理论(Cattell-Horn-Carroll theory,简称 CHC)是编制伍德科克-约翰逊认知能力测验(Woodcock-Johnson Tests of Cognitive Abilities, Revised,简称 WJ-R COG)的理论依据。CHC 中的七种能力组成了 WJ-R COG 的基础(Woodcock-Johnson,1989)。

2. WJ-R COG 的内容及构成

1989 年版的 WJ-R COG 仅供受培训的学校、诊所或者教育心理学家使用。这个测验由 21 个分测验组成,但不是全部使用,而是根据诊断对象的问题和评估的需要选择分量表。WJ-R COG 分为标准成套测验和扩大成套测验。标准成套测验由 7 个分测验组成,分别测查 CHC 七种能力中的一种,即流体推理能力（fluid reasoning）、理解-知识能力（comprehension-knowledge）、视觉-空间能力（visual-spatial thinking）、听觉加工能力（auditory processing）、加工速度（processing speed）、短时记忆能力（short-term memory）、长时提取能力（long-term retrieval）。

3. WJ-R COG 的常模及信度、效度指标

（1）常模。标准化常模样本组中采样达到 6 359 例，从 2 岁到 90 岁，来自美国 100 多个不同的地区、团体以及不同的种族。

（2）信度。WJ-R COG 主要认知能力指数（根据前七项测验）的信度为 0.94。这是一个内部一致性系数，由斯皮尔曼-布朗公式计算得到。对于学龄前的样本（2～4 岁儿童），主要认知能力指数的内部一致性系数为 0.96。对于所有的样本组，扩大量表的中间内部一致性系数超过了 0.95。

（3）效度。WJ-R COG 技术手册也讨论了内容效度、同时效度、预测效度和构想效度。内容效度的建立是由一些专家选择测试项目，然后研究这些项目的效度，只保留那些符合心理学测验特征的项目。WJ-R COG 的地板效应和天花板效应都令人满意，因此项目的区分度比较好。研究不同年龄水平的同时效度时，使用了普通的智力测验：K-ABC、MSCA、SB-Ⅳ、WAIS-R 和 WISC-R。64 个 3 岁儿童的同时效度系数是 0.463～0.690。WJ-R COG 的早期发展量表与 K-ABC 的相关是 0.69，与 MSCA 的相关是 0.62，与 SB-Ⅳ的相关是 0.69。在 9 岁这个阶段（根据前 7 个分测验），与 K-ABC、SB-Ⅳ和 WISC-R 相比，WJ-R COG 的同时效度系数分别为 0.46、0.53 和 0.52。当使用扩大的主要认知能力成套量表（根据前 14 个分测验）时，效度系数大大增加，为 0.65～0.70。该测验的构想效度高，有强大的因素分析支持。

4. 对 WJ-R COG 的评价

（1）测验的项目全面。该测验评定的项目比较全面，基本上反映了认知能力的各个方面。但是，对于学龄儿童，与其他量表相比，明显缺乏操作项目。伍德科克等强调 WJ-R COG 很容易修改，因此对于把英语作为第二语言的学生、听力和视力受损害的个体以及脑受伤和身体残疾的个体都适用。

（2）使用简单。主试手册很全面，提供了大量的例子和说明性的活动，有利于初学的主试学会使用测验。

（3）记分简单。对21个分测验中的每个分数和七个认知加工因素，提供了大量的转换分数。年龄和年级的等值分数可以直接从测验评分表中获得，避免了人工记分容易产生的计算错误。还提供了百分位数，表明被试的相对位置。

（4）整个测验的效度较高。整个测验和每个分测验的效度都比较高，而多个分测验的综合解释使得测验的效度更高。

目前该测验被再次修订，最新版本为伍德科克-约翰逊认知能力测验Ⅲ（Woodcock-Johnson Ⅲ Tests of Cognitive Abilities，简称WJ-Ⅲ COG）。

（六）DN认知评价系统

达斯（Das）和纳格里瑞（Naglieri）在探讨智力时，吸收了鲁利亚（A. R. Luria）神经心理学中大脑三级机能联合区的思想，提出了PASS模型（计划-注意-同时性加工和继时性加工模型）。这三级认知功能系统包含四种认知过程，强调元认知作为智力结构中最高层次的功能系统，对人类认知和行为具有计划、监控、调节和评价等功能。PASS模型的智力观是一种完全不同于因素构成论的智力观。

由达斯和纳格里瑞基于其PASS理论编制的测验反映了智力测验在内容上的变化。他们的智力测验被称为DN认知评价系统（The Das-Naglieri：Cognitive Assessment System），发表于20世纪90年代后期。这是个别评定认知机能的一个重要的新型工具。测验包括四个分量表，分别对智力的计划性（P）、注意性（A）、同时性加工（S）和继时性加工（S）进行测定。每个分量表又各自包含三组不同的项目，从不同角度来完成对同一种功能成分的测量，因此全量表共由12组题目构成。

（1）计划性量表，题目有视觉搜索（visual search）、规则连线（planned connection）、数字匹配（match number）。

（2）注意性量表，题目有表现的注意（expressive attention）、找数（number finding）、听觉选择注意（auditory selective attention）。

（3）同时性加工量表，题目有图形记忆（figure memory）、矩阵问题（matries）、同时性的言语加工（simultaneous verbal）。

（4）继时性加工量表，题目有句子重复（sentence repetition）、回答短句

(sentence question)、字词回忆(word recall)。

DN认知评价系统适用于5～17岁的个体。总平均分为100,标准差为15。内部一致性信度较高,计划、注意、同时加工、继时加工的α系数分别为0.88、0.88、0.93和0.93,总量表的α系数为0.96。预测效度较高,对成就和创造力有较高的预测力,可以较为有效地鉴别出天才儿童。此外,还能非常有效地鉴别出认知薄弱的儿童。

二、团体智力测验

个体智力测验的缺点主要在于费时费力,在进行大规模测验时使用受到限制,团体智力测验正是在克服这一缺点的基础上产生的。团体智力测验是指可以同时对多名被试实施的智力测验。目前的团体智力测验以纸笔测验为主,较少有操作测验,测验题目以客观题为主,便于施测和记分。虽然团体测试的准确性被一些人质疑,但其在效率和准确性方面的优势,足以让团体智力测验得到广泛的应用。

(一)陆军甲种和乙种测验

在第一次世界大战期间,需要迅速有效地选拔士兵和军官,当时的美国心理学会主席耶克斯(R. M. Yerks)和桑代克等人认为可以将智力测验用于选拔合格的军事人员。推孟的学生奥蒂斯尝试性地将斯坦福—比内智力量表改编成纸笔测验的形式,用于团体施测,在军事人员的选拔中起到了很好的作用,被称为陆军甲种测验(Army α Test)。后来又编制了适用于母语非英语人员和文盲的陆军乙种测验(Army β Test)。

陆军甲种测验是世界上第一个团体智力测验,由8个分测验组成,包括指使测验(照令行事测验)、算术测验、常识测验、异同测验、语句重组并辨别真假测验、填数测验、类比测验和句子填空测验。陆军甲种测验与斯坦福-比内智力量表的相关为0.80～0.90,与军官评定的相关为0.50～0.70,与教师评定的相关为0.67～0.82,与学业成绩的相关为0.50～0.60。

陆军乙种测验属于非文字测验,由7个分量表组成,包括迷津、立方体分析、补足数列、数目符号、数字校对、图画补缺和几何形分析。陆军乙种测验与甲种测验的相关达到0.80。目前陆军甲种测验和乙种测验已经不常使用,现在美国军队多采用军人资格测验（Armed Forces Qualification Test，简称AFQT）来选择军人和分兵种。

（二）瑞文推理测验

瑞文推理测验（Raven's Progressive Matrices，简称RPM）是由英国心理学家瑞文编制的一种非言语的图形智力测验。由于瑞文推理测验完全是图形测验，较少受到文化背景因素的影响，因此被广泛地用于各种跨文化的比较研究。

和韦克斯勒一样，瑞文在编制推理测验时，理论上依据斯皮尔曼的智力二因素论，目标是测验智力的G因素。瑞文推理测验的主要任务是要求被试根据一个大图形中的符号或图案的规律，将某个适当的图形填入大图形的空缺部分。瑞文标准推理测验（Raven's Standard Progressive Matrics，简称SPM）有60道题目，分为5组。A、B、C、D、E这5组题目的难度逐渐上升，在每组内部，题目的难度也是逐渐上升的。A组题目主要测查知觉辨别、图形比较等方面的能力，B组题目主要测查类同比较、图形组合等方面的能力，C组题目主要测查比较、推理、图形组合方面的能力，D组题目主要测查系列关系、图形组合方面的能力，E组题目主要测查组合、互换等抽象能力。瑞文推理测验没有时间限制，一般被试可在40分钟内完成。测试后先算出原始分数，即答对一个题目得一分，再将原始分数转化为被试所在年龄组的百分等级。

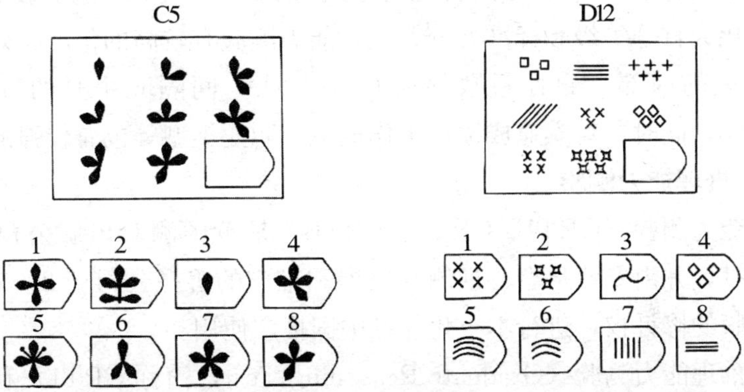

图10-2 瑞文推理测验题目示例

1938年推出的瑞文标准推理测验主要适用于8岁以上的被试。为了测查幼儿的智力，瑞文等又于1947年推出了瑞文彩图推理测验（Raven's Color Progressive Matrices，简称CPM）。此外，还有适用于较高智力水平的瑞文高级推理测验（Raven's Advanced Progressive Matrices，简称APM）。

我国学者张厚粲教授对瑞文标准推理测验进行了修订，制定了中国被试常模。瑞文标准推理测验中国版本的分半信度达到0.95，间隔15天和30天的重测信度分别为0.82和0.79，与韦氏言语智商、操作智商和总智商的相关分别为0.54、0.70和0.71，与高考语文分数、数学分数和总分的相关分别是0.29、0.54和0.45。

（三）认知能力测验

认知能力测验（Cognitive Ability Test，简称CAT）由罗伯特·桑代克（Robert Thorndike）和哈根编制，最新版本是2001年发布的认知能力测验6型。

认知能力测验由三个分量表组成，分别是言语分量表、数量分量表和非言语分量表。其中言语分量表包括语言分类、句子完成、言语类别三个分测验，数量分量表包含数量关系、数字序列、等式建立三个分测验，非言语分量表包含图形分类、图形类比和图形分析三个分测验。各分测验题目均由易到难排列，除了图形分析采用判断题的形式，其他分测验都是多重选择题的形式。认知能力测验对时间有严格的限制，各分测验一般用7～12分钟完成。

认知能力测验的原始分数转化为平均分为100、标准差为16的标准分，也可以转化为百分等级和标准九分。认知能力测验有较高的信度、效度，根据报告，量表的内部一致性系数都在0.90以上，间隔6个月的重测信度为0.78～0.93，同时，对学业成绩、工作成就、职业类型等也有较强的预测力。

（四）推理能力测验

推理能力测验（GRT1、GRT2、CRTB）是英国测验出版公司发行的能力测量工具，并由专业从事心理测验发展和推广的善择公司于2006年初取得简体中文版的修订权，进行本土化并在中国推广使用。

高级推理能力测验（Graduate Reasoning Test，简称GRT1）和通用推理能力测验（General Reasoning Test，简称GRT2）这两个测验都是通过三个独立的在线分测验测量智力的三个方面：言语推理、数字推理和抽象推理。

言语推理分测验测量言语流畅性、词汇量和词语理解及推理的能力。

数字推理分测验测量理解和运用数字概念的能力、数字推理能力、理解数字间逻辑关系的能力。

抽象推理分测验测量理解抽象逻辑关系的能力和用超出已有经验的新信息进行推理的能力。这是最纯粹的智力形式，受以往教育和成就的影响最小。

GRT1 和 GRT2 的适用对象不同。GRT1 作为一个全面测量心智能力的成套测验，是一个高水平的测验组合。它适用于选拔管理人员和具有大学毕业水平的人员。由于快速并且成本经济，GRT1 是对那些具有较高能力人员的理想而简捷的测评工具。GRT2 适用于一般成人和 15 岁以上的青年人。作为一个测量普通人的推理能力的快速而有效的工具，它可以成为员工选拔过程中一个有用的组成部分。

专业及管理推理能力测验（Critical Reasoning Test Battery，简称 CRTB）着重测量专业及管理环境中的分析推理能力，用于选拔高级经营管理专业人员。它包含两个分测验：言语分析推理分测验和数字分析推理分测验。完成这个测验需要 40 分钟。与传统的推理测验不同，CRTB 使用的问题都是管理人员可能会经常遇到的。这使得它特别适用于评定管理情境中的心智能力水平。它还可以与抽象推理测验组合使用，以更全面评定高水平的智力。

言语分析推理分测验评定个体理解半技术性报告以及从这些书面信息中正确进行推论并得出逻辑结论的能力。因此，对于所有需要快速而可靠地解读书面报告的管理和专业工作来说，这是一个重要的测评工具。

数字分析推理分测验测量个体对图表中范围广泛的数字信息进行分析评价和理解，并做出严密推理的能力。对于所有需要详尽理解统计数据的管理和技术职位来说，它是一个非常合适的测评工具。

以上三个成套能力测验均采用完全在线的方式，自动生成反馈报告，对照不同层次的中国常模组，提供中英文报告。报告可分别提供决策者和候选人反馈报告。在决策者报告中，剖析图显示有原始分、完成的题目数、相对于常模组的标准九分数和百分位数。三个测验的各个分测验的内部一致性信度均在 0.7 以上。其技术手册中提供了包括测验的构想效度、与其他著名推理测验的同时效度等多种技术指标。

（五）翁德里克人事测验

翁德里克人事测验（Wonderlic Personnel Test，简称 WPT）是应用于人事与选拔中的智力测验。该测验是一个多项选择测验，其 50 个项目涉及语言、数学、图形以及分析等方面。这个测验信度很高，复本信度通常高于 0.90。它与多种工作的绩效测量都有显著的相关，有着不错的效标效度。同时有大量证据表明，在这个简短测验上的得分与在韦克斯勒成人智力量表等更加复杂的测验上的得分之间存在很高的相关。翁德里克人事测验还有计算机化版本，其目的主要在于评估能力和人格因素。

（六）文化公平智力测验

为了减少文化背景对智力测验的影响，不少研究者希望编制出适用于各种文化的智力测验。抱着这种目的，美国心理学家 R. B. 卡特尔和 A. K. 卡特尔于 1949 年编制出文化公平智力测验（Culture Fair Intelligence Test，简称 CFIT）。文化公平智力测验依据的理论基础是 R. B. 卡特尔关于液态智力和晶态智力的区分，目的是将个体的一般能力从教育和社会背景中分离出来，获得能力中最稳定、最核心的部分。

文化公平智力测验是一种非文字测验，包含三个不同水平的量表，每个量表又有 A、B 两个复本。量表Ⅰ适用于 4～8 岁儿童和智力落后的成人，量表Ⅱ适用于 8～14 岁儿童和中等智力水平的成人，量表Ⅲ适用于大学生等中等智力水平以上的成年被试。每个量表均包含四个分测验：系列推理、类同概括、方阵推理和定性分析。测验使用的是图形材料，主要考查被试从事物中发现联系和规律的能力。该测验是有时间限制的，完成量表Ⅱ和量表Ⅲ大约需要 30 分钟。原始分数可以转化为平均分为 100、标准差为 16 的标准分数。

郑日昌教授在 1995 年对文化公平智力测验量表Ⅱ进行了修订，信度和效度指标均符合心理测量学要求，可以作为测量中国被试的工具。

（七）画人测验

20 世纪 20 年代，美国明尼苏达大学心理学家古迪纳夫（F. Goodenough）对儿童画人进行系统研究后发现，儿童的图画与年龄、学业均有密切联系。根据研究结果，她编制了用于能力测量的画人测验（Draw-A-Man Test），该测验可以用于团体施测。在古迪纳夫对画人测验标准化并提出详细评分标准之后，由于其简便易行，受到广泛的重视和运用。后来的研究者如纳格里瑞等分别对画人测验进行了修订。

画人测验的操作相对较为简单，要求儿童在6分钟内画一个全身的人像。评分系统包括14类，分别是头、发、眼、耳、鼻、口、颈、躯干、上肢、手、下肢、脚、连接和服饰。除了连接这一类外，其他各类均按有无、比例、细节和奖励四个维度来评分。

画人测验有较好的信度和效度，与斯坦福-比内智力量表、韦氏智力量表的相关为0.55～0.80。我国学者肖孝嵘和张革在20世纪20年代末就将画人测验引入中国，并选取了4 186名儿童进行测试。80年代郭迪、张家健等人对画人测验进行了修订，90年代傅根耀再次对画人测验进行了修订，提出14类75项评分标准，并建立了杭州市常模。

第二节　能力倾向测验

对于能力倾向，心理学家有许多不同的解释，但有一点是得到公认的，即能力倾向是一个人的潜在能力，对这种潜在能力予以训练后，很容易使个人获得某种知识或技能。能力倾向测验涉及广泛的学习经验，所测量的是在一定遗传素质基础上各种经验积累的结果。能力倾向测验只能预测一个人在将来某个方面的可能成就，并不能保证这个人在该方面一定会获得成功。能力倾向测验又可以分为多重能力倾向测验和特殊能力倾向测验。多重能力倾向测验由各种测量不同能力的分测验组合而成，特殊能力倾向测验主要用于了解能力的某一特殊方面的具体情况。

一、多重能力倾向测验

多重能力倾向测验是由测量不同能力的分测验组成的综合测验，用于了解人的潜能。多重能力倾向测验有几个主要特点：（1）典型的多重能力倾向测验包括4～9个分测验，各分测验测量不同的能力倾向；（2）多重能力倾向测验的常模通常根据一个标准化的团体建立，因此测验得到的各分测验的分数可以直接相互比较，从而判断一个人的优势和劣势；（3）多重能力倾向测验在测验时间及材料上都比较经济，在实施上可以单独施测某个分测验，也可以把分测验组合起来使用。

多重能力倾向测验的种类有很多，下面介绍的都是一些较为经典的测验。

（一）**区分能力倾向测验**

区分能力倾向测验（Differential Aptitude Test，简称 DAT）是使用最为广泛的多重能力倾向测验之一，主要用于美国 8～12 年级学生的职业咨询和教育咨询。自从 1947 年美国心理公司出版第一个版本的 DAT 以来，DAT 进行过几次大的修订。

DAT 包括 8 个分测验，每个分测验都有时间限制，6～30 分钟不等，完成全部测验大约需要 3 小时。DAT 的 8 个分测验测量的内容包括：

（1）言语推理：测量普通智能，采用文字形式的类比题目。

（2）数字能力：测量普通智力，采用计算题的方式。

（3）抽象推理：测量非言语推理能力。

（4）文书速度和准确性：测量完成一项简单知觉任务的速度。

（5）机械推理：测量对表现在熟悉环境中的机械和物理原理的理解力。

（6）空间关系：测量想象和在心理上操作有形材料的能力。

（7）拼写：考查被试的英文水平，让其指出给定材料中的拼写错误。

（8）语言运用：测量语文水平，让被试找出语法或习惯用法中的错误。

各分测验可以算得一个分数，其中言语推理分数和数字能力分数两项相加，可以作为学业能力倾向的指标，能有效预测大学的学业成绩。

DAT 的内部一致性信度较高，复本信度一般。DAT 有较高的效度，对不同职业的工作水平有一定的预测力。

（二）**一般能力倾向成套测验**

一般能力倾向成套测验（General Aptitude Test Battery，简称 GATB）是美国联邦劳工部 1947 年编制的能力倾向测验，主要用于职业咨询，也可以为中学生的专业选择和求职提供帮助。

GATB 包含 12 个分测验，其中 8 个为纸笔测验，4 个为仪器测验，通过组合可以确定 9 种能力倾向。

（1）一般学习能力（G）：把测量言语能力、数理能力、空间能力的三个分测验的分数相加得到。

（2）言语能力（V）：要求被试指出每一组词中哪两个词意义相同或相反。

（3）数理能力（N）：计算和算术推理。

（4）空间能力（S）：三维空间测验，包括理解三维物体的二维表示及想象三维运动的结果。

（5）形状知觉（P）：包括两个分测验，一个是匹配画有同样工具的图画，另一个是匹配同样的几何图形。

（6）书写知觉（Q）：与形状知觉类似，但要求匹配名称。

（7）运动协调（K）：要求被试在一系列方格中用铅笔做特定的记号。

（8）手指灵活度（F）：装配和拆卸铆钉和垫圈。

（9）手部敏感性（M）：在一个木板上传递和翻转木桩。

测量手指灵活度和手部敏感性的分测验为操作测验，需要使用简单的工具，其他都是纸笔测验。

GATB 的原始分数可以转化为百分等级，也可以转化为标准分（平均分为 100，标准差为 20）。通过分析各种职业个体的 GATB 分数，确定每种职业团体 GATB 的分数特点，从而绘制出每种职业的能力剖析图（又称职业能力模型），从中可以确定每种职业的临界 GATB 分数。目前已经有超过 800 种职业的能力模型。对于个体而言，可以将得到的分数换算成标准分，并与 36 种职业的能力模型比较，找到个体可能适合的职业。

GATB 的信度较好，重测信度和复本信度均为 0.80～0.90。此外，GATB 的使用手册中还提供了 GATB 的很多效标关联效度的资料。GATB 经过多次修订，在全世界运用都非常广泛，我国学者戴忠恒于 1994 年将 GATB 修订为中国版本。

（三）弗拉纳根能力倾向分类测验

弗拉纳根能力倾向分类测验（Flanagan Aptitude Classification Test，简称 FACT）是根据二战中使用的飞行员成套测验（Aviation Cadet Classification Battery）的研究结果编制的。弗拉纳根（J. C. Flanagan）研究发现，有 14 种特殊

工作技能影响许多职业的成功，于是设计了这个包含 14 个分测验的能力倾向测验。这 14 个分测验分别是：

（1）检验测验：测查被试是否能迅速准确地指出一系列小物件的缺点和瑕疵。

（2）代号测验：测查被试把各种名称换成代号的速度和准确性。

（3）记忆测验：测查被试记忆代号测验中各种代号的能力。

（4）精确性测验：测查被试以双手或单手精密处理小物体的能力。

（5）装配测验：主要测查被试在没有实际模型的情况下，仅凭想象去组合机械零件的能力。

（6）坐标测验：测查被试阅读和了解坐标与图表的速度及准确性。

（7）协调能力测验：测查被试协调其手与手臂的能力，看其是否能维持手与手臂的运动及平衡。

（8）判断和理解能力测验：测查被试能否根据某一情况做逻辑推理和正确判断。

（9）算术测验：测查被试迅速准确地进行数字计算的能力。

（10）图样模仿能力测验：测查被试能否精密并正确地模仿绘制图样。

（11）组成测验：测查被试能否从一个复杂的图形中辨认出各重要的组成部分。

（12）表格阅读能力测验：测查被试阅读表格的速度和准确性，材料有数字和文字。

（13）机械测验：测查被试了解机械原理和分析机械运动的能力。

（14）表达能力测验：测查被试用字和词组造句的能力。

在实际测量中，被试如果想全面了解自己的能力倾向，可以接受全部 14 个分测验，但所需时间较长，完成全部测验大约需要 6 小时。当然，被试也可以选择与某种职业相关程度较高的几种分测验。

FACT 的信度较好，但效度资料尚有欠缺。我国台湾学者孙敬婉主持修订了 FACT。

二、特殊能力倾向测验

特殊能力是指完成某种特殊活动所需的各种能力，如机械能力、音乐能力等。特殊能力倾向测验作为鉴别个体在机械、文书、美术等某方面是否具有特殊潜能的一种工具，最初是为了弥补智力测验的不足而编制和使用的。目前一些传统的特殊能力倾向，如机械和文书能力，已经是多重能力倾向测验的一个分测验了。但特殊能力倾向测验还是有其存在的价值，原因是：一方面多重能力倾向测验很少涉及运动技能、艺术等领域，需要特殊能力倾向测验作为补充；另一方面，特殊能力倾向测验的使用具有较大的灵活性，可以单独使用，也可以和其他测验结合起来使用。目前，特殊能力倾向测验广泛地运用于教育、工业和军事上的人员选拔。

（一）心理运动能力测验

心理运动能力测验是最早建构起来的特殊能力倾向测验，主要用于预测特定职业和行业的工作绩效。

1. 斯特龙伯格敏捷测验

斯特龙伯格敏捷测验（Stromberg Dexterity Test）主要用于测试手指、手掌和手臂的运动速度和准确性。测验过程中，要求被试将 54 张三种颜色（红、黄、蓝）的小图片按照规定的顺序尽快地摆放在一起。该测验可以考查机械操作、焊接等工作中的操作灵敏性。与斯特龙伯格敏捷测验类似的还有明尼苏达操作速度测验（Minnesota Rate of Manipulation Test）。

2. 普度钉板测验

普度钉板测验（Purdue Pegboard）主要用于测查被试的手—手指—手臂的灵活性，包括五项任务。在测验第一部分，被试分别用右手、左手和双手把钉子放入一块木板的小洞中；测验第二部分，要求被试把钉子放入小洞，然后在上面放上垫圈和铜圈。研究发现，该测验的分数与机械工、雕刻师和钟表工等职业的工作绩效有显著的相关。

3. 本纳特手动工具敏捷性测验

本纳特手动工具敏捷性测验（Bennett Hand-Tool Dexterity Test）将手指敏捷性以及手臂和手的整体运动结合起来进行测试。主要任务是让被试从一个框架右边的三种不同型号的 12 个螺丝钉上拧下 12 个螺帽，然后重新装配框架左边的螺帽和螺丝钉。分数按照测验的时间来计算。

（二）文书能力倾向测验

1. 一般文书测验

一般文书测验（General Clerical Test，简称 GCT）是一种综合的文书能力测试，包含 9 个分测验，从三个方面记分：(1) 文书速度和准确性，主要测量被试的一般文书才能，由校对和字母排列两个分测验组成；(2) 数字能力，测量被试的算术潜能，由简单计算、指出错误、算术推理三个分测验组成；(3) 言语流畅性，主要测量被试的语文水平，包括拼字、阅读理解、字词和文法四个分测验。

2. 明尼苏达文书测验

明尼苏达文书测验（Minnesota Clerical Test，简称 MCT）由安德鲁（D. M. Andrew）等人编制而成，主要用于选拔要求知觉和操作符号能力的职业人员，如检验员等。测验分为两个部分：(1) 数目比较，呈现给被试 200 对数目，每个数目包含 3～12 个不同的数字，要求被试尽快地找出两个数目完全相同的数对；(2) 姓名比较，与数目比较类似，不过使用的是西方常见的姓名，而不是数字。测验记分较为简单，用做对题目的数量减去做错的题目数量。该测验的重测信度为 0.70～0.89，有同时效度指标，测验分数与教师和上级的评价有中等程度的相关。

（三）机械能力倾向测验

1. 明尼苏达空间关系测验

明尼苏达空间关系测验（Minnesota Spatial Relations Test，简称 MSRT）由帕特森（D. C. Paterson）等人编制，包括 A、B、C、D 四块板以及两套几何形状的木板，一套插在 A 板和 B 板的凹陷处，另一套插在 C 板和 D 板的凹陷处。测验开始时，这些木块是零散摆放的，被试的任务是尽可能快地捡起木块，放入板中的特定位置。完成整个测验的时间为 10～20 分钟，按被试所用时间和正确率记分。该测验具有较好的信度和效度。

2. 本纳特机械理解测验

本纳特机械理解测验（Bennett Mechanical Comprehension Test，简称 BMCT）由本纳特等人编制，主要测量在实际情境中理解机械关系和物理定律的能力。目前该测验有两个复本，S式和T式。题目的难度范围大，在选拔需要机械能力的学生和职员时运用广泛，也用于军事方面的选拔。该测验有较好的信度，分半信度为0.81～0.93。在预测机械贸易和工程方面的工作时，有很高的同时效度和预测效度。在二战期间，这个测验对飞行表现有较好的预测力。

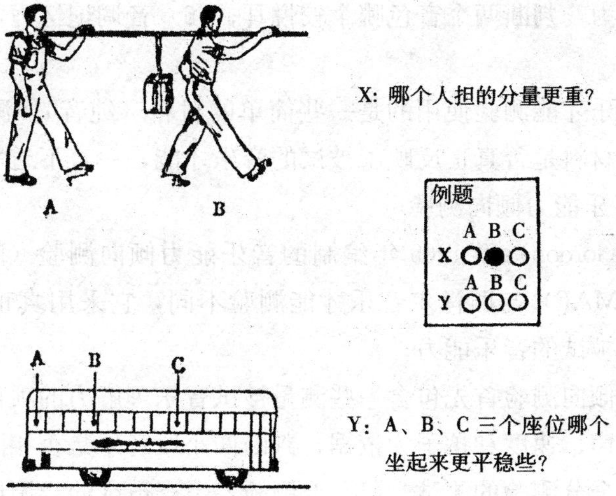

图 10-3　本纳特机械理解测验例题

（四）音乐能力倾向测验

音乐作为极具创造力和表现力的艺术形式，对人的禀赋和能力有特殊的要求。如何检查一个人音乐能力的高低，一直是困扰学界的问题，到目前为止，似乎没有一种测验可以完美地回答这个问题。好在已经有许多研究者做了开创性的工作，为音乐人才的选拔，也为音乐能力倾向的测试，打下了良好的基础。

1. 西肖尔音乐才能测验

西肖尔音乐才能测验（Seashore Measures of Musical Talents）是第一个标准化的音乐能力测验。西肖尔编制这个测验的目的是测量不受音乐训练影响的基本音乐能力。除了该测验，西肖尔还开创性地发明了音高镜和听力计，前者可以使歌唱者看到自己声音的视觉图像，后者可测定辨别各种频率音响的听力界限。该测验以一系列音乐调式或音乐符号为材料，测查被试的感官辨别力。西肖尔音乐才能测验适用于小学生到成年人，完成整套测验大约需要1小时。

西肖尔音乐才能测验主要测量以下内容：(1) 音调辨别力，判断两个调子哪个较高；(2) 音量辨别力，判断两个音哪个音量更大；(3) 时间音程辨别力，判断两个音程哪个较长；(4) 节奏判断力，判断两个节奏是否相同；(5) 音色判断力，判断两个音色哪个较悦耳；(6) 音调记忆力，判断两首曲调是否相同。

西肖尔音乐才能测验使用的是一些简单的材料（纯音），测查被试的感官能力，但这些材料是否真正反映了被试的音乐才能，一直不乏争议。

2. 戈登音乐能力倾向测验

戈登（E. Gordon）于1965年编制的音乐能力倾向测验（Musical Aptitude Profile，简称MAP）与西肖尔音乐才能测验不同，它采用真正的音乐题材作为材料，考查被试的音乐能力。

音乐能力倾向测验首先包含一些测量被试音乐理解力的项目，要求被试分别以旋律、和声、速度和拍子为依据，判断两小段音乐是否相同。被试完成之后，再进行三个分测验的测试。(1) T测验，考查被试的音调形象（旋律、和声），方法是使用两种演奏方法，让被试判断异同。(2) R测验，考查被试的节奏形象（速度、节拍）。(3) S测验，考查被试的音乐感受能力（乐句、对比和风格），要求被试判断两段音乐哪段更有魅力。

该测验有较好的信度和效度资料，各分测验的信度都在0.80左右。戈登对五个学校中年龄10～11岁的250名学生进行了为期三年的追踪研究，发现该测验分数对学生在专业音乐训练上的成绩有较好的预测力。

（五）美术能力倾向测验

和音乐能力测验面临的问题一样，对美术能力本身的界定是非常困难的，因此设计美术能力倾向测验也是一件非常困难的事情。梅尔（N. C. Meier）经过长期研究，认为构成美术能力的要素有六种：(1) 手艺技巧（manual skill），眼、手的动作协调良好；(2) 坚定的意志（volitional perseveration），注意力集中，精力充沛，坚决完成有目的的工作；(3) 美术智力（aesthetic intelligence），具有一般智力与美术的基本智力；(4) 敏锐的知觉（perceptual facility），敏锐精细的观察力；（5）创造性想象（creative imagination），由经验发展到创作出一件美术作品的能力；（6）美的判断（aesthetic judgment），辨认客观情境中美的事物的能力。

1. 梅尔美术判断力测验

梅尔美术判断力测验（Meier Art Judgement Test）由梅尔编制，主要考查被试的审美能力，即对美术作品的鉴赏能力。梅尔美术判断力测验包含两个分测验，即艺术判断和审美知觉。

艺术判断分测验包含100对不着色的图片，内容包含风景、静物、木刻、壁画等，每对图片中的一幅是公认的杰作的复制品，另一幅是在某些方面（平衡、比例、明暗等）对杰作稍有修改的作品，要求被试在两幅图片中选出他认为更好的一幅。这些图画的好坏标准是根据25位艺术家的意见决定的，其中有些较难以判断，分值权重比其他图画高。被试选择正确的图画获得的分数即为其成绩，常模分为初中、高中和成人三组，采用百分位数。该分测验的分半信度为0.70～0.84。

审美知觉分测验包括50道题目，每题为一件艺术作品的四种形式，每种形式相对于另外三种在比例、整体性、形状、设计等特征上有所不同，要求被试按照其优劣排列等级。

2. 格雷夫斯图案判断测验

格雷夫斯图案判断测验（Graves Design Judgment Test）和梅尔美术判断力测验类似，通过被试对美学基本原则的认识和反应来判断其美术能力。该测验包含90套二维或三维的抽象画，每题包含2～3个同一图案的变式（其中只有一个符合调和、主题、变化、平衡、连贯、对称、比例和韵律八项美学基本原则），要求被试选择他认为最好的那个。被试的得分即为其正确选择的题目的数量。该测验的分半信度为0.80～0.90，但没有足够的效度研究。

3. 霍恩美术能力倾向问卷

霍恩美术能力倾向问卷（Horn Art Aptitude Inventory）是一种操作性的美术能力测验，测试一般美术记忆力、技巧、想象力和创造力。该测验包含三部分内容：（1）素描画，要求被试画出常见物体的素描，测量被试画面布置的技能；（2）随意画，测量被试用指定的图形画成简单的抽象图案的能力；

(3) 想象画，给被试 12 张卡片，每张上都有一些线条，要求被试根据这些线条画一幅画，用以评判被试的想象力和作画技巧。记分方式为等级评定法，对被试的作品按优秀、普通和拙劣三个等级进行评分。该测验的分数与艺术院校专家评定之间的相关为 0.53，与高中艺术课教师评价的相关为 0.66。该测验能有效地将美术专业人士和一般人区分开来，对美术学生的成功具有较好的预测力。但测验在评分上较为主观，操作也较为复杂。

第三节　创造力测验

创造力是指产生具有高质量和可操作性的新观念的能力。研究创造力的心理学家普遍认为，智力和创造力不是一回事，但分辨智力和创造力是很困难的。

发散思维（divergent thinking）是吉尔福德所提出的一个智力维度，这种思维也是一种创造力。发散思维是指为一个问题提供多个答案的能力。辐合思维（convergent thinking）是指为一个问题提供一个确切答案的能力。例如，一斤猪肉 10 元钱，50 元钱可买多少猪肉？这个问题只有一个正确的答案，解决这个问题就需要辐合思维。又如，衣帽架可能有哪些用途？这个问题有许多可能的答案，解决这个问题就需要发散思维。

创造力的另一个概念是基于奇克森特米哈伊（Csikszentmihalyi，1997）关于发现（或创造）和自主行为之间关系的观点。一个作家仅仅为作品自身的缘故而创作了一首优美的诗歌、一出戏剧或一部小说，而不是出于对薪酬或名声的考虑，那他就是在进行富有创造性的工作。例如，你可能热爱写诗，或者打网球，或者演奏音乐，或者在海中畅游。当你在做这些自主行为时，你就更有可能投入一种创造性的过程。托马斯·爱迪生就很有可能凭借自主行为发现了电的原理与应用。

虽然很多人都能够理解创造力是什么，但是要对创造力下一个准确的定义，还是非常困难。一般来说，创造力可以看作人们从事创造性活动的能力，是以想象力为基础，对已有知识和经验加工改造，产生新知识、新成果和新产品的能力。

当然，有关创造力的一个广为接受的观点是，一定的智力水平是创造力的基础，但是高智力并不能预期高创造力。之所以二者并非总是正相关，一个可能的解释是，智力水平较高的人可能依赖自己已有的智力就可以解决问题，而不需要进行作为创造力必要前提的发散思维。智力是创造力的必要条件，而非充分条件。智力与创造力的关系如图 10-4 所示。

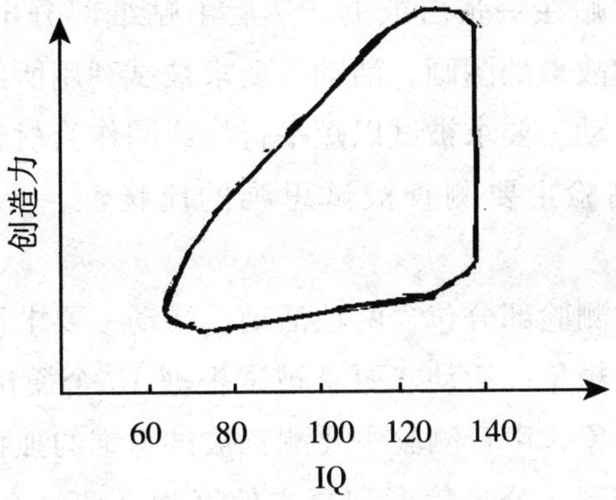

图 10-4　智力与创造力的关系

一、托兰斯创造性思维测验

托兰斯创造性思维测验（Torrance Test of Creative Thinking，简称 TTCT）是明尼苏达大学的心理学家托兰斯（E. P. Torrance）编制的标准化创造力测验，主要测查被试思维的流畅性、灵活性、独特性、精确性等几个方面。托兰斯认为，每种创造性成果后面都有一个共同的过程，这个过程包括：觉察问题的缺陷、知识的鸿沟、失去的要素以及（事件的）不和谐等；发觉困难，寻找答案，针对缺陷拟订各种假设；对假设予以求证以及再求证；修改假设，进一步再求证，最后报告结果。

该测验包含言语、图画和声音三个部分，一共 12 个分测验。为了缓解被试的情绪，这 12 个分测验被称为“活动”。该测验的三个部分均有两个复本，适用于幼儿至成年人。

言语创造性思维测验部分主要包含七项活动。头三项活动要求被试根据所呈现的图画，列举出他为了解该图而想要询问的问题、图画中行为的可能原因及该行为的可能结果。活动四要求被试对给定玩具提出改进意见，活动五要求被试说出普通物品的特殊用途，活动六要求对同一物体提出不寻常的问题，活动七要求被试推断一件不可能发生的事情一旦发生会有怎样的后果。言语测验主要测查被试思维的流畅性、变通性和独特性，并按这三方面记分。

图画创造性思维测验部分包含三项活动。活动一要求被试把一个边缘为曲线、颜色鲜明的纸片贴在一张白纸上，然后由贴纸部分出发画一个非同寻常的、能说明一个有趣故事的图画。活动二要求被试利用所给的少量不规则的线条画物体的草图。活动三要求被试以短平行线或圆作为材料，尽可能多地画出不同的图形。图画测验主要测查被试思维的流畅性、灵活性、独特性和精确性。

声音词语创造性测验部分包含两项活动：活动一要求被试根据熟悉或者不熟悉的音响刺激进行想象；活动二要求被试根据 10 个模仿自然声响的词（比如“嘎吱”）展开想象。声音测验主要测查被试思维的独特性和新异性。

该测验的信度较高，分半信度和复本信度为 0.70～0.90，评分者信度为 0.80～0.90，效度证据目前并不是很多。

二、南加利福尼亚测验

南加利福尼亚测验（Divergent Thinking Test of California University，简称 DTTCU）是由吉尔福德等人编制的创造力测验，主要测量的是发散思维的能力。吉尔福德认为，发散思维是思维向不同方向分散的能力，它不受给定事实的局限，使得个体在解决问题时能产生各种不同的解决问题的思路和方法。

南加利福尼亚测验包括 14 个分测验，适合初中以上文化水平的人。各分测验的内容如下：

（1）词语流畅性（DSU）：迅速写下包含某个字母的单词，如“O”——load，hope……

（2）观念流畅性（DMU）：迅速列举属于某一种类事物的名称，如“能燃烧的液体”——酒精、汽油……

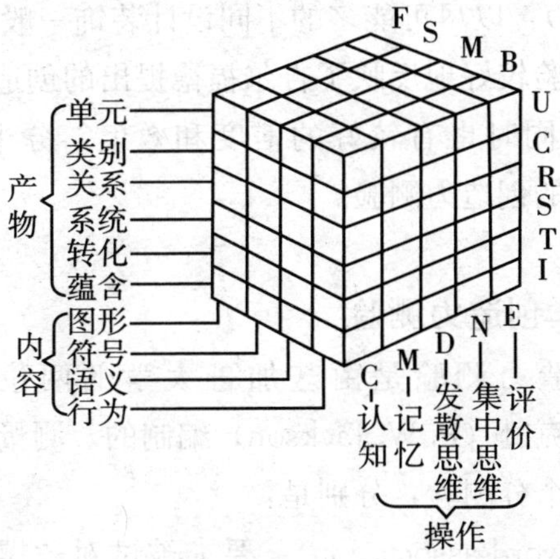

图 10-5　吉尔福德智力三维结构模型

（3）联想流畅性（DMR）：列举近义词。

（4）表达流畅性（DMS）：写出每个词都以特定字母开头的四词句，如“K、U、Y、I”——keep up your interest……

（5）非常用途（DMC）：列举出一个指定物体的各种可能的非寻常用途。

（6）解释比喻（DMS）：以几种不同的方式完成包含比喻的句子，如“一个女人的美丽就像秋天，它________”。

（7）效用测验（DMU）：尽可能多地列举每件东西的用途。根据被试回答总数记录观念流畅性的分数，根据用途种类的变化记录变通性的分数。

（8）故事命题（DMU，DMT）：写出一个短故事的所有合适的标题。

（9）推断结果（DMU，DMT）：列举一个假设事件的不同结果，如：“假如人们不需要睡眠，会有什么结果？”

（10）职业象征（DMI）：列举一个给定物体或符号所象征的职业。

（11）组成对象（DFS）：利用一套简单的图案，如圆形、三角形等，画出指定的几个物体。图案可以重复或改变大小，但不能增加其他任何图形。

（12）绘图（DFU）：要求将一简单图形复杂化，给出尽可能多的可辨认物体的草图。

（13）火柴问题（DFT）：移动特定数目的火柴，保留特定数目的正方形或三角形。

(14) 装饰(DFI):以尽可能多的不同设计装饰一般物体的轮廓图。

南加利福尼亚测验较好地反映了吉尔福德提出的创造力的本质,用百分位和标准分进行解释。同时也有较好的信度和效度,分半信度系数为 0.60～0.90,是一个标准化的创造力测验。

三、芝加哥大学创造力测验

芝加哥大学创造力测验是由芝加哥大学的两位心理学家格策尔斯(J. W. Getzels)和杰克逊(P. W. Jackson)编制的,测量小学至高中学生的创造性。该测验包含五个分测验,分别是:

(1) 词语联想(word association):要求被试对"螺丝""口袋"等普通词汇给出尽可能多的定义。根据定义的数量和类别记分。

(2) 用途测验(uses test):要求被试对五个普通物品说出尽可能多的不同用途。根据用途的数量和独特性记分。

(3) 隐蔽图形(hidden shapes):向被试呈现 18 张画有简单几何图案的图片,要求找出隐蔽在这些简单图形中的复杂图形。

(4) 完成寓言(fables test):向被试呈现四个没有结尾的短小寓言,要求被试给每个寓言都加上三种不同的结尾,包括道德的、幽默的和悲伤的结尾。根据编写结尾的数目、恰当性和独特性记分。

(5) 组成问题(make up problems):向被试呈现四篇复杂的短文,内容中包含一些数学问题,要求被试根据所提供的信息,尽可能多地从文中找出有答案的数学问题。根据问题的数量、恰当性和独特性予以记分。

第四节　能力测验的发展及公平性

一、动态评价方法的运用

对能力的动态评价是基于认知能力是可以发展的思想和维果茨基最近发展区的思想,它代表了个体实际发展的能力和潜能之间的差异。动态评估方法的实施要求对被试进行训练,测查训练后被试对同一类作业操作水平上的进步,这与传统能力测验的要求有很大的不同。智力结构中的确包含一些可变化的部分或者说存在着发展的可能性，对于这种特性确实应该改变纯静态的方式，运用动态评价法进行测量。

运用此方法的测验有福伊尔施泰因（Feuerstein）的学习潜能评估工具（LPAD)、吉斯科（Guthke）的学习潜能推理量表，到目前为止正式出版的有斯旺森（Swanson）的认知加工测验。

二、典型表现测验的提出

传统的能力测验都是对最佳表现的测验，即要求被试努力达到最高分数，而典型表现测验则要求被试回答代表他们特点的问题，它可以作为最佳表现测验的补充。对这种测验的因素分析得到五个因素：智力的保证、开放、认真、行动的目的性和对科学技术的兴趣。

三、分析技术的进步使能力测验的编制不断完善

随着分析技术的进步，尤其是通过结构方程模型，研究者可以综合地分析和考虑何种智力的理论构想能更好地吻合实际施测所得的数据，是否不同测量工具所得的结果能反映出同一理论构想，或者各种测验之间真正的关系如何等问题，从而保证测验的编制真正具有较高的效度。

能力测验的不断发展对学校教育工作具有重要的指导意义。要发展学生的能力，就必须首先对学生的能力有一个全面的了解，能力测验为了解学生智力、辨别学生能力差异提供了比较客观、有效的工具。随着能力测验的发展，对于学生能力的测量也更全面、更完整。智力理论的发展使得教育工作者不断更新智力观，多元智力和情绪智力概念的提出为全面发展学生能力提供了理论依据。因此，我们应该重视和研究智力理论，并用这些理论来指导教育实践。

四、能力测验的偏向和公平性

尽管对能力的测量在不断完善，但对能力测验的反对之声依然不绝于耳，其中争论最多的是有关能力测验的公平性问题。

能力测验的结果不仅让受测者了解自己，而且在很多时候对受测者的生活

或者职业产生重要影响，如是否被某个学校录取、是否获得某个工作等。正因为能力测验对人的影响重大，人们常常怀疑能力测验是否公平。有很多证据似乎表明能力测验并不公平：来自中等和上等阶层的儿童和成人的测验分数往往要高于那些来自较低社会经济阶层的儿童和成人；白人的测验分数常常要高于有色人种或少数民族成员的分数。在一些测验上，男性的分数会系统地高于女性，而在另外一些测验上，男性的分数又会系统地低于女性。

对于这些客观存在的差异，有的研究者认为是测验不公平的表现，而有的研究者认为是其他原因。在分析问题之前，我们需要区分两个概念：公平和偏向。公平（fairness）一般来说指对测验分数所导致的决策或行为的价值判断，是对测验结果的一种价值判断，处于不同立场，可能有完全不同的判断。偏向（bias）是指测验分数或基于测验分数所做预测的统计特征，即在测验中出现显著的系统误差，则该测验是有偏向的。公平和偏向并不是同一个概念：前者指对测量结果的价值判断，后者只是一种统计学特征；前者只能基于一定的哲学立场或价值观念进行人为判断，而后者可以科学地测定。一个有偏向的测验不一定就导致一个不公平的决策，而一个无偏向的测验，其结果可能是不公平的，这取决于探讨公平时所处的价值立场。

如果一个测验在测量某种能力时出现了系统误差，这时的偏向就称为测量偏向。如一些智力测验，其测验结果对中产阶级白人来说是有效的，而对少数民族群体来说可能就是不可靠或者无效的。如果一个测验在预测某一效标时出现了系统误差，那么就出现了预测偏向。例如，某些入学考试并不能预测学生在以后学习中的表现，那么使用这种入学考试作为录取标准就会出现预测偏向。检验测量偏向可以采用结构效度的方式，检测预测偏向一般而言可以使用效标效度的方式。

对偏向和公平的讨论如果是在没有明确一致定义的基础上，那么处于辩论的双方所持的观点就很难进入实质性的交锋。特别是如果这种讨论超出了科学界，在一个更大的范围内进行讨论，讨论各方更可能因为各自对偏向和公平的不同理解而产生难以弥补的分歧。

减少测验偏向，增加公平性，目前尚没有一套完全有效的措施，但下面几种方法可能有一些积极意义：

（1）对测验平均分数较低的群体采用一些特殊的加权方式，保证此特殊群体有一定比例的人能够被学校、工作单位录取，如某些选拔中对少数民族学生的加分政策。

（2）不单纯使用测验分数来评判受测者。如果某个岗位要招聘一名职员，有两名申请者的测验成绩很相近，这时只看测验分数的绝对值意义就不大，他们之间的分差可能只是由测量的误差造成的。此时，就可以把这两名申请者的分数看作在同一个分数带上，而采用其他方式来做进一步判断。

（3）采用多种评估方法。当仅凭测验分数来决定一个人的命运时（如现阶段的高考），那么这种测验的一点儿偏差都会牵动人们敏感的神经。此时，再精确的测量工具，也可能会被指责为造成社会不公的“根源”。如果可以采用多个测验，使用多种方法来评估人们的能力，那么测验的结果作为决策的依据就会更科学合理，并且得到社会的承认。

【要点小结】

比内-西蒙智力量表是世界上第一个智力量表，诞生于1905年。斯坦福-比内智力量表使用智力商数来表示智力水平。1960年，该量表舍弃比率智商，引入离差智商的概念。斯坦福-比内智力量表到目前的最新版是2003年推出的第五次修订版。

韦氏智力量表包括韦氏成人智力量表、韦氏儿童智力量表、韦氏学龄前和学龄初期儿童智力量表。韦氏智力量表一般都包含言语量表和操作量表两个部分，可得到言语总分、操作总分和全量表总分；再使用常模表，可以得到言语智商、操作智商和全量表智商，它们的平均数都为100，标准差都为15。

考夫曼儿童成套评价测验于1983年编制而成，用于评价2.5～12.5岁儿童的智力。考夫曼青少年和成人智力测验发布于1993年，适用于测量11岁以上青少年及成人的智力水平。

麦卡锡幼儿智能测验是1972年编制的，可用于对儿童心理发展做综合的测定与评价。适用于2.5～8.5岁的儿童，尤其侧重于幼儿及学龄初期儿童。也可用于对弱智儿童的临床诊断。

达斯和纳格里瑞提出PASS模型，即“计划-注意-同时性加工和继时性加工”模型。该模型认为智力由包含上述四种认知过程的三个认知功能系统组成。在此理论基础上，他们于1997年设计了新的智力测验——DN认知评价系统。

文化公平智力测验的目的是将个体的一般能力从教育和社会背景中分离出来，获得能力中最稳定、最核心的部分。

能力倾向是一个人的潜在能力，对这种潜在能力予以训练后，很容易使个人获得某种知识或技能。能力倾向测验可以分为多重能力倾向测验和特殊能力倾向测验。多重能力倾向测验是由测量不同能力的分测验组成的综合测验。

创造力是指产生具有高质量和可操作性的新观念的能力。

【思考与练习】

1. 试结合斯坦福-比内智力量表、韦克斯勒量表最新版的特点来探讨智力属性。

2. 能力倾向测验有哪些种类？如何选择合适的能力倾向测验？

3. 试评价能力倾向测验的同时效度和预测效度。

4. 描述两种对创造力的不同研究方法，并解释你认为怎样测量创造力最好。

5. 如何看待能力测验的公平性？

第十一章　人格测验

【内容提要】

本章介绍了人格测验的几种编制方法，自陈式人格测验的编制特点以及编制假设，明尼苏达多相人格调查表的原理、使用方法和解释，卡特尔16种人格因素问卷的使用，艾森克人格问卷的使用和解释，投射测验的理论基础及特点，情境式人格测验的特点，人格测验的信效度问题。

【学习目标】

1. 了解人格测验的发展简史和编制方法。
2. 了解自陈式人格测验的编制特点及不同种类。
3. 了解投射测验的理论基础及特点。
4. 了解情境式人格测验的特点和几种具有代表性的情境式人格测验。
5. 了解几种主要的态度测量方法。

【关键词】

人格　合理建构法　经验标准法　因素分析法　明尼苏达多相人格调查表　卡特尔16种人格因素问卷　艾森克人格问卷　投射测验　罗夏墨迹测验　主题统觉测验

第一节 人格测验的编制

人格是指个人在与环境的相互作用过程中形成的相对稳定的心理特质和行为倾向的整体结构，它决定着个人行为的独特性。简单来说，人格就是指一个人相对稳定的心理特征和行为倾向。人格测验就是通过一定的方法，对人的行为中起稳定的调节作用的心理特质和行为倾向进行定量分析。

在科学的人格测验创立之前，各国就都有了测量人格的尝试，某些信念与方法曾经拥有众多的追随者，而如今被证明基本无效，甚至全盘推翻否定，如颅相学（phrenology）、面相学（physiognomy）、占星术（astrology）、色彩学（chromatology）等，均认为通过某种生理上的特征或者某种和人存在虚假相关的自然关联就可以推测个体的性格。

这些方法之所以能够长期存在并拥有众多信奉者，其中的原因是值得心理学工作者去深入探索的。如果有人宁可相信算命也不相信心理测验，那这种赢得信任的内在机理本身就值得我们思考，因为人们了解自己的这种需求如果不能被科学的心理测量所满足，就必然给迷信和伪科学留下可乘之机。这里可能存在如下原因：（1）有些特征对于个人而言是长期稳定的，用“信度高”的因素对个人进行预测，容易让人产生“效度高”的幻觉；（2）用外在赋予的稳定因素进行预测，无论结果好坏，因为是“宿命”，接受结果会更心安理得；（3）这些手段多数都具有很强的心理暗示性，容易对生活直接产生作用，但是绝非真正的因果关系，所谓“信则灵”，实际上就是“预言的自我实现”；（4）采用这些手段进行人格评估的人和愿意接受这种评估的人，实际上在“测量”层面接受和信奉相同或相近的规则，他们有着相通的理解方式，因此很容易对评估结果一拍即合。

在心理与教育测量史上，最早使用科学方法测量人格的是英国学者高尔顿。早在1884年他就在《品格的测量》一文中提出：构成我们行为的品格是一种明确的东西，所以应该加以测量。他通过记录心率和脉搏的变化来测量情绪，通过观察社会情境中人的活动来评估人的性情、脾气等特征，他还初步尝试编制了一个人格的评定量表。这一切标志着科学人格测量的开始。

克雷佩林则是人格测验的先驱。1892 年，他最早将联想测验用于临床诊断，其基本做法是要求受测者在听到或看到刺激词后说出他最先想到的词（反应词），然后，通过分析反应词的内容来判断受测者的人格特征。这种方法后来被广泛地应用于人格测验项目的编制。

1919 年，美国的伍德沃思开人格问卷测量之先河，在第一次世界大战期间为士兵编制了第一个自陈人格量表——个人资料调查表。

1920 年，罗夏墨迹测验问世，投射测验由此诞生。

目前，心理学家已经发展出了许多科学评估人格的技术，用于人格测量的测验已多达数百种，被广泛地应用于科研、诊断和各行各业。

人格测验常用的编制方法主要有合理建构法、经验标准法、因素分析法以及三者的综合技术。

一、合理建构法

用该方法编制的人格测验是建立在一定的人格理论基础上的，在这种理论假设的指导下确定所要测量的人格特质的结构，因此也叫作推理法。用这种方法编制测验时，内容效度十分重要，因此题目选择必须使得其内容可以测量期望测得的人格特质。例如，詹金斯活动性调查表就是用这种方法编制的。它是根据美国心脏病学家弗里德曼（M. Friedman）和罗森曼（R. H. Rosenman）从冠心病人身上观察而定义的 A 型行为的典型特点，选择了一套内容上反映这些特点的题目，组成了四个分量表，从速度和性急因素、对工作献身的因素、刻苦和竞争的因素以及整体上评价个体 A 型行为的程度四个方面来测量个体的活动性。

合理建构法对于作为前提的理论假设的科学性和系统性要求很高，但这通常不能被保证。同时因为依据内容本身取舍题目，会导致测验项目和测验目的之间联系明显，也就是题目的表面效度过高，也会影响测验的有效性。

二、经验标准法

用这种方法编制的人格测验不以特定人格理论为基础，它的编制完全建立在经验上，是根据经验来选择题目。具体做法是抽取已被公认的不同类型的几组被试来作为经验效标，对这些被试施测大量的题目，选出那些最能区分出不同种类被试的题目组成人格测验。例如，明尼苏达多相人格调查表就是用这种方法编制的。它将大量的题目施测于效标组（临床上已被诊断为有心理异常的被试）和控制组（正常的被试），比较两组对于每道题的应答，凡是能反映出两组差别的题目则保留下来构成测验。

经验标准法的优点是不受理论的限制，直接来源于实践，由于是根据经验效标选择题目，所以测验的实证效度较好，但是其局限在于难以找到各种典型的效标被试。

三、因素分析法

这种方法是依据因素分析的统计结果来选择题目，具体方法是给被试施测大量的题目，然后通过统计分析得出几个因素。一个因素代表一种人格特质，同一因素内的各个题目高度相关，不同因素内的题目之间相关很低。然后将测量这几种因素的题目组合在一起，就构成了人格测验。卡特尔 16 种人格因素问卷的编制就采用了这种方法。

因素分析法的优点在于统计技术的先进性和量表的单维性，而缺点也同样来源于题目产生于统计结果之中，即因素分析的结果取决于被试和题目，那么换了题目和被试再进行因素分析，有可能得到不同的人格特质。这种主观性让这样编制的测验受到缺乏实证效度的怀疑。

四、综合技术

当今编制测验的趋势是综合上述的三种技术：首先是根据理论假设建构内容框架，从而来收集和编制题目；然后将问卷施测于效标组和正常组，看它们能否将两组很好地区分开，被试的反应是否和理论假设一致，并据此筛选题目；最后对题目进行因素分析，看被试的反应是否符合原来的理论构想，是否分量表间相关低，分量表内题目相关高。杰克森人格研究表就是按照这种方法编制的。综合技术起到了很好的扬长避短的作用，将在未来的问卷编制上占据越来越重要的位置。

第二节 自陈量表

自陈量表又叫自陈式人格测验，就是依据所测量的人格特征编制客观问题，要求被试根据自己的实际情况或感受逐一做出回答，以此衡量受测者在这种人格特质上表现的程度。自陈量表由于它有施测简单、记分客观以及结果容易解释的优点，因此成为人格测量中应用最广的一种测验。

一、自陈量表的编制及特点

（一）自陈量表的编制

编制自陈量表，首先要确定所要测量的人格特质，并明确给出该特质的操作性定义，然后根据该特质对题目进行编制和选择，题目应该能够表现该特质的行为情景和反应。通常采用的题目形式有以下几种：

（1）是非式：提供一个陈述句或者问句，要求受测者做出“是”或者“否”的回答。

例如，我敢于向权威挑战。　　　是□　　否□

（2）是非折中式：提供一个陈述句或者问句，列出“是”“否”“不一定”（或“介于是和否之间”）三个选项，要求受测者选择其中一个。

例如，我善于控制自己的表情。　　是□　不一定□　否□

（3）二择一式：提供两个意思相反的陈述句，要求受测者从中选择一个更符合自己情况的句子。

例如，A. 我在和陌生人说话时会紧张不安。　□

B. 即使和陌生人说话，我也能保持平静和放松。　□

（4）文字等级式：提供一个问句，并且给出几个用文字来表达的程度不同的选项供受测者选择最适合自身情况的。

例如，你平时会注意自己的相貌吗？　不会□　很少□　有时□　经常□

（5）数字等级式：和文字等级式基本相同，只是选项的程度用数字来代表。

例如，在考试前，我总感到烦躁，脾气变坏。

很符合————————很不符合

1　2　3　4　5

自陈量表的基本假设是受测者最了解自己的人格特征。但是一个人不可能对自己人格的各个方面都做出正确的判断，而往往会以各种反应定势做出不符合自己真实情况的回答，正所谓“不识庐山真面目，只缘身在此山中”。为了避免这种情况的发生，在编写测验项目的时候，应该注意以下几点：

第一，应尽量避免有明显社会评价色彩的题目，代之以中性的陈述，因为受测者往往会趋向社会赞许的回答，而对社会否定性的题目做出否定回答。例如，“我从来没有做过损害他人利益的事情”，大多数的受测者就会倾向于回答“是”而不是“否”。

第二，对于量表中必须涉及的个人隐私问题，应当采用适当的措辞加以掩蔽。例如，可以写成“事实上，大多数人心里都有不可告人的想法”，而不要写成“你心里有一些不可告人的想法吗”。尤其涉及个人的性隐私的时候，编写项目时更应该做些技术上的处理，以免引起受测者的反感而做出虚假回答。

第三，应通过题目的巧妙设计来尽量避免受测者的极端、折中、默认、肯定等反应定势。此外，还可以在测验中增加检查反应定势的效度量表，若该量表分数达到一定程度，就视作问卷无效。

第四，应尽量提供有等级的选项，使受测者可以选择最符合他真实情况的选项，但是选项数量须适中，既不能过少也不能过多，一般不宜超过五个。选项的多少要视情况而定，如果问题很明显是“不是即非”型的，就可以直接选用是非式的题目形式。

（二）自陈量表的特点

自陈量表的题量较大，多数用于测量人格的若干特质，也有量表只测量人格的一个方面。如明尼苏达多相人格调查表有566个题目，包含3个效度量表和10个临床量表，可以测得10种人格特质。而内—外向量表只测量人格的一个方面。

自陈量表记分规则简单客观，施测比较容易，测验分数也很好解释，因此对于施测者和测验环境的要求都不太高。

（三）**自陈量表的信度和效度**

由于人格特征在行为中表现得复杂和多样，以及人格测量中受测者的防御心理和反应定势都会影响回答的真实性，因此与智力测验相比，人格测验的信度和效度都要低得多。目前流行的人格量表，其信度指标通常采用重测信度和内部一致性信度，信度系数一般不低于0.6；而效度指标通常采用构想效度，而较少有效标效度的报道，这是由于人格测量中较难找到适当而又实用的效标。

影响自陈量表的效度和信度的因素有：

（1）社会赞许性。如果自陈量表涉及有好坏之分的社会评价，受测者的反应很容易受社会赞许性的影响，发生按照社会认可的价值或标准来回答问题，以不真实的意愿代替真实意愿的心理倾向。减少社会赞许性影响的流行策略是将问卷重新改写，使同一问卷的不同反应具有同等的社会赞许，或采用强迫选择法来编制问卷。

（2）反应定势。这指被试的回答与问题的内容无关，只是按照自己的特定方式进行回答的一种心理倾向。在自陈量表中，反应定势有下列几种类型：①默认。只选择“是”，表示赞同，或者只选择“不是”，表示不赞同。②中庸。在等级量表中选择中间项。③回避。对很多问题都不作答。④粗心。对相同题目做出的反应前后不一致。⑤位置定势。倾向于在相同的位置上进行反应。

（3）无法测定潜意识动机。自陈量表的基本假设是受测者最了解自己的人格，但实际上一个人不可能知晓与人格有关的所有事实，尤其是潜意识动机。

二、基于临床效标的自陈量表

（一）明尼苏达多相人格调查表

1. 明尼苏达多相人格调查表简介

明尼苏达多相人格调查表（Minnesota Multiphasic Personality Inventory，简称MMPI）是由美国明尼苏达临床心理学教授哈撒韦（S. R. Hathaway）和心理治疗家麦金利（J. C. McKinley）在20世纪40年代共同编制的，是采用经验标准法编制自陈量表的典范。在编制过程中，他们从大量病史、早期出版的人格量表和心理医生的工作笔记中选出了一千多个项目，然后对正常人和心理异常者重复测量、交叉测量，保留能够区分效标组和正常组的项目并构成人格问卷。

几十年来，MMPI 被广泛应用于人格鉴定、心理疾病的诊断与治疗、心理咨询，以及人类学、心理学、医学和社会学等领域的研究工作。有关 MMPI 的论文和书籍达八千多种，根据 MMPI 翻译和引申的版本达到一百多种。在中国，宋维真从 1980 年开始主持修订 MMPI，于 1989 年完成了标准化工作，制定了中国常模，可用于测量 16 岁以上具有初中文化程度的中国人。

MMPI 共有 566 个项目，其中 16 个项目是重复的，用来检验受测者反应的一致性。前 399 个项目分别分配在 13 个分量表中，其中包括 10 个临床分量表和 3 个效度量表，其余的项目则与一些研究量表有关。通常在临床诊断中只使用前 399 个项目。这些项目的内容范围很广，包括身体各方面的状态（如神经系统、心血管系统、生殖系统等）、精神状态，以及对家庭、社会、婚姻、宗教、政治、法律的态度等 26 类问题，具体详见下表。

表 11-1　MMPI 项目分类

项目分类	项目数	项目分类	项目数
1. 一般健康	9	14. 有关性的态度	16
2. 一般神经系统	19	15. 有关宗教的态度	19
3. 脑神经	11	16. 政治态度——法律和秩序	46
4. 运动和协调动作	6	17. 有关社会的态度	72
5. 敏感性	5	18. 抑郁感情	32
6. 血管运动、营养、言语、分泌腺	10	19. 狂躁感情	24
7. 呼吸循环系统	5	20. 强迫状态	15
8. 消化系统	11	21. 妄想、幻想、错觉、关系焦虑	31
9. 生殖泌尿系统	5	22. 恐惧症	29
10. 习惯	19	23. 施虐狂、受虐狂	7
11. 家庭婚姻	26	24. 志气	33
12. 职业关系	18	25. 男女性度	55
13. 教育关系	12	26. 想把自己表现得好些的态度	15

MMPI的10个临床量表均以所采用的效标组命名。

(1) 疑病症 (Hs): 共30个项目，来自表现出对自己身体功能异常关心的神经质病人，如“我有胃酸过多的毛病，一星期要犯好几次，使我苦恼”。该量表被认为是最明了和单纯的，诊断往往很稳定。

(2) 抑郁症 (D): 共60个项目，来自过分悲伤、无望、思想及行动迟缓的病人，如“我深信生活对我是残酷的”。该量表被认为最能表示受测者对生活状况的不平和不满。

(3) 癔症 (Hy): 共60个项目，来自经常无意识运用躯体化或心理症状来回避困难和责任且有歇斯底里反应的患者，如“我身体某些部分常有像火烧、刺痛、虫爬、麻木的感觉”。该量表的得分与智力、教育背景和社会地位有关联。

(4) 精神病态 (Pd): 共50个项目，来自非社会性类型和非道德性类型的精神病态人格的患者，他们往往漠视社会价值观和社会规范，情绪反应简单，如“有时我有一种强烈的冲动，去做一些惊人或有害的事”。

(5) 男子气-女子气 (Mf): 共60个项目，来自具有同性恋倾向的人。男性和女性需要分别记分，但是大多数项目是相同的，如女性分量表中的“我从来没有放纵自己发生过任何不正常的性行为”，男性分量表中的“和我性别相同的人对我有强烈吸引力”。

(6) 妄想狂 (Pa): 共40个项目，来自被判断具有敌意观念、被害妄想、夸大的自我概念、猜疑心，以及过度敏感、意见和态度生硬等偏执狂征候的患者，如“我时常觉得有些陌生人用挑剔的眼光盯着我”。该量表的解释很复杂。

(7) 精神衰弱 (Pt): 共48个项目，来自表现出焦虑、强迫动作、强迫观念、无原因恐怖以及怀疑、优柔寡断的神经症患者，如“当我站在高处的时候，我就很想往下跳”。

(8) 精神分裂 (Sc): 共78个项目，来自思维、情感和行为混乱，出现稀奇思想、行为退缩及有幻觉的精神分裂患者，如“在我独处的时候，我听到奇怪的声音”。

(9) 轻躁狂 (Ma): 共46个项目，来自过于亢奋、精力充沛、思维奔逸、易激惹的躁狂患者，如“有时我会兴奋得难以入睡”。

(10) 社会内向(Si)：共70个项目，来自对社会性接触和社会责任有退缩回避倾向的人，他们常常表现出胆怯、不安、顺从等特点，如“在社交场合，我多半是一个人坐着，或者只跟另一个人坐在一起，而不到人群里去”。

从上述10个分量表可以得到10个分数，分别是对受测者在10个人格特质上进行评估，其中Mf与Si量表只能说明人格的趋向，与疾病无关。

效度量表是MMPI的主要特色，它不是测验的效度指标，而是通过量表去识别不同的反应心向和态度。如果在这些量表上出现异常分数，意味着其余量表分数的有效性值得怀疑。效度量表有以下4个：

(1) 说谎量表(L)：共15个项目，由社会赞许性强的行为和情绪问题组成。这些项目所涉及的弱点是几乎所有人都难以避免的，如果受测者不承认这些弱点，则说明他不能客观地评价自己；在此量表上分数较低，说明受测者比较诚实。一般L分数在6分以上的最好避免使用，超过10分就不能信任该受测者的MMPI分数。

(2) 诈病量表(F)：共64个项目，由正常人一般不做肯定回答的问题构成。在此量表上得高分可能是蓄意装病、回答不认真或真的有病，如妄想、幻觉、思维障碍等。根据此量表得分，可以推测受测者测验以外的行为。一般来说，如原始分数为0～2(T分数为45～49分)，表示受测者与正常人的反应是一致的。

(3) 校正量表(K)：共30个项目，其分数与L和F有关，可更有效地测量受测者的态度。K量表主要是鉴别有意将自己伪装成“好人”或“坏人”这两种倾向的人。高K值表示对测验的防卫性态度或装好人的企图，低K值表示过分坦率与自我批评或装坏人的企图。K分数与社会经济地位有关，因此对于不同经济地位的群体，K的标准也不同。K量表的另一用途是用于校正各种临床量表的得分。临床经验表明，Hs、Pd、Pt、Sc、Ma这几个分量表的原始分数如加上K值再与某个比率相乘的数进行校正，结果会更加可靠。

(4) 疑问分数(?或Q)：该量表没有确定项目，它表示受测者无法作答或对“是”“否”均作答的题目数，超过 30 题则答卷无效。无回答的反应心向代表个体某些心理冲突或对某些事物的逃避，因此也值得重视。

除了以上 13 个分量表以及 Q 量表之外，许多研究者在使用 MMPI 的过程中又总结出了新的研究量表，具有代表性的有焦虑量表（A）、压抑量表（R）、偏见量表（Pr）等。

2. 明尼苏达多相人格调查表的使用

（1）施测方法。测验应由受过专业训练的主试承担。在进行测验前，主试应当熟悉全部测验材料，包括问卷的内容、简介、指导语、信度和效度的资料以及常模资料等，还要尽量了解受测者的情况，如文化程度、理解力以及身体状况。主试要详细记录施测的过程，要告诉受测者个性无好坏之分，应诚实作答。测验环境应尽可能保证安静，没有无关人在场。

MMPI 的测验无时间限制，正常成年人一般在 45 分钟左右可以完成。如果受测者在测验过程中出现焦躁不安的情绪以及表现出不耐烦，可以将问卷分几次做完。

（2）记分方法。MMPI 有两种记分方法，一种是机器记分，另一种是模板记分。机器记分是通过光电阅读器和电脑自动算出结果，这种方法需要特定的铅笔和答题卡。而模板记分则是用预先准备好的 14 张套板（每个分量表一张，Mf 两张——男女各一张）进行记分，步骤如下：

①将答卷纸按受测者性别分开；

②将答题纸上同一题目选择两个答案的题号用彩色笔标注出来，与未作答的题数相加，作为 Q 量表的原始分数，如超过 30 分则该卷无效。此外，重复题目答案不一致的超过 6 个，也应该考虑该答卷的可靠性。

③将每个分量表的模板覆盖在答题纸上对准，数好模板上有多少个圆被涂黑或者做了记号，这个数目就是该分量表的原始分数。然后将此分数填入此量表的原始分数处。

④在 Hs、Pd、Pt、Sc、Ma 的原始分数上加上一定比例的 K 值进行校正，即 Hs＋0.5K、Pd＋0.4K、Pt＋1.0K、Sc＋1.0K、Ma＋0.2K。

⑤将各分量表的原始分数以及部分被校正过的分量表分数登记到剖析图上。需要注意，剖析图分为男女两个版本，且图上有原始分数和标准分数的区

别，因此在登记时要格外小心。

（3）原始分数的转换。由于每个分量表的题目数不同，得分的基数也不一样，各分量表原始分数之间无法比较，因此要把它们转化成标准 T 分数，换算公式如下：

$$T=50+10(X-M)/S$$

其中 X 指的是某一分量表中的原始分数，M 和 S 分别为常模正常组团体在该量表上所得原始分数的平均值和标准差。一般在测验指导书上都有原始分数和 T 分数的转换表，可以直接查表得到。将 T 分数登记到前边提到的剖析图上，然后将各点相连，就构成了体现受测者人格特征的曲线图。

（4）测量结果的解释。MMPI 对分数的解释通常有两种方法：

①简单的分量表分析：如果某个分量表的 T 分数大于 70，则表明该受测者存在某种心理问题，但是这种方法并不完全可靠。需要强调的是，MMPI 说明书中列举的人格特点只是一类人的共同的典型特点，而在具体解释某个人的分数时则需要持谨慎灵活的态度。这一原则也适用于其他人格量表。

②编码系统：该方法来源于哈撒韦和麦金利所提出的对 MMPI 剖析图进行完形分析的思想，现在通行的是采用简单的两点编码。这是源于临床上的发现，即患者的 MMPI 剖析图往往会出现两个或者两个以上的高峰。两点编码是将出现最高分的两个量表的数字连起来写，分数稍高的写在前面。目前已经具备了较为完备的编码集，列出了编码的解释。

总之，MMPI 的解释很复杂，最好的方法应当是分析剖析图，在两点编码基础上考虑各分量表的得分形态。

3. 明尼苏达多相人格调查表的信度、效度及评价

MMPI 的再测信度分布从 0.50 到 0.90，同能力测验相比较低。其效标团体来自精神病人，样本较小，所以预测效度仅供参考。

MMPI 的贡献在于首次使用经验标准法编制测验，使用效度量表以及分数解释的编码法，给以后的测验编制提供了思路，而从 MMPI 中也脱胎出了许多新的人格量表。但是它仍旧有不可回避的缺陷，如它的常模的获取是明尼苏达的 700 名正常成人，代表性不够高，再如它过多使用病理名词使得正常人受测时感觉不快，而且它巨大的题量也导致施测过程相对费时。

4. MMPI-2 简介

MMPI 的第一次修订工作完成于 1990 年。明尼苏达大学出版社在 1999 年停止了对原版 MMPI 的出版和发行，以避免在使用者中引起误用和混乱。目前 MMPI-2 是完整 MMPI 的唯一授权版本。

MMPI-2 保留了与 MMPI 相同的基本测验形式，同时报告了相同基本量表、附加效度量表、新临床量表以及性别角色测量的分数。

MMPI-2 主要有四个特点。第一，加入了新项目，并删除了重复项目和内容令人反感的项目，项目总数增加到 567 个。MMPI-2 对项目进行了重新安排，因此从前面的 370 个项目就可以获得所有基本量表的分数，大大节省了时间。第二，用更有代表性的样本建立了美国人新的常模。第三，在某种程度上，对临床量表的 T 分数进行标准化，这使得有效比较不同量表的分数变得更加容易。第四，加入了几个内容量表。原版 MMPI 中的量表是单独使用经验法编制的，而这些内容量表的编制则是以逻辑法为基础，它们为人格及临床障碍评价中至关重要的构念提供了可解释的量度。

MMPI-2 中包含三个新效度量表。一个评价对测验末尾罕见反应的反应。其中的思想就是，随着测验逐渐接近尾声，有些应试者可能开始任意或草率地回答问题，而该量表有助于发现这种反应模式。两个矛盾量表（可变反应矛盾量表和真实反应矛盾量表）对矛盾或对立反应进行评价。

（二）加州心理问卷

加州心理问卷（California Psychological Inventory，简称 CPI）是目前美国使用最广泛的测查正常人格特点的量表之一。它以 MMPI 为基础，是由美国加州大学心理学教授霍夫（H. G. Hough）于 1948 年编制并于 1951 年出版的。CPI 与 MMPI 的不同在于它更看重对正常人格的测查，它力图发展出一套能描述人的正常社交行为的量表，并企图预测一个人在某些特殊场合下会做出什么反应。

CPI 由 480 个项目构成，其中 178 个来自 MMPI，另一些则反映正常青少年和成人的人格。这些项目被分配到 18 个量表中（其中 3 个为效度量表）。这 18 个量表皆包含人际关系的重要方面，因此该测验在反映性格的人际关系特征方面是一种理想的测验工具。根据各量表所表现的心理特征，可将 18 个量表分为四大类。

第一类：自在性、优越感、自信心以及人际关系适应能力。

（1）支配性（Do）：领导能力、支配欲望以及社会主动性。

（2）进取性（Cs）：一个人积极争取达到某种社会地位的能力。

（3）社交性（Sy）：个人的外向性、社交能力以及社会参与等特质。

（4）自在性（Sp）：一个人在与社会交往情境下的自在性及自信心。

（5）自尊性（Sa）：自我价值感、自我接纳以及独自思考并行动的能力。

（6）幸福感（Wb）：一个人烦恼与抱怨的程度，以及自我怀疑与幻想破灭的倾向；该量表还具有效度意义，用以鉴别被试的掩饰程度。

第二类：社会化、成熟度、责任心及价值观念。

（1）责任感（Re）：个人的责任心、可靠性。

（2）社会化（So）：个人达到的社会成熟程度以及完整性和正直性的程度。

（3）自制力（Sc）：自我调节、自我控制的程度以及避免冲动与自我中心的程度。

（4）宽容性（To）：宽容、接纳的程度以及不含评价性的社会信念与态度。

（5）好印象（Gi）：努力创造良好印象，并关心别人对其反应的程度。测定个人的社会赞许性程度，具有效度意义。

（6）从众性（Cm）：个人反应与量表常模的一致程度，是一个效度量表。

第三类：成就能力与智能效率。

（1）遵从成就（Ac）：在进行集体创造活动中能起积极促进作用的那些兴趣与动机。

（2）独立成就（Ai）：在独立自主创造活动中能起积极作用的那些兴趣与动机。

（3）智能效率（Ie）：个人的智能水平以及与智力有关的性格特征。

第四类：个人的生活态度与兴趣。

（1）心理性（Py）：个人对别人的需要、动机以及经验等的兴趣与敏感程度。

（2）灵活性（Fx）：个人思维与社会行为的灵活性与适应性。

（3）女性化（Fe）：个人兴趣与行为方式的男性化、女性化程度。

CPI是根据Gi、Wb、Cm三个量表来检验答卷的可靠性的。如果Gi过高，则可能是受测者企图在给别人留下一个好印象。如果Wb过低，则要怀疑受测者是不是夸大了他个人的忧愁，或者完全在作假。Cm过高或过低，受测者问卷的真实性都值得怀疑。

CPI的再测信度为0.57～0.77（Py和Cm除外），单个量表效度不高，但多个量表组合可以预测行为。

三、基于因素分析的自陈量表

对人格单元或特质进行因素分析可追溯到卡特尔（R. B. Cattell），他受到斯皮尔曼的因素分析的影响，试图用因素分析的方法来发现人格中的特质单元，并在此基础上编制了卡特尔16种人格因素问卷。从此，基于因素分析的自陈量表走上历史舞台并占据了很重要的位置。

（一）卡特尔16种人格因素问卷

1. 卡特尔16种人格因素问卷简介

卡特尔16种人格因素问卷（Sixteen Personality Factor Questionnaire，简称16PF）是由美国伊利诺伊州立大学能力测验研究所的心理学家卡特尔编制的，是用因素分析法编制问卷的典范。这一问卷能在约45分钟的时间内测量出受测者16种主要的人格特质，适用于16岁以上的青年和成人。

16PF的主要功能是对个体的人格因素做出分析，从16个方面描述个体的人格特征。这16个因素及在问卷中的字母代号如下表所示：

表11-2　16种人格因素的名称及字母代号

代号	因素名称	代号	因素名称	代号	因素名称	代号	因素名称
A	乐群性	F	兴奋性	L	怀疑性	Q_1	实验性
B	聪慧性	G	有恒性	M	幻想性	Q_2	独立性
C	稳定性	H	敢为性	N	世故性	Q_3	自律性
E	恃强性	I	敏感性	O	忧虑性	Q_4	紧张性

这16种人格因素是各自独立的，每种因素和其他因素的相关较小。

问卷中16种人格因素的题目按顺序轮流排列，以便于记分和保持受测者的作答兴趣。16PF的优点是题目表面效度不高，尽量都采用中性的题目，尽管许多题目看起来和某种人格特质有关，但实际上测量的是另外一种人格特质。

16PF在各国广为流传，被译成多种文字并被许多国家修订。我国现在通用的版本是由美籍华人刘永和博士和伊利诺伊州立大学合作修订的1970年的中文修订本，其常模是由两千多名港台地区的中国学生得到的。而大陆地区则是戴忠恒和祝蓓里在辽宁省修订本的基础上修订的，取得了全国范围内的信度和效度资料并制定了中国成年人（男、女）、中国大学生（男、女）等一系列常模。

2. 卡特尔16种人格因素问卷的使用

（1）施测方法。16PF为团体测验，受测者在受过专业训练的主试指导下完成问卷，对施测情境的要求则与MMPI相同。

（2）记分方法。每个题目有a、b、c三种选项，分别记为0分、1分、2分或者2分、1分、0分。记分可用阅卷机或模板。阅卷机记分所用材料及设备与MMPI无异，模板记分则是用两套模板套在答题纸上，分别计算出每张模板上的8个因素的原始分数，并将此分数登在剖面图左侧的原始分数栏内。

（3）原始分数的转换。在得到各量表的原始分数后，根据受测者的文化程度或者职业种类等将原始分数转化为标准分数。16PF的常模采用的是标准十分制。将标准十分登记在剖面图左侧的标准分数栏内，并将它们在剖面图上对应的圆点连成曲线，就构成了一个人的人格轮廓图。

（4）测量结果的解释。16PF不仅能明确描述受测者在16种人格因素上的主要特征，还能根据公式进一步推算人格类型的次元因素，这些次元因素分别是适应与焦虑性、内向与外向性、感情用事与安详机警性、怯懦与果断性，它们都是在16个因素的基础上对更抽象的因素特征进行推断得到的。

3. 15因素问卷加强版介绍

15因素问卷（Fifteen Factor Questionnaire，简称15FQ）是作为16PF的一个替代工具开发的，因考虑到聪慧性量表的题目属于能力测试，故予以删除。15因素问卷加强版（Fifteen Factor Plus Questionnaire，简称15FQ＋）是对Psytech公司于1992年首次发表的测量工具的修订和更新，最初发表于2000年。它采用人们已经熟知的理论框架，提供了对人格的全面深入的评估。它吸取了16PF第四版和第五版的长处，测量的仍是卡特尔揭示的16种人格因素，但已经根据系统的现代研究进行全面升级改进，使之更适用于工商业界和管理领域，具有更高的信度和效度。

15FQ＋测量的16种人格因素是：疏远冷淡—移情友善、少思不敏—聪慧自恃（智性）、激动易感—稳定坚强、随和谦逊—支配控制、严肃审慎—热情兴奋、灵活权宜—有序尽责、孤僻缄默—社交敢为、理性客观—感性直觉、信任积极—怀疑保留、现实具体—幻想抽象、直率生硬—策略圆通、安详自信—忧虑不安、传统保守—自由激进、乐群附众—自主独行、随性不拘—自律谨严、沉着平和—焦虑紧张。

15FQ＋还报告了“大五”人格因素以及多项管理应用领域的附加信息，如领导风格、从属风格、影响风格、团队角色和职业类型等。

15FQ＋在中国已得到深入的研究，可以作为人员选拔和发展中的一个重要工具和环节。善择公司于2006年初取得简体中文版的修订权，于2006年12月完成修订工作。测验的16个基本因素的内部一致性信度均在0.7以上，平均达0.77，3个月至6个月内的平均重测信度也达0.68。其技术手册中提供了包括与其他13个著名人格测验的同时效度和与多种外部效标的关联效度在内的大量实证资料。

中文版测验主要采用在线测验的形式，可在30分钟内完成在线作答，自动生成全面的反馈报告，共有200道题目。

（二）艾森克人格问卷

1. 艾森克人格问卷简介

艾森克人格问卷（Eysenck Personality Questionnaire，简称EPQ）是由英国心理学家艾森克（H. J. Eysenck）于1975年编制的。该问卷的理论基础是艾森克提出的人格三维度理论，它强调人格的三个基本维度——内外倾、神经质和精神质。在这里，人格维度是个连续体，每个人都或多或少具有这三个维度上的特征，但是不同个体的表现程度又是各不相同的。根据这个理论编成的 EPQ 专门用于测查在这三个维度上的个体差异。

EPQ 由四个分量表构成，即 E、N、P、L，前三者分别测量受测者在外倾性（E）、神经质（N）、精神质（P）上的特征，L 是说谎量表，用于识别受测者回答问题的真实程度。

问卷分成人和儿童两种，儿童问卷适用于 7～15 岁的受测者，而成人问卷则适用于 16 岁以上的受测者。当前我国普遍使用的版本是龚耀先修订本，该修订本取得了全国范围的信度和效度资料，制定了中国儿童和成人常模。

2. 艾森克人格问卷的使用

（1）施测方法与记分方法。EPQ 属于团体测验。对施测情境的要求与 MMPI、16PF 相同。记分采用记分键，要注意项目号前是否有“一”：若没有“一”则表示该项目受测者选择“是”记 1 分，选择“否”或者“不是”记 0 分；有“一”则与之相反。按 P、E、N、L 四个量表分别记分，再算出各分量表的总分（原始分数）。

（2）原始分数的转换。EPQ 的常模采用 T 分数。根据受测者的性别和年龄，对照常模表将受测者各分量表的原始分数转化为 T 分数，然后在剖面图上找出各维度的 T 分数点，将各点相连就可以得到受测者人格特征的曲线图。

（3）测量结果的解释。在 E 量表上的高分反映外向的人格，此类人好交际，渴望刺激和冒险，易冲动。而低分则表示内向人格，此类人情绪比较稳定，喜欢有秩序的生活，对疼痛敏感，富于内省。

在 N 量表上的高分者倾向于情绪易变，并经常抱怨和苦恼焦虑，身体也常感不适。低分者则可能情绪反应缓慢轻微，并且容易恢复平静，性情温和且善于自我控制。

在 P 量表上的高分者倾向于好攻击、冷漠、自我中心及非社会化，但并非一定是精神病，艾森克认为这一维度上的高分与创造性有联系。

L 量表测定被试的掩饰或自身隐蔽，或测定其社会性幼稚的水平。L 与其他量表的功能有联系，但它本身反映一种稳定的人格功能。

此外，艾森克还将 E 和 N 两个维度做了垂直交叉分析，又得到四种典型的人格特征，即外向稳定型、外向易变型、内向易变型、内向稳定型。

3. 艾森克人格问卷的评价

EPQ 的理论结构已被大量研究所证实，它实施简便，信度较高。此外，有必要指出的是，头两个维度（E、N）与卡特尔的 16 种因素的进一步因素分析的结果是相似的，换言之，将卡特尔用问卷获得的特质做进一步的聚合或分组，可得到与艾森克的内外倾和神经质维度相似的二阶因素。实际上这些因素或维度是每个用因素分析法做特质研究的人都能发现的重要因素，但是第三个维度 P 引起相当大的争议。

（三）NEO-PI 五因素调查表

1. NEO-PI 五因素调查表的简介

NEO-PI 五因素调查表是美国心理学家科斯塔（Costa）和麦克雷（McCrae）在 1992 年编制的，它基于科斯塔和麦克雷于 1989 年提出的“大五”人格模型。科斯塔和麦克雷通过因素分析法把人格分成五个基本维度，即神经质（neuroticism，简称 N）、外倾性（etraversion，简称 E）、开放性（openness to experence，简称 O）、宜人性（agreeableness，简称 A）和认真性（consciousness，简称 C）。各维度上高低两端的特征如下表：

表 11-3　“大五”人格模型特征

	高	低
神经质	焦虑，情绪化，脆弱，抑郁	放松，少情绪化，有安全感，自我陶醉
外倾性	合群，热情，主动，乐观，武断，寻找刺激	谨慎，冷静，退让，寡言
开放性	好奇，兴趣广泛，有创造力，富于想象，非传统	较传统，讲实际，兴趣少，无艺术性
宜人性	信任人，利他主义，坦率，顺从，谦虚，敏感	粗鲁，愤世嫉俗，多疑，不合作，报复心重，残忍，好操纵别人
认真性	胜任工作，公正，有条理，尽职，有成就感，自律，谨慎克制	无目标，懒惰，粗心，松懈，不检点，意志弱，享乐主义

NEO-PI 五因素调查表包括 300 个题目，受测者在五点量表（从完全同意到完全不同意）上选择代表自己特点的数字。如：

谨慎的 5 4 3 2 1 自信的

除了在五个因素上的得分，受测者还有在六个次级量表上或与五个因素的每个因素相联系的层面上的得分。这些层面提供了五大因素内的行为的差异性。

NEO-PI 五因素调查表引入了方法学中的新方法，即自我报告形式（S型）和观察者报告形式的两个版本（R 型——男性和 R 型——女性），后者包含了以第三人称描述的与 S 型相同的 240 个项目。在 R 型中，受测者可能获得与自我评定相同的领域中来自同伴、配偶和其他人的独立评定，这对 NEO-PI 五因素调查表非常重要，因为此量表不像 MMPI 或者 EPQ 那样包含有一个检查反应真实性的量表，它假定所有受测者都是诚实合作的，因此来自他人的评定对真实性会有验证。成年男女的常模可用两种形式，目前 S 型有大学男女生的常模。NEO-PI 五因素调查表是在 15 年的研究后发展起来的，它从对正常成人样本中老年人的纵向研究，扩展到临床、就业和大学样本。该测验的中文版由张建新修订而成。

测验的记分可以用阅卷机，也可用人工模版。各个量表的原始分数无法比较，需要将原始分数转化为 T 分数。

2. NEO-PI 五因素调查表的评价

因素分析取向的研究者对于人格因素的数目和名称不能达成共识，但是在 NEO-PI 五因素调查表的各个版本中，这一模型还是引发了因素间交叉鉴别的研究以及各种观点的整合。

因素的跨文化一致性、自我等级评定和他人评定的一致性、特质分数与动机情感及人际行为的相关性似乎给“大五”模型提供了证据。我国台湾的杨国枢和大陆的王登峰自 1990 年合作，在大陆与台湾同时进行中国人人格的研究，结果发现大陆与台湾的人格维度惊人相似，而和西方的“大五”却截然不同。有专家认为，虽然因素分析在对有同类趋向的行为或项目进行聚类方面特别有用，但能否依靠它发现人格的元素周期表是值得怀疑的。麦克雷和科斯塔提出的“大五”模型依然是描述了现象中的人格特质，而不能解释现象本身，也不能解释各因素相互间是如何作用的，以及各因素是如何与情境交互作用的。因此，尽管目前“大五”模型被广泛接受，但它并不是探求人格特质的有用框架。

表 11-4　大陆与台湾“大五”对比

大陆“大五”	台湾“大五”
卖弄、炫耀、贪心	势利浮夸
乐观、活泼、健谈	沉稳干练—迷糊懦弱
恒心、毅力、沉稳	善良宽厚
友爱、好心肠、和善	外向开朗—内向拘谨
急躁、暴躁、刚烈	暴躁固执

（四）“大七”人格问卷

“大七”人格问卷是由美国心理学家特里根（Tellegen）和沃勒（Waller）于 1991 年编制的，也称作人格特征量表（The Inventory of Personal Characteristics，简称 IPC-7）。它建立在特里根和沃勒于 1987 年提出的“大七”人格模型的理论基础之上。

“大七”人格模型是在对“大五”人格因素的批评的基础上提出的。“大七”的倡导者认为“大五”并不能代表自然语言中人格的所有方面，而且进行因素分析前的选词标准主观随意性大。特里根等人认为“大五”模型在建构时，在选词构成词表时内容有所偏颇，依此构造的人格维度也不全面，使得很多潜在的人格术语进不了因素分析的筛选范围，因此他们通过理论和方法的改进，提出了“大七”人格模型。

“大七”人格问卷共有 161 个项目，分别测量人格的七个维度。这七个维度及其典型特征如下表：

表 11-5　“大七”人格模型维度及其特征

维度	特征
正情绪性	抑郁、忧闷、勇敢、活泼等
负价	心胸狭窄、自负、凶暴等
正价	老练、机智、勤劳多产等
负情绪性	坏脾气、狂怒、冲动等
可靠性	灵巧、审慎、仔细、拘谨等
宜人性	慈善、宽宏大量、平和、谦卑等
因袭性	不平常、乖僻等

与“大五”人格模型相比，在这七个因素中，正价和负价是两个新的人格维度，其余五个维度，即正情绪性、负情绪性、可靠性、宜人性、因袭性，分别与“大五”的外倾性、神经质、认真性、宜人性和开放性有大致的对应关系。但这些对应关系只是在某种程度上相似，而不是完全相同，如在“大五”模型的宜人性中包括脾气的一些特质词，而“大七”模型的宜人性却不包括这些词。这是因为“大七”与“大五”相比，将评价性特质词增加到因素分析范围，因此它们虽然采用了同样的因素分析法，却得到了不同的维度结构。

中国基于“大七”模型的人格测验是由王登峰编制的，他从20世纪90年代中期开始人格因素研究，根据中文辞典选取形容词，得到了中国人的七因素人格结构，并由此编制了测量中国人的人格量表——QZPS（问卷形式）和QZPAS（形容词评定）。这种本土化的量表编制主要是基于文化差异可能造成人格差异的观点。

（五）跨文化（中国人）个性测量表

跨文化（中国人）个性测量表［Cross-Cultural（Chinese）Personality Assessment Inventory，简称CPAI］是由张妙清、梁觉、宋维真、张建新等开发的本土化人格测量工具。CPAI的第一次标准化研究于1992年完成（Cheung，et al.，1996；宋维真等，1993）。研究团队在2001年对CPAI第一版进行了修订，形成了成人版第二版CPAI-2；在2005年，又在CPAI-2的基础上，结合青少年的特点发展了CPAI量表的青少年版CPAI-A。

CPAI-2包括28个一般人格量表、12个临床人格量表和3个效度量表，共计541个题目。根据探索性因素分析，一般人格量表可以析取四个因素，即领导能量（social potency/expansiveness）、可靠性（dependability）、容纳性（accommodation）和人际取向（interpersonal relatedness），方差解释率为48.4%；临床人格量表可以析取情感问题和行为问题两个因素，方差解释率为58.8%。CPAI-2的标准化样本是根据在香港随机抽样及在内地分区定额抽样获得，共包括来自香港与内地的1 911名18～70岁的成人，代表了中国成人人群。CPAI-A同CPAI-2基本相似，但也充分体现了成人与青少年人格之间的差异。CPAI-A包括25个一般个性量表、14个临床量表和3个效度量表，共计509个题目。CPAI-A目前已经完成香港地区的标准化研究。标准化样本由2 689个来自香港不同地区的12～18岁的学生和非在学青少年组成。探索性因素分析和验证性因素分析交叉证实CPAI-A量表有较为稳定清晰的因素结构：一般人格量表可析取领导能量、情感稳定性（emotional stability）、可靠性和人际取向四个因素，方差解释率为51.09%；临床人格量表可析取情感问题和行为问题两个因素，方差解释率为49.93%。CPAI-A在内地的标准化研究目前正在进行当中。

CPAI及其修订版CPAI-2、CPAI-A的编制基于对文化共通性与文化特殊性的融合，并且运用了心理学的测试建构中要求的科学标准（Cheung，et al.，1996；Cheung，et al.，2008；张妙清、范为桥等，2008）。在选取人格特质作为量表涵盖的范围方面，收集了当代中国的小说和有关中国箴言的书籍中对中国人人格的描述、调查获得的自我描述和对他人人格描述、在心理学文献中对中国人人格的研究结果等。这些基于中国人日常生活经验的人格描述保证了CPAI的文化相关性（culturally relevant）建构。另一方面，对于文化共通性的理解，则参考了现有的西方人格评估工具对比较普适的或跨文化的人格特质在华人社会应用的研究结果，并同文化相关性的结构加以比较分析。CPAI问卷的项目与分量表的构成是研究团队根据大规模科学的心理测量学分析而确定的。

综合多年研究与应用经验，CPAI主要有以下特点：第一，作为西方社会之外的最大规模的综合性个性量表之一，CPAI既包括一般个性评估，也包括临床评估，还有3个效度量表以保证数据收集的质量。第二，量表涵盖了人格文化共通性的测量，如自信、外向、乐观、理智等包括西方人在内的典型人格特质；尤其是CPAI-2和CPAI-A针对东西方人格研究中的“开放性盲点”，通过中心小组讨论和文献回顾，设计了与中国文化相关联的开放性量表，如新颖性、多样化、多元思考、唯美感、容人度和人际触觉等（Cheung，et al.，2008）。研究显示这些量表融入了现存的四个因素，而并未单独形成一个开放性因素。第三，CPAI充分关注反映本土文化特点的中国人重视而西方量表忽略的人际关系特质的面子、人情、和谐等人格构念；并且，研究表明这些反映人际取向因素的特质在代表西方人格结构的模型上（如“大五”模型）没有任何因素载荷（Cheung，et al.，2008；Cheung，et al.，2001）。

从CPAI问世发展到CPAI-2的修订以及CPAI-A的开发，近20年来许多学者从不同的研究视角进行了一系列的理论分析和效度研究，在工业与组织心理学、临床与健康心理学等领域的应用获得了实证支持，其信度与效度都获得了充分的验证。一系列跨文化的研究显示，CPAI-2在中国文化和非中国文化背景中都有相当的信度和效度。并且，其中由本土发展而来的构念（如人际取向维度）并不仅限于中国人的文化背景，亦适用于亚洲其他地区及西方，而源于西方文化背景的人格维度（如开放性）在CPAI-2也得到了本土化的体现。CPAI受到国际心理学界的广泛重视和充分认可，可以说是本土人格量表达到主流心理学确认的一个成功范例。因而，这一量表也从最初的“中国人个性测量表”易名为“跨文化（中国人）个性测量表”，以反映其广阔的文化相关性。除中文版外，CPAI-2已译成英文、日文、韩文以及荷兰文；CPAI-2和CPAI-A的罗马尼亚文和越南文的翻译工作也正在进行当中。

四、基于类型论的自陈量表

类型论是20世纪30—40年代在德国产生的一种人格理论，是根据某种标准把具有相似人格特性的人加以归类，归类后以该类最具代表性的特性加以解释的人格理论。

（一）价值观研究量表

价值观研究量表是由奥尔波特（G. W. Allport）根据德国心理学家斯普兰格（Spranger，1928）区分的六种性格类型理论而编制的量表。

斯普兰格根据人类社会文化生活的六种形态，将人划分为六种性格类型，不同的性格类型具有不同的价值观成分。这六种类型是：(1) 理论型。这种人表现出具有探索世界的兴趣，能客观而冷静地观察事物，力图把握事物的本质，尊重事物的合理性，重视科学探索，以追求真理为人生的目的，如思想家、科学家等。(2) 权力型。这种人倾向于权力意识和权力享受，支配性强，其全部的生活价值和最高的人生目标就在于满足自己的权力欲望，得到某种权力和地位。(3) 经济型。这种人重视实效，其生活目的是为了追求利润和获得财富，如实业家。(4) 审美型。这种人对现实生活不太关注，富于想象力，追求美感，以感受事物的美作为人生的价值，如艺术家。(5) 社会型。这种人能关心他人，献身社会，助人为乐，以奉献社会为人生追求的最高目标。（6）宗教型。这种人信奉宗教，相信神的存在，把信仰视为人生的最高价值。斯普兰格认为，人们的生活方式朝着这六种价值观方向发展，但是六种划分并不表示只有这六种典型性格存在，事实上，每个人都或多或少地具有这六种价值观，只是核心价值观因人而异。

价值观研究量表中列有多种相互矛盾的价值观，每人需对此做出45种选择，从而测定这些被测者对多种不同的关于理论、权力、经济、审美、社会及宗教价值观接受和同意的相对强度。

（二）詹金斯活动性调查表

詹金斯活动性调查表（Jenkins Activity Survey，简称JAS）是由詹金斯（C. D. Jenkins）等人编制的，主要是为了评价A型行为。该量表的理论基础是弗里德曼和罗森曼（Friedman & Rosenman，1947）描述的AB人格类型。A型人格的主要特点是性情急躁，缺乏耐性。他们的成就欲高，上进心强，有苦干精神，工作投入，做事认真负责，时间紧迫感强，富有竞争意识，外向，动作敏捷，说话快，生活常处于紧张状态，但办事匆忙，社会适应性差，属于不安定型人格。与之相反的是B型人格，他们的性情不温不火，举止稳当，对工作和生活的满足感强，喜欢慢节奏的生活，可以胜任需要审慎思考和耐心的工作。研究表明，在罹患冠心病的男性病人中，A型人格的人数是B型人格人数的两倍还多。A型和B型人格还可进一步分为四种亚型，即A1、A2、B3、B4。A1和B4型的人分别表现出典型的A型行为和B型行为，而A2和B3型的人介于其中。

JAS共包括52个题目，构成四个量表。其中A型量表是作为从整体评价个体的A型行为程度的指标，另外三个分量表分别从S因素、J因素、H因素上对A型行为的三种特征因素进行描述，S因素指的是速度和性急因素，J因素指的是对工作献身的因素，H因素指的是刻苦和竞争的因素。四个分量表的题目有重复。

A型量表（Type A）由21个项目构成，用以评定冠状动脉性倾向的行为模式。

S量表（Speed and Impatience Scale）由21个项目构成，体现了A型行

为的特征——速度和性急因素。高分者时间紧迫感强，有爱催逼他人、性急的倾向。

J 量表（Job Involvement Scale）由 24 个项目构成，体现了 A 型行为的职业背景，特别是对工作的献身程度。高分者埋头于工作，即便是业余时间也在工作，与增加工资相比他们更愿意升职。

H 量表（Hard-Driving and Competitive Scale-Factor H）由 20 个项目构成，体现了与 A 型行为相连的性格特征和价值观。高分者精力充沛，诚实，刻苦努力，富有竞争性。这一特征被认为是非常社会性的，同时也表现出精力过于旺盛的倾向。

JAS 的施测无时间限制，一般只需 15～20 分钟就能完成。记分比较复杂，由于采用判别函数的方法得到每道题的分数，因此不同于一般的人格测验。JAS 每道题有若干选择，每个选择的分数都不同。例如，第三题放在 J 量表中时，如选 1 得 24 分，选 2 得 26 分，选 3 得 2 分，选 4 得 9 分，不选得 17 分；同样是第三题放在 H 量表中时，选 1 得 8 分，选 2 得 9 分，选 3 得 1 分，选 4 得 6 分，不选得 6 分。记分后得到四个分量表分数，可转化为标准分数及百分等级进行解释。

需要注意的是，JAS 得分并不能单独作为预测受测者心脏病发作的依据，还有其他很多因素与心脏病有关，只能说当结合其他危险因素考虑时，JAS 得分高的人得心脏病的可能性更大些。

（三）**MBTI 性格测验**

MBTI 性格测验（Myers-Briggs Type Indicator）是由美国心理学家布里格斯（K. C. Briggs）和她的女儿迈尔斯（I. B. Myers）根据瑞士著名心理分析学家荣格（C. G. Jung）的心理类型理论和她们对于人类性格差异的长期观察与研究编制而成的，用以衡量和描述人们在获取信息、做出决策、对待生活等方面的心理活动规律和性格类型。

MBTI 通过四个维度来测量人们在性格和行为方面的喜好和差异。这四个维度分别为：

（1）人们把注意力集中在何处，从哪里获得动力：外向（extraversion，简称 E）和内向（introversion，简称 I）

（2）人们获取信息的方式：感觉（sensing，简称 S）和直觉（intuition，简称 N）

（3）人们做决策的方式：思维（thinking，简称 T）和情感（feeling，简称 F）

（4）人们对外在世界如何取向：判断（judging，简称 J）和感知（perceiving，简称 P）

这样组合形成了 16 种性格类型。如：ISTJ 型性格的主要特征是安静，严肃，现实感强，有责任感，有逻辑性，不易分心，喜欢将工作、家庭和生活都安排得井井有条，重视传统和忠诚；ENFP 型性格的主要特征则为热情洋溢，富有想象力，认为人生有很多的可能性，能很快地将事情和信息联系起来并自信地根据自己的判断解决问题，特别需要得到别人的认可，灵活，自然不做作，有很强的即兴发挥能力，言语流畅；等等。

MBTI 性格测验于 1942 年问世，之后不断修订、完善，至今已有十多个版本。MBTI 性格测验的信度、效度与同类性格量表相比较高，M 版测试分半信度为 0.89～0.94，α 系数达到 0.88～0.94，重测信度为 0.91～0.94，但是不包括测谎题目。MBTI 性格测验主要应用于职业发展、职业咨询、婚姻教育等方面，已经被翻译成近二十种世界主要语言，是目前国际上应用较广的人才甄别工具。

五、基于其他特定理论的自陈量表

（一）爱德华兹个性偏好量表

爱德华兹个性偏好量表（Edwards Personal Preference Schedule，简称 EPPS）是由美国心理学家爱德华兹（Edwards）于 1953 年编制的，其理论基础是美国心理学家莫瑞（Murray，1938）提出的明显需要理论（manifest need system）。根据莫瑞列举的人类的 15 种需要，爱德华兹编制了对应的 15 个分量表，分别是成就需要、顺从需要、秩序需要、表现需要、自主需要、亲和需要、省察需要、求助需要、支配需要、谦虚需要、助人需要、变通需要、坚毅需要、性爱需要和攻击需要。整个量表由 225 个题目构成，其中有 15 个是重复题目，用来测量反应的一致性。每个题目通常包括两个以“我”为开头的陈述句，要求受测者从两者中按照自己的喜好选出其中之一。例如：

A. 我喜欢结交新朋友。

B. 当我有难时，我希望朋友能帮助我。

在15个分量表中，每个量表的项目与其他14个量表的项目配对。需要注意的是，由于是被迫选择，所以EPPS产生的是自比分数，也就是说，每个需要的强度不是以绝对的方式表达的，而是相对于该个体的其他需要的强度。在自比得分中，参照框架是个体而不是常模样本。因为所有分量表分数的总和对所有被试是固定的，所以，如果某个人的某个分量表得分上移了一些，则另一分量表的得分必定要下移一些。因此，EPPS得分相同的个体可能在他们的需要的绝对强度上有显著差异。尽管EPPS提供把得分转化成百分数的常模，但由于分数的自比性质，转换的合理性可能会遭到质疑。

参照的自比框架对个体内部的比较是最合适的，如兴趣和爱好的评定中需要的比较，但常模参照数据对个体间的比较也是必要的，如用于评定异常的比较。然而，与只用自比或常模的方法相比，将参照的两种框架结合起来，会使对分数的解释含混不清，缺少意义。

（二）杰克森人格研究表

杰克森人格研究表（Personality Research Form，简称PRF）是杰克森（D. N. Jackson）以莫瑞（Murray，1938）的需要理论为出发点编制而成的人格测验工具。杰克森描述了行为定向的20个互相排斥的人格构念或特质定义。

PRF有五种不同的选择，包括两套复本（A、B和AA、BB），分别有300个和440个项目。较长的表有22个分量表，每个量表有20个项目，包括两个效度分数——罕有性（infrequency）和赞许性（desirability）；较短的表只有15个量表，每个量表有20个项目。现在最常用的E表是采用更复杂的项目分析技术发展的增加版，由352个项目组成，共有22个分量表，每个量表只有16个项目，量表分数越高表示该量表所反映的特质越强。以下是22个分量表所反映的人格特质：自贬性（abasement）、成就性（achievement）、亲和性（affiliation）、攻击性（aggression）、自主性（autonomy）、变异性（change）、认知结构（cognitive structure）、防卫性（defendence）、支配性（dominance）、持久性（endurance）、表现性（exhibition）、避免伤害（harmavoidance）、冲动性（impulsivity）、助人性（nurturance）、秩序性（order）、游戏性（play）、敏觉性（sentience）、社会认可（social recognition）、求助性（succorance）、知性的探索（understanding）、罕有性（infrequency）、赞许性（desirability）。

（三）**心理控制源评定量表**

心理控制源评定量表是建立在控制源（locus of control）理论基础上的一系列评估心理控制源的量表，如罗特（J. B. Rotter）的内在-外在心理控制源量表（I-E）、利文森（Levenson）的内控-他控-机控量表（IPC）和多维度健康状况心理控制源量表（MHLC）等。

控制源理论是由罗特对心理控制源进行研究并发展起来的归因理论，它与海德、韦纳等的归因理论不同，控制源理论认为知觉者之间存在着一些稳定的个体差异，这些个体差异影响了因果推论。因此，控制源理论既是归因理论，也是人格理论。控制源是指个人的行为有效控制和驾驭外部环境的期望，它有内控和外控的个体差异。内控者（internal control）倾向把自己的行为看成是引发随后事件的主要因素，认为自己的成败祸福取决于自身因素；外控者（external control）则常把行为之后的事件看成是机遇、运气或超出自己能力的外部力量所决定的，从而不愿去做努力和尝试。控制源的不同倾向会对个体的行为和心理造成不同程度的影响，一般来说，外控与焦虑、抑郁情绪有关，外控者可能更难应付紧张的生活环境，而内控者可能更乐观，有更高的自我效能感和社会适应性。

罗特最早在控制源理论的基础上编制了内在—外在心理控制源量表。该量表是一种迫选式的自陈调查表，每个项目包括两个句子，受测者必须从中选择且只能选择一个他认为正确的句子。例如：

A. 从长远来看，人们能从世人那里获得他们应有的尊敬。

B. 不幸的是，不论他多努力，个人的价值常常被忽略。

一直到20世纪70年代中后期，内在—外在心理控制源量表获取的这类控制期望在帮助预测某些行为时起到了重要的作用。然而，为了最大限度地达到预测的准确性，对控制期望的测量有必要针对特定的人群和行为领域，因此就促发了若干不同的控制源量表的编制。它们有些适用于不同的人群，有些目的在于评定与特定领域有关的控制信念，还有一些包含关于控制的不同领域（如成就和参与）或不同范围等。

利文森根据她本人及其他研究者的结果，对心理控制源的外控定向做了进一步的区分，提出了心理控制源的多维度结构概念，并设计了内控-他控-机控量表，即 IPC 量表。

多维度健康状况心理控制源量表（MHLC）有 18 个条目，分为内控性（IHLC）、机遇性（CHLC）、有势力的他人（PHLC）三个分量表，每个分量表高于 24 分为高分，低于 24 分为低分。

（四）角色构念库测验

角色构念库测验（Role Construct Repertory Test）是由美国心理学家凯利（G. Kelly）在其个人构念理论的基础上编制而成的，用来评定一个人构念系统的内容和结构。

凯利的个人构念理论强调个人分析或解释事件的方式。个人构念理论的核心单元是构念——知觉、分析或解释事件的方式。例如，好—坏是人们评价事件常用的一个构念。一个构念通常有两极，但一极并不必是另一极的逻辑对立面。不同的人可能有与构念共同的一极对应的差异很大的另一极，如有人有爱—恨的构念，而有人则是爱—欲的构念。一个人总是用各种构念去解释、评价、预测事件。一个人的种种构念组成一个构念系统，这个构念系统就是他的人格系统。复杂的构念系统涉及许多相互联系的构念，它们以多水平方式组织在一起。相反，一个简单的构念系统只有很少几个互不关联的构念，且一般只有一两个组织水平。一个复杂的构念系统可提供对世界知觉的更大的区分性和更细致的预测。如果一个人具有复杂的构念系统，那么他就具备较完整健康的人格和良好的社会适应。而一个简单的构念系统意味着把所有的人和所有的事都置于某些类别里，诸如好—坏，或成功—不成功，则其预测不管在什么环境都是一样的。因此，如果一个人具有简单的构念系统，那么他的人格就可能有缺陷，适应能力也可能较差。

在角色构念库测验中，给受测者一个人名表，这些人都是受测者熟悉的。之后，给受测者名单中的三个人，要他说出其中两个和第三个人有何异同。如这两个人被认为是开朗的，而另一个人被认为是害羞的，则得出开朗—害羞这样一个构念。如此继续，则可以确定受测者的构念系统。

表 11-6　角色构念库测验样表

我（ ）	妈妈（ ）	爸爸（ ）	兄弟（ ）	姐妹（ ）	异性知己（ ）	同性知己（ ）	中学同学（ ）	小学同学（ ）	喜欢的老师（ ）	讨厌的老师（ ）	所要追求的人（ ）	可怜的人（ ）	快乐的人（ ）	成功的人（ ）	
1.	2.	3.	4.	5.	6.	7.	8.	9.	10.	11.	12.	13.	14.	15.	
○	○	○													1.
		○			○				○						2.
				○							○	○			3.
			○			○			○						4.
○			○								○				5.
				○			○						○		6.
	○							○					○		7.
										○		○		○	8.
○					○			○							9.
		○							○				○		10.
○						○	○								11.
							○			○				○	12.
		○				○					○				13.
	○		○	○											14.
					○			○				○			15.

说明：请在相似的两个“○”内打“√”或打“×”。

该测验旨在帮助临床人员鉴别患者有关人的一些重要构念。测验可以用多种方式实施，包括团体和个体的方式。该测验得到的数据可排列成一个矩阵或栅格，可以评定构念的相互关系。虽然该测验得到许多定性的数据，但也发展出许多定量的程序，以确定诱发出的构念对受测者的重要程度。

表 11-7　角色构念库测验：构念举例

相似的人	相似的构念	不同的人	不同的构念
自己、父亲	看重快乐	母亲	看重实用
教师、快乐的人	冷静	姐姐	焦虑
异性知己、同性知己	好听众	过去的朋友	难于表达情感
不喜欢的人、雇主	为私利利用人	喜欢的人	对他人体贴
父亲、成功的人	对社区服务热心	雇主	对社区服务不热心
不喜欢的人、雇主	不尊重他人	姐姐	尊重别人
母亲、异性知己	内向	过去的朋友	外向
自己、老师	自立	帮助过的人	有依赖性
自己、同性知己	有艺术性	异性知己	无创造性
雇主、同性知己	世故	兄弟	不世故

该测验已有多种修正形式，应用于人格理论、社会认知、教育、交往以及心理治疗和评定等有关问题的大量研究。

第三节　投射测验

投射测验是为了克服自陈量表所不能克服的防御心理而发展出来的一种人格测验。投射技术（projective technique）作为一个心理测量术语，最早是由主题统觉测验的编制者莫瑞提出的（1938），尔后，弗兰克（L. Frank）明确阐述了投射技术的内涵及重要性（1939），不过在此之前就已经产生了利用投射技术原理编制的投射测验，如 1921 年编制的罗夏墨迹测验。

一、投射测验的理论基础及特点

（一）投射测验的理论基础

投射测验的原理与精神分析理论密不可分。精神分析理论强调人格结构中的无意识范畴，认为个人无法凭其意识说明自己，因此自陈量表无法有效地测量人格；必须借助某种无确定意义（非结构化）的刺激情境作为引导，使个体隐藏在潜意识中的欲望、动机冲突等暴露出来，或是不自觉地投射出来。

此外，投射测验的原理也与人格的刺激-反应理论和知觉理论有关。刺激-反应理论假设个体不是被动地接收外界的各种刺激，而是主动地、有选择地给外界的刺激赋予意义，然后再对之做出反应。知觉理论假设个体在知觉反应中，或多或少都有投射的过程，这表现在两个方面：一是知觉者常把自己的情绪投到外界事物上去；二是知觉者的期望对于知觉经验往往也有影响，人们更容易感知到他们准备感知的事物。

从以上理论出发，投射测验有如下几条假设：(1) 人们对外界事物的解释性反应都是有其心理原因的，同时也是可以给予说明和预测的；(2) 人们对外部刺激的反应虽然决定于所呈现的刺激特征，但受测者过去形成的人格特征、他当时的心理状态以及他对未来的期望等心理因素也都会影响他对刺激做出反应的过程和结果；(3) 正因为受测者的人格会无意识地渗透在他对刺激情境的解释性反应中，所以通过分析受测者对模糊情境的解释，就可能获得对受测者人格特征的认识。

（二）投射测验的特点

与其他人格测验相比，投射测验有以下几个鲜明的特点：

(1) 使用非结构化任务，受测者对测验材料的反应不受限制。为了促进受测者想象，投射测验一般只有简短的指导语，测验材料也很模棱两可。在这种情况下，受测者对材料的知觉和解释就可反映他的思维特点、内在需要、焦虑和冲突等人格方面。可以说，刺激材料越不具有结构化，反应就越能代表被试人格的真正面貌。

(2) 测验的目的具有明显的隐蔽性，受测者事先并不知道施测者将对他的反应做何种心理学的解释，这就在很大程度上避免了受测者的伪装和防卫，使测验的结果更能反映受测者真实的人格特征。

(3) 对测验结果的解释重在对受测者的人格特征获得整体性的了解，而不是评估某个或某几个人格特质。

(4) 投射测验的材料很多为无明确意义的图片，在测验时不受语言文字的限制，所以被广泛地应用于人格的跨文化研究。

但是，投射测验也存在一些明显的不足，主要表现为：评分缺乏客观标准，难以量化；缺少充足的常模资料，测验结果不易解释；信度和效度不易建立；原理复杂深奥，未经专门训练者不能使用。

投射技术依据目的、材料、反应方式、测验的编制和实施、对结果的解释方法的不同，有不同的分类。例如，林德齐（G. Lindzey）根据受测者的反应方式将投射测验分为以下五类：

联想型——要求受测者说出某种刺激（如单字、墨迹）所引起的联想，如荣格的文字联想测验和罗夏墨迹测验。

构造型——要求受测者根据他所看到的图画，编造一套含有过去、现在、将来等发展过程的故事，通过故事的内容探索受测者的人格特征，如莫瑞的主题统觉测验。

完成型——提供一些不完整的句子、故事或辩论材料等，要求受测者自由补充使之完整，根据受测者完成的倾向来探索他的人格特征，如语句完成测验。

选排型——通常用数字、图画、照片等作为刺激项目，要求受测者根据一定的准则（如美观、意义等）来选择项目，或做各种排列，根据这些选择和组合来推断其人格特征。

表露型——要求受测者利用某种媒介（如绘画、游戏、心理剧等）自由表露他的心理状态，如画人、画树测验。

（三）投射测验的信度和效度

投射测验在国外被广泛地应用于对人格特征的评价过程中，据 1984 年美国一项调查研究表明，在美国人格评估协会主要会员使用频率最高的 10 个测验中，投射测验占了 7 个。尤其是临床心理学工作者更是把它视为临床诊断中不可缺少的工具，美国临床心理学和学校心理学工作中运用人格测验的种类及频率的统计资料表明，20 世纪 80 年代初在最常用的 10 种人格测验中投射测验就占了 5 种。但是对投射测验的批评一直没有停止过，除了批评投射测验的操作技术极其复杂以及难以获得数量化的常模资料外，最严重的批评莫过于质疑投射测验的信度和效度。实际使用中，投射测验是否有效，很大程度上依赖于施测者本人。正是由于这些原因，目前投射测验的应用已经在走下坡路。在我国，除了龚耀先对罗夏墨迹测验在小范围内试用外，对投射测验的研究和应用工作尚未真正展开。

二、联想型投射测验——罗夏墨迹测验

（一）测验材料及施测方法

罗夏墨迹测验（Rorschach Inkblot Test）是非常有代表性的投射测验，也是当今在世界上最为流行的投射测验之一，它是由罗夏于1921年编制完成的。它主要是通过观察受测者对一些标准化的墨迹图形的自由反应，评估受测者投射出来的个性特征。罗夏从1910年开始使用画片来研究精神障碍对病人知觉过程的影响，后来改用墨迹图。最初制作时，先在一张纸的中央滴一些墨汁，然后将纸对折并用力挤压，使墨汁四下流开，从而形成沿折线两边对称但形状不定的墨迹图。他用墨迹图对各种精神病患者施测，将能够把不同的精神病症状区分开的各种反应特征逐渐汇总并形成记分系统，然后再和低能者、正常人、艺术家等的反应做比较，并进一步细化记分方法。经试验过数千种墨迹图后，最后选定了其中的10张作为测验材料，逐步确定记分方法与解释原则，并于1921年出版《精神诊断》（*Psychodiagnostics*）一书详述此法。

此套测验的10张对称的墨迹图片中，5张是黑白的，有2张在黑白墨迹的基础上添加了少许鲜红色，还有3张由几种淡而柔和的色彩组成。

图11-1　罗夏墨迹测验图示

施测时，应尽量使受测者放松、舒服，以简单的指导语告诉受测者如何完成测验，主试要尽可能少地加上自己的意见或其他说明。实施罗夏墨迹测验的典型做法是向受测者出示墨迹图，一次一张，要他讲出墨迹可能代表什么。除了记录受测者对每张卡片的言语反应之外，主试通常还记录受测者的反应时、反应持续时间、抓取卡片的位置、自言自语、情绪反应以及受测者在测验期间其他偶然的行为。在呈现10张卡片之后的某一时间，多数主试都对受测者个人就每一墨迹进行联想的部分和方面进行系统提问，如每一反应是根据图片中的哪一部分做出的，引起该反应的因素是什么（形状、颜色、阴影等）。在提问期间，受测者有机会对先前的反应澄清或细化。

（二）**记分及解释**

罗夏墨迹测验最复杂也最困难的部分就是记分和解释。有相当数量的人对受测者反应的解释是基于个人在临床工作中的经验，采用直觉的方式对测验结果加以解释和推理，这难免会影响到测验的效度。西方的学者如埃克斯纳（J. E. Exner）和霍尔茨曼（W. H. Holtzman）等不断研究，发展了一些相对完整、系统的记分系统。下面介绍目前较常用的一种。

记分时需要考虑的要素有：

(1) 定位（location），指的是每次引发受测者联想的墨迹的相应部位。包括：

①整体（W），对墨迹图做整体的或接近整体的反应，表示概括倾向。W次数过低或没有，表示受测者缺乏综合能力，而W过高则表示有过分概括的倾向或期望过高。

②部分（D），受测者的反应只利用了墨迹图中明显的某一部分，如对空白、阴影浓淡、色彩等墨迹图像的形态性质所隔开的较大部分进行反应。较高数量的D表示此人具有良好的常识水平。

③小部分（d），受测者的反应只利用了墨迹图中较小但仍可以明显划分的一部分。

④细节（Dd），受测者的反应只利用了墨迹图中极小的或不同于一般方法分割的一部分，如轮廓线、极小部分、内部浓淡部位等。Dd数量多意味着有刻板或不依习俗的思维。

⑤空白（S），受测者的反应所利用的是墨迹图中的白色背景部分。

（2）决定因素（determinants），确定受测者反应的因素。包括：

①形状（F），受测者由于墨迹的形状像某个东西而引起反应。最常被认为的形状为F；少见但是很清楚的形状为F+，表示受测者具有现实性思维，适应良好，智能效率高；莫名其妙的形状为F－，表示受测者思维过程混乱。

②阴影浓淡（K），受测者的反应由墨迹的阴影所导致的印象决定。K是一种无形扩散的反应，将墨迹看作没有形状的雾或霞。K可看作焦虑的指标，意味着对情爱的欲求不满足，有模糊不清和蔓延浮动的焦虑。

③色彩（C），受测者的反应由色彩所决定，只对色彩反应而不对形状反应为C，对形状反应较色彩显著者为FC，对色彩反应较形状显著者为CF。C是外倾性符号，代表感情作用和内在冲动。纯粹的C反应是情绪控制的病态欠缺，是爆发性和一触即发的情绪性指标，在正常人中很少见。

④运动（M），墨迹本身没有运动，但受测者把墨迹理解为代表运动的物体，这通常是想象和移情的作用。M也是内倾性符号，M多意味着情感丰富，M少意味着人际关系差。

（3）内容（content），指的是受测者回答的内容是什么。经常的反应如下表：

表11-8　罗夏墨迹测验的反应内容及其意义

符号	内容	意义
H	人	反映对人的态度，H过少表示缺乏对他人的理解，缺少与他人的共鸣和好的人际关系
(H)	非现实性的人，如怪物、仙女	
Hd	栩栩如生的人体的一部分	Hd过多表示对他人敏感，过于批评性的倾向
(Hd)	虚构人物的部分	
AH	半人半兽	
At	解剖学意义的人体部分（内部器官或X光照片）	At代表意识固着于身体，有焦虑反应；At%在10%以下正常
Sex	与性器官及性行为有关的东西	反映了人格病态倾向性，表示对性的关心、亢进及与社会的脱离

续表

符号	内容	意义
A	动物	A反应是正常反应，A%在某种程度上是刻板性指标，正常人的A%为25%～40%；A%过低或过高，其社会成熟度皆有问题
(A)	非现实的动物	
Ad	动物的部分	
Aobj	动物制品	
A，At	动物解剖学概念（切断面、X光照片等）	At代表意识固着于身体，有焦虑反应；A%在10%以下正常
P1	植物	
N	自然	表示对自身内部某种基本力量的态度
Obj	人所制造的物体	表示受测者的定像物
Arch	建筑物	表示人的身体或人的业绩
Art	艺术	
Abst	抽象概念	
Cl	云	
Bl	血	与不安定的色彩反应有联系
Fire	火	控制的感情反应

（4）独创和从众（original and popular）。反应若和一般人的反应相近，则为从众；若不平常，则为独创。如受测者的反应与一般人不同，则可能表示他有独特的见解，智力比较高，但也可能是病态思维，歪曲事实，具有与社会不相融的倾向。而与一般人有许多相同的地方则可能表示他的智力一般，或社会适应良好。

（三）对罗夏墨迹测验的评价

在20世纪60年代前期，罗夏墨迹测验一直是心理工作中使用最频繁的心理测验。到了80年代，虽然它的重要地位已被MMPI取代，但它仍是一种普遍使用的有效的临床心理工具，足见其难以忽视的临床使用价值。它开创了人格测验的新途径，同时还可用于跨文化研究。但是它在解释上有较大的主观性，效度遭到怀疑，施测和记分也十分复杂，必须由专业人员执行。依现代心理测量标准来看，这个测验还不够令人满意。因此，后来的心理学家致力于编制更为客观精确的墨迹测验，比较有代表性的是霍尔茨曼与其同事编制的霍尔茨曼墨迹测验（HIT）。该测验在评分方面和图片材料上皆变得更简便、更标准，使测验信度提高。

三、构造型投射测验——主题统觉测验

主题统觉测验（Thematic Apperception Test，简称 TAT）是另一种与罗夏墨迹测验齐名的人格投射测验。与罗夏墨迹测验相比，TAT 提供了更结构化的刺激并要求更复杂和经过意义组织的言语反应，主试对反应的解释通常是根据内容分析而不是根据质的特点。这种技术是由美国心理学家莫瑞和摩根于 20 世纪 30 年代发展起来的。其中，莫瑞于 1943 年发表的第三套 TAT 是最广泛使用的一种，其主要任务是让受测者根据所呈现图片自由联想，编造故事。

TAT 的编制是建立在莫瑞的需要-压力理论基础上的。该理论认为，人类复杂的心理与行为，都可以用特定的欲求和压力相结合的简单形式来解释。个体人格的形成及表现具有明确的动力性。完整的人格往往是内在欲求和压力相平衡的结果；若不平衡，则会发生人格偏离或心理异常。TAT 假设个人对图画情境编造的故事和其生活经验有着紧密的关系，且受到无意识动机的影响。故事内容中有一部分受到当时知觉的影响，但其想象部分包含个人有意识或无意识的反应，即受测者在编故事时，会不自觉地把隐藏在内心的欲望和冲突穿插在故事情节中，借故事中人物的行为投射出来。

TAT 由 30 张模棱两可的黑白图片组成，图片内容多为人物，也有部分景物。就刺激情境而言，TAT 比罗夏墨迹测验更有组织和意义。30 张图片组合成有部分重叠的四套卡片，分别适用于男童、女童、14 岁以上男性和女性，施测时每个组测 20 张，其中 1 张为空白卡片，要求受测者根据每张图片编一个故事，说出是什么导致图片所示的事件，描述此时正在发生什么和图片中人物的所思所感，并最后给出结局。对空白卡片，要求受测者凭想象在卡片上画一幅画并进行描述，讲一个关于它的故事。测验时间分为两个阶段，每个阶段 1 小时，每个阶段完成 10 张卡片。在第二阶段，选择那些更加不常见、更有

戏剧性和更古怪的卡片，并伴有指导语，促使受测者发挥想象。

TAT 的记分有两部分：一是在每种需要变量和情绪变量上的分数，规则是根据每种需要或情绪的强度用 1～5 记分；二是在每种压力变量上的分数，规则是根据每种压力的强度用 1～5 记分。最后在每一变量上都得到两个分数，一是总体平均分，二是分数的分布。被评定的主要需要变量和情绪变量有恭顺、成就、攻击、自责、关怀、顺从、性、受保护、进取、归属、自主、矛盾、情绪变化、沮丧、焦虑、怀疑等，被评定的主要的压力变量有归属、攻击、支配、关怀、拒绝、身体危险等。评定这些变量的分数的依据是受测者在所编的故事中对主人公的行为、需要、动机、情感和主人公所处的环境的描述，以及整个故事所反映出的主题性质。

对 TAT 的解释并无公认的方法，莫瑞本人提出对 TAT 解释时应注意以下几点：

(1) 主角本身：被认为代表受测者自身的角色，如隐士、领袖、犯罪者等。

(2) 主角的动机倾向和情感：主角行为，尤其是主角的异常行为，在分析时应注意多次提到的行为。屈辱、成功、控制、失意等若干特性，均可按照叙述的强烈性、持续性、重复次数及重要性做成一个五等级量表。

(3) 主角的环境力量：特别是人事力量。有时图片中没有人和物，是被试自己选出来的，这些代表对主角产生影响的力量（如拒绝、身体的伤害、缺陷、失误等)，可根据其强度性列成五等级量表。

(4) 结果：主角本身力量与环境力量的对比，经历了多少困难和挫折，结果是成功还是失败，是快乐还是不快乐。

(5) 主题：分析受测者最严重、最普遍的难题是来自环境的压力还是自身的需要。

(6) 兴趣和情操：图片中的老年妇女常常被比喻为母亲，老年男子常常被比喻为父亲；图片中的角色，有时被描述为正面人物，有时则为反面人物。

目前研究者们已经编制了 TAT 的很多改编本以适应多种特殊用途，如用来调查成就动机、态度等问题，用于职业咨询、行政评价和种类繁多的研究项目，用于特殊的人群等。

四、完成型投射测验

（一）语句完成测验

语句完成测验比罗夏墨迹测验和TAT实施起来更为简便，而在反应长度、结构数量和其他方面，语句完成测验居于词汇联想和TAT之间。它一般有两种形式：（1）限制选择式——在一个未完成的句子后面列有数个短句，要求受测者从中选择一个他认为最合适的短句完成句子；（2）自由完成式——要求受测者将未完成的句子补充成完整的句子，而对受测者不加以任何限制。

最常见的语句完成测验是罗特的未完成语句填充测验（The Rotter Incomplete Sentence Blank）。这个测验是1950年编制的，包括40个未完成的句子，题干非常简单，要求受测者自由联想加以完成，是一种在记分和解释方面都比较标准化的自由作答测验，如“我喜欢________”，“令我担心的是__________”，“我的母亲__________”。

根据每个完成的句子所表明的适应或适应不良的程度在七点量表上进行评定，受测者的反应被分为C反应（冲突或不健康的反应，如“我恨所有的人”）、P反应（积极的或健全的反应，如“我喜欢一切美好的事物”）和N反应（缺乏情调的中性反应，凡不属于C、P的皆属于N反应，如“我想要知道你的姓名和籍贯”）。各个项目的分数总和，表示其不良适应的程度。

（二）逆境对话测验

逆境对话测验（The Rosenzweig Picture-Frustration Study）是罗森韦格于1941年编制的，原名为图片-挫折研究。这个工具有用于14岁以上成人、12～18岁的青少年、4～13岁的儿童三种形式。

测验由一些图片组成，通常画中有两个人物，其中一人说了几句足以引起对方生气或陷入挫折情境的话，受测者需在空白处写下受挫者做何反应。该测验假设受测者在反应时将自己的想法投射到图片中受挫人物的身上，因此根据回答可以预测受测者在遭遇挫折时的反应倾向。

作答后，根据受测者答案的“攻击类型”和“攻击方向”对反应分类并记分。“攻击类型”包括：障碍—控制（简称O—D），反应重点在强调障碍或困难；自我—防御（简称E—D），反应重点在为自身辩解或逃脱责任；需要—坚持（简称N—P），反应重点在建设性地解决引起挫折的问题。“攻击方向”

的分类包括：外向攻击（朝向他人或环境）、内向攻击（朝向受挫者本人）、免于攻击（试图掩饰或逃避挫折情境）。测验记分时每种反应的百分比都拿来与常模中相应的百分比做比较。也可以得出群体一致性评定，它表明个体反应与标准样本众位数反应相一致的反应倾向。

五、选排型投射测验

典型的选排型投射测验并不多，这里仅以内田-克雷佩林测验为例。严格说来，该测验是介于投射测验和速度测验、人格测验和能力测验之间的一种特殊测验。

内田-克雷佩林测验（Uchida-Kraepelin Psychodiagnostic Test）是由日本临床心理学家内田勇三郎（Yuzaburo Uchida）编制的，用以测定人的性格类型，预测人的心理健康与否。

内田-克雷佩林测验源于德国精神病学家克雷佩林对人格的研究。1895年，克雷佩林论述了连续加法运算可适用于精神医学的诊断，并开始运用该检查方法对容易出现精神疲劳者或异常性格的人进行检查，但克雷佩林本人并没有把这一研究成果作为人格诊断检查的方法继续发展。内田勇三郎从克雷佩林的连续加法运算作业中得到启示，将该检查法引入日本，历经二十余年编制成内田-克雷佩林测验。

内田-克雷佩林测验的内容十分简单，仅要求受测者做一位数的连续加法计算，然后通过对作业曲线的分析，得到受测者心理特点的大量信息，从而对受测者的性格、气质、智力做出全面的评估。

内田-克雷佩林测验针对不同的人群设计了三种版本：适合中学生及以上的人使用的标准型测验；适合小学三年级至六年级学生使用的儿童型测验；适合幼儿和小学一、二、三年级学生使用的幼儿型测验。以标准型测验为例，测验由三部分组成：（1）受测者的基本情况，包括姓名、性别、年龄、接受该测验的日期和次数、测验时的身心状况等内容；（2）练习部分，共有5行，每行59个数字，目的是让受测者熟悉内田-克雷佩林测验的施测方法；（3）正式测验，共有34行，每行115个数字，分为前后两个部分。

标准型测验采用十进位的连续加法，受测者按指导语从横向排列的第一行第一个数字起，将两两相邻的数字相加。相加之和超过 10，则将所得答案的个位数写在两个数字中间；相加之和若没有超过 10，则将所得答案直接写在两个数字中间。每行做 1 分钟，1 分钟后，受测者根据指令换行，从下一行最左端数字重新开始计算。依此方法连续进行 15 分钟的加法作业，然后休息 5 分钟，再做后半部分，方法与前半部分相同，也是每行做 1 分钟，做 15 分钟。

测验完成后，将受测者各行完成的加法运算数值在坐标图上用直线依次连接起来，于是就形成了两条曲线，内田称之为作业曲线。每个人在接受这项心理测验时因为精神紧张、兴奋、习惯、疲劳以及练习等五种因素的影响，每分钟的作业量都会有所差异，从而形成了特有的作业曲线，它们代表了个体特有的能力和特有的人格特质及心理调节机能在作业过程中的动态表现。通过对这些客观表现的分析和差异比较，就可以对个体的基本能力、人格的综合特征以及性格和行为的特异倾向做出全面而细致的评定。

与其他测验相比，该测验有着施测简单、施测方法客观，以及不受语言和文化差异影响的优点。但是，记分和解释缺乏量化的客观标准，使测验的结果评定有很大主观性，要求评定者有丰富的临床经验，这也是和其他投射测验共有的不足。

六、表露型投射测验

这是一类庞大而散乱的投射技术，所有这些技术的特点是除了用作诊断方法之外，还可用于治疗。这些活动给个体提供自我表露的机会，不仅使个体展示出自己的情绪问题，还能使问题得到缓解。这类测验中最常用的是各种绘画和游戏技术，包括戏剧化地使用玩具。这些测验绝大多数用来评价儿童，在很多情况下也可用于成人。

（一）绘画测验

在艺术创作领域中，一般认为作品（尤其是绘画作品）常常是创作者内心世界的投射。基于同样的假设，心理学家也借绘画来了解一个人的心理。绘画测验中，应用比较广泛的有麦柯弗（Machower，1949）的画人测验（Draw-A-Person Test）、布克（Buck，1948）的房-树-人测验（House-Tree-Person Technique，简称 HTP）、伯恩斯和考夫曼（Burns & Kaufman，1970）的家庭活动绘画技术（Kinetic-Family-Drawing Technique，简称 KFD）、卡氏画树测验（Drawing-A-Tree）等。下面简单介绍布克的房-树-人测验。

房-树-人测验起源于布克（Buck，1948）的画树测验。与罗夏墨迹测验和主题统觉测验涉及言语表达及联想不同，房-树-人测验是非言语性的，主要描绘的是画，它涉及被测者人格特征中的感受性、成熟性、灵活性、效率性和综合性，甚至还涉及人的智力。

该测验基本的假设是：房屋作为人居住的地方，可以引起对于家庭及亲人的联想；树的图画则可反映被试的无意识；人则反映被试的自我形象以及与人相处的情形。

测验要求被试随意画出一间房子、一棵树和一个人，然后主试对每幅画问大约 25 分钟的问题，让被试对所画图形及背景做描述、解释以及联想。经过多年的发展，该测验在形式上又有许多变通。例如要求被测者在画完房、树、人后，再用蜡笔上色，有的要求画性别不同的两个人物。

对房-树-人测验的解释实质上是定性分析，大多是根据单个指标进行广泛概括，如“将图画画在纸张下部意味着能够感受到自我的现实确定的目标、失败感、不安感、非协调感、抑郁以及具体的事物存在于身边才能安定的想法”，“阴影象征着人际交往中过度敏感的倾向，不安、强迫，抑郁、退行，追求空想，对外界有敌意与不安”等。

尽管其信度和效度长期以来都没有得到有力的研究的证明，却往往能探测到临床问诊所不能得到的病理心理表达方式，加之其使用方便、时间经济，因此为临床治疗师所青睐。

（二）沙盘游戏

沙盘游戏（sandplay therapy）既可以用于人格测量，也可以用于心理治疗，它是由荣格的学生卡尔夫（D. Kalff）创立的一种心理分析技术。

沙盘游戏理论与操作最早可以追溯到威尔斯（H. G. Wells）的发现。威尔斯观察自己的两个儿子在地板上玩微缩玩具，他发现数次自发性的游戏之后，孩子们身上一直存在的问题消失了，而且他们与其他家庭成员之间的关系也得到了很好的改善。威尔斯受到了极大启发，在进一步观察与研究基础上写成了《地板上的游戏》一书。1979 年，英国儿童精神病学家洛温菲尔德

(M. Lowenfeld）在威尔斯地板游戏的基础上发展了游戏天地技术，以帮助儿童更好地表达无法用言语表达的内在情感或者身心状态。之后，卡尔夫结合荣格分析心理学中的积极想象技术和纽曼（E. Neumann）的儿童发展阶段理论，创建了沙盘游戏。

沙盘游戏的理论假设是：在沙盘游戏的过程中，原型、象征和内在精神世界很容易表现出来，在一个自由、安全的氛围中表现这些客观存在可以促进整体性意象的形成，进而为自性的展现创造机会。卡尔夫进一步认为在沙盘中展示自性非常必要，因为自性是自我发展与加强的基础，当自我和自性之间的联系建立起来后，个体在整体上就会表现得更加平衡与得体。因此，沙盘游戏不仅仅是投射测验，还具有自然治疗的特征。

沙盘游戏需要有一间专门用来进行沙盘游戏的房间，里面放置着沙盘、各种人或物的缩微模型以及水罐或其他盛水器具等沙盘游戏的必需物品。沙盘一般被放在低矮的桌子上。常用的沙盘大小为 0.7 米长、0.55 米宽、1.1 米高。它的底和边框被漆成天蓝色，并且能防水，里面装的沙子大约是盒子高度的一半。沙盘的大小要能让人一眼看到全貌，这有利于集中和加强人的注意力。

沙盘游戏操作起来比较简单，辅导师首先要和受测者建立关系，取得受测者的信任，同时初步了解受测者的基本情况。然后，辅导师将受测者的兴趣逐渐引向沙盘游戏的材料，并明确告诉他，只要他愿意，他可以自由使用它们，自由建造头脑中想象出的任何图景。受测者在玩沙盘游戏的过程中，辅导师通常要坐在一个离沙盘较近的地方，以便及时发现受测者在建造过程中的种种表现，但这个地方不能太近，太近了会干扰建造过程。在沙盘游戏完成之前，辅导师最好不要插话，不要问问题，也不要发表自己的个人意见，而只是静静观看。当沙盘游戏完成之后，辅导师要询问每个形象具体代表什么，或提出一些其他的问题，对它任何进一步的讨论都会围绕着对主题或扩展主题的兴趣展开。

自从 1985 年国际沙盘游戏治疗学会（ISST）成立以来，沙盘游戏逐渐发展为一种以心理分析为基础的独立的心理诊断和心理治疗体系，成为表现性治疗的主流之一，并在临床心理学界、心理咨询与治疗第一线得以推广和应用。我国心理学家申荷永等于 1995 年将沙盘游戏治疗技术引入国内。

第四节 情境测验

一、情境测验的特点

情境测验（situational test）属于行为观察法的一种，是指预先布置一种情境，主试观察受测者在此情境中的行为表现，从而判定其人格。由于有意设计和控制了情境，可以认为情境测验是一种特殊的实验观察。该方法常用于教育及军事领域或特殊人才的选拔。情境测验的优点在于从情境中观察受测者行为，更真实自然，不易作假。但是这种测验耗时而且昂贵，且必须由受过训练的主试进行观察评价，使用起来不够方便。

按照预先布置的情境的类型，可将情境测验分为直接情境测验和间接情境测验。直接情境测验主要是人为创造活动情境，也叫活动情境测验，如哈茨霍恩和梅设计的品格教育测验即为这类。而间接情境则是假想的问题情境，也叫假设问题情境，如科尔伯格（L. Kohlberg）的道德两难故事法。本节主要介绍这两种品格教育测验和基于活动情境的情境压力测验。

二、品格教育测验

品格教育测验（Character Education Inquiry，简称 CEI）是由哈茨霍恩和梅于 20 世纪 20 年代末设计的最著名的情境测验。CEI 采用的是学龄儿童日常生活和学习中所熟悉的、自然的情境，用以测量诸如诚实、自我控制以及利他主义等品格或行为特点。其中一种方法是利用平常的考试情境，让学生完成一些诸如词汇、算术推理、完成句子一类的试题，考试结束后将试卷收起并复印一份，然后在下次上课时将试卷和参考答案重新发给学生，并要求学生为自己批改并打分。最后将试卷回收，与复印的试卷相对比，就可以看出学生是否有为了得高分而修改答案的不诚实行为。

CEI 还创造性地设计了其他一些情境，用来测量儿童的诚实、自我控制和利他主义。如周谜（circle puzzle）设计了让儿童相信在不受监视的情况下可以撒谎的情境，儿童被要求闭着眼睛在 10 个不规则排列的小圆圈上做一个标记。在排除偷看条件下的控制测验表明，在总共3次实验中正确标记不可能超过13个，因此，标记超过13个被看作偷看的证据。除此之外还有曲线谜和方谜，与周谜道理相同。

CEI被证实有很好的区分力，分数有很大的个体差异，而且信度也令人满意，但是儿童的反应带有相当的情境特殊性，如都是测量诚实，但是在不同情境下的测验间的相关显得很低，这可能是由于不同情境下个体的动机不同。例如，一个学习动机很强的儿童未必对运动比赛和团队比赛也持有相同大小的动机。

三、道德两难故事法

道德两难故事法是美国心理学家科尔伯格受皮亚杰的临床法及道德发展思想的影响而发展出的问题情境测试，用来间接地测量道德判断的方式及发展水平。他把道德发展分成三个水平六个阶段，即：前世俗水平（preconventional level），包含惩罚与服从的定向阶段和相对的实用主义阶段；世俗水平（conventional level），包括好孩子或好公民的定向阶段和遵从权威与维护社会秩序的定向阶段；后世俗水平（postconventional level），包括社会契约的定向阶段和普遍道德原则的定向阶段。科尔伯格用道德两难故事来检测受测者的道德发展究竟在哪个阶段。

在他的道德两难故事中有这样一个经典的例子：

欧洲有个妇女患了癌症，生命垂危。医生认为只有本城有个药剂师新研制的药能治好她。这种药的成本为200元，但销售价要2 000元。她的丈夫海因兹到处借钱，可最终只凑得了1 000元。海因兹恳求药剂师，他妻子快要死了，能否将药便宜点儿卖给他，或者允许他赊账。药剂师不仅没答应，还说："我研制这种药，就是为了赚钱。"海因兹别无他法，在晚上撬开药剂师的仓库门，把药偷走了。

主试把故事呈现给受测者后，还会根据这个故事提出一系列问题，如：(1)海因兹应该偷药吗？为什么？(2)他偷药是对的还是错的？为什么？(3)海因兹有责任或义务去偷药吗？为什么？(4)人们竭尽所能去挽救另一个人的生命是不是很重要？为什么？(5)海因兹偷药是违法的。他偷药在道义上是否错误？为什么？(6)仔细回想故事中的困境，你认为海因兹最负责任的行为应该是做什么？为什么？然后根据受测者对回答的理由及推理过程做道德发展水平的评价。

假设问题情境与活动情境一样，都可以对道德认识进行准确测验，但它们在道德体验上是有差异的，活动情境相比较而言要强烈得多，而且，道德判断和道德行为之间往往不一致，仅仅通过道德判断发展水平来预测行为是不完全的。

四、情境压力测验

情境压力测验主要应用于军事或领导人才的选拔上，通常采用设计好的情境，用来对个体在压力、挫折或情绪分裂条件下的行为进行抽样调查，从而了解其人格特征。例如在军事情境测验中，受测者被要求与另外两个“帮助者”一起完成某项任务，但实际上这两个“帮助者”是不合作者，故意制造挫折情境，而主试得以观察受测者的反应。

评价中心技术广泛采用的无领导小组测试和公文筐测试也属于情境压力测验，有关内容留待职业测评一章详细介绍。

第五节　态度及其测量方法

一、态度的含义

（一）对态度传统的理解

康贝尔（Combell）认为态度是针对一组社会事物而产生的具有一致性的反应群。态度包括认识（尤其是评价性认知）、情感和行动倾向三种成分。在这三种成分中，认识是最先发生作用的，其次是情感，最后是行动倾向。有时这三个成分是同步发展、协调一致的，但有时从认识到行动倾向有一定距离。态度虽然是相对稳定的，但这并不表示它就一成不变，个体的态度可能会受外界环境影响而发生改变。在实践中，“态度”一词往往与社会刺激和情绪性反应相联系，也常常涉及价值判断。

态度测验是对态度的方向和强度的测量，由一组相互关联的态度语或项目构成，根据受测者对态度语或项目做出的反应推测被试的态度。这些态度语或项目的方向和强度是有区别的。态度测验可以了解人们对各种事物的态度，可以衡量宣传工具影响人们态度的程度（如投票预测、市场调查等），也可以评估教育的效果。

（二）态度研究的新发展——双重态度模型

在20世纪90年代以前，人们一直将态度看成是人对社会客体（包括人、事件和观点等）或支持、或反对的单一心理倾向。到了20世纪90年代中期，美国心理学家格林沃尔德（Greenwald）和巴纳吉（Banaji）在分析了大量研究文献的基础上提出了一个新的研究领域——内隐性社会认知（implicit social cognition），即过去经验的痕迹虽然不能被个体意识到或自我报告，但是这种先前经验对个体当前的某些行为仍然会产生潜在的影响。这一理论强调了无意识在社会认知中的作用，并进而提出了一种关于态度的新概念——内隐态度（implicit attitudes），即过去经验和态度积淀下来的一种无意识痕迹潜在地影响个体对当前客体对象的情感倾向、认识和行为反应。在此基础上，威尔逊（Wilson）等人提出了双重态度模型理论（dual attitudes model），他们认为人们对于同一态度客体同时存在两种不同的评价，一种是能被人们所意识到、所承认的外显的态度，另一种则是无意识的、自动激活的内隐的态度。双重态度模型理论引发了人们对传统的态度概念、态度测量方式和态度改变技术等方面研究结果的反思，这也为社会心理学研究提供了一个新的研究方向。

双重态度是指人们对同一客体同时具有两种不同的评价：一种是自动化的、内隐的态度；另一种是外显的态度。当态度发生改变时，人们由旧的态度A改变到新的态度B，但是旧的态度A仍然留存于人们的记忆中并潜在地影响着人们的认识和行为，这就导致了双重态度。双重态度可分为以下四种类型：压抑（repression）、独立系统（independent systems）、主动压制（motivated overriding）和自动压制（automatic overriding）。

双重态度理论的启示之一表现在态度改变领域，由于以往的态度研究只使用态度的外显测量，可能过分夸大了态度改变的容易程度。同样，双重态度模型的观点对态度与行为一致性研究也有一定的启示。最后，双重态度模型理论对态度测量的研究也有一定的启示。目前的研究表明内隐态度也许比外显的态度更难于改变，而由于运用的是自我报告量表，意味着态度测量只是对社会客体的一种外显的、有意识反应的自我报告。双重态度理论则提示我们，人们的态度中还应该包括那些自动操作的、不需要意识努力的心理成分。由此，要对态度进行准确的测量，应该同时兼顾内隐测量和外显测量两种方法。

二、态度的测量方法

态度随人和事物的不同而存在很大差异，因此态度测量主要是提供一种科学的测量思路和方法，而不是形成某种固定的测验。下面介绍几种主要的态度测量方法。

（一）瑟斯顿量表

瑟斯顿将心理物理学方法应用于态度的量化，于 1929 年创建了等距量表，即瑟斯顿量表。其基本思路是：收集大量代表所研究主题的各种态度的陈述，由专家将这些陈述分为不同的组（通常是 11 组）并进行等距排列，不同的专家可能把同一个陈述归于不同的类别，专家对每个陈述所做判断的中位数就是该陈述的量表值。

项目的选择要使变异尽可能小，并有较广泛的量表值范围，以及使十一点量表中两点间隔尽量相等。因此，要找到足够的态度语，一般在预测试时要有 100～200 句。由于极端的态度语比较多而且容易编，所以特别要注意中间等级的态度语是否足够。态度语的表达要符合以下几点要求：语句通顺，简单；没有歧义；每一语句都对研究主题有确切的态度；公认的事实无鉴别力，因此不要放在测验中。

记分时，将受测者表示同意的项目按照分数高低排列，然后求出中位数，以居中项目的量表值作为该受测者的态度估计值。

瑟斯顿量表的信度一般为 0.80～0.90。它在主题比较清楚、调查范围不广的态度问题调查上效果较好，但也存在明显的不足，表现为：（1）制作过程太复杂，选项目、找专家评价都很困难；（2）用中位数代表态度等级不一定适合，有相同中位数的组，中位数以外的反应的态度等级未必一致；（3）专家的意见是否能代表一般人是值得怀疑的；（4）等距量表是否等距也是值得怀疑的。尽管有着这样的不足，但由于它在方法论上取得了显著的理论和统计的进展，因此，它代表了态度量表编制方面的一个重要的里程碑。

（二）**利克特量表**

鉴于瑟斯顿量表相当复杂的编制要求带来的不便，利克特（R. A. Likert）于 1932 年发展了一种量表，它易于编制，且仍有同样满意的信度，这就是利克特量表。利克特量表以一系列态度语或项目开始，每个态度语或项目表达一种明确赞成或者明确不赞成的态度，量表假定这些陈述都具有同等的量值，项目之间没有量值差别，项目选择的主要基础是内部一致性。

利克特量表要求受测者对每个态度语或项目进行等级回答，回答通常被分为五级：很同意（SA）、同意（A）、不能确定（U）、不同意（D）、很不同意（SD）。如果项目表述是正面陈述，则记分依次为 5、4、3、2、1；如果项目表述是负面陈述，则需把分数逆转，如正面陈述的题目答“同意”得 4 分，则负面陈述的题目答“同意”得 2 分。最后用受测者在所有项目中的评定等级的总和来表示受测者的态度。

要保证对态度的测量有效，就要保证每个题目的鉴别力。鉴别项目区分度的办法是将所有的受测者得分按总分从高到低排列，然后计算高分组与低分组在每个项目上的平均得分的差异，差异越大的项目鉴别力越好。

利克特量表的优点是制作简单，而且能广泛接受与态度有关的项目；另外可通过增加项目提高效度，并允许受测者充分表达态度的强烈程度。不足在于相同的态度分数可能代表不同的态度模式，从总分只能看出一个人的赞成程度，而无法对态度差异做进一步的解释。

（三）**格特曼量表**

格特曼量表是由格特曼（L. Guttman）于 1950 年提出的，它最初是作为决定一系列关于态度的陈述是否是单维的技术而产生的，它试图确定一个单向性的量表。所谓单向性，也就是项目之间的关系或排列方式是有序可循的。在格特曼看来，同意一个特定态度的某种陈述的受测者也会同意该态度的较温和的陈述，也就是说这种态度量表的项目能按强度或接受难度排列。但在实际中，这种假设不可能完全达到，只能在一定限度内近似。

受测者的结果取决于他所选的项目的总分。由于量表的单向性，在格特曼量表中分数相同的人，态度模式是一致的，这就克服了瑟斯顿的中位数估计法与利克特的总分估计法的局限，即对于相同分数等级的人难以做出相同态度模式的测量结论。

格特曼量表的制作过程较简单：挑选可用于测量对某事物态度的具体叙述句（项目），构成一个预备量表，并施测于一个有代表性的样组。将受测者按赞成程度由高到低排列，将项目依赞成程度也由高到低排列，得到一个受测者对项目集的反应表。然后去掉某些无法判断是赞成或是反对的项目，计算复制系数（Crep＝1－误答数/总反应数，是单向性好坏的指标）。如果复制系数高于 0.90，则单向性得到基本保证。

（四）语义区分法

语义区分法最早是由奥斯古德（C. E. Osgood）等人于 1957 年作为语义心理学研究工具而发展起来的，随后它用于人格评定的可能性被人们认识到，于是在此基础上发展了语义区分量表。

语义区分量表的设计采用因素分析方法，确定了语义的三维空间：（1）评价，从好—坏、有价值的—没价值的、清洁的—肮脏的这些量表中得出；（2）力量，从强—弱、大—小、重—轻这些量表中得出；（3）积极性，从主动—被动、快—慢、敏锐—迟钝这些量表中得出。这三个一般因素可以解释全部变异量的绝大部分，而其中评价因素的作用又是最显著的。

语义区分是一种能标准化的和定量的程序，用来测量个体对某一概念的理解。每一概念使用一系列的双极形容词量表，一般包括 15 个或 15 个以上，被测者要在七点量表上对每组形容词加以评定。

语义区分量表的分析有多种方法。对于定量处理，每一量表的评级都可以给予一个数值，可以是从 1 到 7，或是从－3 到＋3。对某一个体或群体而言，任何两个概念的相似性可根据它们在所有量表中的位置而测得。

对于语义区分法所获得的数据，可以做如下几方面的比较分析。

第一，通过分析比较两个或两个以上个体或团体在某一具体评价（子）项目或某一维度上得分差异，了解他们之间的相似程度或态度的异同。该分析模式如图 11-2 所示。

第二，通过分析比较同一组被试在不同时间在某一具体评价（子）项目或某一维度上的得分差异，了解他们对事物、问题或社会的看法与态度的改变情况。该分析模式如图 11-3 所示。

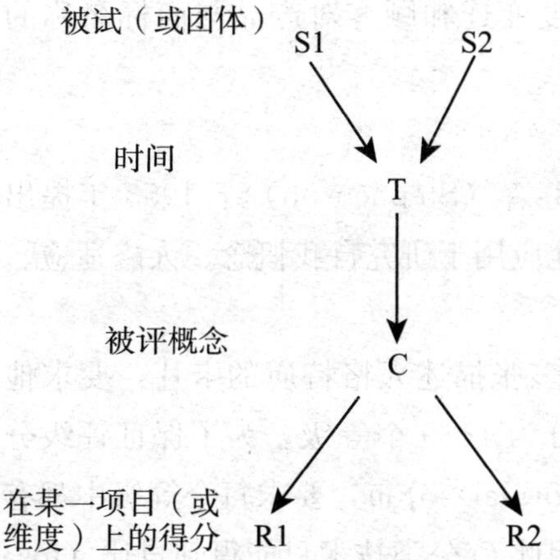

图 11-2　不同被试在同一时间对同一概念的反应异同

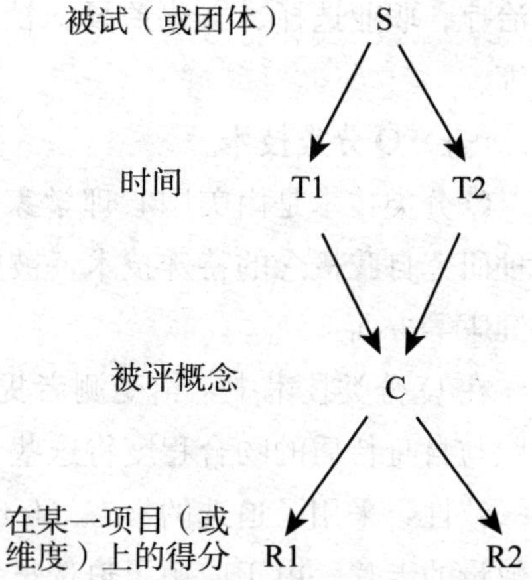

图 11-3　相同被试在不同时间对同一概念的反应异同

第三，通过分析比较同一被试（或团体）在某一具体评价（子）项目或某一维度上对两个概念的不同评价结果，探讨这两个概念所含意义的接近程度，即语义距离。计算语义距离的公式为：

$$D_{ij}=\sqrt{\sum d_{ij}^{2}}=\sqrt{\sum (X_i-X_j)^2}$$

其中，D_{ij} 为两个概念之间的语义距离，d_{ij} 为两个概念得分之差。该分析模式如图 11-4 所示。

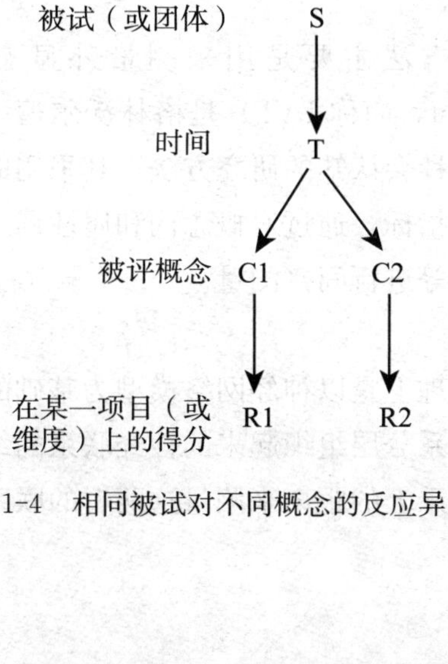

图 11-4　相同被试对不同概念的反应异同

语义区分法的应用十分广泛，它被应用于对各种问题的研究，如临床诊断与治疗、职业选择、文化差异、社会态度变迁和顾客对产品与商标名称的反应等。

（五）Q 分类技术

Q 分类技术是由美国心理学家斯蒂芬森（Stephenson）于 1953 年提出的一种研究自我概念的特殊技术，被广泛地应用于研究自我概念、人格适应、身心健康等方面。

在 Q 分类技术中，给受测者提供很多张描述人格特质的卡片，要求他们按照与自身特质的吻合程度将这些卡片分为 1～9 个等级。为了保证评级分布的一致性，采用了迫选的常态（forced normal）分布，要求每个等级中都有规定数量的卡片。由于应用了迫选技术，因此 Q 分类技术只能得到自比（ipsative）指标而不是常模数据。

Q 分类技术已经被用于研究各类心理问题。在个体人格的研究中，受测者经常被要求在不同的参考构架下重新对相同的特质卡片进行分类，如把这些卡片上描述的特质应用于自己和他人（如父母、配偶等），或把它们应用于自己所处的不同环境（如家庭、工作单位等）。Q 分类技术也可以去研究个体的现实自我（他们认为自己是什么样的）、社会自我（他们认为别人是怎么看他们的）和理想自我（他们希望自己成为什么样的人）状况。除此之外，Q 分类技术还可以用来观察心理治疗中患者自我概念的变化趋势。

（六）内隐联想测验

前面介绍的几种方法主要是用来测量外显态度的。内隐联想测验（implicit association test，简称 IAT）是格林沃尔德（Greenwald）等于 1998 年提出的一种新的内隐社会认知的研究方法，其采用的是一种计算机化的辨别分类任务，以反应时为指标，通过对概念词和属性词之间的自动化联系的评估进而对个体的内隐态度等进行间接测量。

1. 基本原理

内隐联想测验在生理上是以神经网络模型为基础的。该模型认为信息被储存在一系列按照语义关系分层组织起来的神经联系的结点上，因而可以通过测量两概念在此类神经联系上的距离来测量这两者的联系。在认知上，内隐联想测验以态度的自动化加工为基础，包括态度的自动化启动和启动的扩散。有关内隐态度的研究表明，对评价性的语义内容的加工是一种在视觉基础之上的自动化过程。

2. 一般操作过程

内隐联想测验就是通过一种计算机化的分类任务来测量两类词（概念词和属性词）之间的自动化联系的紧密程度，继而对个体的内隐态度进行测量。它也是以反应时为指标，基本过程是呈现一个属性词，让被试尽快地进行辨别归类（即归于某一概念词）并按键反应，反应时被自动地记录下来。概念词（如白人、黑人）和属性词（如聪明、愚蠢）之间有两种可能的关系：相容的（compatible）（如白人—聪明，黑人—愚蠢）和不相容的（incompatible）或相反的（如白人—愚蠢，黑人—聪明）。所谓相容，指二者的联系与被试的内隐态度一致，或对被试而言二者有着紧密且合理的联系，否则为不相容或相反。当概念词和属性词相容，即其关系与被试的内隐态度一致或二者联系较紧密时，此时的辨别归类在快速条件下为自动化加工，相对容易，因而反应速度快，反应时短；当概念词和属性词不相容，即其关系与被试的内隐态度不一致或二者缺乏紧密联系时，往往会导致被试的认知冲突，此时的辨别归类需进行复杂的意识加工，相对较难，因而反应速度慢，反应时长。不相容条件下与相容条件下的反应时之差即为内隐态度的指标。可见，内隐联想测验是通过测量概念词与属性词之间的自动化联系（automatic association）强度来实现对内隐态度的测量，与用来测量自动化的情感或态度的认知启动程序相类似。

内隐联想测验一般都在计算机上进行，屏幕的左上侧和右上侧分别呈现类别标签，刺激词呈现在屏幕中央。

3. 内隐联想测验的心理测量学特征

格林沃尔德等的研究表明，内隐联想测验的复本信度为 0.39～0.68，重测信度为 0.36～0.69，一致性系数为 0.78～0.88，说明内隐联想测验具有良好的稳定性与一致性。

格林沃尔德等对内隐联想测验的效度进行了研究，发现内隐联想测验具有一定的聚合效度和良好的区分效度。其他研究者认为，内隐联想测验对行为有着很好的预测效度。

第六节 人格测验的其他方法

一、评定量表

人格评定量表是通过观察，给人的某种行为或人格特性确定一个等级的标准化程序，是由与被评人比较熟悉的他人对被评人的行为或人格特点做出评价。评定是以受测者对被评人的较长时间的纵向观察及多次印象的综合为基础的，因此，人格评定量表在某种程度上包含了对受测者的主观解释和评价的意义。虽然对受测者的评价是主观的，但由条目内容加以限制的评定依据及来源是比较客观的，因此具有相当的真实性。同时，评定量表还有结构明确、条目描述精练、内容丰富、施测简单等优点，这使得评定量表得到了广泛的应用。

这里介绍两种主要的人格评定量表。

（一）莱氏品质评定量表

莱氏品质评定量表（Scale for Measuring Introversion Extroversion Qualities）是由莱尔德（D. A. Laird）编制的，也叫内外向品质量表。我国常见的是肖孝嵘先生的修订本，共有 40 个问题，每个问题后面有 5 个不同的描述短句，短句有的是按外倾到内倾的顺序排列，有的则相反。例如：

他的谈锋如何？

喋喋不休；善于辞令；倾向于听；只答复问题；沉默寡言。（外倾到内倾）

倘若事情做错，他的态度如何？

对之悲伤；引以为虑；设法矫正；稍加考虑；坦然处之。（内倾到外倾）

受测者须根据被评者最近数月内的思想行为，在每个问题后的五个短句中，选出与被评者最相符的句子。评定时间不受限制。如果题目是由外倾到内倾排列的，则按 1、2、3、4、5 记分；如果题目是由内倾到外倾排列的，则按 5、4、3、2、1 记分。然后计算受测者的总分，就能得出被评者的内外向品质分数，高分为内向，低分为外向，总分可以与常模做比较。

（二）猜人测验

猜人测验（Guess-Who Test）是一种标准评定量表，最初由哈茨霍恩、梅及马勒（J.B.Maller）在从事品格教育研究时首先应用，后经特赖恩（C.M. Tryon）等的研究，发展为两种不同的形式，主要目的是利用同班同学的长时间相处，互相评定一群学生的各种人格特质。

受测者根据对某种行为的品质、特征的描述，找出团体中最符合这些描述的人。对于每种描述，每个受测者只能而且必须选出一个符合者或者近似符合者，不能不选。例如：

热情		孤独
（　）——————	←→	——————（　）
情感外露，坦白热诚		态度保留，寡言，冷淡

把团体中所有人的表格收回后，在“热情”一项被提名的次数最多的人，就是比较热情的。在“孤独”一项被提名的次数最多的人，就是比较孤僻的。如果有人在“热情”上被提名10次，在“孤独”上被提名1次，抵消后等于在“热情”上被提名9次，依此类推。

二、认知风格测验

认知风格是个体习惯化的信息加工方式，又称认知方式。认知风格是个体在长期的认知活动中形成的、稳定的心理倾向，表现为对一定的信息加工方式的偏爱。个体常常意识不到自己存在这种偏爱。常见的认知风格测验是镶嵌图形测验。

镶嵌图形测验（Embedded Figures Test，简称EFT）也叫隐蔽图形测验，是威特金（Witkin）等人编制的测查个体场独立性和场依存性认知方式的测验。场独立性、场依存性既是一种认知能力，如从复杂的整体中区分部分的能力，又是一种认知方式，场独立性意味着个体能不依靠外界线索和环境的作用，而是根据自身的内在标准和线索认知事物，而场依存性则恰恰相反。威特金后来发现，场独立性、场依存性并不只是简单地反映个体的认知方式，还反映了个体的人格特点。因此，镶嵌图形测验逐渐成为测量场独立性—场依存性的人格测验，其实质是通过测量个体的认知特点来解释、评估人格特性。我国常见的版本是北京师范大学孟庆茂等人修订的镶嵌图形测验。

镶嵌图形测验要求受测者在较为复杂的图形中用铅笔勾画出镶嵌或隐蔽在

其中的简单图形。在这一测验中，得分高者为场独立性者，他们能排除背景因素的干扰，从复杂图形中知觉到指定的简单图形，而场依存性者完成这项任务则较为困难。

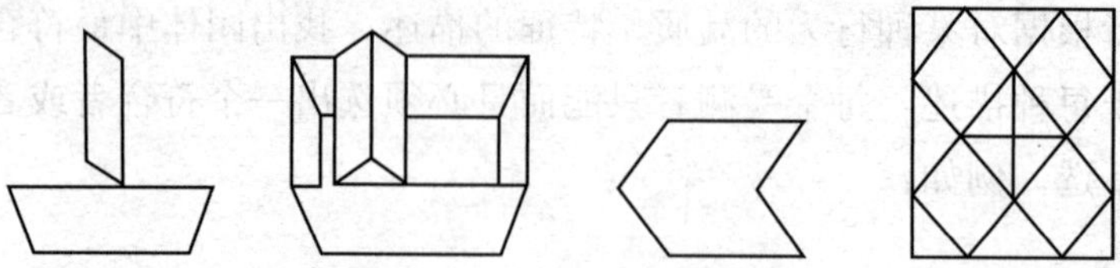

图 11-5 镶嵌图形测验举例

典型的场独立性者独立性强，不易受暗示；更多地利用内在参照，他们的行为是非社会定向的；比较独立、自信，自尊心强；关心抽象的概念和理论；以理智思维作为防御机制；不大爱好社交。典型的场依存性的人独立性差，易受暗示；更多地利用外在的社会参照来确定自己的态度和行为；依赖性强，倾向于以压抑和否定作为防御机制；善于并爱好社交，社会工作能力较强。一般来说，男性比女性场独立性更强，而且随着年龄的增长，场独立性也会增强。

三、社会计量法

社会计量法是由美国心理学家莫雷诺（J. L. Moreno）于 1934 年提出的，在社会心理学中常用于确定团体中人与人之间的关系以及团体的结构。常见的有社会关系图解法和社会距离量表两种形式。

（一）社会关系图解法

主试向受测者提一个或几个问题，这些问题可以涉及生活的多个方面。提问既可以采用积极方式，如“你最愿意和谁一起学习”，也可以采用消极方式，如“你最不喜欢让谁坐在你旁边”等，让受测者根据自己的意愿在所研究的团体中选择。然后主试将回答进行整理，将要研究团体成员的社会关系呈现在一个图中（最常用的是靶形图），直观地分析每个人的地位及相互关系，也可通过统计分析，得到有关个人地位及团体性质的各种指数，如：

$$个人受选地位指数=受选总数/(团体人数-1)$$

$$团体吸引率=总选择数/(总选择数+总拒斥数)$$

（二）博加德斯社会距离量表

博加德斯社会距离量表（Bogardus Social Distance Scale）产生于20世纪20年代，由美国社会学家博加德斯（E. S. Bogardus）编制，用来测量人们对其他民族、种族和宗族群体的态度，也可以解释很多的社会问题。该量表是对实际的或潜在的社会问题的度量，可以揭示已有的或刚出现的社会症结。

博加德斯社会距离量表包括一系列陈述，题目按一般社会距离从近到远排序，如：可以结亲（1）、可以作为朋友（2）、可以作为邻居（3）、可以在同一行业共事（4）、只能作为公民共处（5）、只能作为外国移民（6）、应被驱逐出境（7）。括号内分值越大表示社会距离越大。

博加德斯社会距离量表也可用于测量人们相互间交往的程度、相互关系的程度（远近、亲疏等）。下面就是该量表的形式之一：

表11-9 博加德斯社会距离量表举例

等级 被评者	1	2	3	4	5
	愿意与他做最好的朋友	愿与他在一起，但不是最好的朋友	是否与他交往对我无所谓	可以与他共事，但不想与他来往	不愿与他在一起
A		√			
B					√
C	√				

可以得到两种分数，一种是团体中某成员被所有人评的分数总和，另一种是受测者对所有被评人的评分总和。由此可以得到团体社会距离分数和个人社会距离分数。团体社会距离分数等于团体中某成员所有得分之和除以总人数。得分越高，表明社会距离越大，团体排斥此人的程度越大。个人社会距离分数等于个人对团体内每一成员评分之和除以总人数。该项得分越高，表示个人与团体成员的距离越大，主动疏远团体的程度越高。

如果个人社会距离分数大于团体社会距离分数，说明此人主动疏远团体的程度大于团体排斥他的程度，此人可能合群性较弱；反之，如果个人社会距离分数小于团体社会距离分数，可能说明此人讨好团体却不被接纳。

第七节　有关人格测验的讨论

人格测验中主要存在以下一些问题。

一、人格基本概念不一致

对人格的定义、结构和分类问题，不同的学者各执己见，至今没有一致的结论。由于没有统一的标准，因此测量的项目也就不能一致，使得不同的人格测验的结果难以进行比较。

二、整体动态人格测验的困难

人格不是静止的，也不是每个维度上人格特质的独立变化。人格的动态性不仅指人格随时间变化而发生改变，还指每个人特有的、复杂的人格结构以及整体的作用效果。目前多数人格测验是把不同人格维度割裂开来分析，忽略了不同人格特质的整体作用。而一些从整体上进行人格分析的测验，如投射测验和情境测验，其标准化水平又比较低，在记分和解释上都不够客观。

三、信度和效度问题

与能力和学业成就测验相比，人格测验的信度和效度均不及前二者。造成人格测验信度和效度较低的原因主要有以下几点：

（1）人格测验要求受测者做出反映平时典型行为的反应，这些反应无对错之分，只代表被试当时的个人意见，因此易受到情境和受测者当时心态的影响。

（2）受测者的社会赞许性和防御性反应，使得受测者并没有真实回答，对人格测验的真实性造成影响。

（3）受测者对人格测验题目的理解不同，造成不同受测者的反应标准也不同。例如，人格测验中经常使用一些如“经常”“偶尔”等表示程度的词，但人们对“经常”“偶尔”等词的理解并不完全相同，有时甚至会有很大的差异。

(4) 对于人格测验，很难确定适当的效标。人格测验所用效标大多是根据心理学家、精神病学家所做的评定，而只要是评定，其信度往往是低的，人格测验的分数与不十分可靠的效标求相关，效度自然不会高。但有些心理学家认为，心理测验技术只要在临床上被证明是有效的心理评估工具，就不应该强调测验的信度及分数结构的一致性。

为了提高人格测验的信度和效度，改进测验技术是十分必要的。如：测验题目尽可能意义明确；调整题目的社会赞许性，以减少被试因选择社会赞许的反应而不如实作答的现象；设置一些测量说谎的题目或说谎量表，以便能对被试的反应态度做出评价；等等。

四、社会文化背景问题

我国目前使用的人格测验，大部分由国外的人格测验修订而成。不同社会文化背景下的受测者对某些题目的理解可能完全不同。例如 MMPI 中有这样一个题目："遇到同学或不常见的朋友，除非他们先向我打招呼，不然我就装作没看见。"对这一题目我国被试多数答"是"，而 MMPI 将此题归在精神分裂症量表中，答"是"反映有一定精神分裂症倾向。结果我国被试在这量表上的得分明显高于美国人。因此人格测验的编制或修订必须考虑本土的社会文化背景，从国外引进的人格测验，只有经过仔细修订并建立自己的常模后才能使用。

五、测验分数的解释

人格具有独特性，人格测验的解释却有一定的标准，用同样的标准去解释不同人的行为是否恰当，这是值得怀疑的。因为一种行为对某人来说是良好适应，而对另外一个人来说也许是不良适应。而且，按照常模去评价人的行为，可能会鼓励人们的从众性或社会赞许性行为，而限制了个性发展。

六、伪装和社会赞许性反应

有的受测者在意识或潜意识中有一种防御倾向，可能会选择和自己实际情况不相符合的选项。有的受测者为了获得较高的社会评价，或不愿意让别人了解自己真实的人格特征，可能会选择跟自己实际情况相反的选项。这就造成了人格测验的真实性问题。

七、人格测验的滥用

目前人格测验的滥用已经成为一个非常严重的问题，很多测验都被一些没有受过专门训练的人在用，然后给受测者反馈以不明确、不负责任或者错误的解释，给受测者造成了巨大的心理压力，甚至危害身心健康。人格测验是评估人格的重要工具，应该限于具有一定资格的专业人员使用。

八、人格测验的隐私问题

在西方，人格测验引起一些批评，认为某些人格测验侵犯了个人隐私，违背民主原则。如个人传记资料测量就涉及受测者生活的很多方面，有人认为这是对个人隐私权的侵犯。所以，如何在涉及个人利益的录取、选拔、司法鉴定等实际应用中，既能发挥人格测验的测量作用，又能兼顾个人隐私的保护，是一个需要多方面（心理学、社会学、司法、教育学等）协调解决的问题。我们认为，如果测验具有正当的目的（如为了教育或心理治疗），并限于具有一定资格的专家使用，而且这些专家能遵守职业道德，对测验结果加以保密，那么在征得受测者同意的前提下，即使在测验中涉及个人某些隐私也不能说是侵犯隐私权。

【要点小结】

人格测验也称个性测验，主要用来测量个体行为独特性和倾向性等特征。最常用的方法有自陈量表和投射测验，此外还有情境测验和评定量表等。

自陈量表由许多涉及个人心理特征的问题组成，进一步分出多个维度或分量表，反映不同人格特征。常用的人格问卷有艾森克人格问卷、明尼苏达多相人格调查表和卡特尔 16 种人格因素问卷等。

投射测验主要包括罗夏墨迹测验、主题统觉测验、语句完成测验等。

情境测验主要包括品格教育测验和道德两难故事法，常用于对学龄儿童的道德研究和教育中。

人格评定量表是通过观察，给人的某种行为或人格特性确定一个等级的标准化程序，是由与被评人比较熟悉的他人对被评人的行为或人格特点做出评价。

【思考与练习】

1. 简述人格测验常用的几种编制方法以及各自的特点。
2. 影响自陈式人格测验的效度和信度的因素有哪些?
3. 投射测验的理论基础是什么?
4. 明尼苏达多相人格调查表最初是根据什么需要编制的?
5. 人格测验主要存在哪些问题?

第十二章 成就测验

【内容提要】

本章详细介绍了成就测验的性质、分类及功能，团体施测的成就测验和个体施测的成就测验，学习潜能评估的理论与现实意义。

【学习目标】

1. 了解成就测验的性质、分类及功能。
2. 了解具有代表性的团体施测的成就测验。
3. 了解具有代表性的个体施测的成就测验。
4. 理解学习潜能评估的意义。

【关键词】

成就测验　斯坦福成就系列测验　艾奥瓦基本技能测验　学习潜能评估

成就测验又称学业成就测验，是实践中最常用到的测验之一，主要用于教育领域，也有为专门的情境而设计的。成就测验就是我们通常所说的考试，主要是针对特定领域为检测应试者对有关知识和技能的掌握程度而设计的。考试应用的领域非常广泛，自我国科举首创考试以来，一直沿用至今，并且现在考试已逐步向标准化、客观化方向发展。

第一节　成就测验简介

一、成就测验的性质

成就测验主要用于测量某项学习计划的具体效果。所谓成就，即代表某种知识和技能的训练结果的水平。例如，学完一门代数课后，学生参加期终考试，这就是成就测验。

成就测验和能力测验一样，都是测量人的最高行为，而人格测验等测量的是人的典型行为。能力测验和成就测验都是测量人的能力，它们之间有交叉和重合的部分，但它们有不同的测量目标、使用目的、实施方法和解释方法。一般而言，能力测验所侧重的是一般能力和特殊能力，成就测验所测量的是学习某些课程或接受某些培训之后获得的能力。

能力测验和成就测验的主要区别在于两个方面：一是它们反映的经验的广泛性程度不同，成就测验测量的是在特定情境下的学习结果，是相对规范化经验的影响，如某种课程、训练程序对个人的影响，而能力测验反映的是广泛的学习经验的影响；二是它们的用途不同，能力测验经常用于预测将来的成就，如估计被试在将来某种训练中获益的程度以及预测他们在某种新情境中的表现等，而成就测验一般评估被试在已完成的训练中的情况，强调的是被试此时的作为。此外，能力测验偏重于预测效度的分析，而成就测验偏重于内容效度的分析。但是，上述这种划分是相对的，实际上这些测验之间并不存在本质的区别。能力测验不可能排除正规学习、训练及知识经验的影响，某些成就测验也包含了较为广泛和不规范的教育经验的作用。成就测验也可以用来预测将来的学习，特别是在预测学校的学习成绩方面有时还要优于能力测验。

二、成就测验的分类

根据不同的分类方式，成就测验可以分成不同的种类。

（一）按反应方式分

从反应方式上，成就测验可分为实作测验和纸笔测验。这与我们前面介绍的概念是一致的。实作测验需要具体操作，如表演体操、调整机器等。纸笔测验又可分为再认式、回忆式、应用式等。再认式是把若干学习过的内容重新呈现在被试面前，让被试辨认或排列组合，如是非题、选择题、匹配题、顺序题等；回忆式是所学过的内容不在眼前，要被试回忆，写出一个答案来，如填空题、简答题等；应用式是运用所学知识解决问题，如应用题、论文题等。

（二）按编制方法分

从编制方法上，成就测验可分为标准化成就测验和教师自编测验。标准化成就测验是由专门机构编制的，测验内容和常模样本较为普遍，而教师自编测验通常因教师、课程、班级或教学单元的不同而有所变化，其内容范围和常模样本较为狭窄。

（三）从测量时机和用途上分

从总的用途上看，成就测验可分为形成性测验和总结性测验。成就测验的传统用途是在学习单元或全部课程结束后实施测验，以测量学生是否已达到教学目标。这种用途称为总结性评估，它以测验成绩作为最终产物，目的是对学生的学习做出总结性的评价，如好或坏、过关或不过关。另一类是形成性评估，这种评估是把教育过程和评估结合起来，在教学进行过程中测量学生的进步情况。形成性测验是教学活动的一个有机部分，通过对学习者在学习过程中的表现进行评估，可以指导学生是复习还是学习下一个单元。

（四）按解释分数的方法分

根据解释分数的方法的不同，成就测验可分为标准参照测验和常模参照测验。这两种测验前面已经讨论过。在实际应用中，许多成就测验既可以是常模参照测验，也可以是标准参照测验。了解一个人已经学了多少（标准参照测验的功能）和把一个人的成绩与其他人做比较（常模参照测验的功能），有时可以由同一个测验来完成。

（五）从测验的功能上分

从测验的功能上，成就测验可分为检查测验、水平测验、预测性测验、诊断性测验和准备性测验。

（1）检查测验主要用来考查被试对某种知识、技能总的掌握情况，而不是被试所具有的长处和不足。

（2）水平测验是一种标准参照测验，是用来考查被试是否达到某种要求的能力水平的一种测试。它不是用来确定被试在人群中的位置，而是用来对被试达标情况进行判断。这种测验又可称为基本知识技能的最低限度测验。

（3）预测性测验通常用来预测被试未来的学习成就。一般它所包含的题目比相同学科的一般成就测验复杂，在预测今后是否成功方面，其作用与能力测验相类似。预测性测验有阅读测验、算术测验和外语测验等。

（4）诊断性测验能鉴别被试在学习功课方面的困难。编制这种测验必须把被试在各个学科上的成绩分解成在各种技能上的成绩，再分别设计出测量这些技能的题目。一般成就测验只可用于比较被试在人群中的相对位置或是否达到某种标准，却不知道对具体技能的掌握情况，而诊断性测验可以了解被试在几个基本技能上的优劣，从而提供改进的依据。诊断性测验包括的题目差别很大，施测时间比相同学科检查测验长。在使用时，一般成就测验通常是第一步，它给出被试在课程学习方面的具体情况。如需要评估被试在特定领域的成就，可以实施单科检查测验。如果需要仔细分析个体在阅读、算术等方面的困难及其原因时，可以实施诊断性测验。

（5）准备性测验主要考查学生在一个特定的教育任务上是否做好了准备，其效度由对有关领域的教学做好准备的学生同没有做好准备的学生之间的有效区分决定。

（六）从测验的内容范围分

从测验的内容范围上，成就测验可分为成套成就测验和单科测验。成套成就测验是包括不同内容范围的一套测验，每个分测验包括某种学科的知识，各分测验得分可互相比较。当然分测验也可以单独使用，但这样做比单科测验的信度和效度低。单科测验包括特殊领域的知识，适合确定被试在该领域的成就大小。

目前最通用也是最常见的划分方式，是依据编制方法进行划分，即把成就测验分为标准化成就测验和教师自测验。标准化成就测验是由有关领域的专家按照严格的科学程序编制的，需要相当的时间和专门知识。教师自编测验是教师依据教学材料和个人经验编制的，以便确定学生学习的程度。教师的课堂考试通常采用自编测验，而较为重要或大规模的考试则对标准化程度要求较高。

三、成就测验的功能

（一）反馈

成就测验的得分可以作为反馈信息，调节教师的教学活动。在某一教学阶段开始前的成就测验，能使教师了解学生对完成本阶段学习任务的智力、知识和技能的准备情况，为修改教育目标和教学计划提供依据。在教学过程中的检查测验，能使教师了解学生对有关知识、技能的掌握情况，诊断出学生的学习困难之所在，以便及时发现教和学中的问题，从而调整教学内容，改进教学方法。在某一教学阶段终了后的总结测验，能使教师了解教育目标是否达到，了解学生综合应用知识、技能的能力，同时为制订新的教育目标提供依据。测验的反馈信息还可促进学生的学习活动。考试结果能使学生明了自己的学习情况，做出自我评价，找出薄弱环节，调整自己的学习方法，并确定新的努力目标；考试的气氛及对分数的正负强化，在一定程度上具有动机激发作用，能引起或满足学生渴望成功、得到社会承认的需要，从而提高学习活动的积极性。

（二）评价

成就测验不但可用于评价学生，还可用于评价教师，评价一所学校或一个地区的教学质量；不但可做跨区域的横向比较，还可做跨年代的纵向比较。但我们要注意，在评价时一定要参照许多其他信息，不能单看测验分数。

（三）研究工具

测验对教育理论的研究和发展具有重要作用。好的教育体制、教材和教法，要通过教育效果来体现，而教育效果在一定程度上又要通过测验成绩来检查。很多教改实践的效果都要通过一定的成就测验来检验。

（四）选拔与安置

成就测验经常用来作为选人的工具，也可用来确定一个人是否达到了从事某项活动所需要的最低熟练水平，还可对人员进行分类并把每个人安置到适当的位置上去。

人们很早就认识到成就测验在教育过程中有诸多作用，特别是标准化成就测验具有客观性、可信性和有效性的优点，能减少无关因素和偶然因素的影响。对于所有学习者而言，施测建构良好的成就测验有助于发现过去学习中的弱点，为后续学习提供方向。

四、成就测验的选用

各种不同的成就测验，其分类可以是重叠的。例如，单科检查测验既可以是总结性测验，也可以是形成性测验，既可以是标准参照测验，也可以是常模参照测验。我们必须根据自己的目的，合理选用不同的成就测验。

无论是选择标准化成就测验还是自己编制随堂测验，其内容都要与班级、学校或教育系统的教育目标相匹配，并且难度要适宜。在决定所用测验之前，必须先确定被试的知识或能力水平、教学内容和要求、分数的应用方式等，具体来说就是先确定使用测验的目的和实际条件，如你是用来对学生进行评估、安置、诊断学习困难、安排学习计划，还是用来评估教学进展情况。在使用测验前应该认真阅读测验手册，看测验的目的是否符合自己的要求，施测条件是否能满足等。

确定目的和实际条件后还需要了解测验的信度、效度和常模等情况，这些内容在前面已经介绍过。对于成就测验来说，信度应为 0.80 以上，复本信度应比内部一致性信度高。内容效度一般最为重要，但如果是预测性测验，还需要提供预测效度的证据。常模资料也应满足测验的目的。

第二节　团体施测的成就测验

一、大都会成就测验

大都会成就测验（Metropolitan Achievement Test，简称 MAT）首次发表于 1931 年，当时测验的目的是测量纽约公立学校学生的学业成绩。MAT

自从发布以来进行过若干次大的修订，保证了其测验内容和常模的时效性。

MAT 的适用范围较为广泛，从幼儿园至 12 年级（高中）均可使用。测量的内容包括多个学科的知识和技能，如词汇、阅读、数学、拼写、语言、自然科学、社会研究、写作、高级思维等内容。MAT 包括调查成套测验、诊断成套测验和一个附加的写作测验，可以用于调查学生的教育成长、评估课程和教学方法的有效性，也可用于不同学校教学质量的比较以及诊断学生不同学科的强弱。

MAT 的原始分数可以转化为多种分数，包括标准分、百分等级、年级等级和标准九分等。

MAT 具有较高的信效度。根据 MAT 使用手册，大多数分测验的信度为 0.80～0.90。MAT 也提供了各种效度指标，其编制者最为看重内容效度。MAT 在编制过程中依据了当时通用的教材，并请专家进行了判定，证明其有较高的内容效度。

二、斯坦福成就系列测验

斯坦福成就系列测验（Stanford Achievement Series，简称 SAS）是最早的综合成就测验，于 1923 年出版。以后经过数次修订，编制者为加德纳（E. F. Gardner）等人。其编制的目的是测量“公认为中小学课程所达到的结果”，即那些重要的知识和技能。该测验包括斯坦福幼儿学习技能测验、斯坦福成就测验和斯坦福学习技能测验，测量阅读、语言、数学等领域的基本技能，适用人群从幼儿到高中毕业生。

斯坦福幼儿学习技能测验有两个水平，适用于不同年龄的幼儿园儿童。斯坦福成就测验有六个水平，分为初级 1 型（1.5～2.9 年级）、初级 2 型（2.5～3.9 年级）、初级 3 型（3.5～4.9 年级）、中级 1 型（4.5～5.9 年级）、中级 2 型（5.5～7.9 年级）和高级型（7.0～9.9 年级）。斯坦福学习技能测验有两个水平，分别为 8.0～12.9 年级和 9.0～13 年级。由此可见，斯坦福成就系列测验适用于任何年级的被试，即使学校教学计划难度高于或低于平均水平时，也有相应的测验内容。

在不同水平，分测验的数目从 5 到 11 不等。大多数水平包含的分测验有学习技能、阅读理解、词汇、听力理解、拼读、语言、数概念、数学运算和数学应用等。施测时间为 2～5 学时。该测验能提供量表分数、全国百分等级，也可以提供个体与特定学校、班级的各种能力的比较，其信度、效度均达到心理测量学的有关标准。

三、艾奥瓦基本技能测验

艾奥瓦基本技能测验（Iowa Test of Basic Skills，简称 ITBS）初版于 1935 年，1992 年出版了最新修订版。ITBS 是个多水平测验，适用于测量 9 年级以前的成就水平。ITBS 与另一个配套测验即适用于 9～12 年级的成就和熟练测验（Test of Achievement and Proficiency，简称 TAP）一起，共同采用了认知能力测验的常模量表，目的是为了建立成就水平与能力水平的关系。

ITBS 的主要内容包括词汇、阅读、语言、数学、社会学研究、科学和常识。解释测验分数时既可以参照常模，也可以参照预先设定的标准。

ITBS 与艾奥瓦教育发展测验（Iowa Test of Educational Development，简称 ITED）合称“艾奥瓦考试”，是美国中小学非常普遍的考试，原则上每年举行一次，是美国教育体系中用来评估全美（含加拿大）中小学生综合学习能力的两种测验。ITBS 用来评估美国 9 年级以下的学生，ITED 则用来评估 9~12 年级的学生。测验内容以阅读能力、综合语文、数学、社会科学及科普知识为主，强调测查学生的学科理解能力和解决问题的方法与能力，而非“记问之学”。

ITBS 的心理测量学特征几乎达到了同类测验的最高水平。有研究表明，其复本信度绝大多数在 0.85 以上，间隔一年的重测信度为 0.70～0.90，与高中成绩的相关为 0.62。

第三节　个别施测的成就测验

一、韦氏个别成就测验

韦氏个别成就测验（Wechsler Individual Achievement Test，简称 WIAT）是

一套综合性的成就测验，主要用于评估儿童和青少年的学识增长和学习技能的发展，也可以作为学习障碍的诊断工具。WIAT 适用于 5～19 岁的儿童和青少年，儿童测试需要 30～50 分钟，测试青少年需要 55 分钟。WIAT 有两个特点：(1) 与韦氏智力量表共用常模，更适合学习障碍的诊断；(2) 内容涵盖了几乎所有学习障碍领域，特别适用于残疾儿童的教育安置。

WIAT 涵盖四个领域，即阅读、数学、语言和写作。WIAT 共有八个分测验，分别是基本阅读、阅读理解、数学推理、数据运算、听觉理解、口语表达、字词拼写和书面表达，其中基本阅读、数学推理和字词拼写三个分测验可以构成简易量表，用于进行快速的诊断。WIAT 各分测验的主要内容如下：

(1) 基本阅读 (basic reading)，包含 55 个题目。第 1 至 7 题分别由一幅画和四个单词组成，要求被试指出与图画字音相同的单词，或代表图画名称的单词。第 8 至 55 题都是要求被试阅读一个单词，测查其单词阅读能力。

(2) 数学推理 (mathematic reasoning)，包含 50 个题目，测量的是被试的数学推理能力。由主试将印在卡片上的题目读给被试听，让被试回答正确答案。

(3) 字词拼写 (spelling)，包含 50 个题目。主试每次读一个字母或者单词，要求被试把听到的字母或单词写在答卷纸上。

(4) 阅读理解 (reading comprehension)，包含 38 个题目，测量被试的阅读理解能力。第 1 至 8 题为一幅画和一句话，后面的题目是两句或两句以上的短文，被试阅读之后，口头回答主试提出的问题。

(5) 数据运算 (numerical operations)，包含 10 组，每组 4 个条目。第 1 组为数字听写，余下 9 组均为加、减、乘、除的基本代数运算。每次向被试呈现一个条目，要求被试把答案写在答卷纸上。该分测验主要考查被试的数字书写能力、四则运算能力和解决代数问题的能力。

(6) 听觉理解 (listening comprehension)，包含 36 个题目。第 1 至 9 题，先给被试呈现四张印有图案的卡片，再阅读一个单词，要求被试指出与单词相匹配的卡片。第 9 至 36 题，主试先呈现一幅画，再读一段短文，然后询问被试问题，要求被试口头回答。该分测验主要测查被试对词、句和短文的听觉理解能力。

(7) 口语表达（oral expression），包含 16 个题目。第 1 至 10 题，主试呈现代表某个词的图形，并口头描述这个词的定义，要求被试说出这个词。第 11 至 12 题，主试呈现一幅情景画，要求被试描述图画表达的内容。第 13 至 14 题，主试呈现一幅地图，要求被试指出到达某一地点的路线。第 15 至 16 题，主试呈现一幅描述某一过程的步骤图，要求被试解释这些步骤。该分测验主要测查被试应用词汇、描述情景等口头表达能力。

(8) 书面表达（written expression），该分测验是一个速度测验，要求被试按照印在卡片上的要求，在 15 分钟内写出一篇短文。主试根据六个要素进行评分：构思和发展（ideas and development）、组织和连贯性（organization, unity and coherence）、词汇量（vocabulary）、句子结构和变化（sentence structure and variety）、语法和习惯用语（grammar and usage）、大小写和标点符号（capitalization and punctuation）。每个要素按从 0 到 4 五级记分。

WIAT 提供了多种可供参考的分数。各分测验得到的原始分可以转化为标准分（平均分为 100，标准差为 15，与韦氏智力量表一致），也可以转化为百分等级、年级等级和标准九分。

WIAT 自问世以来，信度、效度就一直受到研究者的关注。WIAT 有多种信度指标，包括内部一致性系数、重测信度、评分者信度等。其中各分测验的内部一致性系数均在 0.80 以上，阅读、数学、语言和写作四个领域的内部一致性都在 0.90 以上。研究者们对 WAIT 的效度也从多方面进行过分析，包括内容效度、效标效度和预测效度。结果发现 WAIT 的效度非常优异，可以作为测查个体成就的有效工具。

二、考夫曼教育成就测验

考夫曼教育成就测验（Kaufman Test of Educational Achievement，简称 K-TEA）是个别实施的成就测验。K-TEA 是为 6～18 岁的学校儿童设计的。包括 5 个分测验，分别是阅读译解（reading decoding）、阅读理解（reading comprehension）、数学运用（mathematics application）、数学计算（mathematics computation）、拼写（spelling）。测验结果都转换成以 100 为均值、以 15 为标准差的标准分。各分测验的分数可单独报告，也可合并为阅读总分、数学总分和全量表总分。

K-TEA 的信度和效度都较高，值得注意的是，测验可用于学习困难儿童的诊断。

第四节　学习潜能评估

一、学习潜能：动态的智力测量观点

以往对智力进行的评估均是针对个体当时已具有的智力水平，其作用多限于筛选、选拔或诊断个体既有的能力状况，至于这些达到一定水平的人员在经过一定的学习之后，他们的能力发展情况如何，这些测验并没有很大的预测力，而且对于年龄越小的儿童，这种缺点就越发明显。另一方面，在实际应用中，传统的智力测验多是结果定向（result-oriented）的，诊断者仅考虑最终的 IQ 分数，而并不考虑受测者原先是否有获取所测知识与技能的同等机会。

针对上述问题，许多研究者认为智力测验更重要的是测量个体获得某种知识、技能的能力，或者说个体进行学习的能力。如果两个具有同等智力（指传统意义上的智力）的人，其学习的能力却有所差别，那么经过同样的训练之后，结果可能大相径庭。因此，研究者们认为必须对智力进行一种经历时间的研究，除了对现有智力水平的评估外，还要给予个体同等机会的训练，并进行复测，通过与初测的比较，这样才能得到一个更有意义的结果。事实上，这也正是学习潜能测验的大致程序。

二、学习潜能评估的主要工具

（一）学习潜能评估工具

福伊尔施泰因（Feuerstein）强调中介学习（mediated learning）在儿童发展初期的重要性。他认为，儿童有越多中介学习的经验，以后在尝试错误的直接学习中获益就会越多，中介学习经验的缺失常是个体心智落后的主要原因。因此，福伊尔施泰因编制的学习潜能评估工具（Learning Potential Assessment Device，简称 LPAD）着重评估个体的中介学习能力，其训练过程并

没经完全的标准化，而是具有一定的弹性。福伊尔施泰因指出，LPAD与其他学习潜能测验目的不同，它试图改变的是个体现有的整体认知结构，而其他测验只是想通过指导或改变任务的某一方面来影响测验的最终结果。

（二）学习潜能推理量表

古特克（Guthke）等人的学习潜能推理量表（Learning Potential Reasoning Battery，简称LPRB）的项目主要包括言语分析、数字和图形序列三种。初测和复测部分的试题按照经典测量理论构建，是两个难度相当、可对调的平行测验。初测后，受测者开始接受个人或小组训练：通过广泛的引导性测验教给学生思维的规则、解决问题的策略，提高其洞察能力及元认知技能，并让学生接受大量的练习，以训练他们思维的灵活性与可变性，在练习过程中要依据他们所犯的错误进行反馈。训练完成后，进行复测，复测的分数包含了受测者原先的水平与训练的进步。初测及复测的常模分数则可以显示出经过严密控制和标准化的教育干预前后，受测者在参照群体中的位置及位置的变化。

三、学习潜能评估的现实意义

从学习潜能的角度对智力进行研究，这是用一种动态的眼光来看待智力，其测验过程能够为研究个体怎样进行学习、个体目前的水平如何提高以及信息如何应用到新的环境中去等问题提供信息。同时，这种测验的训练阶段还能对个体的注意力、克服困难的意志力和坚持性等非智力因素进行观察，从而提供一些普通的智力测验无法发现的诊断信息。因此，许多研究者认为，学习潜能评估的方法相对于普通的智力测验将更适合学校教育的预测与评价。

但是，学习潜能评估也在一些方面受到批评和质疑。一方面，人们怀疑这种评估是否能为不同的教学或临床实践者有效使用，因为这种评估至少包含了动态的程序；另一方面，学生在评估过程中所接受的广泛的任务训练是否能推广到真实的日常学校行为中去，也是值得思考的问题。

【要点小结】

成就测验是实践中最常用到的测验之一，主要用于教育领域，也有为专门的情境而设计的。

大都会成就测验包括调查成套测验、诊断成套测验和一个附加的写作测验，可以用于调查学生的教育成长、评估课程和教学方法的有效性，也可用于不同学校教学质量的比较以及诊断学生不同学科的强弱。

斯坦福成就系列测验是最早的综合成就测验。该测验包括斯坦福幼儿学习技能测验、斯坦福成就测验和斯坦福学习技能测验，适用人群从幼儿到高中毕业生。

韦氏个别成就测验是一套综合性的成就测验，主要用于评估儿童和青少年的学识增长和学习技能的发展，也可以作为学习障碍的诊断工具。

从学习潜能的角度对智力进行研究，这是用一种动态的眼光来看待智力，其测验过程能够为研究个体怎样进行学习、个体目前的水平如何提高以及信息如何应用到新的环境中去等问题提供信息。

【思考与练习】

1. 简述学业成就测验的性质、分类及功能。
2. 试述学习潜能评估对传统智力测量观的挑战及其现实意义。

第十三章　教育测验

【内容提要】

本章详细介绍了国外常见的教育测验的结构及使用，也介绍了国内常见的教育测验的结构及使用。

【学习目标】

1. 了解国外常见的教育测验的结构及使用。
2. 了解国内常见的教育测验的结构及使用。

【关键词】

教育测验　SAT　ACT　GRE　TOEFL　雅思　高考　自考　成人高考

中国从隋唐时期开始，选拔人才的科举制度在考试中所用的方法就是那时期的教育测验。以唐代的考试方式为例，这种测验在方式上有帖经（填补句子中的空白字词）、墨义（即笔试）和口义（即口试），内容以儒家的经典为主，目的是选拔合格的国家文职人员。

在教育过程中，标准化教育测验有多种用途。它们可用来指导学生选科、决定学习方向。它们还可以用来了解学生已知的事物，从而拟订教学计划。它们也可鉴别那些具有特殊需要的学生，包括学习能力低常或超常的学生。它们可用来衡量学习的成果，总结学习的成绩，评定分数，判断学生掌握学科内容或其中的专门技巧的熟练程度。它们还可以用来评价教材教法、教师和教育计划。在教学研究中，人们经常使用标准化的教育测验，它们为教育与职业指导提供了不可缺少的信息。

第一节　国外常见的教育测验

所谓教育测验实际是心理测验在教育领域的应用，前面几章介绍的能力测验、人格测验大多可用于教育领域，而应用最多的则是成就测验。成就测验既发端于又主要服务于学校教育工作，上一章的各种学业成就测验都属于典型的教育测验。这里再介绍几种在国外影响较大的教育测验。

一、SAT

在美国，高中生想要进入大学，除了高中三年学业平均成绩（graduate point average，简称 GPA）、课外活动表现、论文及老师推荐信之外，不可缺少的就是 SAT 的成绩。全美目前 90％的大学都将 SAT 的成绩列为参考，缺少这项成绩，就没有机会申请采用 SAT 作为入学标准的美国大学。SAT 原来是英文 Scholastic Aptitude Test 的缩写，通常译为学能测验，是由美国大学委员会（The College Board）委托教育测验服务中心所举办的大学入学能力测验，目的是作为美国各大学申请入学的参考条件之一。后来将其与学科测验结合起来统称学业评估测验（Scholastic Assessment Test），仍缩写为 SAT，分为 SAT Ⅰ（推理测验）和 SATⅡ（学科测验）。SAT Ⅰ主要测量考生的语言及数学理解与推理能力，作为预测考生进入大学后成绩的参考指标，同时也作为比较不同学校毕业生程度的参考；SATⅠ的测验对象是高中二年级及三年级学生。SAT Ⅱ主要测量考生某一学科的知识和运用这些知识的能力，共有22个主题科目。每位考生每次至多可报考三种学科。

SAT Ⅰ共有七部分，全部作答时间为3小时。包含语言三个部分（78题，共75分钟）、数学三个部分（60题，共75分钟），其中各有两个部分各占30分钟，各有一个部分各占15分钟；还有一个30分钟的试测题部分（此部分不记分），由于在测验中并未指明哪一部分为试测题，所以考生应尽其所能作答每一部分。

SATⅡ测试在专业学术科目上的知识与程度。SATⅡ共有22个主题科目，各自独立，包括英文、数学、历史、科学、语言等五大类。每一学科测验时间为1小时，除了英文为20分钟的作文及40分钟的选择题外，其他科目均为选择题。

SAT提供各分测验的独立分数。各分测验分数的平均数为500，标准差约为100。SAT的早期版本表现出很好的信度水平，一般在0.90左右，与大学成绩的效标关联效度为0.50～0.60。SAT的效度并无明显的男女性别差异和种族差异。

SAT的分数是常模性的，所得各分测验分数要用参照群体来解释。SAT的早期版本都是参照1941年从大约1万名被试中获得的常模进行解释的。每年的SAT成绩都要与这个样本等同起来，因此500分就等价于从这个群体中获得平均分。1995年，SAT采纳了一个新的分数量表，它是基于对1988—1989学年和1989—1990学年的超过10万名被测者的抽样而建立起来的。这个样本已经被用来代表当前的被测者群体。新的分数量表平均数为500，标准差约为110。

从2005年春季开始，SAT的一个最新本面世。新版SAT的语言部分被重新命名为关键性阅读。新版SAT将不再采用类比测验，而是给被测者提供更多的文章来进行阅读和解释。这一变化主要是为了回应过去几十年的批评声音。例如，很多人批评标准化测验的局限性，呼吁采用写作形式。但是，采用写作测验在评分过程中将很难获得与多重选择项目同等水平的信度，要建立一个对写作的评估标准以获得与标准化测验同等水平的信度和效度将是非常具有挑战性的。

目前，中国的高中生可以参加美国的SAT，以取得赴美读大学的资格。

二、ACT

ACT（American College Test）即美国大学测验，它与SAT均被称为“美国高考”，既是美国大学的入学条件之一，又是大学发放奖学金的主要依据之一。这个考试被很多美国大学承认，但以中部和西部的院校居多。和SAT不同，ACT更像一种学科考试，它更强调考生对课程知识的掌握，同时也考虑到对考生独立思考和判断能力的测试。ACT包括四个部分：数学、英语、阅读、科学推理。这里值得一提的是科学推理，这部分整合高中物理、化学、生物等学科，综合在一张卷子上，以推理题目的形式出现。

英语75道题，45分钟；数学60道题，60分钟；阅读40道题，35分钟；科学推理40道题，35分钟；还有一个写作（选做）。除写作外，全部是选择题，题目简单，关键是时间不够。对于中国学生，数学应该很简单。ACT不仅考查学生对英语的掌握能力，还要考查数学、科学等多个方面，是一项将能力测试和成就测试有机结合的考试。

ACT每年举行5次，具体时间分别是2月中、4月中、6月初、10月底和12月初。全世界每年有近250万人次参加ACT。目前，我国的学生可以到香港报名、考试。据ACT的主办方负责人透露，他们准备在北京、上海、成都、广州等城市设置相关的考场，为考生参加ACT提供更大的便利。

三、GRE

GRE全称是Graduate Record Examinations，中文名称为美国研究生入学考试，适用于除法律与商业外的各专业。1937年首次由美国哈佛大学、耶鲁大学、哥伦比亚大学、普林斯顿大学联合举办，初期由卡耐基基金会（Carnegie Foundation）承办，1948年交由新成立的教育测验服务中心负责，之后每年在世界许多地方举行。

GRE 分数是美国、加拿大的大学各类研究生院（除管理学院、法学院外）要求申请者必须具备的一个考试成绩，也是教授对申请者是否授予奖学金所依据的最重要的标准。

GRE 分两种：一是普通能力或能力倾向测验（General Test 或 Aptitude Test），二是专业测验或称高级测验（Subject Test 或 Advanced Test）。

普通 GRE 主要考查应试人的基本英语能力以及对英文知识的广度和深度，大部分中国学生都参加这项考试，包括语文和数学两部分，均为 800 分，满分共为 1 600 分，成绩 5 年内有效。普通 GRE 考试需 3 小时，全部为选择题，不实行答错倒扣分的方法。

语文需 1 小时，包含四种问题：完成句子、类比、阅读理解、反义词。其中完成句子、类比和反义词都是考对词汇的理解，阅读理解是考对文章逻辑结构与主旨的理解，文章可涉及任何科学领域，但以生化、天文、文学、地理、历史居多。语文主要是测试考生在词汇上的理解广度与深度，因此中国学生在这方面得分很低，但这对申请奖学金资助并不造成很大的影响，因为教育测验服务中心对 GRE 成绩有明文的解释："GRE 是为母语为英语的考生设置的，对于母语为非英语的考生，无论其语文、数学还是分析部分都会因其词汇量不及母语为英语的考生而受到影响。审核申请人 GRE 成绩时应运用审核人的经验作为标准，不应采取统一严格的最低录取标准。对于英语语言水平的测试另有托福考试。"

数学需 1 小时，包含三种问题：数量比较、分离数量、图表解释。内容涉及算术、代数、几何，是中国高中一年级所学的内容，因此大多数的中国考生都能在数学方面得到很高的分数，许多人甚至能得到满分 800 分。

GRE 专业考试包括数学、生物、物理、化学、历史、音乐、法语、西班牙语、计算机、经济学、工程学、教育学、地质学、美国文学、政治学、心理学和社会学等学科，各个学科的试题数目与形式各不相同，其目的主要在于测试考生在某一学科领域或专业领域内所获得的知识和技能以及能力水平的高低。

参加 GRE 专业考试的中国考生并非很多，因为大多数美国院校不要求提供 GRE 专业成绩，只要求普通 GRE 成绩。如果所申请的研究生专业与申请人本科专业不一致，申请人需要提供专业 GRE 成绩。

GRE 也有写作考试，目前已是必考项目，一般不超过 1.5 小时。

四、托福

（一）简介

托福（Test of English as a Foreign Language，简称 TOEFL）是由美国教育测验服务中心在世界各地举办的以母语非英语的人为对象的一种英语水平考试。托福有三种形式，即纸笔考试（paper-based test，满分 677 分）、电脑考试（computer-based test，满分 300 分）、网络考试（internet-based test，满分 120 分）。托福一开始采用纸笔考试的方式；1998 年 7 月开始，许多国家采用电脑考试的方式；2005 年 9 月，美国教育测验服务中心推出了从内容到形式（即网络考试）均有巨大改变的新考试，也叫新托福。

托福成绩是留学美国和加拿大的必备考试成绩，美国和加拿大已有超过 2 400所大学承认这项考试成绩，规定了申请者的最低录取分数线。此外，欧洲（如英国）、大洋洲（如澳大利亚、新西兰）以及东南亚一些国家和地区也都承认托福成绩。近几年来，国内的联合国驻华机构和外企及合资企业在聘用职员时，或国际基金组织在测试职员的英语水平时，也都采用托福成绩。

托福成绩的有效期为两年，是从考试日期开始计算的。

（二）旧托福的构成

旧托福的试题分为四部分。前三部分全部采用选择题，每道题一般有四个供选择的答案。第四部分是作文。考试时，先进行作文考试，然后是其他三部分的考试。作文考试时间为 30 分钟。作文单独记分，满分为 6 分，不加入总分。其他三部分考试时间为 110 分钟。

第一部分是听力理解，50 道题，考试时间 30 分钟左右。主要测试考生听、说和理解美国英语的能力。该部分分为 A、B、C 三组，每组题前有详细的说明。A 组是句子，B 组是简单会话，C 组是较长的会话或短文，都是听一遍录音后就有关问题立即作答。

第二部分是语法结构和书面表达，40 道题，考试时间 25 分钟左右。主要测试考生在标准英语书面写作中掌握基本语法的能力。第二部分由 A、B 两组题目组成。A 组题目侧重于语法结构，要求考生选择正确答案完成不完整的句子；B 组主要是从画线的词或短语中选出不正确的答案来，以此考查考生的书面表达能力。

第三部分是词汇与阅读理解，60 道题，考试时间 45 分钟左右。主要测试考生运用英语词汇的能力以及理解各类英语阅读材料的能力。本部分也分为 A、B 两组，A 组是就画线部分选出最佳答案，B 组是根据阅读材料选出正确的答案。

（三）新托福的构成

新托福由四部分组成，分别是阅读、听力、口试、写作，每部分满分 30 分。

阅读有三篇文章。考生不需要在答题之前通读全文，而是在做题的过程中分段阅读文章。每篇文章对应有 11 道题，均为选择题。前 10 道题都是针对文章的某一部分提问，题的顺序与文章的段落顺序一致。最后一题针对整篇文章提问，要求考生从多个选择项中挑选若干项对全文进行总结或归纳。这部分的考试时间为 1 小时，在此时限内考生可以复查、修改已递交的答案。

听力由两篇较长的校园情景对话和四篇课堂演讲组成，课堂演讲每篇长约 5 分钟。考生在听录音资料之前无法得知试题。在播放录音资料时，电脑屏幕上会显示相应的背景图片。考生可以在听录音的过程中记笔记。这部分的考试时间大约 50 分钟，在此时限内考生不能复查、修改已递交的答案。

口试共有 6 题，持续约 20 分钟。第一、二题要求考生就某一话题阐述自己的观点。第三、四题要求考生首先在 45 秒内阅读一段短文，随后短文隐去，播放一段与短文有关的对话或课堂演讲，要求考生根据先前阅读的短文和播放的对话或课堂演讲回答相关问题。考生有 30 秒的准备时间，然后进行 60 秒的回答。第五、六题要求考生听一段校园情景对话或课堂演讲，然后回答相关问题。考生有 20 秒的准备时间，之后进行 60 秒的回答。考生可以在听录音的过程中记笔记以帮助答题。在准备和答题时，屏幕上会显示倒计时的时钟。

写作要求考生在 1 小时内完成两篇作文。一篇要求考生在 30 分钟内就某一话题阐述自己的观点，字数要求在 300 字以上。另一篇则要求考生首先阅读一篇文章，5分钟后文章隐去，播放一段与文章有关的课堂演讲，随后要求考生在20分钟内写一篇作文，总结课堂演讲的论点、论据，并陈述这些论点、论据是如何反驳文章的论点、论据的。字数要求为150～225字。在写作时，文章会重新显示在屏幕上。这篇作文不要求考生阐述自己的观点。

在实际考试中，考生往往会在听力或阅读部分碰到加试题，也有可能在阅读、听力两部分同时被加试。加试部分不算分，但考生事先并不知道哪部分是加试部分，所以都应该认真对待。

五、雅思

雅思（International English Language Testing System，简称IELTS，中文名为国际英语语言测试系统）是由英国文化协会（The British Council，即英国驻华大使馆或总领事馆文化教育处）、剑桥大学考试委员会（CESOL）和澳大利亚教育国际开发署（IDP Australia）共同举办的国际英语水平测试。此项考试是为申请赴英语国家（英国、澳大利亚、美国、加拿大、爱尔兰、新西兰等）留学、移民的非英语国家学生而设的，用来评定考生运用英语的能力。

雅思包括两类：培训类目前较多适用于移民；学术类目前较多适用于留学。

雅思的词汇要求并不高，主要偏向应用能力，但答题技巧因与托福和国内英语考试完全不同，所以掌握题型和快速解答就显得非常重要。

雅思包括四个部分，依次为听力、阅读、写作和口语，每部分都独立评分，四部分得分的平均分作为考生的雅思综合得分。雅思考试满分为9分。考试成绩在考试后十个工作日内通知考生。成绩有效期为两年。

近年来，雅思有以下变化：

（1）2008年8月，雅思口语评分体系微调。口语的发音部分评分从原来的2分、4分、6分、8分变化为1～9分，评分标准更细致。而口语考试的题材和内容并无变化。

（2）2009年5月份开始，培训类阅读试题的材料背景将由原来的以培训为导向逐步改变为以工作为导向。这些变化会更好地反映考生在实际生活和工作中应用英语的能力。

（3）正在研发计算机考试，但机考具体推出时间尚未确定。

雅思考试凭借其公平、可靠和权威性，国际认可度日益提升，获得全球超过6 000所院校认可。比如，加拿大所有大学认可雅思成绩，英国、爱尔兰、新西兰、荷兰等英联邦国家的院校优先认可雅思成绩，澳大利亚只接受雅思成绩，法国、丹麦、芬兰等欧洲国家的英语授课项目也要求雅思成绩。目前美国有超过2 000所院校接受雅思成绩（此数字正在不断增长），如顶级的8所常春藤联盟院校全部接受雅思成绩。

雅思考生数量近年来一直迅速增长，2007年全球雅思考生人数超过93万人，而中国作为考生来源的第一大国，考生人数超过21万人，较2006年增长近50%。雅思已远远超越其他同类测试成为全球规模最大的国际英语测试。

六、SSAT和ISEE

SSAT为Secondary School Admission Test的首字母缩写，即为美国中学入学考试。ISEE是Independent School Entrance Exam的首字母缩写，即为独立学校入学考试。SSAT和ISEE是美国私立中学最重要的入学考试，由美国、加拿大等国私立学校自行选用，把SSAT和ISEE说成是美国著名私立中学的敲门砖一点儿也不过分。2006年初上海新东方在中国首先开办SSAT和ISEE培训，取得了很大的成功。SSAT和ISEE是美国、加拿大的著名中学采用最多的入学考试，这两种考试是著名中学非常重要的入学参考指标。SSAT或者ISEE成绩的好坏直接决定了申请者能否被申请的中学录取。只有顺利通过考试，才能进入相关的著名私立中学就读。

SSAT和ISEE考试内容相似，难度相同，只是考试形式有一些区别。SSAT和ISEE考试均由英文、数学和作文组成。两种考试虽然主要都是中学入学考试，但是目前也在私立学校5、6年级的入学审核中广为采用。

SSAT创办于1957年，由位于美国新泽西州普林斯顿市的中学入学考试委员会（Secondary School Admission Test Board）命题。SSAT在美国、加拿大以外地区的考试，每年于11月、12月、1月、3月、4月举行，考前四周报名截止。在美国每年举办7次考试，在北美以外的国家和地区每年举办5次考试。SSAT主要测试学生的数学、英文程度及理解力，作文不记分，但会被送到报考学校的招生部门作为录取的参考。SSAT 分为低年级（在读 5～7 年级的考生）和高年级（在读 8～11 年级的考生）两种考试。

ISEE 由独立学校入学考试办公室（ISEE Operations Office）和位于纽约的教育档案局（Educational Records Bureau）主办，主要考查学生的文字和数学的推理能力。如同 SSAT 考试一样，ISEE 考试也有短篇的命题作文，但作文不记分，会被送到报考学校的招生部门作为录取的参考。为了照顾学生随时入学，ISEE 设置三个级别的测验：初级测验对象为 4～5 年级的学生，欲申请读 5～6 年级；中级测验对象为 6～7 年级的学生，欲申请读 7～8 年级；高级测验对象为 8～11 年级的学生，欲申请读 9～12 年级。

SSAT 和 ISEE 成绩不但是申请著名私立学校的必要条件，也是很多私立学校发放奖学金的重要参考依据，除此之外，SSAT 或 ISEE 高分还是申请某些“天才”夏令营的必要条件。

七、PSAT（国家荣誉学者预选考试）

PSAT（Preliminary Scholastic Assessment Test）是美国高中生非常重要的考试，是作为国家荣誉奖学金（National Merit Scholarship，简称 NMS）的预选考试，它的重要性不亚于 SAT。PSAT 每年 10 月举行一次考试，这个考试分为阅读、数学、写作三部分，每部分 80 分，总分 240。参加者通过一定的分数线才能进入国家荣誉奖学金半决赛，然后提交申请表和一篇作文参加决赛。每年，进入决赛的 8 000 名学生进行角逐，最终有 2 500 名获得 2 500 美元国家荣誉奖学金。美国高中一般组织 10 年级和 11 年级的高中生在参加 SAT 以前参加 PSAT，所以也称为 SAT 预备考试，或称为“高考预考”。目前，有的私立高中将 PSAT 作为中学的入学考试。

八、SLEP

SLEP（Secondary Level English Proficiency Test）的中文译名为中学英文能力分级测验，也就是我们常说的中学生英语水平考试。SLEP 由美国权威考试服务机构教育测验服务中心命题，又称为“小托福”。

SLEP 是为考评打算进入美国中学 10～12 年级学习的母语非英语的中学

生的英文能力而设立的，分听力和阅读两部分，满分是 67 分，考试时间 90 分钟。考试还有第三部分——作文，但是只有前两部分达到 57 分或以上的学生才有资格参加作文部分的考试。

SLEP 成绩是申请美国中学时多数学校判断申请者英语水平的标准。SLEP 同样是美国国务院选择公立学校交换学生时的标准。学生需要达到 42 分才可以进入美国初、高中接受正规课程教育。一般来说，学生达到 45 分就可以申请大部分的美国高中。测试成绩为 42～50 分者，可选择美国私立中学就读，但须同时参加英语强化课程（根据分数评估参加哪个级别的英语课程）。测试成绩达到 50 分或以上者，可选择美国公立学校交流生项目，也可选择优秀的私立学校就读中学课程，无须参加针对外国学生的英语强化课程（ESL）。

根据教育测验服务中心的官方说明，SLEP 主要被中学或世界各地的公共机构采用。它们向教育测验服务中心购买这项测验，用来测试学生或申请者的英语水平，在当地评分，可立即得到成绩。考试成绩作为以下决策的参考：安排学生参加英语强化课程；一般英语培训项目的学生分级；英语强化课程结业。

第二节　国内常见的教育测验

一、高考

高考全称为普通高等学校招生全国统一考试。到目前为止，中国的高等教育考试有普通高校招生考试、自学考试和成人高考三种形式。一般的高考指前一种，是由国家统一组织调度，国家或省级行政单位专门组织命题，统一时间（部分地区考试科目较多，结束时间较晚些）考试，是考生进入大学的主要途径。

（一）高考时间

1949 年之前，中国各所大学招生考试的时间由学校决定，考试并不是同时举行的，学生可以根据自己的实力和时间安排去不同的大学进行多次高考。

现在，在中国大部分地区，高考每年只举行一次，2003 年以前在 7 月举行，2003 年开始改为每年 6 月举行。

在大多数地区，高考每年仅举行一次（近年来部分地区每年举行两次高考，增加的一次在 1 月举行，称为春季高考）。由于部分地区按新方案实施高考或科目设置不同，高考结束时间不一，如上海、山东于 9 日上午结束，广东、海南于 9 日下午结束，江苏于 10 日上午结束。

（二）高考科目

高考统一采取笔试方法，考试科目因个人选择而不同：

“3+2”方式，即“3”——语文、数学、外语，“2”——文科（政治、历史、地理）之中选 2，或理科（物理、化学、生物）之中选 2。

“3+X”方式，即“3”——语文、数学、外语，“X”指由学生根据自己的意愿，自主从文科、理科两个综合科目中选择一个或两个考试科目。

其他考试方式还有“4+X”等。

（三）高考录取

高考的录取方式多数采用网上录取，对考生的录取是根据考生的分数及所填报的志愿来进行的。目前所采用的志愿填报方式，将全国的大学分为若干批次，主要有“提前批”（军事类院校）、“第一批”（重点大学）、“第二批”（普通本科大学）、“第三批”（专科学校或者专科专业，但在浙江等省该批次为本科大学所办独立学院的专门批次）等。

（四）高考变迁

1949 年高等学校单独招生。

1950 年同一地区高校联合招生。

1951 年以全国大行政区范围统一招生。

1952 年起全国统一招生。

1966 年“文化大革命”开始，废除高考，高校停止招生。

1970 年高等学校逐步举办试办班，恢复招生。招收的新生初中毕业即可，但须经过两年以上劳动锻炼，废除招生考试，改为“自愿报名，群众推荐，领导批准，学校复审”。工农兵大学生由此出现。从 1970 年到 1976 年，全国招收工农兵学员共 7 届 94 万人。

1977年6月29日至7月15日，当年第一次高校招生座谈会举行，讨论参加高考的学生资格。

1977年8月13日至9月25日，当年第二次高校招生座谈会举行，确定高考招生办法。具体包括：（1）劳动知识青年和应届高中毕业生都可以报名；（2）具有高中毕业的文化程度才可以报名，而且必须通过大学入学考试；（3）政治审查主要看本人表现，破除唯“成分论”；（4）德、智、体全面考核，择优录取。

1977年10月12日，国务院批转教育部《关于1977年高等学校招生工作的意见》，正式恢复高等学校招生统一考试制度，由各省份自行组织。

1977年11月3日，教育部、中国科学院联合发出《关于1977年招收研究生的通知》。“文化大革命”期间长期中断的招收培养研究生的工作从此开始恢复。

1977年12月，全国进行统一高考。当年全国有570万人参加高考，录取了27.8万人，录取比例为4.9%（1977级大学新生1978年春入学）。

1983年，教育部正式提出“定向招生，定向分配”的方法。规定在中央部门或国防科工委系统所属的某些院校，按一定比例实行面向农村或农场、牧场、矿区、油田等艰苦行业的定向招生。

1985年，教育部规定：可以从参加统一高考的考生中招收少数国家计划外的自费生。一向由国家“统包”的招生制度，变成了不收费的国家计划招生和收费的国家调节招生同时并存的“双轨制”。同年，从美国引进标准化考试，并于当年首先在广东省进行了英语、数学两科的试点。

1985年以后，高考改革的总体趋势向减少高考科目方向发展。先是将理科7门、文科6门各减为“3+2”共5门，上海则实行“3+1”方案。同年，国家教委决定在北京大学等43所高等学校进行招收保送生的试点。

1989年8月，国家教委决定将标准化考试逐步在全国推行。

1996年，中国高等教育试行并轨招生，高校学费开始增加。后续几年中，高校学费年增长幅度达到了30%，甚至50%。2000年，一直由国家“全包”的师范专业也实行收费，招生并轨改革完成。

1997年，普通高校招生并轨改革。

1999年，扩大高校招生规模，并揭开了新一轮高考改革的序幕。教育部开始推行“3+X”科目考试方案。广东省率先开始在高考科目设置和考试内容上进行改革。目前全国大多数省份均实行了“3+X”方案。

2000年，北京、上海、安徽进行了春季招生的改革。2001年，北京、上海、安徽和内蒙古继续进行此项改革。

2001年，教育部出台新政策，允许25周岁以上公民参加高考，彻底放开高校招生的年龄和婚姻限制。

2001年，江苏省三所高校率先实行“自主招生”的试点工作。截至2007年，已有53所高等院校开始自主招生。

2002年，普通高校招生工作第一次全面实现网上录取，全国网上录取新生率达到85%。

2003年，北京大学、清华大学等22所高校被赋予5%的自主招生权。到2006年，自主招生的高校扩大到53所。同年，教育部允许香港高校在内地自主招生。实施了20多年的7月高考制度终于迎来变革，高考时间提前1个月，固定安排在每年6月的7日、8日（个别地区会有所延长，如江苏、广东），高考告别酷暑。

2007年，山东、宁夏、广东、海南作为全国高中新课程改革的首批实验区，迎来课程改革后的第一次高考。2007年3月5日，温家宝总理在十届全国人大五次会议上所做的政府工作报告中指出，教育部直属师范大学实行师范生免费教育。师范生免费教育重返大学校园。

2008年四川大地震，四川地震重灾区的高考推迟约1个月，并且取消外语科听力考试。

（五）高考评价

1. 高考的优点

（1）最大限度地实现人才科学公平的选拔。

（2）磨炼青少年的意志。

（3）稳定基础教育。

（4）为农村学子改变自身地位提供条件。

（5）形成崇尚知识的良好氛围。

2. 高考的缺点

(1) 一考定终身。由于高考具有相当的权威性，所以大学都根据高考分数录取学生。因此很多人把高考当作决定人生的关键，即“一考定终身”。

(2) 过分看重考试分数，忽视对学生综合素质的考察。

(六) 港、澳、台地区的高考

1. 香港特别行政区的高考制度

香港的高考制度受英国影响比较多。20 世纪 40 年代，香港的中学毕业生可以不用考试直接念预科，一年后升入大学。现在，香港的“中六生”(高中毕业生) 入学，要完全按照大学联合招生办法申请读大学的资格。

香港的大学联合招生办法，是协助应届或者往届学生申请修读大学课程的主要途径。中学会考和高级程度会考成绩，是高校考虑录取学生的主要依据。在学生提出申请时，过去 9 年内的会考成绩将被送往各院校，作评核用。具体的入学事宜，则由大学联合招生处代表参与招生的院校处理。由于录取名额有限，招生院校一般要对众多申请人进行甄选，根据对各申请人的评核结果，依等第次序录取。

2. 澳门特别行政区的高考制度

在葡萄牙政府统治时期，澳门比较倚重正规官校 (政府创办的学校) 的发展。真正的转折点应该是在 1987 年 4 月中葡两国政府签署联合声明后。现在澳门高校都具有单独招生的权力。考生可以同时报考多所大学，而高校则根据考生的高考成绩择优录取。

3. 台湾省的高考制度

台湾省升大学的考试一共分为两次，一次叫作大学入学测验，另外一次叫作大学指定科目考试 (旧称大学联考)。2002 年台湾省废除了大学联考 (相当于大陆的统一高考)，采取“多元入学”的方式进行招生。

大学入学测验较早举行，约在每年的 1～2 月，共考五科——国文、英文、数学、社会、自然。不管是文科或理科学生，这五科都得考。除了国文与英文有作文外，其余各科都是以选择题的方式来测验学生高中三年所学，题目非常灵活，常会有时事题目出现。所以这次考试对广泛阅读课外读物或关心时事的学生较有利。大学入学测验公布成绩后，学生可以利用成绩向各校系申请入学许可，一次有可能同时被好几所学校录取。通常经由大学入学测验上大学的学生只占两三成，但是近几年有逐渐提升的趋势。

在每年7月初举行的指定科目考试分得较细。文科有国文、英文、数学（乙）、历史、地理等五门学科，理科有国文、英文、数学（甲）、物理、化学、生物等六门学科。通常文科的学生只考文科，理科学生只考理科，但也可以全部都考。指定科目考试着重于课内所学，除了作文与选择题外，还有计算题、证明题、填空题等题型，也就是得将高中课程读个滚瓜烂熟才能考到高分。而且指定科目考试需填选志愿，等待统一发榜，一个学生只能被一个校系录取。

事实上，全球都有高考。比如，美国有SAT，英国有A-Levels（中学高级水平考试），这些都是学生进入高等教育所必需的考试，是选拔人才的手段。不同的是，社会教育资源的丰富、职业教育的发达和成熟、人们对成才道路的宽泛认知等，从某种意义上冲淡了人们对能不能进入高等学府这个问题近乎“刻薄”的强烈情绪。东西方父母与孩子之间关系疏密的不同，也在某种程度上影响了两者对于孩子“成才”和“成人”的不同期许。

二、自考

（一）概述

高等教育自学考试简称自考，是对自学者进行的以学历考试为主的高等教育国家考试，是个人自学、社会助学和国家考试相结合的高等教育形式，是我国社会主义高等教育体系的重要组成部分。其任务是通过国家考试促进广泛的个人自学和社会助学活动，推进在职专业教育和大学后继续教育，造就和选拔德才兼备的专门人才，提高全民族的思想道德、科学文化素质，适应社会主义现代化建设的需要。

中华人民共和国公民，不受性别、年龄、民族、种族和已受教育程度的限制，均可依照国务院《高等教育自学考试暂行条例》的规定参加自学考试。目前，高等教育自学考试已成为我国规模最大的开放式高等教育形式。

建立高等教育自学考试制度，是党中央、国务院落实《中华人民共和国宪法》中“鼓励自学成才”的一项重要决策，是党的十一届三中全会以来我国教育体制改革的重大成果。

我国高等教育自学考试制度酝酿于20世纪70年代末，创建于80年代初。从1981年至1982年高等教育自学考试先后在京、津、沪三直辖市和辽宁省试点并于1983年在全国推广至今，已经走过了三十余年。在这三十余年里，取得了很大的成绩，也得到了很快的发展。

(1) 已具相当规模。目前，30个省、自治区、直辖市推行了高等教育自学考试制度，并辐射到港、澳、台地区。

(2) 从中央到地方已经建立了一个比较完善的自学考试工作机构，有了一个自学考试的工作队伍。

(3) 加强了法规建设，制定了一系列的规章制度。特别是1988年国务院发布的《高等教育自学考试暂行条例》(以下简称《条例》)，以国家行政法规的形式，对高教自考的性质、任务、考试机构、开考专业、考试办法、考籍管理、社会助学、毕业人员的使用与待遇、考试经费、奖励和处罚等都做出了明确的规定，使高教自学考试制度成为我国一项有法可依的制度。

(4) 加强了对个人自学、社会助学的指导和监督，推动了社会助学的开展，积极发挥作为教育形式的作用。

(5) 加强了管理，使考籍、考务、考试标准、命题工作逐步规范、完善，考试研究工作已逐步展开。

(6) 拓宽了功能。除高教自学考试外，又开展了中专自学考试。此外，还开展了外语单科水平考试、专业证书考试，以及对社会力量举办的高等教育学历予以认定的国家文凭考试的试点，同时也在积极开考面向农村的专业、开展对外合作交流等。

当前，高等教育自学考试制度已得到比较充分的发展。作为规模大、范围广、层次多、功能全的高等教育自学考试，已在我国教育体系中占有重要地位，成为普通高等教育、成人高等教育所不能替代的新的高等教育形式。

(二) 性质和特点

1. 性质

高等教育自学考试具有双重性质：既是一种国家考试制度，又是一种新的教育形式。

作为国家考试制度，它由国家建立，由政府考试机构代表国家行使考试权，按照国家规定的目标和标准，面向全体自学考生实施严格的国家考试。其考试结果是国家承认的，所取得的毕业证书是国家承认的学历文凭。

作为一种新的教育形式，高等教育自学考试是由个人自学、社会助学、国家考试三者紧密结合而组成的。国家考试是这种教育形式的核心，个人自学、社会助学则是教育形式的具体体现。通过国家考试，个人自学、社会助学的成果得到检验和认定，并得到社会的承认。

2. 任务

在国务院发布的《条例》中，对自学考试的主要任务有明确的规定：

(1) 促进广泛的个人自学和社会助学活动；

(2) 推进在职专业教育和大学后继续教育；

(3) 造就和选拔德才兼备的专门人才；

(4) 提高全民族的思想道德、科学文化素质，适应社会主义现代化建设的需要。

3. 特点及质量标准

高等教育自学考试的特点可归纳为：最大的开放性、广泛的适应性、极大的灵活性、自学方法和社会助学的多样性等。自学考试面向全国，无入学条件要求，只要是中华人民共和国的公民，不受性别、年龄、民族、种族、已受教育程度的限制；报考专业、学习方式、地点不受限制；考一门通过一门，即可取得该门课程的单科合格证书，考试时间、考试次数不受限制，考试不及格可考多次、重复考，直到合格为止等。

高教自学考试的质量标准，在总体上与普通高等学校同等学历层次水平的要求相一致。自学考试每个学科的考试，均属该科结业考试，及格一门即获得该科的单科合格证书，完成规定的毕业论文（设计）或其他教育实践任务，经思想品德鉴定符合要求，即可获得同层次的毕业证书。符合相应学位条件的高等教育自学考试的本科毕业生，按《中华人民共和国学位条例》的规定，由国务院已授权的主考高等院校授予相应学位。

（三）学历待遇

1. 学历层次

高等教育自学考试设专科（基础科）、本科学历层次（其中包括本科段和独立本科段)。

另有中专层次专业设置由省级高等教育自学考试委员会组织有关部门和专家进行论证，提出申请，报全国高等教育自学考试指导委员会审批。

每个专业由全国高等教育自学考试指导委员会颁布专业考试计划、课程自学考试大纲，并组织编写或指定自学考试教材。

目前文凭有专科毕业证书、本科毕业证书、专业证书、单科合格证书，还有中专毕业证书。

2. 使用待遇

《条例》中对毕业生的使用及待遇都做了明确的规定：高等教育自学考试专科（基础科）或本科毕业证书获得者，在职人员由所在单位或其上级主管部门本着用其所学、发挥所长原则，根据工作需要，调整他们的工作；非在职人员（包括农民）由省、自治区、直辖市劳动人事部门根据需要，在编制和增人指标范围内有计划地择优录用或聘用。

高等教育自学考试毕业证书获得者的工资待遇：非在职人员录用后，与普通高等学校同类毕业生相同；在职人员的工资待遇低于普通高等学校同类毕业生的，从获得毕业证之日起，按普通高等学校同类毕业生工资标准执行。关于中专毕业人员的使用待遇应按《中等专业教育自学考试暂行规定》执行。

三、成人高考

成人高考是成人高等学校招生全国统一考试的简称。成人高考设立之初，是为解决在岗人员的学历教育和继续教育问题，参加者也多为成年人。

目前，高中起点成人高考考试科目设置和普通高校招生考试科目比较接近，更便于高中毕业生参加考试。考生考试结束后，达到最低录取控制分数线，取得入学资格后，即可开始接受高等教育。

成人高考的招生对象、学习形式和招生院校不同于普通高考。普通高考主要是高三毕业生，成人高考考生主要是在职从业人员。近年来，中职毕业生的比例正在上升。承担成人高等教育的院校分为普通高校和独立设置的成人高校，以业余学习为主，学习形式分三种：一为成人脱产班（从 2008 年起停止招生)，一为函授（自学为主，面授为辅)，一为夜大（主要用晚上和周末时间学习）。学生毕业后可获得国家承认的专、本科学历文凭。

成人高考的报考对象为国家承认学历的各类高、中等学校在校生以外的在职从业人员和社会其他人员。报考高中起点本科或专科的考生应具有高中毕业文化程度。报考专科起点本科的考生必须是已取得经教育部审定核准的国民教育系列高等学校、高等教育自学考试机构颁发的专科毕业证书的人员。

成人高考的录取与普通高考的录取有所区别。普通高考的录取有重点与非重点之分，重点大学先录，非重点大学在重点大学录取完后再录。成人高考不分重点与非重点，只分批次，如提前艺术类批次、高起本及专升本批次、高起专批次等。在同一批次的录取中，重点大学与非重点大学是同步录取的。

成人高考、自考、学历文凭考试有以下不同：

（1）办学主体不同。各大学都有相应的成人教育学院或继续教育学院，所以成人教育的办学主体一般为国家，但目前也有一些成人教育是社会力量办学的。自考的办学主体一般为个人或民间机构，也有一些是由各大学办的，但一般都是打着大学的旗号而已。学历文凭考试的办学主体是个人或民间机构。

（2）招生对象不同。我国成人教育的招生对象主要是在岗人员及待业者、已经离开正规学校的人员、已经接受过高等教育的专业技术人员和管理人员，从中可看出是名副其实的成人教育。不过目前也有些松动，越来越多的高中毕业生加入到成人教育的大军中来。自考的情况和成人高考类似。学历文凭考试则不同，它是民办高等教育的一种，主要招生对象为刚从中等学校毕业的想接受高等教育的学生。

（3）文凭不同。成人高考的文凭是各大学的成人教育学院发的。自考的文凭上盖有两个章，一个是主考院校的章，另一个是当地高等教育自学考试委员会的章。学历文凭考试严格来说是自考的一种，与自考不大一样的是其毕业证由授课学校自己发，而不是由主考院校和高等教育自学考试委员会联合盖章。另外，自考与成人高考均有本科，对达到条件者国家也可授予学士学位，而学历文凭考试目前只有大专。

（4）考试方式、难度不同。成人高考属于严进宽出，学生只有通过国家统一的成人高考，才能入学就读。就像高考一样，也要填志愿。但只要你考上了，一般来说毕业都不会太困难（这与普通高考很相似）。自考和学历文凭考试属于宽进严出，学员入学时不需要通过考试，直接就可入学，但如果你想得到国家承认的毕业证，就得一门一门地通过国家考试。所不同的是，自考全都是由国家出题考试，学历文凭考试由国家考三分之一，当地教育主管部门考三分之一，学校自己考三分之一。所以说，这三种考试，自考最难，成人高考其次，学历文凭考试最容易。

（5）学习方式不同。这三种考试中，成人高考的学习方式最多：有脱产全日制学习，有夜大学，有函授，甚至早期的电大也是成人教育的一种方式。这对学员来说有很大的自主性：如果你有充足的精力与财力，可以选择脱产学习，体验真正的大学生活；如果你一边在工作一边还想给自己充电，可以选择夜大学；如果你想上外地的著名大学，也可以足不出户地学习——函授。自考相对来说学习方式就要少一些，只能在脱产学习与业余自学之间选择（当然，较大的城市里也会有自考的业余辅导班）。学历文凭考试的学习方式只有一种，就是脱产学习。

（6）含金量不同。常常有人问这三种考试的含金量如何。其实只要你能毕业，其毕业证都是国家承认的。但如果非要在其中比个高低的话，应该说，最难考的含金量最高。

【要点小结】

SAT 的原名是 Scholastic Aptitude Test，通常译为学能测验，是由美国大学委员会委托教育测验服务中心所举办的大学入学能力测验。后来将其与学科测验结合起来统称学业评估测验（Scholastic Assessment Test），仍缩写为 SAT，分为推理测验和学科测验。

ACT（American College Test）和 SAT 均被称为“美国高考”，它们既是美国大学的入学条件之一，又是大学发放奖学金的主要依据之一。

GRE 全称 Graduate Record Examinations，中文名称为美国研究生入学考试，适用于除法律与商业外的各专业。GRE 分数是美国、加拿大的大学各类研究生院（除管理学院、法学院）要求申请者所必须具备的一个考试成绩，也是教授对申请者是否授予奖学金所依据的最重要的标准。GRE 考试分两种：一是一般能力或称倾向性测验；二是专业测验或称高级测验。

托福是由美国教育测验服务中心在全世界举办的针对母语非英语的人进行的英语水平考试。托福成绩是出国留学（美国、加拿大）的必备考试成绩。

雅思，简称IELTS，中文名为国际英语语言测试系统，是由英国文化协会（即英国驻华大使馆或总领事馆文化教育处）、剑桥大学考试委员会和澳大利亚教育国际开发署共同举办的国际英语水平测试。此项考试是为申请赴英语国家（英国、美国、澳大利亚、加拿大、新西兰等）留学、移民的非英语国家学生而设的，用来评定考生运用英语的能力。雅思考试包括两类：培训类目前较多适用于移民；学术类目前较多适用于留学。

高考一般指新中国的高等教育入学考试，有普通高校招生考试、自学考试和成人高考三种形式。一般的高考指普通高等学校招生全国统一考试，是由国家统一组织调度，国家或省级行政单位专门组织命题，统一时间（部分地区考试科目较多，结束时间较晚些）的考试，是考生进入大学的主要途径。

高等教育自学考试简称自考，是对自学者进行的以学历考试为主的高等教育国家考试，是个人自学、社会助学和国家考试相结合的高等教育形式，是我国社会主义高等教育体系的重要组成部分。其任务是通过国家考试促进广泛的个人自学和社会助学活动，推进在职专业教育和大学后继续教育，造就和选拔德才兼备的专门人才，提高全民族的思想道德、科学文化素质，适应社会主义现代化建设的需要。

成人高考是成人高等学校招生全国统一考试的简称。成人高考设立之初，是为解决在岗人员的学历教育和继续教育问题，参加者也多为成年人。

【思考与练习】

1. 试比较SAT和ACT两个考试。
2. 简要概述托福。
3. 试述雅思。
4. 试述GRE。
5. 试比较高考、自考、成人高考。

第十四章　职业测验

【内容提要】

本章介绍了职业测验的产生及发展，详细介绍了一些著名的职业兴趣测验的编制技术，还介绍了霍兰德职业兴趣理论及如何应用霍兰德职业兴趣测验进行实际分析，最后还介绍了其他一些职业测验，如军队职业能力倾向成套测验及行政职业能力测验等。

【学习目标】

1. 了解职业测验与能力测验、人格测验等的关系。

2. 了解库德职业兴趣调查表与斯特朗-坎贝尔职业兴趣调查表编制理念的异同。

3. 掌握霍兰德职业兴趣理论，并应用霍兰德职业兴趣测验进行实际分析。

【关键词】

斯特朗-坎贝尔职业兴趣调查表　库德职业兴趣调查表　霍兰德职业兴趣理论　权利动机　成就动机　亲和动机　风险动机　PM问卷　组织公民行为　职业倦怠　工作满意度　职业成熟度　职业决策效能

一般而言，我们认为能将个人兴趣和能力有机结合的职业是最令人向往的职业，因此在职业测评中，个人的兴趣和能力是最为关注的两个方面。本章将着重介绍有关兴趣的职业测验以及用于不同职业选拔和资格认证的能力测验，同时对在职业领域新近受到较多关注的领域，包括组织公民行为、职业倦怠、工作满意度的理论及测评工具进行适当介绍。

第一节　职业测验发展的背景

一、职业测验的产生及早期发展

19 世纪后期，资本主义经济迅猛发展，伴随着资本主义生产的发展，出现了广泛而深刻的社会变迁。社会变迁导致大量的社会问题。其中，童工问题、年轻人从学校走向社会时面临的求职就业和职业适应等问题引起了一些有识之士的热切关注。他们首先在一些学校和社会福利部门行动并做宣传，设立帮助机构，筹划寻求解决办法，试图帮助年轻人解决面临的困难。一些零散的努力逐渐发展成一场有组织、有影响的运动，就是后来的职业指导运动。1850 年开始，美国开展了职业指导运动。职业指导运动的内容主要有两个方面：一是职业指导（vocational guidance），主要是给年轻人提供职业介绍和职业咨询；二是改善学校教育。早在 1898 年，美国底特律中央中学校长杰西·戴维斯就开始在学校教育中探索实施教育咨询和职业咨询，强调职业信息的重要性并为学生提供就业信息。

在职业指导运动中，最有影响的人物是帕森斯（F. Parsons），后人称之为职业指导之父。1901 年美国热衷于社会改良运动的青年律师帕森斯在波士顿设立了公民服务机构，也是世界第一个职业指导机构，帮助失业青年和移民制订寻找职业的计划。1908 年，帕森斯撰写的《选择职业》出版了，这是最早的职业指导书，系统论述了他的指导理论及程序，确立了职业指导在现代社会中的地位，标志着职业指导理论的创立。同年，帕森斯在波士顿设立职业局，一般把这个事件认为是职业指导的正式创立，而帕森斯本人也因此成为职业指导的创始者。帕森斯本人的生活经历使他有资格写这样一本书：他学过土木工程，在一家钢厂做过普通工人，又在几所大学教过书，学习过法律，竞选过波士顿市市长，没有成功，最后便投身于社会服务，积极推进职业指导工作。

随后，1913 年美国成立了职业指导协会。到二战结束时，已有会员三千余人。

20 世纪 20 年代，兴起了以美国为中心的职业指导运动。1927 年，斯特朗（E. K. Strong）出版了第一个兴趣测验，即斯特朗职业兴趣问卷，使测验结果与具体职业直接对应。1928 年，哈尔出版了能力倾向测验，他强调人类特质与职业要求的匹配，提倡将能力倾向测验即性向测验用于职业指导。

二次大战后，出现大量退役军人，导致美国大学生源猛增，这使得各类职业测验有了更广泛的用武之地，因为这些测验既可以用来预测学生的成绩，也可以帮助学生选择自己有兴趣而且能胜任的专业和职业。1958 年，美国通过的《全国义务教育法》鼓励将心理测验与职业指导紧密结合起来，促进了职业指导运动的进一步发展。随后一些大型测验机构相继成立，如美国教育测验服务中心始建于 1947 年。到 70 年代，职业指导引起世界各国关注，如英国、德国、日本、加拿大和苏联。

职业测验的产生与发展，离不开因素分析这一数学方法。由于因素分析，对人的各种特质的确认、分类及定义成为可能，才有可能编制对各种特质或因素进行最佳测量的代表性测验。

二、中国的职业指导

我国的职业指导可追溯到 20 年代初期。1916 年，清华大学校长周寄梅先生首次将心理测试的手段应用在学生选择职业中，这标志着职业指导在我国开始起步。

1919 年，黄炎培等教育家在中华职业教育社的社刊《教育与职业》杂志上发行了《职业指导号》，从介绍西方国家职业指导的理论与经验入手，结合当时的经济与社会状况，提出了在我国开展职业指导的必要性。

1920 年，中华职业教育社成立了职业指导部，组织力量对社会职业状况进行调查，对职业选择方法进行演讲。随后开展了一系列职业指导活动，如 1924 年在上海、南京、济南、武汉举办的对中学生的升学与就业指导。

1927年，中华职业教育社创办了我国第一个为社会服务的组织——上海职业指导所，1929年成立了海外职业指导部。此后，各地又建立了一批职业指导所，为发展我国职业指导事业奠定了基础。但旧中国经济凋敝，职业指导基本处于停滞状态。

新中国成立后，由于实行计划经济和就业的统包统配等多种原因，职业指导没有得到足够重视。

1978年，十一届三中全会以来，党和政府从国情出发，开辟多种就业渠道，创建和发展劳动服务公司，并通过这一机构组织、培训、协调劳动力的供求，职业指导也随之发展起来。特别是改革开放以来，我国国民经济迅速发展。随着所有制和产业结构调整以及劳动用工制度改革的不断深化，就业制度发生了根本变化，发展多种就业形式，运用市场调节就业结构，形成用人单位和劳动者双向选择、合理流动的就业机制，为职业指导提供了最好的发展机遇。

1986年，劳动人事部培训就业局编写了就业训练统编教材《就业指导》，供各地对求职人员开展职业培训时使用，并通过职业介绍机构开展了初步的职业指导工作。

1994年，劳动部颁发了《职业指导办法》，明确规定职业介绍机构应开展职业指导工作，配备专、兼职职业指导员，向劳动者和用人单位提供指导和服务。

同年，国家教委正式颁发了《普通中学职业指导纲要》，正式在普通中学引进职业指导。这样，以就业指导为重点的职业指导成为当前我国教育的重要组成部分。

随着经济结构调整和国有企业改革力度的加大，下岗职工再就业已成为职业指导的热点话题，职业指导工作被纳入到“再就业工程”之中，劳动和社会保障部明确要求在企业再就业服务中心实行“一三一”工程，其中最重要的一项，就是对下岗职工的再就业实施职业指导。

当前职业指导工作范围更加广阔，其工作内容开始渗透到社区服务、家政服务、创业指导和用工指导等领域，在形式上也更加多样化，利用各种媒体、网络进行指导，以“一对一”或“一对众”的形式进行指导，根据求职者的不同情况进行分类指导等。

1999 年，劳动和社会保障部又推出了职业指导人员国家职业标准，组织编写了全国统一培训教材，在组织培训的基础上实行统一的鉴定考核，并按《职业指导办法》的精神，逐步做到职业指导员持证上岗。

第二节　职业兴趣测验

从帕森斯开始的职业发展专家们无不将兴趣作为影响职业选择的一个重要因素。而在心理测验兴起之前，职业咨询者会要求来访者列出他们的爱好，说出他们崇拜的人或描绘他们的喜好和厌恶。甚至到今天，这也是确定人们兴趣的好方法。这里我们需要注意对兴趣的一种划分方式，即通过对活动偏好的表述显示的表达兴趣（expressed interest）、通过主动参与某项活动而表现出其喜爱程度的表现兴趣（manifest interest）和通过测验测量的测量兴趣（inventoried interest）。

早期的职业咨询者认为，了解求访者的兴趣将有助于他们确定将来可能从事的职业。第一次世界大战期间，瑟斯顿根据斯普兰格（Spranger）的六种价值观类型（经济型、宗教型、权力型、社会型、理论型、审美型）的理论，加上自己因素分析的结果，将职业兴趣划分为 10 个范围。再就每一范围列举 20 个职业名称，采用项目对比法测量被试的兴趣偏好。该量表称为瑟斯顿职业兴趣调查表（Thurstone Vocational Interest Scale）。

1915 年，霍尔和迈纳（S. Hall & J. Miner）在卡内基技术所（Carnegie Institute of Technology）工作期间，编制了一个兴趣测量问卷，称为卡内基兴趣调查表（Carnegie Interest Inventory），涉及学习、娱乐等内容。而最早的真正意义的职业兴趣测验诞生于 1927 年，其标志是斯特朗编制了斯特朗职业兴趣问卷（Strong Vocational Interest Blank，简称 SVIB）。

一、斯特朗-坎贝尔职业兴趣调查表

（一）斯特朗-坎贝尔职业兴趣调查表的组成及其发展过程

斯特朗职业兴趣调查表的编制方法是，先编制涉及各种职业、学校科目、娱乐活动及人的类型的问卷，然后对两组被试施测，一组代表专门从事某种工作的标准职业者，另一组代表一般人。将两组被试反应不同的题目放在一起，构成职业兴趣调查表。

斯特朗于1963年去世后，明尼苏达大学的坎贝尔（D. P. Campbell）主持了对该测验的修订工作，在斯特朗工作的基础上编制了斯特朗-坎贝尔职业兴趣调查表（Strong-Campbell Interest Inventory，简称SCII，1974）。此后，汉森（J. C. Hansen）对该测验又进行了两次修订，发表了1981年、1985年版本。SCII是目前在国外最为流行的职业兴趣测验，它被广泛地应用于各种职业咨询机构，为人们选择满意的职业提供了非常有益的信息。

1985年版的SCII共包括325个项目，构成264个量表，其中包括6个一般职业主题量表、23个基本职业兴趣量表、207个具体职业量表、2个特殊量表、26个测验管理指标量表。在施测过程中，要求应试者对每个项目从“喜欢”“无所谓”“不喜欢”这三个反应中选择一个。

（二）SCII的建构理论

SCII的理论基础不断地被加强和丰富。目前，SCII主要包括经验性量表、同质性量表和依据霍兰德的职业理论建立起来的量表。

1. 斯特朗（Strong，1927）的经验性量表

经验性量表是SCII最为主要的特色。使用这种方法建构职业偏好量表，最早是由斯特朗于1927年提出并实际运用于工作之中的。斯特朗通过大量的调查发现，从事不同职业的人群，在兴趣爱好上是不同的。在此基础上，斯特朗提出了建构各种职业量表的方法：取两组被试，一组是标准职业者，另一组是参照组；让两组被试接受测试，然后比较被试的项目反应，挑选出那些存在明显反应差别的项目，构成特定的职业量表。

这种经验性的方法，自斯特朗提出之日起，由于其高度的实际应用性而受到职业兴趣量表编制者的钟爱。当前，它仍然是用于建构职业兴趣量表的主要方法之一。

2. 坎贝尔（Campbell，1968）的同质性量表

采用经验性的方法，使得人们能够编制出特定的职业兴趣量表，区分出各种职业群体的兴趣模式。但是，由于在建构这种量表的过程中，编制者只注重项目的区分性，忽视了项目的内容，使得每种特定职业量表的题目几乎都涉及非常广泛的领域，使人们无法对从事某种职业群体的兴趣特点给出清楚的解释。为了解决这一难题，克拉克（K. Clark）于1961年提出了编制同质性量表的方法：取一个由一般人组成的被试组进行施测，通过聚类分析的统计方法，将那些具有很高相关的题目归结到一起，组成具有某种共同特性的同质性量表。也就是说，该同质性量表的所有题目在内容上具有很高的一致性。

由于同质性量表的结果非常易于理解，而且，将它与经验性量表一起使用，能够帮助人们了解特定职业量表所反映的某种职业群体的兴趣特点，因此，坎贝尔在1969年将它引入SCII的编制过程中。

3. 霍兰德（Holland，1972）的职业兴趣分类理论的引入

为了发展出一种系统的职业分类方法，霍兰德于1959年第一次提出了他的职业选择理论：人们总是选择那些能够使自己的人格特点与工作环境要求达到最大限度匹配的职业。

1972年，坎贝尔和霍兰德使用SCII的题目，依据霍兰德的职业理论，建立了6个一般职业主题量表，并试用于斯特朗所收集的数据。结果表明，这种一般职业主题量表与经验性量表和同质性量表具有很高的一致性，对于进一步理解不同职业群体的兴趣特点是非常有益的。从此，霍兰德的这种职业理论被正式应用于对SCII结果的组织与解释，并不断地有所发展。有关具体的霍兰德职业理论，请详见本章后面对霍兰德职业量表的介绍。

以上这些理论或方法，从20世纪70年代起被同时使用于对SCII的编制和解释中，使得SCII的应用性被大大地提高。现在，人们能够对SCII的结果进行多方位、多角度的解释，使得人们对自己的职业兴趣了解得更清晰、更完整。

（三）SCII的构成

1. 一般职业主题量表

一般职业主题量表是根据霍兰德的职业理论建立起来的，共包括6个量

表，每个量表由 20 个题目构成，一共 120 个题目。一般职业主题量表的意义在于它将各种职业按其内在联系进行分类，使基本职业兴趣量表、具体职业量表的结果易于理解。

2. 基本职业兴趣量表

基本职业兴趣量表是由在内容上具有相似性且在统计上具有高相关的题目组成的，因此，这种量表属于同质性量表。在 SCII 中，一共包括 23 个基本职业兴趣量表，每个量表所包括的题目从 5 个到 24 个不等。这 23 个量表，根据其内容与相关性，分别被归结到 6 个一般职业主题量表中。

3. 具体职业量表

具体职业量表是根据斯特朗的经验性方法建立起来的。1985 年版的 SCII 中共包括 106 种职业，除其中 5 种职业为男女共用同一常模外，其他每种职业均对男女分别建立了常模。因此，SCII 中共包括 207 个具体职业量表。

4. 特殊量表

特殊量表中的题目，就像具体职业量表中的题目一样，是严格按照统计标准进行挑选的。

（1）学术满意度量表。学术满意度量表是通过比较成绩好和成绩差的学生的项目反应建立的。应试者在该量表上的得分反映出他对学术研究环境喜爱的程度。

（2）内外向量表。内外向量表是由明尼苏达多相人格调查表诊断为内向者和外向者的项目反应建立的。应试者的得分表明他是否喜欢和他人一起工作。

特殊量表在面对面的职业咨询指导中有着十分重要的意义。

5. 测验管理指标量表

测验管理指标量表是对每一份答案进行常规性检查，以确保在施测及数据录入过程中没有意外情况发生。这些指标包括以下三个统计量：

（1）整体反应指标：应试者做出反应的题目的数目。在 SCII 的 325 个题目中，应试者的整体反应指标不应低于 310，即应试者未做出反应的题目的数目不能超过 15 个。

（2）异常反应指标：应试者做出异常反应的题目的数目。如果一般参照样本对某道题目做出某种反应的百分比低于 6%，则该种反应属于异常反应。在

SCII 中，女性的异常反应指标应低于 6 个题目，男性的异常反应指标应低于 11 个题目。

（3）反应类型指标：应试者做出的“喜欢”“无所谓”“不喜欢”的反应占全部反应的百分比。在 SCII 中，应试者对每种类型反应的百分比为 10%～70%。

无论应试者在哪种测验管理指标上出现异常情况，施测者及咨询人员都应该予以注意，并查找出产生这种现象的原因。

在对 SCII 数据处理与解释时，首先，统计测验管理指标，检查答题及数据录入过程中是否有异常情况发生；然后，依次统计在特殊量表、一般职业主题量表、基本职业兴趣量表和具体职业量表上的得分；再根据应试者在这些量表上的得分，逐步将其兴趣范围缩小，最后集中在某几种基本职业兴趣和具体职业上。

（四）对 SCII 的评价

SCII 出现后，被广泛地应用于教育、职业咨询和升学、就业指导中。它可以帮助人们对自己有一个更加清晰的了解：不仅是对自身特点的了解，而且还能够得到关于自己在群体中的相对位置的信息。另外，它还可以帮助教师和家长加深对学生和子女的兴趣的了解，从而为他们提供更适宜的建议和指导；它还可以帮助企业领导加深对员工的了解，从而使工作安置更符合员工的兴趣特点或者帮助在职员工找到对工作感到不满的可能原因。

除了这种针对个体的应用意义外，SCII 还可以用来进行群体性研究，如某种特殊职业群体的兴趣特点、社会潮流的发展规律，以及某些跨文化的研究。另外，SCII 在某些领域还具有潜在的应用价值，如根据人们的职业兴趣特点进行工作设计，从兴趣的角度进行人际交往指导，等等。

总之，SCII 是一个非常成功的心理测验。它不仅给我们提供了一个具体测量工具，更重要的是它在量表的建构、应用范围及使用方法等方面提供了许多值得借鉴的经验和启迪。

二、库德职业兴趣调查表

在职业兴趣测量研究中，库德（G. Kuder）是另一位卓有成效的贡献者。

他从1930年起陆续开发出一系列的兴趣量表。库德的编制方法和斯特朗不同，他对一群大学生施测描述各种活动的短句，从被试的反应中确定句子的种类，最后编制出涉及10个兴趣范围的分量表。这10个兴趣范围分别是说服型、文秘型、机械型、服务型、计算型、科研型、户外型、艺术型、文学型、音乐型。其基本思想是：把所有职业分成10个兴趣领域，然后确定与之相应的10个同质性量表，被试的结果按这10个量表记分，通过得分高低决定主要的兴趣领域。

1934年编制的库德个人偏好记录表（Kuder Personal Preference Record）在1966年被改为库德职业兴趣调查表（Kuder Occupational Interest Survey，简称KOIS）。1985年版的KOIS包括100组“三合一”项目，每组项目由三个描述有关活动的句子组成，每个句子隶属于不同的分量表，要求被试必须指出最喜欢的和最不喜欢的活动。职业兴趣评估（即传统的10个同质性量表）按百分等级顺序排列，男女常模分开。

该量表的最新版本于1999年发布，新的测验称为库德职业搜索与个人匹配（Kuder Career Search with Person Match）。这个版本提供的是个人—个人的匹配，而非早期版本的个人—群体的匹配。

三、霍兰德职业兴趣测验

（一）霍兰德的职业兴趣理论

目前国外职业兴趣研究中影响较大的是霍兰德（J. L. Holland）的职业兴趣理论。霍兰德于20世纪50年代开始职业兴趣的测量研究。1959年，霍兰德在长期职业指导和咨询实践的基础上首次提出了自己的职业兴趣理论，他认为职业兴趣就是人格的体现。因此，霍兰德的职业兴趣理论基本上是一种职业人格理论。这一理论建立在以下基本假设基础上：

（1）在我们的社会中，绝大部分人都可以被归结到六种不同的类型之中，即艺术型（artistic）、传统型（conventional，也称常规型、习俗型）、经营型（enterprising，也称企业型、事业型）、研究型（investigated，intellectual，也称探索型）、现实型（realistic，也称实际型）和社会型（social，也称社交型），每个人都属于一种类型或是几种类型的组合。

（2）绝大部分职业环境也可以被归结为同样的六种类型，而且每种职业环境都由某种特殊类型的人所主导。因此，工作环境的要求与工作伙伴的人格特点就构成了该种职业的风格。

（3）人们倾向于寻找和选择那种有利于他们能力的发挥、能充分表达他们的态度、实现他们的价值并使自己能扮演满意角色的环境。在这方面，人们选择环境，同时环境的发展变化也影响着人们的选择。因此，这个过程的完成需要一段相当长的时间。

（4）一个人的所作所为是他本人个性和环境特征交互作用的结果。个体人格模式和环境模式的不同匹配可以预测个体的一系列行为发生概率和好坏程度，包括职业选择、工作改变、工作绩效和个人能力。

（5）个体类型和环境类型的一致性（congruence）、和谐程度可由一个六边形模型（如下图所示）来解释和评估。个体类型和环境类型的距离越短，则两者之间的关系便越紧密。这种六边形模型能得到四种不同的人—环境之间关系的和谐度。比如说，一个社交型的人和一个社交型的环境是最和谐一致的，同企业型和艺术型的环境是比较和谐的，同传统型和探索型的环境是较不和谐的，同现实型的人是最不和谐的。

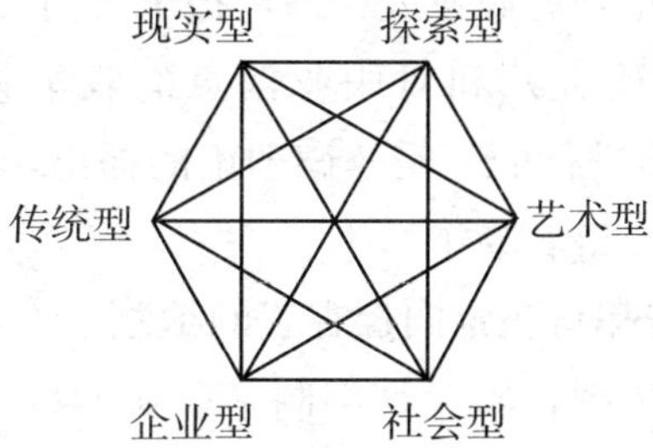

图 14-1　霍兰德职业兴趣六边形

（6）个体内部或环境内部的相容性（consistency）程度也可以用一个六边形模型来决定。在六边形模型中，相邻的类型是高相容的，或有着一致性的兴趣和职业职责；六边形上相对的类型则有高的非相容性，或者说包含着一些无关的个性特征和职业功能。例如，一个人同时在艺术型和传统型维度上得了高分，那么他将得到一个非相容的编码。因为艺术型和传统型在六边形上的位置是相对的，它们所包含的所有内容也是相对的。

（7）个体或者环境的区分度可由职业的编码、所绘的结果剖面图来解释。

20 世纪 70 年代早期，霍兰德提出了关于兴趣的新理论。他认为兴趣是描述人格特质的另外一种方法，是关于职业选择中最重要的人格的一种更广义的概念。人格被看成是由兴趣、价值观、需要、技能、信仰、态度和学习风格组成的。但对于职业选择而言，兴趣是人职匹配过程中最重要的人格。在文献探讨的基础上，霍兰德进一步推断，既然弗洛伊德可以从有关性、个体与父母关系的知识中建立人格理论，当然也可以从有关职业生活的知识中建立人格理论。基于这种认识，霍兰德提出了职业兴趣的人格类型理论。该理论认为，个体对职业的选择受到动机、知识、爱好和自知力等因素的支配，最主要的是一个人之所以选择某职业领域，基本上是受到其兴趣和人格的影响。该理论被认为是最具影响的职业发展理论和职业分类体系之一。

随后，霍兰德将其职业人格类型理论运用于职业名称词典（DOT），借助 DOT 的职业分析的有关内容，将其中 7 500 种职业赋予霍兰德人格类型代码，编纂了《霍兰德职业代码词典》（*Dictionary of Holland Occupational Codes*），为各类人员按照自己的职业兴趣类型搜寻合适的职业提供了广泛的应用前景。准确地讲，在霍兰德职业人格理论提出之前，对职业兴趣个体差异的研究（如斯特朗等人的研究）和对职业信息的收集整理（如美国劳工部的 DOT），都是相对独立地进行的。霍兰德理论的提出，使人们对职业兴趣与各种职业之间关系的理解变得容易了。

（二）职业偏好量表和自我定向探查表的编制

以职业人格理论为依据，霍兰德编制了职业偏好量表（Vocational Preference Inventory，简称 VPI），量表由 160 个职业条目构成。如前所述，他把职业兴趣分成六个方面，相应地，有六种环境模式。环境的性质是其所属成员典型特性的反映，它提供了相应人格类型的人发挥其兴趣与才能的机会，并强化相应的人格特质。同时，职业也分成与之对应的六个领域，根据受测者对 160 个职业条目反应的得分高低在职业分类表中查找职业。其最终的职业兴趣既可以是大的职业兴趣领域，也可以是具体的职业。由于该理论将职业兴趣划分为六种类型，人们也将其简称为 RIASEC 理论。该理论被认为是最有影响的职业发展理论和职业分类体系之一。

自我定向探查表（Self-Directed Search，简称 SDS）是在 VPI 的基础上发展而成的量表，它是自己管理、记分和解释结果的职业咨询工具。整个量表有四个部分：第一部分是列出自己理想的职业；第二部分是测查部分，分别测活动、潜能、爱好的职业及自我能力评定四个方面，每个方面都是按霍兰德的理论编制的测六种类型的项目，每个方面题数相等（每类型 38 题）；第三部分按六种类型的四个方面测得结果的得分高低，按由大到小取三种类型构成三字母职业码（这些字母为六种类型的英文的头一字母，每种职业根据研究都有职业码）；第四部分为职业寻找表，包括 1 335 个职业，每种职业都标有职业码和所要求的教育水平。根据第三部分所得的职业码可在第四部分寻找喜欢的职业，如找不到，还可改变三字母的排列顺序去寻找。

VPI 和 SDS 这两种量表均以霍兰德的 RIASEC 理论构想为基础，可以对职业兴趣的个体差异做出有效评估。

（三）**SDS 的发展趋势**

第一，进一步扩展同时效度和预测效度。尽管第一个 SDS 很成功，但为了更细致地检查 SDS 的效度，要增加效标。为了使其预测效度更高，特别应该把能力量表与传统的潜能量表进行比较。

第二，用多种策略改进量表，以获得更好的同时效度和预测效度。这些策略包括：提高量表的独立性；加强兴趣量表本身的研究和分析，比如除自己评价自己外，再增加朋友、教师或咨询者的评价；重新考察职业；寻找量表的建构效度，其方式是把现在的职业码与 DOT、在新的兴趣量表或工作分析中获得的职业码进行比较。

第三，进一步扩大应用领域。职业课程的评估以及 SDS 和其他兴趣量表的实验研究已形成了新的职业教学理论，在这个理论中，SDS 及其他影响的变量都只是许多特殊实验的一部分。霍兰德（1985）提出了职业辅导的认知-情绪理论，在这个理论中，SDS 及其理论为理解自我、职业以及二者的关系提供了一个综合结构。随着这个理论的明确和应用，SDS 有可能被修订成更有影响的量表。

第四，有待修订以适用于特殊群体。

（四）对霍兰德职业兴趣测验的评价

霍兰德的职业兴趣理论较符合逻辑和科学标准，且获得了大量实证研究的支持，因此逐步被许多职业兴趣量表作为分数合成和结果解释的理论依据。例如，斯特朗-坎贝尔职业兴趣调查表1974年的修订版、库德职业兴趣调查表（Zytowski，1985）均采用霍兰德的理论构想形式。此外，还有一些兴趣量表，或采用转化的方式，或采用霍兰德的理论构想形式进行编制，如美国大学测验中心的职业兴趣量表（ACT-VIP）、兴趣测查量表（ACT-IV）和UNISEX版兴趣量表（UNIACT-VIP）等。这些量表均符合霍兰德的RIASEC理论构想。由于具备相同的理论构想，这些量表的测查结果可以相互比较，从而进一步推动了该理论的完善和发展。

霍兰德的另一个有广泛影响的贡献在于他提出了各种职业人格类型间的结构性关系模型，从而使人们对各人格类型间的关系有了较为清晰的认识，对职业代码内涵的认识达到了一个新的高度。

如今，霍兰德的职业兴趣理论及其拓展已被广泛应用于职业指导、社会科学及商业领域，其影响和作用也日益壮大。

四、杰克森职业兴趣调查表

杰克森职业兴趣调查表（Jackson Vocational Interest Survey，简称JVIS）代表了对职业兴趣测量的一个更加新近的尝试。自从1977年首版发行以来，至今变动不大。这个调查表的特色之一是它既可以手工评分，也可以机器评分。该量表主要用于帮助大学生进行课程选择和职业规划。在教育领域外，JVIS还没有得到广泛应用。

由于JVIS是一个比较新近的量表，所以在其发展过程中使用了许多相当成熟和先进的测验编制方法。此外，在其编制过程中，编制者非常注意抑制默认定势（acquiescence set），而这种定势遍及许多兴趣量表（这些量表要求被测者在一个刺激项目上集中指出自己所喜欢的和厌恶的）。

JVIS包含289个以自比形式安排的与职业相关的活动。基于这些项目间的内在关系，它们被归入34个基本兴趣量表中。每个量表都是专门设计的，用来反映量表名称所标明的兴趣的大小。对于这289个项目中的每一个，被测者选择陈述A或者陈述B，以此来指明他们偏好的选项。这些项目是这样安排的：从属于A组的17个基本量表的任何一个量表中抽出一个项目，再从属于B组的17个基本量表的任何一个量表中抽取一个项目，然后将它们配对。这样，属于同一组的量表彼此间不可能直接进行比较。更恰当地说，它们彼此之间可以比较的仅仅是当和一个不同的普通量表集进行比较时每个量表被选中的频数。因此，JVIS可以被认为是由两个单独的量表集构成的一个测验工具，而事实上形成了两个独立的自比测量。

JVIS包括工作角色量表、工作风格量表和附加量表。其中附加量表在机器评分时才使用。

JVIS的信度、效度良好，符合心理测量学要求。以大学生为样本，时隔一周的重测信度为0.72～0.91。长期的稳定性目前还不清楚。另外一种反映JVIS信度的方式是，随着时间的推移，被测者的个体测验图是否稳定。实践表明，至少在6个月内，测验图的相对等级序列还是相当稳定的。目前的研究支持JVIS的构想效度，也支持其同时效度，对于预测效度尚缺乏足够的研究数据支持。

第三节　职业能力测验

除职业兴趣测验外，各种能力测验也经常用于职业选拔和职业指导工作中。

一、职业选拔测验

第十章介绍的多重能力倾向测验和特殊能力倾向测验既可用于职业指导，又可用于职业选拔。此外，还有些能力测验专门用于各专业的人员选拔和专业资格鉴定，我们称这些测验为职业能力测验。

职业能力测验可用于选拔那些适合的人员接受专业训练，如普通医学、牙医、护理、法律、商业工程、建筑等专科学校的学生，就需要接受这种测验。这种测验的编制，一般是针对各种专业，分析其所必需的各种能力特质并编成测验。内容包括一般学业能力倾向测验（大多以测普通能力和学业成就为主）、入学前使用的成就测验，有时也用兴趣测验或其他人格特质测验、自传资料、推荐信、过去的学业记录与面谈等作为补充资料。这些内容接近所要测的专业领域，这样做可以提高表面效度，同时，某些证据表明，这些测验的预测效度比一般的学业能力倾向测验高。

（一）**法律学院入学测验**

美国法律学院入学测验（Law School Admision Test，简称 LSAT）可作为专业选拔测验的代表，在此做一简单介绍。

LSAT 的资料包括测验指南和测题。测验指南有详细的内容及如何选择答案等的介绍。测题包括许多类型的题目，每一类型都有时间限制，最后得到一个总分。LSAT 的测题多年来在许多方面都有改变，但语文内容一直保留着。LSAT 包含各种不同形式及层次的阅读理解测验，内容包括人文科学、自然科学、企业管理及通俗写作或演说。LSAT 还包含一个 30 分钟的写作，以前只需写一篇短文，现已改为写两篇内容不同的短文。

LSAT 的一般信息手册提供最近几年受测的全国样本的百分位数常模。LSAT 的信度较高，预测效度还在研究之中。有些研究证明，LSAT 与入法律学院第一年成绩的相关比大学入学成绩与法律学院成绩的相关高。但另一些证据表明，大学入学平均成绩对高年级学生的成绩反而预测力更强，原因可能是，法律学院的成绩受持久性、动机等因素的影响。

（二）**军队职业能力倾向成套测验**

自从陆军甲种测验和乙种测验在第一次世界大战中使用并取得很好效果之后，心理测验被大量运用在军事人员的选拔中。根据测验分数，新兵被分配到技能型和非技能型工作中，有发展潜力者被选拔出来，而那些被认为不适合在军队工作的人员会被拒绝进入军队。西方（主要是美国）军队选拔测验经历过很多次变化和发展，目前使用较多的是军队职业能力倾向成套测验（Armed Services Vocational Aptitude Battery，简称 ASVAB）。

ASVAB 包含 10 个分测验，每个分测验都有不同的时间限制。这 10 个分测验是：（1）普通科学（GS），包含 25 个题目，测查物理和生物科学知识。（2）算术推理（AR），包含 30 个题目，测查解决算术问题的能力。此分测验时限较长，为 36 分钟。(3) 词汇知识 (WK)，包含 35 个题目，要求受测者选择文中所出现的词的正确含义，并找出该词的同义词。(4) 段落理解 (PC)，包含 15 个题目，测查从书面文章中获得信息的能力。(5) 数字操作 (NO)，包含 50 个题目，测试数学计算能力，要求在 3 分钟之内完成这个分测验。(6) 译码速度 (CS)，包含 84 个题目，将指定密码数字译成文字。(7) 汽车与商场信息 (AS)，包含 25 个题目，测查有关汽车、工具和商场的术语、惯例等方面的知识。(8) 数学知识 (MK)，包含 25 个题目，测查高中数学原理知识。(9) 机械理解，包含 25 个题目，测查机械和物理原理等方面的知识。(10) 电子信息 (EI)，包含 20 个题目，测查电学和电子知识。

ASVAB 提供了各种分数，包括每个分测验的标准分、百分等级，还提供了三种学术合成分数：语言能力 (WK+PC)、数学能力 (AR+MK) 和学术能力 (VA+MA)。此外，ASVAB 还提供四种职业合成分数：(1) 机械和制造；(2) 商业和文书；(3) 电子和电力；(4) 健康、社会和科技。

ASVAB 有较好的信度和效度，10 个分测验的内部一致性系数为 0.70～0.90，复本信度为 0.70～0.80。三种合成测验的内部一致性系数和分半信度都在 0.90 以上。

除了纸笔测验的形式，ASVAB 还提供了计算机自适应测验的版本 (CAT-ASVAB)，可以在更短时间内实施该测验。

(三) 行政职业能力测验

行政职业能力测验 (Administrative Aptitude Test，简称 AAT) 是我国主要用于国家行政机关招考非行政领导职务工作人员的一种考试。

1994 年 6 月，人事部颁布《国家公务员录用暂行规定》，指出公务员录用考试采取笔试和面试的方式，测试应试者的公共基础知识、专业知识水平以及其他适应职位要求的一般素质与能力。而行政职业能力测验就是专门用于测查与行政职业上的成功有关的一系列心理潜能的一种标准化考试。它既不同于一般的智力测验，也不同于行政职业通用基础知识或具体专业知识技能的测验，其功能主要是通过测量一系列心理潜能，进而预测考生在行政职业领域内的多种职位上取得成功的可能性。

根据国外公务员录用考试一百多年的经验和有关专家进行的多年研究，我国确定了在职业能力方面，机关行政工作要求有数量关系、判断推理、常识判断、言语理解与表达、资料分析等最基础的能力。只有当这些基本能力达到一定程度并得到一定知识经验的支持后，才能形成综合判断、组织与人际协调以及资料分析等较高层次的职业能力。

基于这些认识，我国选择了上述能力要素中最基本、最主要和便于实际测查的方面，作为行政职业能力测验的内容，即数量关系、判断推理、常识判断、言语理解与表达、资料分析等五大部分。这五种能力只体现了对国家公务员的最低限度的要求，并不代表行政机关职业能力的所有方面，因此，能通过测验只是说明应试者具备了做好行政工作的必要条件，而不是充分条件。

我国公务员录用考试中行政职业能力测验已得到广泛使用并取得较好的效果，一些自行组织录用考试的部门也将行政职业能力测验作为人才测评中笔试阶段的唯一测试内容，某些企事业单位在其白领员工的招聘考试和在职员工的素质测评中也曾借用经过变通的行政职业能力测验，取得了较好的效果。可以说，行政职业能力测验的意义已被广大用人部门和应考人员所认识并接受。

随着我国公务员录用考试制度研究的深入和应用水平的提高，并考虑到录用人员层次和拟任岗位的不同，相继有近十种行政职业能力测验版本被开发出来并投入使用。行政职业能力测验题库计算机系统也正在研究开发中。可以预见的是，随着我国公务员录用考试制度的全面实施，行政职业能力测验必将得到日益广泛和深入的应用。

（四）国家职业汉语能力测试

国家职业汉语测试的汉语拼音缩写为 ZHC，由中国劳动和社会保障部职业技能鉴定中心组织国内语言学、语言教学、心理学和教育测量等方面的专家开发研制，是考查应试者在职业活动中实际应用汉语能力的国家级测试。合格者可以获得相应的证书。

ZHC 是一项核心职业技能测试，面向所有就业者。职业汉语能力是指人们在职业活动中运用汉语进行交际和沟通的能力、运用汉语获得和传递信息的能力。不同于其他的语文考试，ZHC 重点考查应试者在工作场所和职业情境中实际应用语言的能力，考查应试者运用汉语进行交际的能力和逻辑思维能力。

ZHC 是标准化证书考试。ZHC 在预测、等值、题库建设、分数体系设计、主观评分误差控制等各方面有一系列严格的技术要求，是公正的、科学的个人核心能力考试。

ZHC 包含阅读理解和书面表达两大部分，共有 102 道题，考试时间为 150 分钟。ZHC 目前采用纸笔考试。1—100 题为客观试题，填写答题卡；101—102 题为主观试题，在答题纸上笔答。ZHC 成绩从低到高分为初等、中等、高等三个等级。应试者同时获得相应等级的证书。

目前，ZHC 仅仅考查阅读理解能力和书面表达能力。在不久的将来，ZHC 将增加听力测试和口语测试。

（五）飞行员心理选拔测评系统

我国的职业选拔测验只是刚刚起步，除上述测验外，比较有影响的还有由空军招飞办公室组织中国科学院心理研究所、北京大学、北京师范大学、空军第四研究所等机构的专家历时多年编制的飞行员心理选拔测评系统。该测评系统将操作测试与纸笔测试结合起来，测评维度包括飞行能力、飞行动机、情绪稳定性等，具有良好的实证效度，目前已投入使用。

二、职业资格考试

资格指地位、声望、阅历和从事某种活动应具备的条件、身份等。

专业技术资格指可以独立从事专业技术工作的条件与身份。实际上是一种实力，包括学历、工作实绩与经验、信誉、社会关系、公众承认度等可在工作上产生效益的实力，获得资格的人实际上是获得了就职、升迁、流动、独立开业等权力。

标准化测验可用于资格鉴定，这些测验偏重于测量专业知识，但也包含一般能力测验。如美国的国家教师考试（National Teacher Examination，简称 NTE），主要用于测量即将成为教师的人的专业准备性，以便发给证书，以此作为允许进入更高等的师范学校接受教育的资格。

在美国和某些发达国家及地区，专门职业者，即专业人员的资格考试同公务员考试一样，具有重要地位。总的来说，这些专业资格考试具有以下几个特点：

第一，考试由权威机构管理；

第二，考试符合社会需要，包括专业知识的成就测验和实际业务能力测验；

第三，对报考者有一定的资格要求（如学历、工作经验、业绩等）；

第四，对免考而获得职业资格者限制较严；

第五，应考人报名、参加考试程序、报考次数皆有法可循；

第六，资格考试科目多已定型。

下面介绍两种美国的专业资格考试。

（一）心理学家资格考试和执照授予

心理学家资格本质上是指有权拥有"心理学家"这个头衔，而执照则是指有权开业进行心理治疗。在美国，各州对心理学家资格考试与执照授予的基本要求大致相同，必须具备心理学博士学位加上指导经验（通常一年至两年），参加的考试是全国统一的专业心理学家执业考试（Examination for Professional Practice in Psychology，简称 EPPP），由美国州立心理学协会的考试委员会（Examination Committee of the American Association of State Psychology Board）主办，专业考试部（Professional Examination Service）技术协助。这项测验包含了心理学的实际知识及方法学内容，同时也要求熟悉心理学家的道德原则以及相关的专业、政府与司法规定等。

这种考试最合适的效度是内容效度，原因在于很难在已获得执照开业的心理学家身上获得相同的效度资料。这也是其他资格考试中共同的问题。一般来说，资格考试所获得的资格或执照，都是一般性的执照，代表的是达到专业业务所需的最低要求。较高层次的认可由美国专业心理学会（American Board of Professional Psychology，简称 ABPP）执行。刚开始时 ABPP 授予三个领域的文凭，即临床、咨询和工业组织心理学，后来又增加了学校心理学、临床神经心理学、法律心理学及临床催眠。

（二）美国护士资格考试

美国护士资格考试由全国州护理委员会联合会负责组织。该联合会建立于

1978年，其中每个委员皆由所在州立法机关授权。联合会职责既包括护士管理，也包括护士考试及录用。美国的护士考试分注册护士和经验护士两种，前者的应考资格为具有学位或州护理委员会批准的护理教育课程毕业文凭，而后者有一定年限的护理经验即可报考。两种护士只可担任指定的部分护理工作。经验护士的工资只是注册护士的一半。这种考试所得到的效度也是内容效度。

我国资格考试正在发展之中，在相关部门组织下，现在已有会计师、审计师、律师、监理工程师、心理咨询师、人力资源管理师、人才测评师等专业进行资格考试和授予，我国也有专门的法律规定这种考试。但是目前我国职业资格考试存在鱼龙混杂、不标准、不规范和地区间相互排斥等问题，从根源上讲，这也是我国目前经济发展尚不均衡和不健全的反映。资格考试必须符合并紧跟时代需求，但是也必须具备一定时间的积累和对未来经济与职业发展的前瞻性，避免短期行为，造就大量持证“本本族”有证却不能上岗，从而浪费教学资源和人才资源。资格考试必须有合理的难度和区分度，严格把关，使通过考试者真正达到某项工作最低胜任标准。各项相近或相关行业的资格考试也要注意保持适当的区分度和竞争区间，避免雷同和依靠炒作、包装来竞争，造成市场混乱和社会认可度下降。

第四节　领导与管理者测验

一、DISC个性测试

（一）测验的理论基础

人格与管理活动的关系十分重要。在西方发达国家，几乎所有的企业都使用人格测验作为管理者甄选、录用、安置的依据。人格特性在一定程度上决定了个体适合什么样的工作及可能取得的绩效，因此可以通过诊断一个人的人格特征或类型来部分地确定其管理成功的可能性。研究证明，人格会影响到职业选择、工作满意感、压力感、领导行为和工作绩效的某些方面。

DISC个性测验就是一种用于职业评估与选拔的人格测验，其理论源于美国哈佛大学马斯顿（W. M. Marston）1928年的著作《正常人的情绪》。他认为：人类的行为特点是内因和外因相互作用的结果。外因是介于敌对和友好两极之间的环境维度，内因是由被动到主动的行为反应维度。这个两维空间形成一个坐标，据此把人类行为分为下面四种类型：

支配型（dominator，简称 D）——在敌对的环境中变得活跃；

影响型（influence，简称 I）——在友好的环境中变得活跃；

稳定型（stability，简称 S）——在友好的环境中被动服从；

服从型（compliance，简称 C）——在敌对的环境中小心做出试探性反应来降低对抗的程度。

研究表明，这个测验所考查的维度与管理绩效相联系，为企业的人员甄选、录用、安置提供了良好的测评手段。

（二）测验的功能

DISC 个性测验着重从上述四个与管理绩效有关的人格特质对人进行描绘，从而了解应试者的管理素质以及情绪稳定性等。

管理行为作为一种工作情境下的特殊行为，会受到人格特征的影响。具有不同人格特征的个体在同样的工作情境下会表现出不同的管理行为，个体往往在工作中形成自己的管理风格。DISC 个性测验就是把个体安排在一种管理情境中，描述个体的优势、在工作中应注意的事项以及一些个体倾向等，使个体更加清楚地了解自己的人格特征。企业也可以用 DISC 个性测验测量应聘个体是否具有对企业、对职位来说十分关键的人格特征，以此作为筛选人员的标准之一。

（三）测验的特点

在一些用人事测验选拔管理人员的企业中，通常采用 MMPI、16PF 等人格测验。MMPI 是一个临床量表，它是用来鉴别那些患有精神病或神经症的人，用它来测量管理者是不适宜的；16PF 是为测量普通人的完整人格构架而设计的，不能很好地测验应试者的管理绩效。DISC 个性测验与这两者相比，具有以下优点：

（1）适合一般、正常的个体；

（2）与管理绩效相关，能很好地描述应试者的人格特征（优势、劣势等），并能预测其领导特征和情绪稳定性等；

(3) 测验时间短，简单易行；

(4) 有比较完善的解释体系。

(四) 适用对象

该测验的适用对象是：(1) 大、中学生；(2) 社会上的一般人员；(3) 管理人员。

(五) 测验的构成

DISC个性测验由24组描述个性特质的形容词构成，每组包含四个形容词，这些形容词是根据支配性、影响性、稳定性和服从性这四个测量维度以及一些干扰维度来选择的，要求被试根据自己的第一感觉，从每组四个形容词中选出最适合自己和最不适合自己的形容词。

二、管理者人格测验

(一) 测验的功能

不同人格类型的个体对团体的贡献不同，所适宜的管理环境也不同。王垒等人编制的管理者人格测验针对与管理绩效密切相关的维度，对管理者或应聘人员的人格类型进行诊断，可以为人力资源的选用和配置提供参考性建议。

该测验从12个与管理绩效有关的人格特点对人进行描绘，了解应试者在行为风格、思维和处事方式方面的特点，并且能够预测应试者的组织管理潜力，对其适宜的发展方向和组织环境提出建议。该测验适合对管理人员的选拔和职业指导，可以为人事决策和人事诊断提供参考依据。

(二) 测验的特点

该测验是根据“大五”人格模型中五种人格维度及大量研究证明与管理绩效有关的七项人格维度构建成的一项人格测验。其中，面子倾向是对个体的人情取向、面子观念对管理行为的影响进行分析的维度，是体现中国人特点的人格维度。

该测验是自陈量表，优点是高度结构化，实施简便，记分、解释都比较客观、容易。但有以下缺点：

(1) 被试常因情境的改变而做出不同的反应，测验的信度不如智力测验等认知性测验；

（2）由于人格特质难于定义，个体行为总是受到情境与人格的交互作用的影响；

（3）被试对问卷的回答不一定能反映其真实情况；

（4）反应定势和反应风格影响测验结果。

（三）适用对象

本测验适用于对管理人员的评估，以及对管理岗位候选人员的甄选。该测验广泛适用于各种岗位，对受测者的职业、年龄、性别等方面均无限制。

（四）测验的构成

该测验包括12个人格维度：正性情绪倾向、负性情绪倾向、乐群性、责任心、广纳性、内控性、自控性、自信心、A型人格、成就动机、权力动机、面子倾向。

测验题目以三择一的选择题形式出现，主要是要求应试者对自我行为和思维方式进行描述、评价，并在三个选项中选择符合自己情况的选项。测验共有145题，每个人格因素由10～15个题目组成的量表来测量。12种因素的测试题采取按序轮流排列，以便于记分，并保持受试者作答时的兴趣。测试大约需要30分钟。

三、生活特性测验

（一）测验的功能

生活特性问卷是由郭德俊等人为评定个体的动机水平而编制的。测验从权力动机、成就动机、亲和动机、风险动机四个方面描述应试者的动机模式和强弱程度。

动机是行为的内在原因，主要指发动一定行为以满足某种需要的愿望。它在需要的基础上产生，为行为提供能量，具有目标指向性。

在个体层次上，上述四种动机的定位、组合模式与个人工作绩效和职业匹配程度关系紧密，因为个人不同的动机模式决定了他们对自己在组织中的责任、职权和利益三者的认识，特别是决定了对这三者的运用方式。

使用动机测量工具可揭示个体的动机模式特征，评估动机与职业的匹配度，使个人了解自我，估计工作满意度，做出适当的自我设计和调整。对组织来说，该测验有助于测验员工的行为表现、稳定性，为有效地控制管理人员和选拔合格应聘者提供重要的信息。在团体层次上，使用动机测量工具可帮助管理者了解控制组织成员的动机结构、水平，并进行有效的激励，以提高组织绩效和员工满意度。

（二）测验的特点

本测验从近代激励理论关于员工行为动机的基本概念出发，以风险动机、权力动机、亲和动机和成就动机为维度构建而成。这些维度与人们的工作绩效以及参与管理活动中的效能是有必然联系的。其中成就动机和工作绩效之间有高相关，高成就动机有利于实现较高的个人绩效，但具有高成就动机的人不一定是出色的经理人。本测验是评定应聘人员与应聘职位匹配度、揭示职员动机模式、实行有效激励政策的适用工具。

（三）适用对象

本测验广泛适用于各行各业、各层次人员，特别是面临择业、改行或求职的应聘者，用于评估其动机与职业的匹配程度。

（四）测验的构成

本问卷测试的是风险动机、权力动机、亲和动机、成就动机。每种动机选定 11～15 道题目加以测试。

每道题目陈述一个观点，应试者根据他对此观点的同意程度用七点量表评分，如“完全同意”评 7 分，“不完全同意”评 1 分。将题目随机排列编成生活特性问卷，问卷由 51 道题目组成。

（五）测验需要注意的事项

（1）测验名称用“生活特性”代替“动机”，是因为“动机”一词既敏感，又不易被一般人理解，可能造成应试者较多的猜测。

（2）不同职位要求从业者的适宜动机状态各有不同，表现为各种动机的重要程度不同，每种动机的适宜水平不同，因此，不能统一地设定动机水平优劣的分数标准。

（3）针对不同类型的工作对素质或素质组合及水平的需要，考察具体职位的动机要求，确定动机水平与具体职位的对应关系。

表 14-1 反映了不同动机水平的组成对管理绩效的影响。

一般来说，高层管理者权力动机比较高，成就动机中等适度偏高，亲和动机中等；中层管理者成就动机比较高，权力动机应中等适度偏高；职位越低的管理者，权力动机水平应当逐渐降低，亲和动机水平应逐渐升高。

表 14-1　不同动机配置与领导结果

权力动机	成就动机	亲和动机	领导结果
较高	较高	适度	最有利于整个组织的领导
低	较高	高	乡愿型主管，对个人有利，对组织不利
较高	高	低	个人成功，组织不利（无团队精神）
低	高	较高	无法统率团体
高	低	较高	可能偏袒私人
较高	低	高	把组织当成社交场所
太低	—	—	无法统率下属
—	太低	—	无法完成机构的任务
—	—	太低	无法与人交往的孤独者

四、PM 技术

（一）PM 技术的有关背景

PM 技术起源于日本，是目前较为盛行的测评领导行为的技术之一。日本大阪大学教授、著名心理学家三隅二不二曾对领导行为学派的各家理论进行过长期研究，并于 20 世纪 60 年代初开始了 PM 类型论的实验研究。中国科学院心理研究所徐联仓等人在比较国外各种领导行为评价工具的基础上选定了三隅的 PM 问卷，并于 1980 年开始修订中国版本，在中国近 60 家企业进行实验研究。

（二）PM 技术的相关概念

P、M 是团体机能概念。任何一个团体都具有两种机能：一种是 P（performance），指工作绩效，是团体的目标达成机能；另一种是 M（maintenance），指团体维系，是维持强化团体或组织的机能。P 机能包括计划性和压力等因素。由于 P 机能所造成的压力会使下级产生紧张感，甚至引起上下级的对抗，所以 M 机能的作用就在于通过对下级的关怀体贴，消解人际关系中的不必要的紧张感，缓和工作中所产生的对立和抗争，对下级进行激励支持，给下级以发言权和表达意见的机会，刺激自主性，增强成员之间的友好和相互依存性，满足部下的需求等，以维护组织的正常运营，保证组织目标的实现。

PM 技术认为，领导者的作用就在于执行这两种团体职能。因此，领导者的行为也就包括这两个因素。一个领导者，不论他的 P 因素多么强，总包含有某种程度的 M 因素。同样，不论 M 因素多么强，也总包含着某种 P 因素。此外，P 和 M 两方面都强或都弱的情况也是存在的。如果以 P 为横坐标，M 为纵坐标，并在 P 和 M 坐标中点各画一条平行线，就可划分出 PM、Pm、Mp、pm 四种领导类型。

（三）PM 问卷的构成

PM 问卷由 P 因素量表、M 因素量表和情境因素量表构成。P 因素量表和 M 因素量表各有 10 个问题项目，情境因素量表包括 8 个情境因素 40 个问题项目，PM 问卷共 60 个项目。这 8 个情境因素是对工作的欲望、对待遇的满意程度、对公司的满意程度、心理保健、集体工作精神、会议成效、信息沟通、绩效规范。每个因素包括 5 个问题。

（四）实施方法

将标准化的 PM 问卷发给所测领导对象的部下，让部下评定他们的直接上司，也可以领导者本人评定自己。自己评分与下属评分之差，可提供领导者本人对自己认识与下级对自己认识之差距。

（五）结果处理

对每个问题用五级评定法进行评分，最高分为 5 分，最低分为 1 分。P 因素量表、M 因素量表均由 10 个问题组成，所以每个量表总分最高是 50 分，最低是 10 分。将各人评定结果收集起来，可求出 P 和 M 的平均值。

在得到全国常模以前，可以用本单位或本系统的各个被评领导的 P、M 得分的平均值作为比较标准。为此，将这个单位的所有被评领导的 P 及 M 得分相加，求该单位领导的平均 P 值和平均 M 值。根据所得结果，在 P 坐标和 M 坐标上取平均 P 值和 M 值点，画出两个平行线，交叉而构成四个象限，即为四种领导类型。

如果要判定某个领导是属于哪种领导类型，也将他的P值和M值标在P轴和M轴上，画平行线，其交点落在哪个象限，就属于哪个类型。

（六）PM技术的用途

PM技术主要用于领导类型的评估，以改进领导方式，提高管理水平。

PM技术除了让下属评价直接上司外，也可以让领导自评。这样，领导者可以将自评结果与下属评价结果进行对照，看看是否一致，差距何在，以便改进不足之处，向PM型努力。PM技术对一个团体或组织具有诊断意义。PM技术可以作为企业诊断和咨询的有效方法，具有很高的实用价值。对现职领导或干部的评测结果，可以为选拔干部提供科学的参考数据。

在现实中，PM型领导毕竟不是多数，因此，在配置干部时，可考虑干部类型的搭配。在组织领导班子时，把P型的领导与M型的领导进行搭配，避免P型与P型或M型与M型的搭配，也许会起到一种取长补短的效果。

五、评价中心技术

（一）评价中心技术的内涵与发展

评价中心技术（assessment center technique）又称情境模拟技术，是二战后迅速发展起来的一种人员素质测评的新方法，由多位受过训练的评价员应用现代心理学、管理学、计算机科学等相关学科的研究成果，通过能力、个性和情境测试等多种手段对受评者表现于各种情境的多种行为维度加以测量和评定，并根据工作岗位要求及企业组织特性进行评价。评价员们通过集中讨论使评分结果达成一致，或者用统计的方法对评分结果进行整合，最终得到被评价者行为表现的综合评价，从而实现对被评者个性、动机和能力等较为准确的把握，做到人—职匹配，确保人员达到最佳工作绩效。自从1964年布雷（Bray）在《美国心理学家》（*American Psychologist*）上发表第一篇关于评价中心技术的论文以来，评价中心技术一直是各国心理学家研究的热点。

评价中心技术最早起源于第二次世界大战时的德国军事部门。1929年，德国军队为了选拔军官建立了多项评价程序，这是评价中心技术发展的基础。后来英国、美国的军方借鉴了德军的这些程序，建立了自己的评价中心技术。

二战后，这种方法被复员军官带到了工业企业中。从 1952 年起，美国电话电报公司实施了为时 4 年的“管理进步计划”，运用小组活动、情境模拟、面试和心理测验等方法，按照 25 条标准对公司的几百名员工进行了多次评价和长期评估，取得了比较理想的效果。1956 年，美国电话电报公司首次将此技术介绍给美国企业界，以作为企业中、高层管理人员的选拔手段。到 1972 年，世界著名的大公司中有 12 家采用了这一技术，如通用电器公司、西尔斯公司、福特汽车公司、国际商用机器公司、俄亥俄州标准石油公司、柯达公司等。美国政府的一些部门也应用评价中心技术选拔人才。据估计，1980 年仅美国就至少有 2 000 个组织使用了评价中心技术。评价中心技术正受到越来越多的研究者、企事业单位甚至国家行政机构的重视。目前，英国、法国、加拿大、澳大利亚、日本等国家都在管理评价工作中积极应用此技术。在中国，20 世纪 80 年代末至 90 年代初，开始对评价中心技术有了较为系统的介绍，并在企业初步应用。

评价中心技术的表现形式是多种多样的。从测评的主要方式来看，有投射测验、面谈、情境模拟、能力测验等。从活动形式来看，主要有公文处理、无角色小组讨论、管理游戏、有角色小组讨论、演讲、案例分析、事实判断等形式。

（二）评价中心技术的功效

评价中心技术有两种用途：（1）选拔与晋升管理人员；（2）以发展为目的，为应试者辨别其优缺点。根据对 64 家应用评价中心技术的公司的调查，其中 48％的公司以选拔为目的，46％的公司以训练和职业安排为目的。

评价中心技术与传统的人事测验相比，具有情境性、综合性、动态性、预测性等特点，避免了社会称许性对测评结果的影响，是高度仿真模拟，具有较高的表面效度与预测效度，平均预测效度达到 0.37。

评价中心技术的结构效度通常有两个指标：会聚效度和区分效度。会聚效度，指对同一测评维度的评分在不同测评方法之间的相关，相关系数越高，说明会聚效度越好；区分效度，是指同一测评方法对不同测评维度之间评分的区分性，也用相关系数表示，相关越低，说明区分效度越好。关于评价中心技术结构效度的研究至今尚无清晰的结论。虽然有许多研究已经证明评价中心技术具有良好的会聚效度，但与之相伴随的是，评价中心技术缺乏足够的区分效度，即用同一测评方法对不同测评维度的评分有很高的相关，换句话说，评价中心技术对于测评方法有一定的依赖性。

有充分的证据表明，评价中心技术具有良好的效标效度，可以较好地预测被评价者未来的工作表现。高格勒（Gaugler）等人于1987年对107个效度系数进行了元分析，发现在不同的效标类型下，评价中心技术的效标效度分别是：绩效评定为0.36，潜能评定为0.53，培训中的表现为0.35，职业生涯进展为0.36。评价中心技术应用于不同目的时的效度是：选拔为0.41，晋升为0.30，早期识别为0.46，研究为0.48。

克拉克在1992年曾经进行过有关各种评价方法预测效度的元分析，结果发现，评价中心技术的预测效度为0.31～0.63，而能力测验为0.25～0.53，行为面试为0.24～0.40，人格测验为0.15～0.22。可以看出，与其他测评方法相比，评价中心技术具有更高的预测效度。

第三届评价中心技术国际年会规定，在应用评价中心技术选拔人才时，必须遵循几项最低要求：（1）必须应用多项评价方法；（2）必须有不止一位评价者参加；（3）必须根据所有评价者的意见下结论；（4）必须对应试者的行为做出综合评价，而不仅是观察到的行为；（5）必须实施模拟练习。

（三）评价中心技术的关键特征

1. 工作分析

在评价中心技术中，工作分析可以通过一些有序的步骤来确认某些指标，即技能、特性、动机、归因、知识或任务，这些都是成功完成目标工作所必需的。这些指标是建构情境演练的基本框架，并在观察候选人的行为、评估其行为的有效性并给予反馈的过程中得到体现。

2. 多样的评价技术

在评价中心技术中，需要运用多种评价技术，包括访谈、调查、问卷以及情境演练等。在设计中，必须考虑到这些技术要能够为测评人员提供多种机会来观察被测评人员的复杂行为，而这些行为与工作分析所确认的指标相关。

3. 情境演练

情境演练就是通过对目标工作中重要方面的饰演来模拟现实。情境演练的共同特征是：被测评人员需要面对一系列复杂的问题，而这些问题正是现实工作中出现的实际问题的再现。该方法的优点就是需要被测评人员表现出处理问题的综合行为。

4. 行为反应

在情境演练中，被测评者想要获得成功，就必须表现出与工作要求相关的外显行为。这样的行为反应与纸笔下的行为有很大不同，因为后者的行为多是内隐的，需要测评人员对这种内隐行为做出推论。而且，情境演练具有互动性。所有这些行为所表现出来的综合能力远胜于纸笔测验所表现出来的能力。

5. 行为观察记录

训练有素的测评人员通常会观察情境演练中被测评人员的行为，并对他的言行详细记录。但是不需要解释，只要客观描述就好。

6. 多个测评师

多人评价的结果更加客观有效，可以较好地克服单人评价带来的偏差。带有不同观点的测评人员在评价专业能力时可以做到互补。在评价任务中，测评人员都有各自不同的背景和经历，这种差异就意味着在对被测评人员的评价问题上不会总是形成一致的意见。事实上，这样的差异已经成为多种评估原则的一部分。

7. 测评人员的训练

测评人员必须接受全面的训练。训练内容包括：对评估指标的讨论，观察和评估行为训练，对评估团队所发出的信息的整合，为被试提供反馈。

（四）评价中心技术的程序及安排

（1）进行工作分析，写出工作描述和工作说明书。

（2）设计评价中心技术。

①根据工作分析结果确定测评要素，选择相应的测验技术，并确定评价程序和时间安排。

②选择和完善测试练习和工具。根据工作分析结果，选择合适的测验技术和工具。选择测验技术和工具的原则：每个测试必须与工作分析标准直接相关；由专家精心设计各项测试，每个测试难度适中，内容丰富，情境与实际工作相关或相似，并保证具有较高的信度和效度；针对客户的组织特点和时间、

费用要求，对测试工具进行修正。

③设计素质评价矩阵。评价矩阵包括测评工具和工作分析标准两个维度，每种素质必须通过多个测试手段进行观察，以保证测试的效度。

④制订评价行动计划，包括确认评价目标、设计测评流程和测试的时间进度表。将测试时间表提供给每位测评师。测试应按时间进度进行，确保每位候选人在公平一致的条件下进行测试。

(3) 准备有关材料，培训测评员队伍。

(4) 评价实施过程，客观描述记录，对记录的行为归类、评分。实施一次评价中心技术，一般约需两天半。下面简单地列出两天半时间的安排。

第一天：

①确定12个候选人；

②将候选人分为4组（每组3人），实施管理游戏测验；

③心理测验；

④无领导小组讨论。

第二天：

①文件筐测验；

②角色扮演活动；

③财政预算小组。

第三天：

①个案分析（有关候选人的背景材料）；

②收集所有候选人的评价结果；

③评议人对所有候选人进行综合评价。

一周之后：

主管与每个候选人讨论评价结果。

(5) 讨论、书写评价中心报告。评价中心报告是实施评价中心技术的目的，一份详细的报告是必不可少的。报告的书写无固定形式，但一般而言有以下内容：被评价者的总体表现，某种形式的结论性评语，对每个标准的解释和评价，被测试者的管理能力、素质、潜在能力和发展趋势，满足岗位的要求需要具备的能力和经验，未来的培训和发展建议，等等。

（五）评价中心技术的常用方法

情境模拟是评价中心技术的主要特色，面试、无领导小组、公文筐、角色扮演、管理游戏是其常用方法。

1. 面试

面试是通过测试双方面对面的观察、交谈，收集有关信息，从而了解被测者的素质状况、能力特征以及动机的一种测量方法。可以说，面试是人力资源管理领域应用最普遍的一种测量形式，各种组织在招聘中几乎都会用到面试。按标准化程度的不同，面试可以分为结构性面试和非结构性面试。

结构性面试就是首先根据对职位的分析，确定面试的测评要素，在每个测评的维度上预先编制好面试题目并制定相应的评分标准，对被测者的表现进行量化分析。不同的测试者使用相同的评价尺度，对应聘同一岗位的不同被测者使用相同的题目、提问方式、记分和评价标准，以保证评价的公平合理性。

非结构性面试则没有固定的面谈程序，评价者提问的内容和顺序都取决于测试者的兴趣和现场被测者的回答，不同的被测者所回答的问题可能不同。

面试的特点是灵活，获得的信息丰富、完整和深入，但是同时也具有主观性强、成本高、效率低等弱点。

2. 无领导小组

无领导小组（leaderless group situation）是用来鉴别领导能力、创造力、团队合作和应变性等特征的情境测验。该测验是把某项任务分给一群彼此陌生的人，给他们提供有限的器材条件，并要求他们通力合作，在规定时间内完成任务，而他们中没有任何一个人被指定担当领导的角色。这种情境测验的任务有很多种，如小河情境——用最快速度和安全方式把人员和设备都转移到小河对面等。若在此情境下有人主动承担领导者的责任，并获得小组成员的支持而顺利完成任务，则此人具有领导者的特质。

这一技术的变式是无领导小组讨论（the leaderless group discussion，简称 LGD），它要求一个团体在特定时间内讨论某一主题，主试观察和评定每个小组成员的表现，但是不参与讨论。研究表明，当主试受到良好训练后，该测验可以作为一个很好的工具来预测受测者未来的工作业绩。由于只要求很少的设备和时间，LGD 已经被广泛使用来选拔军官、公务员、管理人员、培训人员、教师和社会工作者等。

3. 公文筐

公文筐测验（in-basket test，简称 IBT）又叫文件筐测验，是目前评价中心技术中最主要的活动之一，用来测查受测者计划、授权、预测、决策、沟通等方面的管理能力。

测验由两部分（测验材料和答题册）组成，以纸笔方式作答。测验材料可以是信函、备忘录、投诉信、财务报表、市场动态分析报告、政府公函、账单等。测验中所用的每份材料上均标有编号，随机排放在公文筐中。被试根据材料在答题册上写下处理意见或回答指定问题，主试只对答题册上的内容进行评分。

公文筐测验可以划分为四个分测验，每一分测验都有严格的时间控制，包括计划（40 分钟）、预测（25 分钟）、决策（25 分钟）、沟通（25 分钟），总计时间为 115 分钟。整个测验的过程都用录像机记录下来。可以集体施测，一组以不超过 10 人为宜。

公文筐测验的优点是将受测者置于模拟的工作情境中去完成一系列工作，与通常的纸笔测验相比，更能反映被试的真实能力。与其他情境测验如无领导小组讨论相比，它是需要受测者以书面形式完成测验的，这既考查了受测者日常工作中处理文件的能力，也使得测验便于操作和控制。

评分时要考虑以下五个维度：

（1）工作条理性。得分高者能有条不紊地处理各种公文和信息材料，能根据信息的性质和轻重缓急对信息进行准确的分类，有效地利用人、财、物、信息资源，并有计划地安排工作。

（2）计划能力。得分高者能非常有效地提出处理工作的切实可行的方案，主要表现在能系统地分配工作，根据信息的不同性质和紧迫性对工作的细节、策略、方法做出合理的规划。

（3）预测能力。得分高者能全面系统地考虑环境中各种相关因素并做出恰当的分析和预测，同时对预测提出行之有效的实施方案。该维度包括预测的质量、所依据的因素、可行性分析。

（4）决策能力。得分高者对复杂的问题能进行审慎的剖析，能灵活地搜索各种解决问题的途径，并做出合理的评估，对各种方案的结果有着清醒的判断，从而提出高质量的决策意见。该维度包括决策的质量、实施的方案、影响因素。

（5）沟通能力。得分高者文章的语言流畅，文体风格与情境相适应。他们能根据不同信息的重要性来分别处理，结构性强，考虑问题全面，能提出有针对性的论点，熟悉业务的各个领域。

4. 角色扮演

角色扮演是让候选人成对地扮演各种角色并讨论各种相关的问题，主要是用以测评人际关系处理能力的情境模拟活动。在这种活动中，主试设置了一系列尖锐的人际矛盾与人际冲突，要求被试扮演某一角色并进入角色情境，去处理各种问题和矛盾。主试对被试在不同角色的情境中表现出来的行为进行观察和记录，从而评价他们的人际关系敏锐力、坚韧性、责任心、从言谈举止中获取信息的能力、洞察力、同情心以及处理冲突的能力等。

主试对角色扮演中各种角色的评价，应事先设计好表格。一般评价的内容分为四个部分：

（1）角色的把握性。被试是否能迅速地判断形势并进入角色情境，按照角色规范的要求去采取相应的对策行为。

（2）角色的行为表现。包括被试在角色扮演中所表现出的行为风格、价值观、人际倾向、口头表达能力、思维敏捷性、对突发事件的应变性等。

（3）角色的仪表。包括角色的衣着与言谈举止是否符合角色及当时的情境要求。

（4）其他内容。包括缓和气氛化解矛盾的技巧、达到目的的程度、行为策略的正确性、行为优化程度、情绪控制能力、人际关系技能等。

5. 管理游戏

管理游戏亦称商业游戏，是将所有的候选人按三人一组分开，要他们共同讨论有关生产、市场、销售以及财务等方面的问题。通过这种活动，可以评价候选人的组织能力、理财能力、思维敏锐力、紧张情境下的效率、适应能力及领导能力等。

管理游戏也是评价中心技术常用的方法之一。管理游戏是一种以完成某项实际工作任务为基础的标准化模拟活动，通过活动观察测评被试实际的管理能力。例如，给一组被试一个滑轮及铁管、木板、绳索，要求他们把一根粗大的圆木和一块较大的岩石移到小溪的另一边。这个任务只有通过被试的努力协作才能完成。主试可以在客观的环境下，有效地观察被试的领导特征、能力特征、指挥特征和社会关系特征等。

管理游戏的优点：首先，它能够突破实际工作情境时间与空间的限制。许多行为在实际工作情形中也许要几个月甚至几年才会发生一次，这里几小时内就可以发生。其次，它具有趣味性。由于它的模拟内容真实感强，富有竞争性，又能使参与者马上获得客观的反馈信息，故能引起被试的浓厚兴趣。最后，它具有认知社会关系的功能，能帮助参加者对错综复杂的组织内部各单位之间的相互关系有一个更加深刻的了解。

管理游戏的缺点：首先，被试专心于战胜对方，从而会忽略对所应掌握的一些管理原理的学习。其次，压抑了被试的开创性，因为富有开创性会在游戏中遭受经济上的惩罚、亏本。再次，在管理游戏中，被试因为完成任务而来回走动，这就使观察难于进行。假若主试被要求观察几个被试的行为，该问题就更为复杂了，因为很可能某个被试在房子的这一头，而另一个被试却在房子的那一头。最后，花费时间较长，要做好一次管理游戏通常需要花费很长的时间准备。

六、计算机模拟情境测试

（一）计算机模拟情境测试概述

目前，在西方比较盛行计算机模拟情境测试。计算机模拟情境测试是指在规定的时间内，让一个或多个人员实现一定目标的程序（Kleinmann，et al.，1995）。程序常常呈现一种场景，让问题解决者扮演市长或公司老板的角色，以模拟的情境来呈现现实中的复杂问题，并引发参与者提出复杂问题的动态解决方案。这种方法不同于用静态问题进行经典认知心理或智力的测评。计算机模拟情境问题具有一定的复杂性：参与者对问题必须仔细全面地进行考虑；某些信息是缺乏透明度的；面临的形势是不断变化的；实现多个可能互相冲突的目标，而且目标往往不清晰。

心理学家屈勒宁（P. C. Kyllonen）采用一些新的操作性的测评方法，即用编制计算机软件的方式为人事测评带来新的发展。其研究主要从四个方面进行：(1) 表现能力测评；(2) 反应能力测评；(3) 评分系统；(4) 未来导向。在软件的设计中，用录像展示的方法对人际交流能力进行测量，让被测者找出录像中沟通方式存在的问题。在语言记忆方面，采用电话测试，记录被测者对数字及语句的记忆能力。在文章测试系统中，根据对不同长短文字的内容理解，测试被测者的语言分析能力。在语言表达能力测试中，通过语言的流利程度、词汇的丰富程度、语调表达等方面进行测量。

应用计算机进行的复杂决策能力判断程序，事实上也是一种计算机化情境模拟的心理测验，主要是测评工作记忆能力和复杂的行为表现，是对智力和记忆结构的总体性测试。在程序中设置一系列复杂情境，通过被测者的成就动机、解决复杂问题时对基本的经济知识和基本的计算机知识等的应用，通过速度、记忆、总体水平、创造能力及推理能力，来测评被测者对复杂问题的解决能力。该系统有很好的行为预测能力、良好的记分系统，根据评估结果能进行决策训练和人格发展等（Wittman，2004）。

计算机模拟情境测试的优点是：使用成本小，测评界面标准，测评结果能迅速获得。其缺点是：情境过于复杂，对于行为数据的心理解释不够清楚；不同情境的测试效度不好比较，缺乏结构效度。尽管方法论上有所欠缺，计算机模拟情境测试目前在发达国家仍有着广泛的应用前景，是人事测评和培训的有力工具，而在中国可能还需要比较长的引进过程。

（二）管理才能评估

管理才能评估（Managerial Assessment of Proficiency，简称 MAP）是美国某公司为满足企业在评估和培训方面的需要，投入巨资开发的评估系统。它是一套最先进、高度客观且能有效评估管理才能的工具，能为组织与个人的管理能力发展提供最明确的指标。

MAP 除了可以帮助企业经理人了解自身管理能力的现况，作为学习成长的指标，还可以对组织人力的优势、弱势提供精确的分析，指出确切的培训需求，未来更可据此展开管理绩效评估制度的规划或管理培训体系的建构。

MAP 针对管理者最关键的 12 种管理能力，具体包括对人取向的行政能力（时间管理与排序、目标与标准设定、计划与安排工作）和沟通能力（倾听与组织信息、给予明确的信息、获得正确的信息)、对事取向的督导能力(训练教导与授权、评估部属与绩效、行为规范与咨商)和认知能力(问题确认与解决、决断与风险衡量、清晰思考与分析),以观看影片的方式,让接受评估者回答精心设计的200道选择题。回答的结果通过计算机分析,与世界7万名经理人之常模相比较,以百分比的方式明确指出个人能力的强弱分布,精确分析组织的人力发展现况,为组织增进效能提供参考依据。在中国,已有超过1万名主管接受MAP的评估,并有90余家企业应用MAP。MAP是一套经证实有效且客观的评估工具。

MAP的优点是:(1)节省时间,效率高;(2)以世界数万名经理人为比较基础,评估结果更具参考价值;(3)无人为判断,结果客观、中立且无偏见;(4)针对12种能力进行评估,获得明确的培训发展需求。

对于组织而言,MAP的价值在于:(1)了解主管的管理能力;(2)有效运用培训经费;(3)建立人才评估中心。

对于个人而言,MAP的价值在于:(1)了解自我管理能力;(2)拟订具体改善计划;(3)为生涯规划提供参考依据。

表14-2 MAP对不同行业领导者的预测效度

产业	相关系数
会计师事务所	0.90
公共事业	0.84
食品流通业	0.82
出版业	0.71
金融业	0.81
酒类制造业	0.76
保险业	0.86
环境卫生	0.71

第五节　职业规划与发展测验

职业兴趣和能力测验是帮助人找到匹配的工作，领导与管理者测验实际上更多用于现任管理人员的评估和后备管理人员的识别选拔。找到了匹配的工作，找到能力相称的人才担任管理职务，这只是开始，并不能保证工作持续、稳定、健康发展。在工作与职场当中还有其他很重要的心理因素在暗中发挥作用，导致人的能力并不总是按照我们的预期来起作用。本节将介绍一些非主流的但值得关注的职业测验。

一、组织公民行为测验

（一）组织公民行为的概念

组织公民行为（organizational citizenship behavior，简称 OCB）的概念可以追溯到巴纳德（Barnard）在 1938 年提出的“想要合作的意愿”（willingness to cooperate），以及卡茨和卡恩（Katz & Kahn）在 1966 年提出的“组织公民”的概念。卡茨和卡恩认为有效的组织应该有三种基本功能：(1) 必须吸引并留住员工；(2) 确保员工以可信赖的方式符合组织特定角色的要求；(3) 员工必须有创造性与自发性行为，其行为表现超越角色规范。

伯特曼（Berteman）等人在 1988 年将第三种行为称为组织公民行为，并把它定义为职务外行为，主要指帮助同事和对组织的责任感。奥根（Organ）在 1988 年正式将组织公民行为定义为在组织正式的薪酬体系中尚未得到明确或直接的确认，但就整体而言有益于组织运作成效的行为总和。后来，奥根在 1997 年对组织公民行为又给予重新定义，认为它类似于伯曼（Berman）等人在 1993 年提出的关系绩效，能够对组织的社会和心理环境提供维持和增强作用，从而把组织公民行为和关系绩效的内涵统一起来。

（二）组织公民行为的维度

综观组织公民行为的研究文献，发现已被确认的组织公民行为种类有三十多种，而且它们中有不少概念相互重叠。通过归纳和总结，组织公民行为至少可以由七个维度构成：助人行为（helping behavior）、运动家道德（sportsmanship）、组织忠诚（organizational loyalty）、组织遵从（organizational compliance）、个人首创性（individual initiative）、公民道德（civic virture）和自我发展（self-development）。一般而言，以下四种因素会影响组织公民行为：个体特征、工作任务特征、组织特征和领导行为。

（三）组织公民行为问卷

目前已经有很多版本的组织公民行为问卷，这里仅举一例。波德萨科夫等人（Podsakoff，et al.，1990）编制了组织公民行为问卷，通过24道题目从五个维度来描述组织公民行为。这五个维度是利他主义、个人主动性、运动员精神、公民道德和谦逊。其中利他主义包括5道题目，是指帮助他人完成组织任务或者相关问题，比如分担一些缺席员工的工作量。个体主动性包括5道题，是指那些超出组织中最低要求的行为，比如少休息。运动员精神包括5道题目，是指员工愿意忍受比理想情况差的工作环境，并且毫无怨言的行为。谦逊包括5道题目，是指为了防止那些工作相关问题出现的行为，比如考虑到行为对他人的影响。公民道德包括4道题目，是指那些显示了员工负责地参与或者关注组织的政治生活的行为。所有24道题目可以合成组织公民行为的单一指标（Kumar & Beyerlein，1991）。

本问卷合成单一指标的 α 系数为0.94。探索性因素分析表明，测量题目同预期一样，与五个维度相关（Moorman，1993）。问卷的信度、效度比较令人满意。

二、职业倦怠测验

（一）职业倦怠的有关理论

1974年，弗罗伊登伯格（Freudenberger）首先提出了倦怠（burnout）这一概念。他认为倦怠是工作本身对个人的能力、精力以及资源过度要求而导致工作者感到情绪枯竭、精疲力尽的现象。弗罗伊登伯格的观点引发了众多学者对工作倦怠进行广泛深入的讨论。根据对已有文献的理解，可以将工作倦怠的结构理论分为两大类：以派因斯（Pines）、希罗姆（Shirom）为代表的单维度理论，以马斯拉克（Maslach）、登斯滕（Densten）为代表的多维度理论。

1. 单维度理论

（1）派因斯的单维度倦怠理论。派因斯从一开始就没有把倦怠限定在工作情境中，他认为倦怠现象除了发生在工作情境中外，还发生在日常生活中的许多方面，包括婚姻关系、政治冲突等。从这个意义上出发，他把倦怠定义为个体长时期处在对其情绪资源过度要求的情境之下所产生的一种疲惫或衰竭的状态，包含三个方面：生理衰竭、情绪衰竭和精神衰竭。派因斯认为，不论倦怠的程度如何，它所包含的生理衰竭、情绪衰竭及精神衰竭这三个基本的成分不变。派因斯单从衰竭角度对倦怠加以定义，其观点也被称为单维度理论。

（2）希罗姆和梅拉米德（Melamed）的工作倦怠理论模型。与派因斯的理论相类似，希罗姆和梅拉米德提出的理论认为工作倦怠应被看成是一种个体的情感状态，表现为其生理上的、情绪上的及认知上的精力（vigor）被用尽的感觉。派因斯把倦怠看作一种单维的衰竭状态，而希罗姆又将这种衰竭具体化到“精力资源”方面。根据希罗姆等人的观点，其理论的基础是霍布福尔（Hobfoll）所提出的资源守恒（conservation of resources）理论。霍布福尔指出，人们拥有一些有价值的资源，这些资源是人们希望得到保护和保存的。为了实现一定的目标，人总是试图保存已有的资源并渴望获得更多的资源；当资源受到威胁、资源失去或个体感到失去（loos），以及进行了投入却没有收获时，就会出现心理应激（stress）。

从资源守恒理论出发，希罗姆等人得出了一个重要的推论。他们认为，应激并不是作为一种个别现象产生，而是表现为一个不断演变的过程。在这个过程中，那些缺少有力资源储备的人就有可能经历反复的资源失去，造成恶性循环。当个体在工作中长时期经历不断循环的资源失去时，工作倦怠的状态就可能产生。希罗姆等人进一步指出，与工作倦怠有关的只是人的精力资源，其中又包含了生理的、情绪的及认知的精力。因此，工作倦怠即表现为身体上的疲惫、情绪上的衰竭与认知上的厌倦相结合的一种状态。

2. 多维度理论

（1）马斯拉克的三维度理论模型。马斯拉克最初针对专业助人行业（如教师、护士、社会工作者等）提出了工作倦怠的三维度理论。他认为工作倦怠是在以人为服务对象的职业领域中，个体的一种情绪衰竭（emotion exhaustion）、失去人性（depersonalization）和个人成就感低落（diminished personal accomplishment）的症状。三个维度分别代表了工作倦怠的个人应激维度、人际情境维度和自我评价维度。其中，情绪衰竭是报告最广泛、分析最彻底的一个。有很多研究报告指出，情绪衰竭维度代表着工作倦怠的核心内容。

马斯拉克认为，工作倦怠的发生是一个连续的进程，在此进程中，一个维度促进了另外维度的发展。随着研究的发展，马斯拉克对理论模型做了一定的修正，以使其不只局限在专业助人行业中。原有的三个维度产生了一些变化，变为耗竭（exhaustion）、疏离（cynicism）和无效能感（inefficacy）。耗竭指的是个体的心理资源（包括情绪的、认知的等）被耗尽的感觉；疏离，特别是工作中的疏离本是组织行为学中一个独立的概念，这里被用来描述个体产生的一种对工作多个方面（包括对人、对事等）的消极的、冷漠的反应；无效能感则是自我效能感低、缺乏成就感与创作能力等几个方面的综合。

（2）登斯滕的五因素模型。工作倦怠的另一个多维度观点源自登斯滕。登斯滕分别从马斯拉克理论的衰竭、疏离和无效能感三个维度出发，在与各自领域相关的理论基础上，提出了三个方面的假设：①耗竭维度应该包含心理紧张（psychology strain）和躯体紧张（somatic strain）两个因素；②疏离维度是由对工作的疏离和对人的疏离两方面构成的；③无效能感维度包括自我评价的（self-views）和他人评价的（external-views）两个方面。在这三个假设的基础上，登斯滕对马斯拉克的问卷进行了修订，调查分析后发现，结果支持第一和第三个假设，不支持第二个假设。所以，登斯滕最后提出的是一个五因素的工作倦怠模型，它包括心理紧张与躯体紧张、自我评价的无效能感与他人评价的无效能感以及疏离。

（二）职业倦怠的测量工具

1. BM

派因斯等人根据临床经验以及对个案的研究形成了自己的倦怠测量工具（Burnout Measure，简称 BM）。BM 由三个部分所组成：生理衰竭、情绪衰竭和精神衰竭，每个部分均含有 7 个项目。所有项目采取 7 点记分，0 代表“从不”，6 代表“总是”。三个部分的得分相加，得到的总分即可反映个体倦怠的程度。

与其他工作倦怠的测量工具相比，BM 应用较少，派因斯等人也并没有对其信度、效度进行过检验。在为数不多的有关 BM 的研究中，少量早期的研究结果显示 BM 具有较好的内部一致性，从而证实了其单维性；但后来的研究在对 BM 进行因素分析后发现，所有项目并不是只负荷在一个维度上，说明 BM 与其理论构想并不相符。恩茨曼（Enzmann）等人通过探索性因素分析发现，BM 的项目负荷在三个因子上，分别是衰竭（exhaustion）、士气低落（demora lization）和动机丧失（loss of motive），其中第三个因子上的负荷几乎全部来源于量表中反向记分的项目。在区分效度上，恩茨曼等人使用 BM 与各种压力反应量表及抑郁量表所进行的研究显示，其区分效度不够理想。

2. SMBM

希罗姆、梅拉米德也在上述理论基础之上编制了工作倦怠问卷（Shirom-Melamed Burnout Measure，简称 SMBM）。与 BM 类似，该问卷也由三个部分的项目构成：情绪衰竭、生理疲劳和认知厌倦。每个部分含 4 个项目，采取 7 点记分，1 代表“总是”，7 代表“从不”。希罗姆等人使用 SMBM 进行的研究表明它有较好的结构效度，但对于该问卷的其他心理测量属性，如区分效度、聚合效度等，则很少有研究涉及，需要进一步探讨。

3. MBI

在对专业助人行业访谈以及个案研究的基础上，1981 年马斯拉克和杰克逊（Jackson）编制了马氏工作倦怠量表（Maslach Burnout Inventory，简称 MBI）。该量表最初包含 47 个项目，经过反复试测与探索性因素分析，最终得到 3 个核心因素，涉及 22 个项目。MBI 的出现，成为马斯拉克等人提出三维度理论模型的前提。MBI 共有三个版本：MBI-HSS（MBI-Human Services Survey）、MBI-ES（MBI-Educators Survey）和 MBI-GS（MBI-General Survey）。一些研究显示，当把前两个版本的 MBI 用于非专业助人行业时，失去人性和情绪衰竭两个维度的重叠很大。因此，肖费利（Schaufeli）和马斯拉克等人将 MBI 着重于人与人之间的关系修改为着重于人与工作间的关系，形成了 MBI-GS。MBI-GS 主要从三个维度（衰竭、疏离、无效能感）测量工作倦怠。它包括三个分量表：（1）衰竭，有五个项目。典型的例子是：在一天的工作结束之后，我觉得精疲力尽。（2）疏离，有五个项目。例：我对工作变得不那么投入了。(3)无效能感，有六个项目。例：在我看来，我擅长我的工作。所有项目都在从0到6的7点量表打分，0代表“从不”，6代表“每天或更多”，无效能感分量表反向评分。三个分量表的得分相互独立，不能相加。MBI的系列量表应用非常广泛，因而对其信度、效度的讨论也层出不穷。对MBI的大量研究表明，它具有较好的心理测量属性。大部分结构效度的数据验证了量表的三维度模型（衰竭、疏离及无效能感），并指出三维度模型优于单维或二维模型。此外，三个分量表的内部一致性也基本令人满意。马斯拉克和肖费利用MBI和各种抑郁量表进行研究，结果也证明MBI的区分效度较好。

三、工作满意度测验

（一）工作满意度概述

工作满意度（job satisfaction）是员工对其工作或工作经历评估的一种态度的反映，它区别于生活、个人职业生涯发展方面的满意感受等问题，通常被定义为员工对比自己期望获得收益与实际获得收益的时候产生的心理感受（Cranny，Smith & Stone，1992）。工作条件的许多方面表现为工作满意度的决定因素（Arvey，Carter & Buerkley，1991）。如果我们了解职工的工作满意度，一方面可以明确企业管理中存在的问题究竟是什么，更为重要的是，根据存在的问题，系统地去解决问题，并通过再次的满意度评价，观察是否得到了改进；另一方面，满意度调查结果可以起到预防的作用，它是诊断组织管理现状最为重要的“温度计”“地震预测仪”。它可以监控企业绩效管理的成效，比如，可以及时预知企业人员的流动意向，如果改进及时，措施得法，就能够预防一些人才流失的情况发生。因此，工作满意度评价的作用主要反映在四个方面：帮助企业进行组织诊断；影响企业的未来绩效；保障员工的心理健康；提高员工的工作质量。目前，它已成为许多跨国大企业管理诊断的评价标准。通过主管人员对结果的分析，帮助领导层更好地了解员工的基本满意状况，如最满意和最不满意的方面是什么，组织在哪一方面最需要改进，什么因素才能起到激励作用等。因此，工作满意度已成为组织中一种早期警戒的指针，可以为企业人力资源管理决策提供重要的依据。

（二）工作满意度评价的研究现状

20世纪末在管理思想中的一个巨大的变化是，管理者从“让员工服务于企业利润”转向“为员工服务”。因为只有尊重关怀员工，提高员工的工作生活质量，员工才能对企业忠诚和认同，乐于付出额外的努力，创造更大的价值。而满意度评价是最能体现这种思想，并帮助企业管理者实现上述理念的桥梁。所以，重视并科学有效地监测员工的工作满意度，已经成为现代企业管理的重要内容和手段。

满意度研究在人力资源管理和组织行为学中已有不短的历史，只是近年来，满意度研究更受重视，其功能有了较大的扩展。工作满意度泛指工作者在组织中对所扮演角色的感受或情感反应，它与工作卷入程度、组织承诺和工作动机等都有密切的关系。对工作满意度的测量既包括对整体满意度的测量，也包括对构成工作满意度的若干关键因素的测量，如薪酬、管理水平、提拔、同事与工作本身。有时可将对各个因素的测量合并为对整体工作满意度的综合测量。国外对工作满意度的研究主要集中在工作满意度的构成和影响因素上。如洛克（Locker）认为，工作满意度的构成因素包括工作本身、报酬、提升、认可、工作条件、福利、自我、管理者、同事和组织外成员10个因素。阿诺德（Arnold）和菲德曼（Feldman）则提出，工作满意度的结构因素包括工作本身、上司、经济报酬、升迁、工作环境和工作团体。1957年，明尼苏达大学工业关系中心的研究者基于工作适应理论进行了一系列研究，编制了明尼苏达满意度问卷（Minnesota Satisfaction Questionnaire，简称MSQ）。MSQ分为长式量表（20个分量表）和短式量表（3个分量表）。短式MSQ包括内在满意度、外在满意度和一般满意度三个分量表。其主要维度是：能力使用、成就、活动、提升、权威、公司政策和实施、报酬、同事、创造性、独立性、道德价值、赏识、责任、稳定性、社会服务、社会地位、监督—人际关系、监督—技术、变化性和工作条件。长式MSQ包括100个题目，可测量工作人员对20个工作方面的满意度。赖斯等（Rice，Gentile & McFarlin，1991）发现构成工作满意度的12个重要因素是：薪酬、工作时间、交流时间、提拔机会、与同事的交流、与顾客或客户的接触、学习新技能的机会、决策权、物质需要的满足、精神需要的满足、与管理人员的联系以及员工对工作时间的控制感。

沃森等（Watson & Slack，1993）使用工作描述指数评估了几个特定方面的满意度，如工作本身、薪酬、提拔、管理与同事。

在我国，工作满意度的研究近年来也受到了重视，如吴宗怡、徐联仓对于MSQ的修订和使用，冯伯麟对于教师工作满意度构成提出五个维度（自我实现、工作强度、工资收入、领导关系和同事关系），香港城市大学梁觉对合资企业员工的满意感的研究，杨化冬、时勘对教师生活质量的研究等。不过，至今尚未研制出用于诊断我国企业员工工作满意度的本土调查工具。

一些研究者指出，对工作满意度的测量可能不同于对员工的情感满意度或他们认知到的满意度的评估（Morman，1993）。有效的满意度测量是建立在对整体工作的情绪期望、工作带来的负面和正面感受的认识基础之上的。而一般认知到的满意度则是建立在对诸如工作条件、机会或者收益等理性与合乎逻辑的工作评价基础之上（Morman，1993）。奥根和尼尔（Organ & Near，1985）注意到，绝大多数的满意度测量要求被试将他们的一些反应与某些参照物对比，而不是要求他们直接回答他们的感受与真实情绪。

需要注意的是，工作满意度测量在多大程度上反映出真实变异，还是仅反映了误差或者研究方法带来的变异。研究者（Buckley，Carraher & Cote，1992）发现，工作描述指数混淆了工作满意度的测量，而实际情况是，工作满意度变异只有43%，普通的模式与随机误差变异达成了平衡。研究表明，MSQ之类的一些满意度的测量能够解释46%的整体变异。

（三）工作满意度的测量

1. MSQ

MSQ由100道题组成，包括20个分量表。这20个分量表分别为：能力效价、成就、行动、进取、权威、公司政策和巡逻、补偿、同事、创造力、独立性、道德价值、赞誉、责任、安全感、社会服务、社会地位、人际关系管理、技术管理、多样化和工作条件。其中有20道题又可以组成一个独立地反映整体工作满意度的量表，即MSQ的压缩版。这20道题中包括12道能独立地衡量内在工作满意度（比如对工作提供的表现能力和获得赞扬机会的满意度）的题目，以及8道测量外在工作满意度（比如对收入、晋职机会和管理的满意度）的题目。

20道题目的MSQ的 α 系数从0.85到0.91。外在分量表的 α 系数从0.70到0.82。MSQ的希伯来语版的 α 系数为0.70。横跨三个时间段的整体工作满意度的重测信度为0.58。

整体工作满意度与角色冲突、角色混淆、离职倾向呈负相关。整体工作满意度与生活满意度、非工作满意度、工作投入、绩效期望呈正相关。无论是横向还是纵向分析都显示，工作和非工作满意度均能很好地预测生活满意度。研究发现，希伯来语版的工作满意度与组织承诺呈正相关，与离职意图呈负相关。验证性因素分析发现组织承诺、工作投入和工作满意度的作用是相互独立的。探索性因素分析得出MSQ有四个因素，包括对工作条件的满意度（6道题）、对领导行为的满意度（2道题）、对责任的满意度（6道题）、对外在报酬的满意度（6道题）。有人通过验证性因素分析发现法语版的MSQ是一个四因素的模型，它们分别是内在满意度、外在满意度、赞誉、权威或社会效能。

2. 工作描述指数

工作描述指数（Job Descriptive Index，简称JDI）最初是由史密斯、肯德尔、赫林（Smith，Kendall & Hulin，1969）提出的，评估工作满意度的五个方面，这五个方面是工作本身、收入、晋升、上司和同事。对满意度这些要素的评估可以组成对工作满意度的综合测量。JDI后来被重新修订，考虑了工作氛围、工作内容和工作技术上的变化（Roznowski，1989）。修订后的JDI的 α 系数比原版本的要高一些（Roznowski，1989）。格雷格森（Gregson，1990）则使用了30个项目的JDI的短式版本，这些项目的选用是根据工作满意度项目的因素分析的结果，选择了每个维度上负载最高的6个项目。

工作本身的满意度的 α 系数为0.75～0.94，收入满意度的 α 系数为0.78～0.91，对上司的满意度的 α 系数为0.87～0.92，对晋升的满意度的 α 系数为0.82～0.87，对同事的满意度的 α 系数则为0.87～0.92（Buckley，Carraher & Cote，1992）。

对工作本身的满意度、对上司的满意度、对晋升的满意度以及对同事的满意度之间都有正相关。对工作本身的满意度与上司和下属间的沟通的数量及质量呈正相关，而与知觉到的对工作缺乏控制、员工的焦虑和烦躁易怒呈负相关（Callan，1993；Kushnir & Melamed，1991）。综合的工作满意度的测量与对组织的情感承诺呈正相关，而与离职意向呈负相关（Cropanzano，James & Knovsky，1993）。

通过因素分析发现，JDI 项目负载在五个不同因素上，每个分量表负载在一个单独的因素上（Roznowski，1989）。贾奇（Judge，1993）发现了另一个二级因素：综合工作满意度。格雷格森（Gregson，1990）对修订的 30 个项目的 JDI 版本进行因素分析，发现沟通满意度和工作满意度在经验上是不同的。巴克利等（Buckley，Carraher & Cote，1992）发现，对工作满意度的 JDI 综合测量，特质（真实的工作满意度）变异可以解释将近 43%的总变异。对各个要素的满意度的 JDI 测量，特异方差可以解释 41%对上司的测量，34%对工作本身满意度的测量，56%对收入满意度的测量，38%对同事满意度的测量，61%对晋升满意度的测量。同一研究估计，特质变异可以解释将近 46%的其他对工作满意度的测量的总变异，比如 MSQ。

四、职业成熟度测量

职业成熟度测量（measures of career maturity）起源于休珀（Super）及其同事（1957，1960）进行的一项关于职业发展的长期研究项目。职业成熟度是指个体掌握和其年龄水平相适应的职业任务及处理这些任务的有效程度。所有类型的职业行为可以出现在人一生的大部分阶段，尽管每个人生阶段都会有某种起支配作用的职业行为。

（一）休珀的学生职业成熟度理论与测量

休珀的主要工作不在于建立职业成熟度的理论，而在于建构职业的终身发展理论。只有在具体评价人的职业发展阶段的目标实现程度时，他才关注到职业成熟度的问题。通过对学生职业选择过程中会遇到的问题的分析，他认为职业成熟度主要由这样几个维度构成，即规划、探索、信息、决策。职业规划，指学生是否积极地对自己的职业进行设计；职业探索，指学生对各种可能的职业信息资源利用的质量；职业决策，主要指学生运用知识和智慧解决职业规划和决策问题的能力；职业信息，主要指学生对休珀职业发展理论中的探索阶段、建立阶段的发展任务的知识和对特定职业的知识。根据上述维度，休珀及其同事编制了分别适合于中学和大学的职业发展问卷（Career Development

Inventory，简称 CDI）。

CDI 问卷中，职业规划、职业探索、职业决策和职业信息四个分测验均为 20 个测题，四级记分。另外，该测验还加了一个分测验：对所喜欢的职业群的知识。从对该问卷的多个研究看，其同质信度、重测信度居中。

（二）克赖茨的职业成熟度理论及测量

克赖茨（Crites）是职业成熟度研究的集大成者，他在对职业成熟度研究的基础上提出了职业成熟度的理论。克赖茨（Crites，1978）模拟智力的层次模型，提出了一个多层次、多维度的职业发展模型（如图 14-2 所示）。该模型的顶端是职业发展的总体程度，第二个层次是概括（generality），由四个主要的因素群构成，左边两个描述职业选择的内容，右边两个描述职业选择的过程。在每个主要的群因素中又包括特定的职业成熟因素。

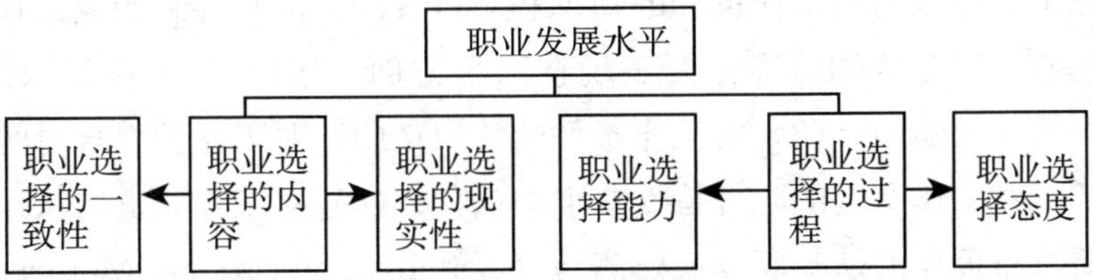

图 14-2　克赖茨的职业成熟度理论多层次模型

职业选择的内容包括两个特定的成熟因素，即职业选择的一致性和现实性。所谓一致性是指在不同的时间，个人所选择的领域的职业稳定性；所谓现实性是指个人的特点与所喜欢的工作环境是否匹配。

克赖茨还考虑到职业选择的过程，提出了职业选择过程成熟论。过程变量包括两个主要的因素群，即职业选择能力和职业选择态度。其中能力测量主要是用来测量与个人获得职业信息、进行职业规划并做出职业决策等有关的能力。具体包括五个成分：（1）自我评价能力；（2）获得职业信息的能力；（3）目标筛选能力；（4）职业规划能力（指在做出职业决策后，对决策的实施能力）；（5）问题解决的能力（指解决或应付在职业决策的过程中所遇到的问题或障碍的能力）。

职业态度部分也分成五个分测验：（1）职业决策的确定性（decisiveness），即个人是否有了确定的职业；（2）职业决策的卷入度，指个人积极参与职业决策过程的程度；(3) 职业决策的独立性；(4) 职业决策取向，指个人工作的态度或价值是任务取向还是快乐取向；(5) 职业决策的妥协 (compromise)，指个人愿意在需求和现实之间妥协的程度。

克赖茨的职业成熟度问卷第一版出版于 1973 年，修订版出版于 1978 年。该测验的能力部分每个分测验有 20 个题目，每个题目有四个反应，四个反应中有一个是正确答案，另外三个为干扰项目。测验的内部一致性系数较高，但能力与态度测验总分相关偏高。该测验与休珀的职业发展问卷有显著相关，表明有一定的同时效度。

(三) 韦斯特布鲁克的学生职业成熟观及认知职业成熟度测验

与休珀和克赖茨不同，韦斯特布鲁克 (Westbrook，1973) 认为职业成熟度的核心就是认知能力，如果学生的职业认知达到了一定的水平，就表明学生职业成熟了。他认为对工作世界的知识和对自我的了解是导致职业选择成功和满意的核心。职业认知能力主要表现在六个方面：(1) 对工作领域的认识；(2) 工作筛选的能力；(3) 对工作条件的认识；(4) 对工作的教育时间需求的认识；(5) 对工作所需的心理特性要求的认识；(6) 对工作职责的认识。

韦斯特布鲁克的认知职业成熟测验 (Cognitive Vocational Maturity Test，简称 CVMT) 主要用来评价学生知道和使用职业信息的程度。与其理论相应，该测验有六个分测验，其中工作筛选有 15 个项目，职责有 25 个项目，其余的分测验均为 20 个项目，共有 120 个项目。该测验的内部一致性系数在 0.80 左右。但它的分测验之间的相关偏高。

(四) 职业决策自我效能量表

起初，克赖茨等的成人职业成熟度问卷的结构基本上与中学生的一致，所不同的只是成人问卷是自我管理式的。经过研究发现，成人的职业成熟度与学生有很大的区别，主要体现在成人除了职业选择外，还有职业适应的问题。休珀的成人职业成熟度理论的基本观点是：人的职业发展是个终生的过程，它呈现出阶段性的特点。在不同的阶段，人有不同的职业发展任务或目标，只有很好地完成了该目标才是成熟的表现。

在克赖茨的职业成熟度的过程论中，职业选择能力维度是广受学术界认同的。因此，按照克赖茨的职业选择能力的框架，泰勒和贝茨 (Taylor & Betz)

把克赖茨的职业决策能力的客观测验变成了主观的自我效能感的测查，从而建立了职业决策自我效能感量表（Career Decision-Making Self-Efficacy Scale，简称 CDMSE）。CDMSE 主要是按照职业决策的五个重要方面的自我效能状况的评价来决定的，这五个方面即准确的自我评价、收集职业信息、目标筛选、为未来做规划和问题解决的自我效能。每个方面 10 道题，问卷共 50 道题，主要测量个人在上述五个方面的自信心。该问卷已经标准化，于 1993 年出了测验手册。CDMSE 具有较好的信度和同时效度（Betz & Luzzo，1996；Luzzo，1996）。此外，贝茨等（Betz，Klein & Taylor，1996）还为 CDMSE 做了一个简式量表（只有 25 题），结果表明，其效果不亚于原版本测验。

五、传记式问卷

传记式问卷又称背景资料问卷，是把一个人的传记用系统的问卷记录下来，如同一份很详尽的履历表。问卷涵盖了个人过去背景与生活经验，包括受教育的经历、兴趣、家庭、休闲、个人健康情况、早期工作经验、态度、价值观等内容。传记式问卷假设过去行为是预测未来行为的最好指标，因此在确定传记式问卷的结构时多从过去的经验和行为方面予以考虑。

传记式问卷具有以下几个优点：(1) 可以在短时间内收集到大量信息，对受测者未来的工作绩效做出准确预测；(2) 传记式资料可以量化，内容可以做编码检验，提升了选拔过程的信度和效度；(3) 可以反复使用，成本低廉。

但传记式问卷也有以下几点不足：(1) 编制过程较为复杂，需要具有专业的人力资源管理和心理测量学知识；(2) 可能会涉及侵犯隐私和雇佣歧视等问题；(3) 可能会因为受测者的记忆错误或故意欺骗而出现遗漏或失真；(4) 受到受测者社会期许性的影响，降低了预测的效度；(5) 在不同的职业背景下需要编制不同的题目，编制烦琐，在时间上不够经济。

尽管有这些不足，但由于传记式问卷集量化和质性研究的优点于一身，近年来在国外越来越多地被应用于人事选拔、人职匹配、员工生涯发展、组织培训等领域，已成为教育、工业、政府和其他场合最可靠、最有效的评定和选拔手段之一。

【要点小结】

当测验应用于职业指导以及选拔、评估程序时，我们便称其为职业测验。职业测验大多可以团体施测。

斯特朗—坎贝尔职业兴趣调查表包括一般职业主题量表、基本职业兴趣量表、具体职业量表、特殊量表和测验管理指标量表。测验管理指标包括以下三个统计量：反应类型指标、整体反应指标、异常反应指标。

霍兰德在长期职业指导和咨询实践的基础上首次提出了自己的职业兴趣理论，他认为职业兴趣就是人格的体现。因此，霍兰德的职业兴趣理论基本上是一种职业人格理论。霍兰德职业兴趣测验主要包括职业偏好量表和自我定向探查表。

评价中心技术是测评领导与管理者的有效方法，具有情境性、综合性、动态性、预测性等特点，面试、无领导小组、文件筐、管理游戏、角色扮演是其常用方法。

计算机模拟情境测试是呈现一种场景，让问题解决者扮演市长或公司老板的角色，以模拟的情境来呈现现实中的复杂问题，并引发参与者提出复杂问题的动态解决方案。

组织公民行为可以定义为在组织正式的薪酬体系中尚未得到明确或直接的确认，但就整体而言有益于组织运作成效的行为的总和。它至少可以由七个维度构成：助人行为、运动家道德、组织忠诚、组织遵从、个人首创性、公民道德和自我发展。

倦怠是工作本身对个人的能力、精力以及资源过度要求而导致工作者感到情绪枯竭、精疲力尽的现象。工作倦怠的结构理论分为单维度理论和多维度理论。

工作满意度评价的作用主要反映在四个方面：帮助企业进行组织诊断；影响企业的未来绩效；保障员工的心理健康；提高员工的工作质量。常用的工作满意度量表有明尼苏达满意度问卷和工作描述指数。

职业成熟度是指个体掌握和其年龄水平相适应的职业任务及处理这些任务的有效程度。

【思考与练习】

1. 探讨职业兴趣测验中分设男女常模的必要性。
2. 运用霍兰德职业兴趣六边形解释个人与环境的兼容度。
3. 如何看待职业兴趣与工作的关系？
4. 试述组织公民行为、职业倦怠、工作满意度三者之间的关联。
5. 试述人格与职业的关系。

第十五章 临床测验

【内容提要】

本章详细介绍了各种类型的临床测验的内容、适用人群、基本结构、施测、记分及结果解释，最后还介绍了选择临床测验及其解释应注意的问题。

【学习目标】

1. 了解并熟悉各类临床测验的内容、适用人群、基本结构、施测、记分及结果解释。

2. 明确各类测验主要针对的相应心理问题。

3. 在了解单个测验的基础上，能明确同类测验之间的联系及区别，以及如何在具体检测某一心理问题时结合使用同类测验。

【关键词】

临床测验　单项神经心理测验　综合性神经心理测验　智力障碍　学习障碍　言语障碍　适应行为　多动症　自闭症

“临床”一词传统上是代表任何一种深入研究个案的方法学。临床测验有广义、狭义之分。广义地说，所有用于临床诊断的测验都可以称为临床测验，前面各章介绍的大部分能力测验、人格测验都可以在临床上使用。狭义地说，临床测验是指专为医学临床诊断而设计的测验，常用的有一般神经心理测验、婴儿与学前儿童测验、残障人群测验、老年群体测验以及一般心理健康调查问卷等。

第一节　一般神经心理测验

一、单项神经心理测验

单项神经心理测验的编制目的是专门测量病人的某项心理能力，很多测验是为评定、鉴别神经心理损伤而设计的。

（一）记忆测验

1. 韦克斯勒记忆量表

韦克斯勒记忆量表（Wechsler Memory Scale，简称 WMS）是供临床使用的较为简单的记忆量表，有助于鉴别器质性和功能性记忆障碍。它由以下七个分测验组成：有关个人和当前的常识；时间和地点的定向能力；精神控制能力；逻辑记忆；数字广度；视觉记忆；回忆意义关联强、无意义关联、难以记忆的词对。

龚耀先等对 WMS 进行了修订，增加了回忆实物图片、再认实物形状、触摸霍尔斯特德-赖坦神经心理成套测验中的形板材料后回忆其形状和位置等三个分测验，共计十个分测验。

WMS 的总分是综合各项目分，得出一个记忆商（MQ），其解释与 WAIS 的 IQ 类似。

2. 临床记忆量表

该量表是以中国科学院心理研究所许淑莲为首组成的全国协作组在 20 世纪 80 年代编制的，经多年临床应用，效果较好，且受文化因素影响较小。它由五个分测验组成，前两项为听觉记忆测验，中间为视觉记忆测验，最后一项为听觉和视觉相结合的记忆测验。

听觉记忆测验包括指向记忆和联想学习两个分测验。指向记忆测验要求受测者从一组由2～3个字组成的24个词中辨别出12个刺激词和另12个混入词，两类词都很接近且随机排列，测验以正确识记数记分。联想学习测验与WMS中的成对联想学习类似。以不同顺序随机播放三遍由两个字组成的有逻辑联系和无逻辑联系的词各六对后，主试按另一顺序读出每对词的前一个词，要求受测者立即说出后一个词，测验以正确回答数记分。

视觉记忆测验包括图像自由回忆和无意义图像再认两个分测验。图像自由回忆测验要求受测者立即辨认所呈现的两组各13张黑白图片上的东西，测验以正确回忆的图片数记分。无意义图像再认测验要求受测者辨认出由曲线封闭图形、直线封闭图形、曲线直线图形、曲线不封闭图形和直线不封闭图形组成的各20组刺激图片和混入图片，分数的计算公式是：(正确再认数－错误再认数)×2。

听觉和视觉相结合的记忆测验指的是人像特点联系回忆测验，即主试说出黑白图片上人像的姓名、职业和爱好，重复两遍后，要求受测者说出按另一顺序呈现图片时所识记的内容，以正确回答数记分。

五个分测验的原始分按等值量表分换算表换算为量表分后相加得总量表分，根据常模表转换成记忆商来判断记忆等级水平。

3. 本顿视觉保持测验

本顿视觉保持测验（Benton Visual Retention Test，简称BVRT）是一个广泛使用的心理测验，为评定视知觉、视觉记忆和视觉结构能力而设计，已成为重要的临床检查和研究的工具，适用于7岁以上的受测者。

它共有三种替换测验（C、D、E型），每套包括有图形的卡片十张，其中除两张是一个图形外，多数为三个图形。为了减少记忆造成的空间知觉误差，BVRT有四种施测方式：每张图片让受测者看10秒后拿走，要求受测者立即画出看到的图形；每张图片让受测者看5秒后，要求受测者画出看到的图形；图片放在受测者前让其临摹；每张图片让受测者看10秒后移走，要求其在15秒后画出看过的图形。

BVRT的记分包括两种方式：一是正确再现数；二是错误分。正确再现数的评分按“全”或“无”原则，每张图片画对记1分，画错记0分。错误分是评出错误的类型及数量。错误类型有六种：遗漏或增添、变形、固着、旋转、位置错误和大小错误。一张不正确的图形可有好几种错误。在分数解释上，正确及错误数将与每个年龄层及智力水平的常模比较，其中智力水平可由任意的言语智力测验分数确定。

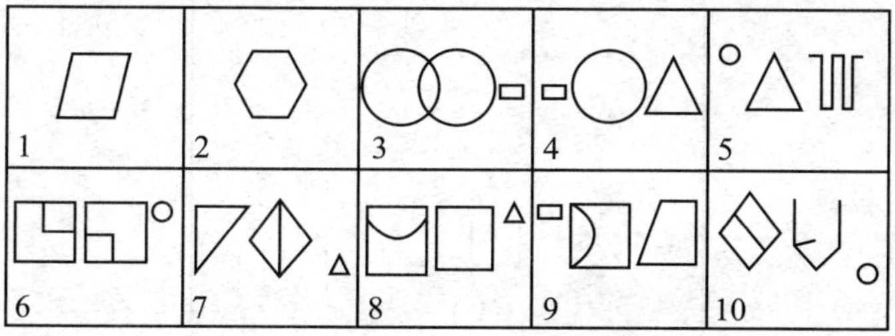

图15-1　本顿视觉保持测验例题

（二）视知觉测验：本德视觉运动格式塔测验

本德视觉运动格式塔测验（Bender Visual Motor Gestalt Test，简称BVMGT）最初由本德（Bender）编制，后经科皮茨（K. Koppitz）、海因（Hain）、赫特（Hutt）、沃尔曼（Wolman）等人修订，成为一个临床上广泛使用的测验。它适用于4岁以上的受测者，一般12岁的受测者即可完成该组图形的完整再现。该测验操作简单，近几十年来一直应用于精神医学和小儿神经科。近期研究表明，该测验还可用于诊断抑郁症、焦虑状态、各种适应问题和学习障碍等。

测试方法是将本德改编的9个图形分别画在9张卡片上，提供一支带橡皮头的铅笔，允许受测者修改自己的作业。施测时有三种处理：临摹（复制）法、加压（限制时间）法、记忆法。实质上，该测验是一个图形复制任务，在复制图案过程中被试所犯的错误并不仅仅是因为他缺少艺术技能，这些曲解恰恰就是该测验临床解释的基础。

该量表的记分方法有两种，成年人一般用赫特（Hutt，1977）的26个评分因素记分，儿童一般用科皮茨的30个评分因素。两种记分法均记录错误数，即错误越多，得分越高，表明视觉运动机能、视觉结构能力和完整性有障碍。其原理是，如果再现的任何错误不能用生理感受限制、明显的智力低下或因文盲而缺乏图形方位感等做解释的话，那么成绩的下降便可认为是大脑器质性病变引起的视觉结构障碍，特别是与右脑后部的功能有关。目前对该测验的解释已经不再强调格式塔心理学的原则，更看重上述能反映器质性脑损伤或心理病理学反应的系统差异。

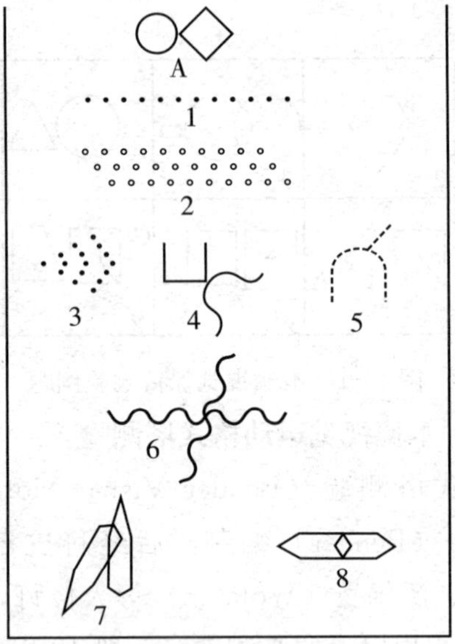

图 15-2　本德视觉运动格式塔测验例题

目前对该测验所测内容或测验分数的解释还没有一个被一致认同的理论。尽管临床实践应用广泛，但是该测验的构想效度并未得到充分验证。虽然有证据表明精神病患者在做该测验时对图形的曲解程度和病理程度有关，但是还没有很多论据可以支持该测验对非器质性病理进行区分诊断时的效度。与其说本德视觉运动格式塔测验是一个单一的、意义明确的测验，不如说它是一个综合诊断技术。基于本德视觉运动格式塔测验的诊断效度取决于很多因素，譬如选择的特定记分系统、临床医生的技能和应用该系统时的可靠性。该测验的信度和效度还依赖于诊断出的症状类型和诊断的特异性程度。

（三）听知觉测验

1. 西肖尔音韵节律测验

该测验是西肖尔音乐才能测量中的分测验，常用来检查颞叶病变。它由

30 对音韵节律相同和不同的声音组成。测试时向受测者逐对呈现，要求其分辨节拍的异同。测验以错误数记分。

2. 词—音知觉测验

该测验由录音机发出语音指令，要求受测者从词汇表中挑选出相应的词。

（四）认知障碍测验

1. 抽象思维和具体思维测验

该测验包括戈尔斯坦（Goldsteinj）等人研制的方木设计测验、颜色形状分类测验和实物分类测验。

（1）方木设计测验：和 WAIS 中的积木设计测验相似，要求受测者按呈现的刺激图案摆好方木。

（2）颜色形状分类测验：主要观察受测者的概念形成和概念转移。要求受测者按某一属性归类包含 4 种颜色、5 种形状的 12 张纸片。完成后再要求其用另一属性再次归类。

（3）小棒测验：主要测验受测者对样本图案的记忆再现能力。要求受测者用 30 根 4 种长度的小棒临摹主试所摆出的样本图案，然后按其正确性记分。

（4）颜色分类测验：以不同的作业反应来表明受测者抽象概括能力的不同等级。要求受测者按颜色或亮度对不同的毛线束分类。若两种分类都不会，则可要求其匹配每类颜色。

2. 符号-数字测验

该测验是一个简单的操作测验，对评估成人和儿童的脑损伤极为灵敏。要求受测者将无意义的几何形状转化为书写或口述的数字，与 WAIS 的数字符号分测验相似。以操作速度和正确数记分。

（五）病态言语行为测验

1. 霍尔斯特德-韦普曼（Halstead-Wepman）失语症筛选测验

该测验是一个判断有无失语症的快速筛选测验，可用于不同智力水平、文化程度和经济状况的受测者。测验包括对言语过程本身各环节的评价，还包括对不识症、口吃和言语错乱的检查。

2. 斯普林-本顿（Spreen-Benton）失语症测验

该测验是一个具有成人常模的综合性失语症测验，包括视觉呼名、触觉呼名、数字复述、词汇流畅性、句子复述、名称识别、物体用途描述、表征测验、阅读测验、写和说测验等 10 个分测验。

3. 波士顿诊断性失语症测验（Boston Diagonostic Aphasica Examination，简称 BDAE）

该测验评分标准，可靠性高，是美国广泛采用的失语症诊断测验。它全面检查了交际性言语的听、说、读、写等各方面能力。

4. 临床汉语言语测评方法

中国科学院心理研究所神经语言学研究组通过对大脑损伤病人进行言语机制的研究，编制了一套符合汉语认知特点的临床汉语言语测评方法。其内容是以言语行为的心理、解剖生理学结构及语言学内涵的分析为理论根据，并充分考虑了汉语的语言特点。

测验由基本性分测验和延伸性测验两部分组成。基本性分测验可满足一般临床诊断的需要，即判定有无言语障碍及其性质和严重程度。延伸性分测验则满足了进一步探讨汉语言语大脑机制的需要。它包括根据口头和书面语言的认知过程而专门设计的一些测验项目。

二、综合性神经心理测验

脑伤造成的功能失调种类繁杂，行为障碍多种多样，因此无法仅检查单一机能而确定损伤。心理学家组合了为数不少的标准化测验来测量所有重要的神经心理机能。

（一）霍尔斯特德-赖坦神经心理成套测验

霍尔斯特德-赖坦神经心理成套测验（Helstread-Reitan Neuropsychological Test Battery，简称 HR）是目前被广泛接受和使用的神经心理测验量表。最初由美国心理学家霍尔斯特德（W. C Helstread）以脑行为研究为基础于 1974 年编制，1955 年赖坦（R. M. Reitan）对此进行了修订。测验包括成人式（适用年龄 15 岁以上）、儿童式（适用年龄 9～14 岁）和幼儿式（适用年龄 5～8 岁）三套不同的题目。它施测费时，共需 5～10 小时才能完成。

1. 内容

龚耀先等人于 20 世纪 80 年代根据我国的文化和社会实际情况修订了该测

验，并建立了常模。修订后 HR 的 10 项分测验内容如下：

（1）范畴测验，测定病人抽象思维和解决问题的能力。包括测定概念形成能力的一组测验，要求受测者对一些包含不同属性的对象进行分类。

（2）手指敲击测验，用于检查双手精细动作的能力。用一种机械装置客观记录单位时间内左右食指敲击动作的速率。

（3）言语声音知觉测验，测查持久注意和听、视联系的能力。要求受测者听到从磁带中放送的刺激单字后，从 9 个字（词）卡中选出与刺激字音匹配的字词。

（4）触觉操作测验，测量触觉、运动觉、上肢运动协调能力、手部技巧动作、空间结构能力和触觉定位能力。采用一块有圆、方、三角等 10 种形状的槽板，一套与之对应可嵌入各槽板的不同形状的单个木板，要求受测者回忆各木块形状和在槽板上的位置，以操作时间、记形和记位的错误数记分。

（5）音乐节律测验，常用来检测颞叶病变。逐对呈现 30 对音韵节律相同和不同的声音，要求受测者分辨节拍的异同，以错误数记分。

（6）握力测验，用握力计客观测量，比较利手和非利手的握力。

（7）连线测验，检测大脑两半球的机能。有两种类型：A 型是在一张纸上随意印 25 个小圆圈，分别标出数字 1～25，要求受测者按数字顺序找出 5 个圆圈并用直线将它们依次连接。B 型是在纸上印 25 个圆圈，其中 13 个分别任意标上 1～13，另外 12 个圆圈则任意标上 A、B 等字母，要求受测者按 1—A，2—B，…，13—L 的规律连接数字和字母。以完成时间和操作正确性记分。

（8）一侧性优势测验，包括测定利手、利足、利眼、利肩等各项测验。

（9）失语检查，包括测量言语接受和表达能力的几项测试言语能力的鉴别性测验。

（10）感知觉障碍测验，分触、听、视感知觉和手指辨认、指尖认字、手指触形辨认等。

其中，前五个测验是基本测验，主试可根据所有测试项目，再加上智力测验、记忆测验及人格测验的结果进行综合分析，了解其相互之间的分数关系，做出定位和性质分析。还可了解损伤是慢性的还是局部的，是稳定的还是变化的，以进行定位诊断。

2. 记分与解释

将各分测验与检查的有意义的结果列出，用损伤指数（属病理的测验数÷总测验数）表示。如损伤指数达到划界分的异常一侧，则有诊断意义。然后做病损的定侧分析，以确定可能与脑的何部位有关，以及评估属于何种程度的损害。

脑左半球损害的患者智力表现为：言语智力得分低于操作智力；语言记忆能力特别低；心算、相似性能力特别低；敲击、触摸时间、握力，右手明显低于左手；右手、右侧有阳性发现；言语困难，言语知觉成绩低。

脑右半球损害的患者智力表现为：言语智力得分高于操作智力；木块图、图片排列成绩特别低；左手明显低于右手，定型性运动能力低；左手、左侧有阳性发现，节奏性、感知觉降低；有结构性失用。

弥漫性脑损伤患者的表现为：智力普遍降低；记忆普遍降低；范畴、领悟、相似性成绩降低；连线B型得分低。

（二）鲁利亚-内布拉斯加神经心理成套测验

鲁利亚-内布拉斯加神经心理成套测验（Luria-Nebraska Neuropsychological Battery，简称LNNB），是1975年美国内布拉斯加大学医学院的戈尔登（C. J. Golden）教授及其同事对鲁利亚提出的神经心理检测技术进行修订和标准化而成的。现有成人及8～13岁少儿两个版本。它由269个项目组成11个分量表，每个测验项目都针对某种特定的神经功能。

1. 内容

(1) 运动量表。由51个项目组成，包括左右手运动速度、双手运动速度及协调能力、动作模仿、言语指导下的动作完成（即执行口语指令）、口和舌的简单和系列动作、简单画图作业。

(2) 节律量表。共11个项目，分感知性和表达性两个基本部分。感知性部分要求受测者对难度递增的音调辨认和判定节律形式。表达性部分要求受测者重复节律，表达有变化的音调组合，唱歌。

(3) 视觉量表。共14个项目，主要测评视知觉和视空间能力。前者包括说出物品和实物图片中的物件名称、模糊图片辨认、说出物体轮廓相互重叠的图片中的物件名称等项目。后者包括读出和标明无数字钟面上的时间、辨别方向、三维空间木块堆积、图案的空间智力性运算、二维空间的旋转配对。

(4) 触觉量表。共11个项目，用于检查复杂的皮肤触觉功能、肌肉和关节感觉及实体感觉。包括触觉的定位，对触觉轻、中、尖、钝和运动方向的确定，两点觉的区别，数字、字词及物体等形状的触觉辨认，一只手放成一定形状并让另一只手模仿。

(5) 言语感知接受量表。共三部分32个项目，第一部分为基本音素辨别，第二部分为简单字、口语、口语指令理解，第三部分是理解各种语法结构。

(6) 表达性言语量表。共41个项目，包括跟读字、词组、句子，表达物品名称，回答常识性问题，根据图片、故事、话题自由表达，句子填充，造句，重新排列次序混乱的句子。

(7) 书写量表。共12个项目，要求受测者在口授情况下写出复杂程度不同的字、词组、短语及句子。

(8) 阅读量表。共12个项目，要求受测者将字分解成字母，把字母或声音组合成字，朗读字母、字、短语或短文。

(9) 算术量表。共22个项目，要求受测者朗读和书写单个数字和多位数，进行简单计算，填充简单代数式中遗漏的数字符号和数字，完成连续递减运算。

(10) 记忆量表。共30个项目，测量非言语和言语在无干扰或干扰情况下的短时记忆。非言语记忆包括有或无干扰情况下的图片记忆、节律记忆、手势记忆、词—图片记忆。言语记忆包括词的重复学习、同源或异源干扰情况下的无关词和句子记忆。

(11) 智力量表。共33个项目，测量智力的各方面，许多项目类似韦氏成人智力量表的领悟力、相似性、算术、词汇、图片排列等分测验中的项目。此外，还增加了一些区别物质性质、物体分类、类比和反义词等新项目。

从以上11个分测验中，又挑选出一些测验组成3个附加量表：定性量表(疾病特有病症量表)，用来判别有无器质性大脑病变，从269个项目中筛选出能鉴别大脑损伤与情绪障碍的34个项目组合而成，对破坏性和急性大脑损伤敏感；左半球定侧量表和右半球定侧量表，用来鉴别损伤发生在大脑哪侧，由测定左手运动或右手运动和感觉的 21 个项目组成，大多取自运动和触觉量表。

2. 评分

LNNB 根据各测验项目操作的正确性、流畅性、时间、速度、质量记分。采用 0、1、2 三级记分：0 表示正常；1 表示边缘状态；2 表示异常。将各量表分累加后得到该量表的原始分，得分越多，表明损伤越严重。将原始分根据 T 量表换算成 T 分，则可进行各量表间的比较，做进一步临床分析。

第二节　婴幼儿测验

一、婴幼儿智能测验

婴幼儿智能测验主要针对 0～6 岁儿童的心理发育和行为发展水平做出评定，涉及动作、感知觉、语言、适应行为、社交行为等方面。

（一）格塞尔发展量表

格塞尔发展量表（Gesell Developmental Schedules，简称 GDS），是美国著名儿童心理学家格塞尔及其同事于 1940 年正式发表的，又于 1974 年进行了修订。它的适用年龄为 4～6 岁（后来修订到 3 岁）。

1. 内容

该量表包括 63 个项目，主要测量以下四种能力：

（1）动作能力：分为粗动作和细动作，是评估婴幼儿成熟程度的起点。前者指身体的姿势、头的平衡，以及坐、立、爬、走、跑、跳的能力；后者指使用手的能力。

（2）顺应能力：指对外界刺激物进行分析和综合以顺应新情境的能力，如对物体和环境的精细感觉、解决实际问题时协调运动器官的能力等。它是运用过去经验解决新问题的能力，是后期智力的前驱，也是智慧潜力的主要基础。

（3）言语能力：主要指婴幼儿听、理解、表达言语的能力，其发展也具备一定的程序。

（4）社会应答能力：指与周围人交往和生活自理的能力。它是婴幼儿对现实社会文化的个人反应。

2. 记分与解释

该量表用格塞尔提出的发展商数（development quotient）记分，其计算方法跟智商相同，计算公式为：

发展商数=[测验所得年龄(月龄)/实际年龄(月龄)]×100。

发展商数若低于65，则表明有严重落后；而顺应能力发展商数若低于85，则表明机体存在损伤。

（二）丹佛发展筛选测验

丹佛发展筛选测验（Denver Developmental Screening Test，简称DDST）是由美国儿科医生弗兰肯伯格（W. K. Frankenburg）和心理学家多兹（J. B. Dodds）编制的，是目前美国托儿所、医疗保健机构对婴幼儿进行检查的常规测验。DDST最初发表于1967年，适用于快速发现幼儿（0～6岁）的智能发展差异。一般情况下，施测一个儿童大约需20分钟。

1. 内容

该量表共105个项目，分为四个方面。

（1）应人能力：对周围人的应答能力和料理自己生活的能力。

（2）细动作—应物能力：看、用手摘物、绘画等能力。

（3）言语能力：听、理解和言语表达能力。

（4）动作能力：坐、走步和跳跃能力。

2. 记分

该测验采取限定式描述法，即给出四个备选答案供家长选择一个。四种答案的标准如下：

（1）通过：孩子对应答的内容要求，现在或过去全能做到。

（2）不通过：孩子对应答的内容要求，现在或过去都不能做到。

（3）拒绝：不肯定孩子对应答的内容要求究竟做到还是做不到，要实际测量才能获得正确答案，但遭孩子拒绝。

（4）无条件（无机会）：孩子对应答的内容要求，现在或过去都无条件或无机会进行训练。

通过10或11题者为正常。有1题以上通不过或不会者，须用DDST复查，以评定其正常、可疑或异常。

（三）贝利婴儿发展量表

贝利婴儿发展量表（Bayley Scales of Infant Development，简称BSID）是贝利（N. Bayley）及其同事于1933年发表的，1969年再版，适用于2～30个月的婴幼儿。

1. 内容

该量表由三个分量表组成。

（1）智能量表：着重于适应性行为、语言、探究活动等的测量，共163个项目。包括知觉、记忆、学习、问题解决、发育、初步的语言交流、初步的抽象思维活动。

（2）运动量表：着重于大运动和精细动作的测量，共81个项目。包括走、坐、站、爬楼等粗动作能力，以及双手和手指的操作技能。

（3）婴儿行为记录表：该量表是一种等级评定量表，用来记录各月龄儿童的个性特征，包括情绪、社会行为、注意广度及目标定向等。

2. 记分

该量表用智能发展指数和心理活动发展指数来记分，分别评定智能水平和运动水平，平均数为100，标准差为16。由于常模样本采取分层取样，因此，标准化程度好于其他幼儿智力测验，被认为是最好的婴儿测验，其信度和效度均较高。

二、婴幼儿气质测验

气质是个性心理特点之一，婴儿的气质特征往往会较大地影响家庭环境，尤其是父母亲或其他养育者的行为。环境的变化又反过来影响婴儿的个性发展。

（一）婴儿气质问卷

该问卷共有9个问答项目，每个项目的后面均附有“是”和“否”两个选项，视婴儿的实际表现选择。

1. 内容

（1）婴儿每天都有很长时间醒着在活动吗？

（2）吃奶、排泄、睡眠和醒来都有规律吗？

（3）周围偶尔发出的较大声响会使婴儿停止像吃奶这样的动作吗？

（4）有新的玩具呈现在眼前时，婴儿会显出关注或高兴的样子吗？

（5）改变睡眠的地方，婴儿会因此哭闹而难以入睡吗？

（6）婴儿经常独自活动很长时间吗？

（7）婴儿经常会使出最大的劲来拼命大声哭吗？

（8）只有非常强烈的刺激才有可能惊动婴儿吗？

（9）婴儿大多数时候都显得快活吗？

2. 评分与解释

项目（1）、（3）、（4）、（5）、（6）、（7）、（9）回答“是”得1分，（2）、（8）回答“否”得1分，否则不得分。总分累计在8分以上为“难对付型”，这类婴儿约占总体的10%，他们生活无规律，吃和睡眠不定时，在陌生人面前和陌生环境里反应强烈。他们以后出现心理障碍的可能性较大。4～7分为“慢慢活跃起来型”，这类婴儿约占总体的15%，他们不活泼，对新奇的东西可能产生消极反应，但随经验的增加，会渐渐变得积极。0～3分为“平静型”，大多数婴儿属于这一类型，他们情绪好，生活有规律，有安全感，适应环境。

（二）3～7岁儿童气质问卷

美国儿童心理学家及精神病学家托马斯（Thomas）和切斯（Chess）领导的研究小组通过著名的纽约纵向研究（New York Longitudinal Study，简称NYLS）提出了儿童气质的九个维度，即活动水平、节律性、趋避性、适应度、反应强度、情绪本质、坚持度、注意分散度、反应阈，并根据其中的五个维度（节律性、趋避性、适应度、反应强度、情绪本质）将儿童分为难养型气质、启动缓慢型气质、易养型气质和中间型气质。

1. 内容及评分标准

1977年NYLS小组设计了由家长评定的3～7岁儿童气质问卷（Parent Temperament Questionnaire，简称PTQ），确定了符合上述九个气质维度且能清楚、独立地代表儿童日常生活一般表现的72个项目。每个项目均在“从不”到“总是”7个等级上对儿童的日常行为表现进行评定。一半项目1～7正向记分，另一半7～1反向记分。评分过程较为复杂，可由相应的计算机软件处理。

2. 结果解释

（1）难养型：节律性、趋避性、适应性、情绪本质至少三项低于平均值；反应强度高于平均值；五项中至少两项偏离一个标准差。

（2）易养型：如果反应强度高于平均值，则其他四项中最多有一项低于平均值；如果反应强度不高于平均值，则其他四项中最多有两项低于平均值；没有任何一项偏离一个标准差。

（3）启动缓慢型：五项中至少三项得分低于平均值，且趋避性或适应性有一项低于一个标准差；活动量得分不高于二分之一个标准差；情绪本质得分不低于一个标准差。

三、其他婴幼儿测验

（一）布雷泽尔顿新生儿行为评定表

布雷泽尔顿新生儿行为评定表（Brazelton Neonatal Behavioral Assessment Scale，简称 NBAS）是布雷泽尔顿（Brazelton）于 1973 年编制的，是目前适合年龄最小的婴儿使用的行为量表，从出生第一天到满月为止皆可使用，目的在于诊断和预测婴儿的行为发展情况。

1. 内容

NBAS 共 27 个项目，这些项目可分成六类。

（1）习惯化：指婴儿在同一刺激物（光或声）呈现多次后，反应减弱。

（2）朝向反应：指婴儿对有生命的刺激物（如人）和无生命的刺激物（如物）的朝向。

（3）运动控制的成熟性。

（4）易变特点：指婴儿从觉醒状态到深睡状态的变化、皮肤颜色的变化、活动水平的变化、兴奋达到最高点的变化以及变化是否比较容易等。

（5）自我安静下来的能力。

（6）社会行为：指婴儿微笑、接受拥抱时的反应等。

2. 评分

上述这些项目按 9 级评分，中间等级为正常反应，两端皆认为是偏离正常的反应。

（二）**儿童统觉测验**

儿童统觉测验（Children's Apperception Test，简称CAT）是用来诊断病态心理倾向的一种测验，由美国心理学家莫瑞等编制。它通过让儿童看图讲故事，使其产生心理投射。该测验适用于3～10岁儿童，施测时共有10张图片，内容是关于动物生活和行为的各种情景。图片的主题涉及心理动力理论中的冲突、挫折、创伤和心理发展阶段的情况。

由于CAT是投射测验，必须由训练有素的临床心理学者实施，因此使用较为不便，解释也较困难，没有经过专门训练的人是不宜随便使用和解释的。

第三节　残障人群测验

一、心智障碍测验

（一）**智力障碍**

智力障碍儿童是指在发育期间智力发展显著落后于同龄儿童的平均水平，同时在适应行为、认知、个性和社会性等方面存在明显缺陷的儿童，其智商一般在70以下。除前面能力测验一章中介绍的各种智力测验外，还可用瑞文彩图推理测验来测查智力障碍。

瑞文彩图推理测验主要适用于5～11岁的儿童及智力有缺陷的成人。瑞文彩图推理测验由一系列彩色图形组成，分为三组，每组12题，总共36题。测验是一张抽象图案或一系列无意义图形构成的一个2×2或3×3的矩阵。它的主要任务是要求受测者根据一个大图形中的符号或图案的规律，将某个适当的图形填入大图形的空缺中。总体来说，矩阵的结构越来越复杂，从一个层次到多个层次演变，要求的思维操作也从直接观察到间接抽象推理。

这套测验题型与瑞文标准推理测验十分相似，只是由于上了颜色，更容易引起受测者兴趣，使年幼儿童注意力更集中。另外，这套测验的难度水平降低了，对智力水平较低的受测者有很好的鉴别力。

瑞文彩图推理测验既可团体施测，也可个别施测。测验时间一般为30～

40分钟。

瑞文彩图推理测验的记分方便且易于解释。它采取两级记分，即答对1题得1分，答错为0分。测验做完后只需对照答案表算出总分，然后把分数与常模表对照，就可换算出百分位数和智商分数。

（二）学习障碍

学习障碍是一组异质性障碍的统称，指在获取与运用听讲、说话、阅读、书写、推理或数学能力上表现出重大困难的一群不同性质学习异常者的通称。

1. 伊利诺伊心理语言能力测验

伊利诺伊心理语言能力测验（Illinois Test of Psycholinguistic Abilities，简称ITPA）是由美国伊利诺伊大学心理学研究者柯克和麦卡锡（S. A. Kirk，J. McCarthy & W. Kirk）编制的，于1968年发表，是适用于2岁4个月至10岁3个月儿童的个别测验。它主要测量儿童理解、加工、产生言语和非言语性语言的能力。

整套测验分别测定12种心理语言能力，即听觉接受能力、视觉接受能力、听—说联合能力、视—动联合能力、语言表达能力、动作表达能力、作文能力、视觉组合能力、听觉序列记忆能力、视觉序列记忆能力、听觉构成能力、字音融合能力。测验包括10个正式测验和3个任选测验。

听觉感受：共50题，评估受测者从口头呈现的语言材料中提取意义的能力。所有题目只需受测者用言语、点头或摆手回答即可。

视觉填充：共有4张图板，每张图板包含14或15个特定物品的图像。评估儿童从一幅不完整的视觉图像中辨认常见物品的能力。这些物品被暴露的程度各不相同，要求受测者在30秒内找到并指出是什么物品。

听觉填充：共有30题，评估受测者将听到的声音信号中被漏掉的部分进行补充，生成一个完整单词的能力。

言语表达：共有4个儿童熟悉的物品，每次出示1个，让受测者说出所了解的该物品的所有方面。

动作表达：共15幅常见物品的图片，每次出示1幅，让受测者用手势恰当地表达意思。

语法填充：共33题，评估受测者利用口语中的其他信息，自动掌握语义并进行语法变换的能力。在念题时同时出示描绘题意的图片，每题由一个完整的句子和一个不完整的句子组成。

视觉联想：共 42 题，给受测者出示 1 幅图画，其四周有 4 幅备选图画，让受测者指出其中与出示图画有关的那幅。

听觉序列记忆：评估受测者凭记忆复制无意义数字序列的能力。数字序列的长度由 2 个数字增加到 8 个数字，并以每秒 2 个的速度呈现。

视觉序列记忆：评估儿童凭记忆复制无意义数字序列的能力。数字序列的长度由 2 个数字增加到 8 个数字。每个数字呈现 5 秒后让受测者以同样的顺序摆放对应的数字条。

听觉联想：共有 42 个用言语呈现的句子完成题。测量受测者把用言语呈现的概念联系起来的能力。主要测量听觉感受过程，而不是言语表达过程。

声音组合：以 0.5 秒的间隔依次说出每个单词的每个读音后，让受测者说出是哪个字或词。

主试按测验手册记分后，将各分测验的原始分转换为量表分（平均数为 16，标准差为 6）和心理语言年龄当量，最后计算受测者的心理语言商数（平均数为 100，标准差为 15）。

2. 普氏儿童沟通能力指标

这是一个根据三段式沟通模式理论编制的测验。这三个阶段为：由视觉、听觉或触觉形式输入信息；整合（包括各种不同的信息处理步骤）；以言语、图形或手势形式输出。普氏儿童沟通能力指标包含一个基础测验组，适用于幼儿园或以下程度的儿童，另有一个进阶测验适用于一到六年级的儿童。

该测验的每个分测验均使用 10 个相同的物体，以模型、轮廓图呈现，同时让受测者说出名称、书写名称、叙述功用，要求其完成不同的作业。

该测验的记分根据一个 16 类的评定量表进行，考虑了 5 种反应特色：正确性、反应性、工作完成度、完成反应的速度及效率。普氏儿童沟通能力指标的手册提供了年龄及年级的总测验表现，以及各分测验的百分位常模，其结果以剖析图形式出现，可用于全面比较和各分测验之间的比较。

（三）言语障碍

言语和语言障碍是指语言理解或语言表达能力与同龄人相比，有明显的异常或发展迟缓现象，因而导致交流困难。包括说话时出现构音、声音或语流障碍、语言发展迟缓和失语症。

1. 皮博迪图片词汇测验

皮博迪图片词汇测验（Peabody Picture Vocabulary Test，简称 PPVT）设计优良，是目前国际特殊教育界最广泛使用的言语能力测验。它是一套个别施测的常模参照测验，用来测量受测者的词汇理解能力，还能作为弱智儿童的筛查工具。该测验由邓恩夫妇（L. M. Dunn & L. M. Dunn）于 1959 年首次提出。1981 年，他们对这套测验进行第一次修订（PPVT-R），1997 年又进行了一次修订（PPVT-Ⅲ）。下面主要介绍 1997 年的修订版本。

PPVT-Ⅲ的施测时间约为 20 分钟，适用于 2.5 岁以上的被试。它有 A 型和 B 型两套平行测验替换使用，每个测验由画有 4 幅图画的 204 张图板组成。其施测方法生动有趣，非常简单。主试口头说出一个词，并出示一张图板，让受测者指出与该词意义一致的那幅图画。受测者的回答若与答案相符，得 1 分；反之，得 0 分。记分客观快速。所有题目得分的总和即为原始分数。根据受测者的年龄把这些原始分数转换成语词能力量表分数（平均分 100，标准差 15）、年龄当量、百分等级和标准九分数。

2. 语言发展测验

语言发展测验（Tests of Language Development，简称 TOLD）最早发表于 1977 年，是一个个别施测的常模参照测验。1982 年由哈米尔和纽科默（D. D. Hammil & P. L. Newcomer）进行过一次修订，1997 年又进行了第二次修订。它由两个测验组成，从理解和表达两个方面测量儿童语言发展的若干重要成分。其初级版适用于 4～8 岁的儿童，中级版适用于 8.5～12 岁的儿童。该测验为评估儿童语言发展的强项和弱项、诊断缺陷、制订训练方案提供了有用的信息。

该测验的初级版主要用于测量受测者对音韵、语法和语义的掌握情况，包括六个常规分测验和三个补充分测验。中级版主要测量受测者对语法和语义的掌握情况，包括六个分测验。

依照测验的指导语逐题施测后，对照测验手册中的标准答案记分，即可获得每个分测验的原始分数。再对照常模表，将各分测验的原始分转换为年龄当量、百分等级和标准分数（平均数为 10，标准差为 3）。最后，适当组合和换算分测验分数，就可求得语法、语义、听、说及言语能力的商数。

二、行为问题测验

（一）适应行为量表

适应行为是指个人独立处理日常生活问题，承担社会责任，达到其年龄所处社会文化条件期待的程度，也就是指个体适应自然和社会环境的有效性。

1. AAMR 适应行为量表

AAMR 适应行为量表（AAMR Adaptive Behavior Scale，简称 ABS）是目前国际上最著名、应用最广泛的两大适应行为量表之一。它由尼海拉（K. Nihira）等人于 1969 年编制。兰伯特（N. Lambert）等人于 1981 年对其进行了一次重大修订，取名为 AAMR 适应行为量表-学校版（ABS-SE）。1993 年，兰伯特等人又对该量表进行了一次修订，新量表简称为 ABS-SE2，下面重点介绍这个量表。

该量表的施测方法有两种：一种是由熟悉受测者的知情人来填写；另一种是主试将题目逐条念给知情人听，然后根据他们报告的有关情况，对受测者的行为表现做出评定。对每位受测者的测评时间大约需 30 分钟。

该量表包含两部分的内容：第一部分由独立生活能力、身体发育、经济活动、语言发展、数字和时间、职前或职业活动、自我管理、责任心、社会化等条目构成，主要考查个人生活自立、社会生活自立、个人—社会责任心等因素；第二部分由社会行为、服从、可信赖行为、刻板和多动行为、自虐行为、社会约束、不良人际交往行为等条目构成，主要考查社会调节和个人调节等因素。

将各领域的条目分数相加，可得到每个领域的原始分。根据评估结果制订教学计划时，要将各领域的原始分转换成百分等级，便于判断受测者在各领域能力的高低。用评估结果判断智力障碍时，要先将原始分转换为个人生活自立、社会生活自立、个人—社会责任心、社会调节、个人调节五种因素的组合分数，再计算各因素分、总分的量表分和百分等级。

2. 文兰社会成熟量表

文兰社会成熟量表（Vineland Social Maturity Scale，简称 VSMS）是由美国的多尔（E. A. Doll）博士于 1935 年在新泽西州文兰训练学校编制的，主要用于鉴别社会能力水平或社会成熟度，来帮助诊断智力缺陷、儿童多动症等。它是世界上第一个标准化的适应行为量表。

文兰社会成熟量表适用于 0～25 岁的被试。该量表有两种类型，两种类型记分方法不一样。一种以年龄分组进行排列，共 117 个子项目；另一种以类别进行排列，共 124 个子项目。这些子项目分属 8 个领域，它们是一般自理能力、饮食自理能力、穿衣自理能力、行走能力、作业能力、交往能力、自我管理能力和社会化能力。

该量表有三套，每套都涉及沟通、日常生活技能、社会化和运动技能四个领域。第一套为面谈版—调查表，用于评估一般适应能力，共 297 条，适用于 0～18 岁的受测者，施测时间为 20～60 分钟；第二套为面谈版—扩展表，用于评估更广泛、更具体的适应行为，共 577 条，也适用于 0～18 岁的受测者，施测时间为 60～90 分钟；第三套为课堂版，用于评估儿童在课堂中的适应行为，共 244 条，适用于 3～12 岁的受测者，施测时间约为 20 分钟。两个面谈版由了解和熟悉受测者的人（父母、看管人等）接受测试，课堂版主要由教师填写。

该量表采用 0、1、2 记分。受测者完全不具有或不表现某种能力，记 0 分；偶尔表现出一部分能力，记 1 分；常表现出某种能力，记 2 分。各领域的原始分和总分需转换成标准分数（平均数 100，标准差 15）、百分等级和年龄当量。另外，还要确定受测者的适应水平。各领域的原始分和总分高于平均分 2 个标准差，说明适应水平很高；高于 1～2 个标准差，适应水平较高；在 1 个标准差之间，适应水平中等；低于 1～2 个标准差，适应水平较低；低于 2 个标准差，适应水平很低。

3. 阿肯巴赫儿童行为检测表

阿肯巴赫儿童行为检测表（Child Behavior Checklist，简称 CBCL）由阿肯巴赫（T. M. Achenbach）编制，主要用于筛查儿童的社交能力和行为问题。

该量表包括父母用表、教师用表和自评量表三种。其中父母用表使用得最广泛，要求家长的阅读能力在小学五年级以上。它有两个版本，一个针对2～3岁的儿童，另一个针对4～18岁的儿童和青少年。教师用表主要针对5～18岁的儿童和青少年。自评量表由11～18岁、智龄在10岁以上的儿童自己填写。三套测验内容大同小异，完成一份测验需15～20分钟。

社交能力的测查包括三个因子七大类。它们是活动能力（参加体育运动的情况、课余爱好、课余职业或劳动）、社交情况（交友、与家人及其他儿童相处的情况、参加集体活动）、学校情况（在校学习的情况）。

行为问题是测查的重点，包括113个项目，按最近6个月的情况评定。内容因年龄和性别稍有不同。对6～11岁的男孩，测查分裂样、抑郁、交往不良、强迫性、体诉、社交退缩、多动、攻击性、违纪等九种行为问题。对6～11岁的女孩，测查抑郁、社交退缩、体诉、分裂样强迫性、多动、性问题、违纪、攻击性、残忍等九种行为问题。对12～16岁的男孩，测查交往不良、不成熟、体诉、分裂样、强迫性、多动、敌意、违纪、攻击性等九种行为问题。对12～16岁的女孩，测查抑郁退缩、体诉、分裂样、焦虑强迫、不成熟、违纪、攻击性、残忍等八种行为问题。

（二）**多动症量表**

多动症全称为注意缺乏多动障碍（简称ADHD），是儿童注意力缺乏、唤起过多、活动过多、冲动性和延迟满足困难等一系列心理与行为问题的总称。

康纳斯行为评定量表（Conners' Rating Scales，简称CRS）发表于1969年，是在筛查儿童多动症方面用得最广泛的量表。

该量表分为教师用表、父母用表、父母与教师合用表三个量表。父母用表由48个项目组成，主要测量品行、学习、身心、冲动—多动、焦虑、多动指数。教师用表由28个项目组成，主要测量教师对儿童行为的评价，可归纳为四个因子：品行、多动、不注意—被动、多动指数。父母与教师合用表包括10个项目：扭动不停；暴怒、不可预料的行为；成问题的易分心或注意力不集中；妨碍其他儿童；噘嘴和生气；情绪变化迅速剧烈；坐立不定，经常“忙碌”；容易兴奋冲动；做事有始无终；努力中易灰心丧气。它主要用于观察多动症儿童的治疗效果。

该量表的每个项目把症状出现的频度分为四级：0表示无；1表示稍有；2

表示相当多；3表示很多。其主要统计结果为总分，把每个方面问题的总分除以项目数，即可得到各方面的分量表分。把各分量表分与正常儿童的标准分比较，如高于平均值两个标准差以上可考虑有多动症。而单项得分则可显示靶症状的严重程度。

（三）**自闭症量表**

自闭症又称孤独症或全面性发育障碍，是一种在3岁前出现的由神经心理功能异常导致交流、社会交往和行为方面同时出现严重问题的综合征。

儿童孤独症评定量表（Childhood Autism Rating Scale，简称CARS）是由斯考普勒等人（Schopler，et al.）编制的，于1980年发表，并在1988年进行了一次修订。CARS是筛查孤独症的有效工具，目前被广泛应用于孤独症儿童的诊断。

CARS包含15个分量表：人际关系、模仿、情感反应、身体使用、与物体的关系、对环境变化的适应性、视觉反应性、听觉反应性、近接受器的反应性、焦虑反应、言语沟通、非言语沟通、活动水平、智力功能和总体印象。每个分量表都从正常到极不正常分为四级，分别记为1分、2分、3分、4分，每级记分在测验手册上都详细表明了该等级应具有的典型表现。受测者获得哪个等级分数，由其行为特征决定。

CARS的得分范围是15～60分。如受测者的分数低于30分，就表明没有孤独症；若分数为30～36分，表明有孤独症倾向；如果分数大于37分，就可诊断为孤独症。

第四节　老年群体测验

一、老年智力测验

（一）**简易智力状态检查**

简易智力状态检查（Mini-Mental State Examination，简称MMSE）由福尔斯坦（Folstein）于1975年编制。

该测验共19个项目，分别测查时间定向、地点定向、语言瞬时记忆、注意和计算、短时记忆、物体命名、语言复述、阅读理解、语言理解、言语表达能力、图形描画。一次检查需5～10分钟。多数项目的实施和评定方法遵照手册，但有几项要注意：项目11只允许主试讲一遍，受测者无须按次序回答。若第一次错误，先记分，再告诉其错在何处，并继续进行直至回忆正确，但不可超过五次。项目12为临床上常用的“连续减7”测验，同时检查受测者的注意力，故不要重复受测者的答案，更不能用笔计算。项目17的操作要求次序准确。受测者回答或操作正确记1，错误记5，拒绝或不做记9，不会做记7，文盲记8。MMSE的主要统计量为记1的项目的总和，即回答或操作正确的项目数，称为MMSE总分，范围是0～30分。国内权威人士提出，MMSE总分与受教育程度密切相关，不同受教育程度临界值分别为：文盲组（未受教育组）17分，小学组（受教育年限≤6年）20分，中学或以上组（受教育年限>6年）24分。凡不同受教育程度的被试的MMSE总分等于或小于相应教育年限的分界值，则说明有认知功能缺损。

（二）痴呆简易筛查量表

痴呆简易筛查量表（Brief Screening Scale for Dementia，简称BSSD）由张明园于1987年编制。它吸收了国际上较有影响的痴呆量表的优点，并结合我国国情。该量表易于掌握，操作简便，可接受性高。一般只需5～10分钟即可完成。

BSSD有30个项目，包括常识或图片理解（4项）、短时记忆（3项）、语言（命令）理解（3项）、计算或注意（3项）、地点定向（5项）、时间定向（4项）、瞬时记忆（3项）、物体命名（3项）等。

该量表评分方法简便，每答对一题得1分，答错不得分。满分为30分，文盲组为16分，小学组（受教育年限≤6年）为19分，中学或以上（受教育年限>6年）为22分。

在筛查中需注意：涉及年、月、日的题目，按阳历和阴历回答均属正确；涉及记忆题时，回忆无须按照顺序；连续减数题，若上一个计算错误，不得分，而下一个计算正确，仍可得1分；命令理解题要按照指导语进行，将三个命令说完后，才请受测者执行。

二、老年精神卫生量表

（一）老年临床评定量表

老年临床评定量表（Sndoz Clinical Assessment Geriatric，简称 SCAG），由谢德（Shader）于 1974 年编制。本量表主要是用来评定老年精神病人治疗前后的变化。它适合于所有老年精神病人，特别是住院病人。评定由熟悉病人情况并经过训练的医师担任。评定的依据包括精神检查、病史记录及其他有关资料。该量表曾多次用于药理学研究，被认为是能较敏感地反映治疗前后症状和行为的改变情况。

该量表由 18 个项目及 1 个总体印象组成。18 个项目分别是：情绪抑郁、意识模糊、警觉性、始动性、易激惹、敌对性、干扰他人、不关心环境、社交能力减弱、疲乏、不合作、情绪不稳、生活自理、食欲、头昏、焦虑、近事记忆缺损、定向障碍。

该量表采取七级评分制，从无、很轻、轻、中等、偏重、重到极重。它的统计指标包括总分和单项分，其中最重要的是总分和总体印象分。

（二）老年抑郁量表

老年抑郁量表（Geriatric Depression Scale，简称 GDS）是布林克（T. L. Brink）等人于 1982 年编制的，专门用于老年人的标准化抑郁筛查表。其编制目的是为了更敏感地检查老年抑郁患者所特有的躯体症状。

布林克等用与老年抑郁的七种一般表现（对躯体的关注、情绪低落、认知缺陷、感到受歧视、动机受损、不着眼于未来、缺乏自信）有关的 100 个“是”与“否”条目测试老年群体后，将 100 个条目与总分做相关分析，把 30 个相关最好的条目编制成量表。这 30 个条目代表了老年抑郁的核心症状：情绪低落，活动减少，易激惹，退缩痛苦的想法，对过去、现在与将来的消极评价。每个条目都是一句话，要求受测者回答“是”或“否”。该量表可用口述或书面回答两种方式施测。

该量表的 30 个条目中 10 条用反向记分（回答“否”表示抑郁存在），20 条用正向记分（回答“是”表示抑郁存在）。每项表示抑郁的回答得 1 分。有关抑郁诊断的临界值仍然存在疑问。布林克建议按不同的研究目的（要求灵敏度还是特异性）用 9～14 分作为参考抑郁的界限分，即在 30 分中得 0～10 分视为正常无抑郁，11～20 分为轻度抑郁，21～30 分为中、重度抑郁。

（三）费城老年中心信心量表

费城老年中心信心量表（Philadelphia Geriatric Center Morale Scale，简称 PGC）是用来测试老年人的主观幸福感的。

主观幸福感是一个多维概念，至少包含三种因子：不满—孤独、激越和对自己年龄的态度。该量表由 23 项同意—不同意式的条目组成。其中激越因子有 8 道题，对自己年龄的态度因子有 7 道题，孤独与不满因子有 8 道题。每道题后都标有“是”或“否”的标准答案，只要受测者的回答和题后的答案一致，就记 1 分。量表的得分范围从 0 分（缺乏信心）至 23 分（充满信心）。

三、老年社会功能量表

（一）日常生活能力量表

日常生活能力量表（Activity of Daily Living Scale，简称 ADL）由美国人劳顿（Lawton）和布罗迪（Brody）于 1969 年编制。它由两个量表组成：躯体生活自理量表和工具性日常生活活动量表。该量表主要用于评定被试的日常生活能力，有助于痴呆诊断，适用于老年人。

躯体生活自理量表共 6 项，包括上厕所、进食、穿衣、梳头、行走和洗澡；工具性日常生活活动量表共 8 项，包括打电话、购物、备餐、做家务、洗衣、使用交通工具、服药和自理经济。两个量表总计 14 项。

该量表采取四级评分制：1 表示自己完全可以完成；2 表示有些困难；3 表示需要帮助；4 表示根本没法完成。评分时按顺序逐项询问，若被试因故不能回答或不能正确回答，则可根据家属、护理人员或其他知情人的观察评定。遇到无从了解或从未做过的项目，则单列并记为 0 分。

总分大于 16 分，单项分为 2～4 分，表示有不同程度的功能下降；总分大于或等于 22 分，或单项分有两项或两项以上大于或等于 3 分，则功能有明显障碍。

（二）功能活动调查表

普雷费（Preffer）的功能活动调查表（Functional Activities Questionnaire，简称 FAQ）编制于 1982 年，其目的是为了更好地发现和评价那些存在功能障碍但不太严重的老年患者，通常是早期或轻度痴呆者。FAQ 可应用于社区调查或门诊工作，也可由病人家属使用。

FAQ由10道问题组成，它们是支票平衡、填写表格、自行购物、技巧性活动、使用炉子、准备饭菜、了解新鲜事物、注意和理解、遵守约定、独自外出。在我国使用时，将支票平衡和填写表格改为票证使用和票据支付。

FAQ采用三级评分制：0表示无任何困难，能独立完成，不需他人指导或帮助；1表示有些困难，需他人指导或帮助；2表示本人无法完成，完全或几乎由他人代劳。施测时，每个问题只能选一个评定标准，不重复评定，通常一次评定仅需5分钟。若项目不适用，则不计入总分，评分时记为9，但仍按原量表的方法评分，9不代表严重程度。

统计结果时，单项分1分表示功能缺损，2分表示功能丧失。若总分≥5分，则有病理意义。但这并不等于痴呆，仅说明社会功能有问题，须在临床上进一步确定这类损害是原有的还是新发生的，是因为智力减退还是由年龄、视力缺陷、情绪抑郁和运动功能障碍等引起的。

（三）**社会功能缺陷筛选量表**

社会功能缺陷筛选量表（Social Disability Screening Schedule，简称SDSS）主要用于测查病人尤其是慢性病人的社会功能缺陷程度，因而不适合住院病人的评定。它由知情人填写，一次评定需5～10分钟，评定时间范围为最近1个月。

该量表共10个项目，采用三级评分制：0表示无异常或仅有不引起抱怨的极轻微缺陷；1表示确有功能缺陷；2表示严重功能缺陷。具体内容及评分标准如下：

（1）职业和工作：指工作和职业活动能力、质量和效率，遵守劳动纪律和规章制度，完成生产任务，在工作中与他人合作情况等。1——水平明显下降，出现问题，或需减轻工作；2——无法工作，或在工作中有严重问题，或已被处分。

（2）婚姻职能（仅适于已婚者）：指夫妻间相互交流，共同处理家务，对对方负责，相互爱、支持和鼓励等情况。1——有争吵，不交流，不支持，逃避责任；2——经常争吵，完全不理对方，或夫妻关系濒临破裂。

（3）父母职能（仅适于有子女者）：指对子女的生活照顾，与子女的情感交流、共同活动，以及关心子女健康和成长等情况。1——对子女不关心或缺乏兴趣；2——根本不负责任，或不得不由别人代为照顾孩子。

（4）社会性退缩：指主动回避和他人交往。1——确有回避他人的情况，经说服可克服；2——严重退缩，说服无效。

（5）家庭外的社会活动：指和其他家庭及社会的接触和活动，以及参加集体活动的情况。1——不参加某些应该且可能参加的社会活动，2——不参加任何社会活动。

（6）家庭内活动过少：指在家庭中不干事，也不与人说话。1——多数日子至少每天有2小时什么也不干，2——几乎整天什么都不干。

（7）家庭职能：指在日常家庭活动中应起的作用。1——不履行家庭义务，较少参加家庭活动；2——几乎不参加家庭活动，不理家人。

（8）个人生活自理：指保持个人身体、衣饰、住处的整洁，大小便习惯，进食等情况。1——生活自理差；2——生活不能自理，影响自己和他人。

（9）对外界的兴趣和关心：指了解和关心单位、周围、当地和全国的重要消息和新闻。1——不太关心，2——完全不关心。

（10）责任心和计划性：关心本人及家庭成员的进步，努力完成任务，发展新兴趣和计划。1——对进步和未来不关心；2——完全不关心进步和未来，无主动性，不考虑未来。

在我国，总分≥2分，即为有社会功能缺陷。

第五节　心理健康测验

一、心理健康综合测评

（一）90项症状清单

90项症状清单（Symptom Check-List 90，简称SCL-90）又名症状自评量表（Self-Reporting Inventory），由德罗加蒂斯（L. R. Derogatis）在其编制的霍普金斯症状清单的基础上改编而成。它能准确评估病人自觉症状特点，且效度较好，操作简便，可作为检测各类神经症的评定工具，广泛应用于心理咨询和心理治疗工作中。但是，目前在国内也有因其便捷而滥用的倾向，作为专业人员需要注意。

该问卷由受测者自行填写。评定的时间范围是“现在”或“最近一个星期”。评定没有时间限制，一次评定约需 20 分钟。

1. 内容

SCL-90 共 90 个项目，包含较广泛的精神症状学内容，从感觉、情感、思维、意识、行为到生活习惯、人际关系、饮食睡眠等均有涉及，内容繁多。主要集中于以下 9 个因子：躯体化、强迫症状、人际关系敏感、抑郁、焦虑、敌对、恐怖、偏执和精神病性。这些因子有各自对应的项目。剩余的都归入其他因子。对这些量表的因素分析表明，它们彼此相关，因此在鉴别诊断方面不太有用，不过其总体指标被证明是心理病理症状的可靠指标。

2. 评分

该量表每个项目都采取五级评分制。1——无，自觉无该项症状（问题）；2——轻度，自觉有该项症状，但发生并不频繁，对受测者并无实际影响，或影响轻微；3——中度，自觉有该项症状，其严重程度为轻到中度，对受测者有一定影响；4——相当重，自觉常有该症状，其严重程度为中到严重，对受测者有相当程度的影响；5——严重，自觉该症状的频度和强度都十分严重，对受测者有严重影响。这里的“影响”，包括症状所致的痛苦和烦恼，也包括症状造成的心理社会功能损害。“轻”“中”“重”的具体定义则由自评者自己体会，不做硬性规定。

3. 结果解释

SCL-90 的统计指标主要有以下各项：

（1）单项分：90 个项目的各自评分值，表示某一症状严重程度。

（2）总分：90 个单项分之和。总分是代表受测者心理苦恼水平最敏感的单一数量化指标，能反映病情严重程度，其变化能反映病情的演变。

（3）总均分：总分/90。

（4）阳性项目数：单项分大于或等于 2 分的项目数，表示病人“有症状”的项目有多少。项目数越多，表示病人症状越丰富。

（5）阴性项目数：单项分为 1 分的项目数，表示病人“无症状”的项目有多少。

（6）阳性症状均分：阳性项目总分/阳性项目数；（总分－阴性项目数）/阳性项目数。表示病人在阳性项目，即“有症状”项目上的平均分，反映病人自我感觉不佳的项目的严重程度。

（7）因子分：组成某一因子的各单项分之和。因子分高，表明这一组症状较严重，某一因子对诊断某一疾病可能有较大意义；因子分的变化还可以反映靶症候群的治疗效果。以各因子为横轴，因子分为纵轴，可画出因子轮廓图，直观反映症候群特点和变化。

SCL-90 在国外 1994 年的修订版提供了男女成年人、青少年非病人、精神病住院病人和出院病人的各种常模，然而有些常模并不具备代表性。中国于 20 世纪 80 年代将 SCL-90 引入。研究者曾对全国 13 个地区的 1 388 名正常成人的 SCL-90 进行了分析，以此为常模。如果总分超过 160 分，或阳性项目数超过 43 项，或任意一个因子分超过 2 分，可考虑筛查阳性症状，做进一步检查。显然，该常模不但代表性不够，而且已经过时，因此影响了解释的效力。

（二）米隆临床多轴调查表

米隆临床多轴调查表（Millon Clinical Multiaxial Inventory，简称MCMI）最初发表于 1977 年，后来陆续修订为 MCMI-Ⅱ和 MCMI-Ⅲ。MCMI 在若干方面追随 MMPI 的传统，但是又引进了重要的方法学变革。

MCMI 的理论基础是米隆（Millon，1969，1981，1990，1996）关于人格功能作用的精神病理学的生物心理学观点，其核心是一个人格类型的矩阵，这一矩阵包括两个维度，即强化源和应对行为范型的结合。米隆的人格类型理论是美国精神病协会编辑的《精神障碍诊断与统计手册》（DSM）的轴Ⅱ人格障碍分类的最初形式的概念基础之一，而 DSM 现在已经发展到第四版（DSM-Ⅳ）。二者实际上在相互促进与支持。

MCMI-Ⅲ包含 175 个简短的自我描述的句子，要求进行“是”或“否”的回答。分数剖面图包括 24 个临床量表，各量表题目有重叠。24 个临床量表分为四个主要的类型：临床人格型式、严重的人格心理学、临床症状和严重的症状。

MCMI 中引进的最有意义的一个革新是对被称为基础率（basic ratio）的

标准分数的使用。

米隆本人明确指出，MCMI不是一个用于正常人群和其他目的的一般人格评定工具，它只是用来进行诊断筛选和临床评定。

（三）心理健康诊断测验

该测验的前身是日本铃木清等人编制的不安倾向诊断测验，由我国华南师范大学心理学系修订而成，用于综合检测中小学生的心理健康状况。

该测验属团体测验（也可个别施测），共100个题，每题后都有“是”和“不是”两个答案，要求受测者根据自己的真实情况进行选择。每一题都要回答，且只能选择一个答案。整个测验无时间限制，但被试不需过分考虑，只要写出最初想到的答案即可。

测验由8个内容量表和1个效度量表（也称说谎量表）组成。8个内容量表分别是学习焦虑、对人焦虑、孤独倾向、自责倾向、过敏倾向、身体症状、恐怖倾向和冲动倾向。受测者在以上任何一个量表上的标准分在3分以下为低分者，超过8分为高分者。效度量表，即一般所指的说谎量表。如果其得分较高，可认为是受测者为了获得好成绩而作假，故测验结果无效。效度量表的得分范围是0～10分。解释测验结果时，对高分者应特别注意，尤其是得分在7分以上的受测者，可考虑将该份问卷作废。

答案中凡选“是”的得1分，选“不是”不得分，将每个分量表的得分记录在评分表中。各量表的合计分越高，说明在该分量表上所表现出来的问题越大。将受测者8个内容量表的标准分加起来就是全量表总焦虑倾向的标准分，它从整体上表示焦虑强度和范围。总焦虑倾向标准分65分以上者，即可认为存在一定的心理障碍。

（四）成人心理健康测评系统

成人心理健康测评系统是北京师范大学心理学院心理测评与咨询实验室的科研成果，由郑日昌教授主持，邓丽芳博士组织实施，联合多名心理测量、心理咨询领域的专家经多年研究开发而成。该系统结合国内外心理健康、心理测量领域最新研究理论和成果，立足于中国本土化研究，弥补了以往SCL-90等心理健康测评量表过于注重症状、评价标准过于单一、人群针对性不强、不符合我国文化背景等一系列不足，是国内唯一本土化的成年人心理健康测评系统，是专门用于18岁以上成年人心理健康测评的一个重要工具。

该系统包含老年版、中年版、青年版三个版本，针对不同年龄阶段的成年人的心理特征，进行针对性的测评和解释分析。三个版本均由六大系统组成：心理症状检测、日常心理适应评估、幸福快乐指数考查、心理素质考查、精神压力分析、心理危机评价。共含36个量表，从心理健康的不同侧面对受测者进行全面的、各个层次的心理测评和分析。每个量表的编制都严格按照心理测量学标准，经历了理论建构、质性访谈、量表初次修订、量表再次修订、量表常模建立、量表信度和效度检验等开发流程，并依据18岁以上成年人的不同年龄、性别、职业等人口统计学特征在全国各地分层抽样测试，分别建立了大样本常模。

该测评系统已于2007年通过中国心理卫生协会专业认证。鉴定专家一致认为：该测评系统具有良好的信度、效度和项目区分度，符合标准化的心理测量学特征，是一套符合我国文化背景、适合成年人使用的本土化心理健康测量工具，可以作为成年人心理健康及相关研究的测评工具在国内推广使用。

该系统所有量表及计算机软件现已投入使用，由“中国心理测评与咨询网”为受测者提供专业的、系统的测试以及社会支持与心理健康服务。

（五）领导者心理健康量表

领导者心理健康量表是由中国浦东干部学院访问教师郑日昌等编制的，本量表以领导干部在工作和生活的适应过程中所出现的心理问题为评定对象。该量表包含自我意识、情绪、人格、人际交往、生活适应、躯体化六个维度。其中情绪维度包含焦虑、抑郁、孤独三个子维度，人格维度只选取偏执、强迫、冲动三个领导干部中相当常见的人格障碍子维度。

每个量表8个题目，就每个题目中描述的症状，按出现的频率进行五点记分：0表示没有，1表示偶尔，2表示有时，3表示经常，4表示总是。然后计算每个分量表的总分。本量表只计算分量表分数，不累加全量表分数。总共80道题目，可以得到10个分量表分数。各分量表之间相关为0.26～0.71，与MMPI-2有关临床和内容量表的相关为0.31～0.62，内部一致性信度为0.59～0.81，分半信度为0.51～0.83。根据对400多名厅局级领导干部的测评结果，依照标准参照测验程序设定了各分量表的临界标准，被试分量表得分超过临界值时，被认为存在特定的症状倾向。

二、抑郁量表

（一）抑郁自评量表

抑郁自评量表（Self-Rating Depression Scale，简称 SDS）由扎格（W. K. Zung）于 1965 年编制。它使用简单，能有效反映抑郁的有关症状及严重程度，特别适合评定治疗前后的变化及在综合性医院中发现的抑郁症病人，且效果良好，应用广泛，不受年龄、性别、经济状况等因素影响。

SDS 为自评量表，施测对象是有抑郁症状的成年人，由受测者自己填写。一次评定在 10 分钟内完成。评定的时间范围为最近一周。

SDS 由 20 个陈述句和相应问题条目组成，反映抑郁的四组特异性症状：精神性—情感症状，包括抑郁心境和哭泣；躯体性障碍，包括情绪的日间差异、睡眠障碍、食欲减退、性欲减退、体重减轻、便秘、心动过速、易疲劳等八个条目；精神运动性障碍，包括精神运动性迟滞和激越；抑郁的心理障碍，包括思维混乱、无望感、易激惹、犹豫不决、自我贬值、空虚感、反复思考自杀和不满足等八个条目。

每一条目相当于一个有关症状，按出现程度评定，分四个等级：1 表示无或很少有；2 表示少部分时间有；3 表示相当多时间有；4 表示绝大部分或全部时间有。其中 10 题为正向评分，另 10 题（第 2、5、6、11、12、14、16、17、18、20 题）为反向评分。

SDS 的主要统计指标是总分，但要经过一次转换，并非单纯相加。换算方式为：把 20 个项目的各项得分相加得到总粗分后，乘以 1.25，取其积的整数部分，即为标准总分。其他的统计指标有抑郁严重度指数，即各项目累计分/80（最高总分）。指数范围是 0.25～1.0，指数越高，抑郁程度越严重。在我国，SDS 粗分大于 41 分，即标准分大于或等于 53 分者，考虑有抑郁症状，分值越高，症状越严重。

（二）流行病学调查抑郁自评量表（CES-D）

CES-D 是拉德洛夫（Radloff）通过对大量临床文献及已有量表进行因子分析后而编制的。它与 SDS 不同，不能用于临床目的及对治疗过程中抑郁严重程度变化的检测，只适用于普通人群或可能有抑郁症状的特定群体的流行病学调查，以筛查出有抑郁症状的对象。

CES-D是特别为评价当前抑郁症状的频度而设计的，需明确告知受测者评定的时间范围为“现在”或“过去一周”。它是一个自评量表，由受测者自行完成，着重评价抑郁情感或心境。

CES-D共20个条目，主要集中于抑郁心情、罪恶感和无价值感、无助与无望感、精神运动性迟滞、食欲丧失、睡眠障碍等抑郁状态的六个方面。

CES-D评分简单，采用四级评分制：0表示偶尔或无（少于1天）；1表示有时（1～2天）；2表示经常或一半时间（3～4天）；3表示大部分时间或持续（5～7天）。有四个条目的用词指向非抑郁，防止受测者乱答。它主要的统计指标是总分，即20个单项分的总和，范围为0～60分，分数越高表示抑郁出现频度越高。总分小于或等于15分者为无抑郁症状，总分16～19分者为可能有抑郁症状，总分大于或等于20分者肯定有抑郁症状。

三、焦虑量表

（一）焦虑自评量表

焦虑自评量表（Self-Rating Anxiety Scale，简称SAS）是一种分析病人主观症状的相当简便的临床工具，效度较好。它从量表构造形式到具体评定方法都与SDS相似，也是由扎格于1971年编制的。该量表可作为了解心理咨询门诊病人和神经症病人焦虑症状的工具，也可作为综合性医院评定病人焦虑程度的工具。

SAS为自评量表，施测对象是有焦虑症状的成年人，由受测者自己填写。评定时间范围为最近一周。

SAS有20个项目，分为四级评分，主要评定项目为所定义的症状出现的频度。1表示没有，或很少时间有；2表示小部分时间有；3表示相当多的时间有；4表示绝大部分或全部时间有。其主要统计指标为总分。将各项得分相加得总粗分，转换方式同SDS。总粗分的正常上限为40分，标准分为50分，超过上限说明存在焦虑状态。另外，还要注意，其中5项为反向题，分别是5、9、13、17、19题，具体评分方法与SDS中介绍的反向评分项目相同。

（二）汉密尔顿焦虑量表

汉密尔顿焦虑量表（Hamilton Anxiety Scale，简称 HAMA）由汉密尔顿（Hamilton）于 1959 年编制，主要用于评定神经症及其他病人的焦虑严重程度，是一种医用的焦虑量表，也是最经典的焦虑量表之一。

HAMA 是精神科中应用较广泛的由医生评定的量表之一。评定时由两名经过训练的评定员进行联合检查，采用交谈和观察的方式，各自独立评分。一次评定需 10～15 分钟。

HAMA 有 14 个项目，由肌肉系统、感觉系统、心血管系统症状、呼吸系统症状、胃肠道症状、生殖泌尿系统、自主神经系统症状、焦虑心境、紧张、害怕、失眠、认知功能、抑郁心境及会谈时的表现组成。

HAMA 采用五级评分制：0 表示无症状；1 表示症状轻微；2 表示有肯定的症状，但不影响生活和活动；3 表示症状重，需处理，或已影响生活和活动；4 表示症状极重，严重影响生活。总分超过 29 分，可能为严重焦虑；超过 21 分，肯定有明显焦虑；超过 14 分，肯定有焦虑；超过 7 分，可能有焦虑；小于 7 分，没有焦虑症状。

该量表除了评价各项症状特征外，还可做因子分析，分为躯体性和精神性两大类因子结构。因子分=因子各项目的总分/因子结构的项目数。可通过分析因子分数进一步理解病人的具体焦虑特点及变化情况，因此临床应用性很强，有极好的一致性。

（三）状态-特质焦虑问卷

状态-特质焦虑问卷（State-Trait Anxiety Inventory，简称 STAI）由斯皮尔伯格（C. D. Spielberger）等人编制，于 1970 年问世。它为临床学家、行为学家和内科学家提供了一种区别评定短暂焦虑情绪状态和人格特质性焦虑倾向的工具。

该问卷为自陈问卷，受测者一般需具有初中文化水平，根据指导语逐题圈出答案。可个别或集体测试，测试无时间限制，一般 10～20 分钟可完成整个测试。

该问卷由指导语和两个分量表组成，共 40 道描述题。第 1—20 题为状态焦虑量表。其中半数为描述负性情绪的条目，半数为描述正性情绪的条目。主要用于评定即刻的或最近某一特定时间或恐惧、紧张、忧虑和神经质的体验或感受，所评价的是受测者在应激情况下的状态焦虑。第 21—40 题为特质焦虑量表，用于评定受测者经常的情绪体验。其中 11 项为描述负性情绪的条目，9 项为描述正性情绪的条目。可广泛用于评定内科、外科、心身疾病及精神病人的焦虑情绪，也可用来筛查特定人群的有关焦虑问题，还可评价心理治疗、药物治疗的效果。

STAI 采用四级评分制：1 表示完全没有；2 表示有些；3 表示中等程度；4 表示非常明显。凡正性情绪项目均为反向记分。分别计算两个分量表的累加分就可得状态或特质焦虑的程度，最小值为 20，最大值为 80。

（四）考试焦虑量表

考试焦虑量表（Test Anxiety Scale，简称 TAS）是目前国际上广泛使用的最著名的考试焦虑量表之一。1952 年，美国著名临床心理学家萨拉森和曼德勒（Sarason & Mandler）编制了考试焦虑问卷（Test Anxiety Questionnaire，简称 TAQ）。在 TAQ 的基础上，通过不断增删修订，1978 年萨拉森编制完成了目前使用的 37 个项目的考试焦虑量表。

考试焦虑量表的项目涉及个体对于考试的态度、个体在考试前后的种种感受等。对每个项目，被试根据自己的实际情况答“是”或“否”。其中有 5 个项目为反向记分。此量表适用于大、中学生群体，可进行集体或个别测试。

测量考试焦虑的量表非常丰富，但此量表自编制以来一直得到广泛的使用，是一个测量考试焦虑的经典工具。与其他测量考试焦虑的工具相比，此量表的特点在于，其测量的内容主要是考试焦虑的特质方面，即哪些人通常更容易产生考试焦虑，而非仅仅测量某次考前的焦虑状态的严重程度。这一测量特点带来了此量表在施测和应用方面的一些优势。从施测角度来说，由于不太受到状态的影响，此量表的施测既可以在考试期间，也可以在平时。从得分的意义方面来说，测量特质性的考试焦虑，鉴别出通常容易受到考试焦虑困扰的学生，比测量状态性的考试焦虑通常更具有实践意义。应用此量表，鉴别出具有较高考试焦虑特质的学生，对其预先进行辅导和治疗，有利于促进学生的学业成就。

四、孤独量表

（一）UCLA孤独量表

UCLA孤独量表（UCLA Loneliness Scale）由拉塞尔（Russell）等人于1980年编制，是出现最早、使用最广泛的孤独量表。该量表是一维性量表，检验受测者的人际关系质量，用于评价由于对社会交往的渴望与实际水平的差距而产生的孤独。

量表由20道题组成，正向记分题11道，反向记分题9道（第1、5、6、9、10、15、16、19、20题）。

每题采用四级评分制：1表示从未有此感觉；2表示很少有此感觉；3表示有时有此感觉；4表示常常有此感觉。所有项目得分相加即为总分，范围为20～80分，分数越高表示孤独程度越高。

因为孤独是一种不被社会所欢迎的、名声不好的状态，所以整个量表中没有使用“孤独”字样，以减少受测者的防御心理。

（二）儿童孤独感量表

儿童孤独感量表（Children's Loneliness Scale）主要是用来评定小学三至六年级学生的孤独感和对社会的不满程度。

量表共24个项目。16个项目测量儿童的孤独感、社会适应与不适应感及对自己在同伴关系中的地位的主观评价。其中10个项目指向孤独，6个项目指向非孤独。其他8个项目是补充内容，询问儿童的课余爱好和活动偏好，目的是为了让儿童在回答孤独问题时更自然、放松。

该量表采用五级记分制，每道题的回答从“一点儿没有”到“始终如此”。其中第3、6、9、12、14、17、18、20、21、24题为反向记分。把16个有关孤独与社会适应的题目分数相加可得到总分，范围是16～80分，分数越高说明受测者的孤独感和社会不满程度越高。

五、应激及相关问题评定

（一）生活事件量表

生活事件量表（Life Event Scale，简称LES）是一个自评量表，适用于16岁以上的正常人，神经症、心身疾病、各种躯体疾病患者，以及自知力恢复的重性精神病患者。可用于指导心理治疗、危机干预，使其更具针对性。

LES包括较为常见的生活事件48条，涵盖三方面内容：一是家庭生活（28条）；二是工作学习（13条）；三是社交及其他方面（7条）。另有2条空白项目，供受测者填写已经历而表中未列出的某些事件。

受测者仔细阅读和领会指导语后，根据自己的实际感受而不是常理或道德观念去判断这些事件对本人的影响，将某个时间范围内的生活事件记录下来。有的事件虽然发生在该时间范围前，若影响深远并延续至今，可作为长期事件记录下来。对于表上已列出但未经历的事件应注明“未经历”，不留空白。

该量表按影响程度、影响持续时间等记分。影响程度从“毫无影响”到“极度影响”分别记为0、1、2、3、4，共五级记分。影响持续时间按三个月、六个月、一年和一年以上四级评分。生活事件刺激量的计算方法是：

某事件刺激量＝该事件影响程度得分×该事件持续时间得分×该事件发生次数

正性事件刺激量＝全部好事刺激量之和

负性事件刺激量＝全部坏事刺激量之和

生活事件总刺激量＝正性事件刺激量＋负性事件刺激量

LES总分越高说明个体承受的精神压力越大，容易影响心理健康的可能性就越高。95%的正常人在一年内的LES得分不会超过20分，99%的人不会超过32分。负性事件的分值越高，对心身健康的影响越大。

（二）防御方式问卷

防御方式问卷（Defense Style Questionnaire，简称DSQ）是由加拿大心理学家邦德（M. Bond）于1983年编制的自评问卷。该问卷的目的是研究正常人的心理防卫行为，也可以研究各种精神障碍和躯体疾病患者的防御行为，提供一个连续的社会成熟指标。问卷共88个项目，包括广泛的防御行为，从不成熟到成熟型，完成一次测试需30～40分钟。

每个项目采用九级评分：完全反对、很反对、比较反对、稍微反对、不反对也不同意、稍微同意、比较同意、很同意、完全同意。各级评分程度完全由评定者自己体会，即是否赞同条目对自己行为的描述并无硬性规定。

DSQ的统计指标有两个：四个因子分及因子平均分、各种防御机制得分及平均分。

各因子得分是其所属各种防御机制之和。因子均分＝因子分/因子的条目数量。四种因子分别是成熟型防御机制、中间型防御机制、不成熟型防御机制和掩饰度。

各防御机制分是反映该机制项目评分之和。防御机制均分＝防御机制分/防御机制所属条目数量。该指标显示了评定者在某防御机制上自我评价的程度。

（三）自杀风险评定量表

自杀行为既可以看作抑郁症的症状之一，也可以看作缺乏应付急性或慢性刺激能力的表现。目前，自杀已经成为中国第五大重要死亡原因，是15～34 岁人群最重要的致死原因。中国较高的农村人口自杀率和相当偏高的女性自杀率也得到了国际有关组织的高度重视。令人瞩目的高校自杀事件更引起社会广泛注意。心理测量及其工具必须为社会服务并发挥其应有的实践价值。

1. 自杀风险评定

伯克（Bürk）等人分析了以往众多简明自杀预测量表后发现，再次自杀风险量表和自杀未遂后风险评估量表的各项心理测量学指标较为有用。自杀风险量表主要侧重于精神疾病的表现，自杀未遂后风险评估量表的重点在于评估以前的自杀企图。自杀研究者与临床实践者一直以来认为，此量表应与贝克（Beck）等人编制的自杀观念量表的第一部分同时使用。

表 15-1　自杀未遂后风险评估量表

序号与指标	内容	加权评分	评分
1. 年龄	不超过 44 岁	0.1	
	45 岁或以上	5.0	
2. 性别	男性	6.4	
	女性	5.0	
3. 社会阶层	较高	6.6	
	较低	5.0	

续表

序号与指标	内容	加权评分	评分
4. 工作状态	有工作	2.7	
	退休	2.4	
	其他	5.0	
5. 居住状况	独自居住	5.8	
	非独自居住	5.0	
6. 最近一年的自杀性表达	有	7.5	
	无	5.0	

另一种用于测量自杀风险的量表是帕特森（Patterson）等人编制的自杀清单表（SAD PERSONS）。该量表的名称取自量表 10 个评定范畴的首字母，依次代表性别、年龄、抑郁情绪、曾自杀未遂、酒精滥用、丧失理性思维、缺乏社会支持、有周密的自杀计划、无配偶或没有亲属同住、有疾病且身体健康情况较差。每项按 0、1 评分，总分取值区间为 0～10 分。一般而言，0～2 分，可以回家，但是要随访；3～4 分，要密切观察随访；5～6 分，强烈建议住院；7～10 分，立即住院。该量表并未经过严格的心理测量学评估，但是很有效，用于鉴别自杀风险程度是否需要住院时的灵敏性达 94%，特异性达 74%。

2. 自杀观念与态度评定

自杀观念量表（SSI）由贝克等人编制，用于测量自杀观念的严重程度，是由 19 个项目组成的访谈式量表，每个项目分值为 0～2 分，因此理论总分为 0～38 分，较高总分意味着较为严重的自杀观念。最初版本还包括目前自杀观念分量表（SSI-C），该量表评分者信度很高，α 系数达到 0.89。对 SSI-C 的因素分析表明，下列三因素为自杀风险的指针：活跃的自杀观念、自杀准备和被动自杀。

自杀态度问卷（Suicide Attitude Questionnaire，简称 QSA）由中国学者肖水源等于 1999 年编制而成。QSA 由四个分量表组成，分别是对自杀行为性质的认识、对自杀者的态度（包括自杀死亡者与自杀未遂者）、对自杀者家属的态度和对安乐死的态度。QSA 共有 29 个条目。要求被试对每个条目的描述在完全肯定与完全否定这样两个极端之间，进行五级评分。其中 13 个条目为反向记分，16 个条目为正向记分。对 QSA 的信度与效度检验表明，该问卷的信度与效度较好，均达到了统计学要求。QSA 可以用于测查有自杀倾向者或家属的态度，从而进行积极预防和救助，也可以作为公众的普遍性态度问卷，了解人们对生命与自杀的认识，及时发现问题。需要补充说明的是，有宗教信仰的人可能对生命意义与自杀性质有一些不同的认识，因此 QSA 的评分和解释可能不适用，在使用 QSA 时应充分考虑到这一点。

除了这些调查表之外，在 MMPI、SCL-90、有关抑郁评定的量表中都隐含有关于自杀风险的信息，需要测验使用者在实践中审慎把握。关于自杀风险评定，临床访谈也是非常必要的工具。

六、学生心理健康测评系统

（一）大学生心理健康测评系统

社会的发展和进步，使得人们对心理健康的要求越来越高。对于心理和思想尚未完全成熟的大学生这一特殊群体而言，较之以往任何时期，更容易产生思想困惑和心理问题。因此，编制一套科学、客观地评价大学生心理健康的工具具有十分重要的现实意义。

到目前为止，国内外有不少研究者对此进行了探索。国内对大学生心理健康状况的调查绝大多数使用国外早期编制的量表，如 SCL-90、16PF、EPQ、MMPI、SAS、SDS 和 LES。这些量表不是专门针对青年大学生这一特殊群体编制的，且因各自的理论构建不同造成评价标准不一致，不便于高校心理工作者对各自的结果进行分析比较。国内也曾有研究者在编制量表方面进行过探索，但因被试取样缺乏代表性、实证探索不够等问题，没能得到推广。

20 世纪初，教育部有关部门组织天津师范大学、北京师范大学、北京大学、北京航空航天大学的多位学者协作完成了全国教育科学“十五”规划教育部重点课题“大学生心理健康测评系统”，包括大学生生活事件量表、大学生人格量表、大学生适应量表和大学生心理健康量表。在对全国大学生严格分层抽样的基础上，建立了 5 万多人的常模，并开发了相应的电脑软件。在郑日昌主持的大学生心理健康量表的编制中，首先做了以下几项工作：(1) 分析以往有关大学生心理健康的理论和实证研究，从中抽取有代表性的因素；(2) 召集不同类型大学生进行调查和访谈，征求意见；(3) 征询高校心理咨询中心教师的意见，对大学生心理咨询的常见案例进行分析；(4) 多次邀请相关专家进行讨论和座谈，对抽取的因素进行补充和修改。然后对全国各地 17 所高校的 3 026名大学生进行初测，对 2 045 名被试进行再测，2 周后再对 150 名做过正式量表的被试进行重测，通过因素分析，取得重测信度指标和效度指标，并最终确立了躯体化、焦虑、抑郁、自卑、偏执、强迫、退缩、攻击、性心理、依赖、冲动和精神病倾向等 12 个维度。同时，用大量病人和来访学生的临床诊断作效标。结果表明，该量表具有良好的信度和效度，可以用于对我国大学生心理健康水平进行检测。

（二）中小学生心理健康检测系统

中小学生心理健康检测系统是郑日昌主持的全国教育科学“八五”规划教育部重点课题“儿童、青少年心理卫生和心理咨询研究”、“九五”规划教育部重点课题“学生心理健康及教育问题研究”、教育部“十五”规划课题“学生心理健康教育评鉴系统研究”的主要成果，包含中小学生心理健康量表、中小学生学习状况量表、中小学生创新意识量表、中小学生情绪适应量表、中小学生性格量表、中小学生兴趣量表、中小学生道德判断量表等 29 个心理量表。整个系统以郑日昌教授提出的“全人教育模型”为理论框架，是适合中国国情的学生心理健康测评工具。

【要点小结】

临床测验有广义、狭义之分。广义地说，所有用于临床诊断之用的测验都可以称为临床测验。狭义地说，临床测验是指专为医学临床诊断而设计的测验。

常用的神经心理测验可以分成单项神经心理测验和综合性神经心理测验两类。前者又可以按照测量用途分为记忆测验、视知觉测验、听知觉测验、记忆障碍测验、病态言语行为测验等，后者在临床上常用的主要包括霍尔斯特德—赖坦神经心理成套测验和鲁利亚-内布拉斯加神经心理成套测验。

婴儿与学前儿童测验主要包括婴幼儿智能测验、婴幼儿气质测验以及对婴幼儿行为等方面评估的测验。

常用老年精神卫生量表包括老年临床评定量表、老年抑郁量表、费城老年中心信心量表等。常用老年社会功能量表包括日常生活能力量表、功能活动调查表、社会功能缺陷筛选量表等。

心理健康问卷包括对心理健康进行综合评定的问卷和对某种心理问题进行评定的专项问卷。进行综合评定常用的有SCL-90和MHT等。其他的有专门针对抑郁、焦虑、孤独情绪评定的问卷，以及针对生活事件应激的问卷如生活事件量表、防御方式问卷等。

【思考与练习】

1. 韦克斯勒记忆量表和韦克斯勒智力量表有关部分有何异同？

2. 比较单项神经心理测验和成套神经心理测验在功能与解释方面的差异。

3. 比较三个常用的婴幼儿智能测验的异同，并分析这三个测验与第九章所介绍的K-ABC、MSCA有何关联。

4. 测量婴幼儿气质是否有实践价值？如果气质是稳定特征，我们该如何看待和应用评定结果？

5. 心理健康诊断测验（MHT）中的效度量表有何作用？

6. 评估自杀高危人群的关键指标有哪些？如何有效运用这些指标防范自杀？

附录1　心理测验管理条例

（中国心理学会，2008年1月）

第一章　总　则

第1条　为促进中国心理测验的研发与应用，加强心理测验的规范管理，根据国家有关法律法规制定本条例。

第2条　心理测验是指测量和评估心理特征（特质）及其发展水平，用于研究、教育、培训、咨询、诊断、矫治、干预、选拔、安置、任免、就业指导等方面的测量工具。

第3条　凡从事心理测验的研制、修订、使用、发行、出售及使用人员培训的个人或机构都应遵守本条例以及中国心理学会《心理测验工作者职业道德规范》的规定，有责任维护心理测验工作的健康发展。

第4条　中国心理学会授权其下属的心理测量专业委员会负责心理测验的登记和鉴定，负责心理测验使用资格证书的颁发和管理，负责心理测验发行、出售和培训机构的资质认证。

第二章　心理测验的登记

第5条　凡个人或机构编制或修订完成，用以研究、测评服务、出版、发行与出售的心理测验，都应到中国心理学会申请登记。

第6条　登记是心理测验的编制者、修订者或其代理人到中国心理学会就其测验的名称、编制者（修订者）、测量目标、适用对象、测验结构、示范性项目、信度、效度等内容予以申报，中国心理学会按照申报内容备案存档并予以公示。心理测验登记的申请者应当向中国心理学会提供测验的完整材料。

第7条　测验登记的申请者必须确保所登记的测验不存在知识产权争议。凡修订的心理测验必须提交测验原知识产权所有者的书面授权证明。

第8条　中国心理学会在收到登记申请后，将申请登记的测验在中国心理学会的有关刊物和网站上公示3个月。3个月内无人对知识产权提出异议的，视为不存在知识产权争议；有人提出知识产权异议的，责成申请者提交补充证明材料，并重新公示（公示期重新计算）。

第 9 条 公示的测验内容包括但不限于测验的名称、编制者（修订者）、测量目标、适用对象、结构、示范性项目、信度和效度。

第 10 条 对申请登记的测验提出知识产权异议需要提供有效证明材料。1 个月内不能提供有效证明材料的知识产权异议不予采纳。

第 11 条 中国心理学会只对登记内容齐备、能够有效使用、没有知识产权争议的心理测验提供登记。凡经过登记的心理测验，均给予统一的分类编号。

第三章 心理测验的鉴定

第 12 条 心理测验的鉴定是指由中国心理学会指定的专家小组遵循严格的认证审核程序对测验的科学性、有效性及其信息的真实性进行审核验证的过程。

第 13 条 心理测验只有获得登记才能申请鉴定。中国心理学会只对没有知识产权争议、经过登记的心理测验进行鉴定，只认可经科学程序开发且具有充分科学证据的心理测验。

第 14 条 中国心理学会每年受理两次测验鉴定的申请。

第 15 条 鉴定申请材料包括但不限于以下内容：测验（工具）、测验手册（用户手册和技术手册）、记分方法、计分方法、测验科学性证明材料、信效度等研究的原始数据、测试结果报告案例、信息函数、题目参数、测验设计、等值设计、题库特征等内容资料。

第 16 条 对不存在知识产权争议的测验，中国心理学会组织专家在 3 个月内完成鉴定。

第 17 条 鉴定工作程序包括初审、匿名评审、公开质证和结论审议 4 个环节。

1）初审主要审核鉴定申请材料的完备程度和是否存在知识产权争议。

2）初审符合要求后进入匿名评审。匿名评审按通信方式进行。参加匿名评审专家有 5 名（或以上），每个专家都要独立出具是否同意鉴定的书面评审意见。无论鉴定是否通过，参与匿名评审专家的名单均不予以公开，专家本人也不得向外泄露。

3）匿名评审通过后进入公开质证，由鉴定申请者方面向鉴定专家小组说明测验的理论依据、编修或开发过程、相关研究和实际应用等情况，回答鉴定专家小组成员以及旁听学人对测验科学性的质询。鉴定专家小组由 5 名以上专家组成，成员由中国心理学会聘任或指定。

4）公开质证结束后进入结论审议。鉴定专家小组闭门讨论，以无记名方式投票表决，对测验做出科学性评级。科学性评级分 A 级（科学性证据丰富，推荐使用）、B 级（科学性证据基本符合要求，可以使用）、C 级（科学性证据不足，有待完善）。

第 18 条 为保证测验鉴定的公正性，规定如下：

1）测验的编制者、修订者和鉴定申请者不得担任鉴定专家，也不得指定鉴定专家；

2）为所鉴定测验的科学性和信息真实性提供主要证据的研究者或者证明人不得担任鉴定专家；

3）参加鉴定的专家应主动回避直系亲属及其他可能影响公正性的测验鉴定；

4）参与鉴定的专家应自觉维护测验评审工作的科学性和公正性，评审时只代表自己，不代表所在部门和单位。

第19条 为切实保护鉴定申请者和鉴定参与者的权益，参加鉴定和评审工作的所有人员均须遵守以下规定：

1）不得擅自复制、泄露或以任何形式剽窃鉴定申请者提交的测验材料；

2）不得泄露评审或鉴定专家的姓名和单位；

3）不得泄露评审或鉴定的进展情况和未经批准、公布的鉴定或评审结果。

第20条 对于已经通过鉴定的心理测验，中国心理学会颁发相应级别的证书。

第四章 测验使用人员的资格认定

第21条 使用心理测验从事职业性的或商业性的服务，测验结果用于教育、培训、咨询、诊断、矫治、干预、选拔、安置、任免、指导等用途的人员，应当取得测验的使用资格。

第22条 测验使用人员的资格证书分为甲、乙、丙三种。甲种证书仅授予主要从事心理测量研究与教学工作的高级专业人员，持此种证书者具有心理测验的培训资格。乙种证书授予经过心理测量系统理论培训并通过考试，具有一定使用经验的人。丙种证书为特定心理测验的使用资格证书，此种证书需注明所培训使用的测验名称，只证明持有者具有使用该测验的资格。

第23条 申请获得甲种证书应具有副高以上职称和5年以上心理测验实践经验，需由本人提出申请，经2名心理学教授推荐，由中国心理学会统一审查核发。

第24条 申请获得乙种和丙种证书需满足以下条件之一：

1）心理专业本科以上毕业；

2）具有大专以上（含）学历，接受过中国心理学会备案并认可的心理测量培训班培训，且考核合格。

第25条 心理测验使用资格证书有效期为4年。4年期满无滥用或误用测验记录，有持续从事心理测验研究或应用的证明（如论文、受测者承认的测试结果报告或测量专家的证明），或经不少于8个小时的再培训，予以重新核发。

第26条 中国心理学会对获得心理测验使用资格的人颁发相应的证书。

第五章　测验使用人员的培训

第 27 条　为取得心理测验使用资格证书举办的培训，必须包括有关测验的理论基础、操作方法、记分、结果解释和防止其滥用或误用的注意事项等内容，安排必要的操作练习，并进行严格的考核，确保培训质量。学员通过考核方能颁发心理测验使用资格证书。

第 28 条　在心理测验培训中，应将中国心理学会颁布的心理测验管理条例与心理测验工作者职业道德规范纳入培训内容。

第 29 条　培训班所讲授的测验应当经过登记和鉴定。为尊重和保护测验编制者、修订者或知识产权拥有者的权益，培训班所讲授的测验应得到测验知识产权所有者的授权。

第 30 条　培训班授课者应持有心理测验甲种证书（讲授自己编制的、已通过登记和鉴定的测验除外）。

第 31 条　中国心理学会对心理测验使用资格的培训机构进行资质认证，并对培训质量进行监控管理。

第 32 条　通过资质认证的培训机构举办心理测量培训班需到中国心理学会申报登记，并将培训对象、培训内容、课时安排、考核方法、收费标准与详细培训计划及授课人的基本情况上报备案。中国心理学会坚决反对不具有培训资质的培训机构或者个人举办心理测验使用培训。

第 33 条　培训的举办者有责任对培训人员的资质情况进行审核。

第 34 条　培训中应严格考勤。学员因故缺席培训超过 1/3 以上学时的，或者未能参加考核的，不得颁发资格证书。

第 35 条　培训结束后，主办单位应将考勤表、试题及学员考核成绩等培训情况报中国心理学会备案。凡通过考核的学员需填写心理测量人员登记表。

第 36 条　中国心理学会建立心理测验专业人员档案库，对获得心理测验使用资格者和专家证书者进行统一管理。凡参加中国心理学会审批认可的心理测量培训班学习并通过考核者，均予颁发心理测验使用资格证书，列入中国心理学会专业心理测验人员库。

第六章　测验的控制、使用与保管

第 37 条　经登记和鉴定的心理测验只限具有测验使用资格者购买和使用。未经登记和鉴定的心理测验中国心理学会不予以推荐使用。

第 38 条　为保护测验发展者的权益，防止心理测验的误用与滥用，任何机构或个人不得出售没有得到知识产权或代理权的心理测验。

第 39 条　凡个人和机构在修订与出售他人拥有知识产权的心理测验时，必须首先征得该测验知识产权所有者的同意；印制、出版、发行与出售心理测验器材的机构应该到中国心理学会登记备案，并只能将测验器材售予具有测验使用资格者；未经知识产权所有者授权，任何网站都不能使用标准化的心理量表，不得制作出售任何心理测验的有关软件。

第40条 任何心理测验必须明确规定其测验的使用范围、实施程序以及测验使用者的资格，并在该测验手册中予以详尽描述。

第41条 具有测验使用资格者，可凭测验使用资格证书购买和使用相应的心理测验器材，并负责对测验器材的妥善保管。

第42条 测验使用者应严格按照测验指导手册的规定使用测验。在使用心理测验结果作为诊断或取舍等重要决策的参考依据时，测验使用者必须选择适当的测验，并确保测验结果的可靠性。测验使用的记录及书面报告应妥善保存3年以备检查。

第43条 测验使用者必需严格按测验指导手册的规定使用测验。在使用心理测验结果作为重要决策的参考依据时，应当考虑测验的局限性。

第44条 个人的测验结果应当严格保密。心理测验结果的使用须尊重测验受测者的权益。

第七章 附 则

第45条 对于已经通过登记和鉴定的心理测验，中国心理学会协助知识产权所有者保护其相关权益。

第46条 中国心理学会对心理测验进行日常管理。为方便心理测验的日常管理和网络维护，对测验的登记、鉴定、资格认定和资质认证等项服务适当收费，制定统一的收费标准。

第47条 测验开发、登记、鉴定和管理中凡涉及国家保密、知识产权和测验档案管理等问题，按国家和中国心理学会有关规定执行。

第48条 中国心理学会对违背科学道德、违反心理测验管理条例、违背《心理测验工作者道德准则》和有关规定的人员或机构，视情节轻重分别采取警告、公告批评、取消资格等处理措施，对造成中国心理学会权益损害的，保留予以法律追究的权力。

第49条 本条例自中国心理学会批准之日起生效，其修订与解释权归中国心理学会。

附录 2　心理测验工作者职业道德规范

（中国心理学会，2008 年 1 月）

凡以使用心理测验进行研究、诊断、安置、教育、培训、矫治、发展、干预、选拔、咨询、就业指导、鉴定等工作为主的人，都是心理测验工作者。心理测验工作者应意识到自己承担的社会责任，恪守科学精神，遵循下列职业道德规范：

第 1 条　心理测验工作者应遵守《心理测验管理条例》，自觉防止和制止测验的滥用和误用。

第 2 条　心理测验工作者必须具备中国心理学会认可的心理测验使用资格。

第 3 条　中国心理学会坚决反对不具有心理测验使用资格的人使用心理测验；反对使用未经注册或鉴定的测验，除非这种使用出于研究目的或者是在具有心理测验使用资格的人监督下进行。

第 4 条　心理测验工作者应使用心理测量学品质好的心理测验。

第 5 条　心理测验工作者有义务向受测者解释使用测验的性质和目的，充分尊重受测者的知情权。

第 6 条　使用心理测验需要充分考虑测验结果的局限性和可能的偏差，谨慎解释测验的结果和效能，既要考虑测验的目的，也要考虑影响测验结果和效能的多方面因素，如环境、语言、文化、受测者个人特征和状态等。

第 7 条　应以正确的方式将测验结果告知受测者。应充分考虑到测验结果可能造成的伤害和不良后果，保护受测者或相关人免受伤害。

第 8 条　评分和解释要采取合理的步骤确保受测者得到真实准确的信息，避免做出无充分根据的断言。

第 9 条　应诚实守信，保证依专业的标准使用测验，不得因为经济利益或其他任何原因编造和修改数据、篡改测验结果或降低专业标准。

第 10 条　开发心理测验和其他测评技术或测评工具，应该经由经得起科学检验的心理测量学程序，取得有效的常模或临界分数、信度、效度资料，尽力消除测验偏差，并提供测验正确使用的说明。

第11条 为维护心理测验的有效性，凡规定不宜公开的心理测验内容如评分标准、常模、临界分数等，均应保密。

第12条 心理测验工作者应确保通过测验获得的个人信息和测验结果的保密性，仅在可能发生危害受测者本人或社会的情况时才能告知有关方面。

第13条 本条例自中国心理学会批准之日起生效，其修订与解释权归中国心理学会（心理测量专业委员会）。

参考文献

戴海崎等著：《心理与教育测量》，暨南大学出版社 1999 年版。

邓丽芳、郑日昌：《城市中老年人心理健康量表编制》，《应用心理学》2005 年第 11 期。

董奇著：《心理与教育研究方法》，北京师范大学出版社 2004 年版。

冯忠良、伍新春等著：《教育心理学》，人民教育出版社 2000 年版。

傅安球主编：《实用心理异常诊断矫治手册》，上海教育出版社 2005 年版。

顾海根著：《学校心理测量学》，广西教育出版社 1999 年版。

郭庆科著：《心理测验的原理与应用》，人民军医出版社 2002 年版。

郭永玉著：《人格心理学——人性及其差异的研究》，中国社会科学出版社 2005 年版。

郭有遹著：《创造心理学》，教育科学出版社 2002 年版。

郭志刚著：《社会统计分析方法——SPSS 软件应用》，中国人民大学出版社 2005 年版。

侯杰泰：《信度与度向性：高 alpha 量表不一定是单度向》，《香港教育学报》1995 年第 23 期。

侯杰泰、温忠麟、成子娟著：《结构方程模型及其应用》，教育科学出版社 2004 年版。

黄芳铭著：《结构方程模式——理论与应用》，中国税务出版社 2005 年版。

黄伟合著：《儿童自闭症》，华东师范大学出版社 2003 年版。

国家教委学生管理司主编：《标准化考试简介》，高等教育出版社 1985 年版。

金瑜主编：《心理测量》，华东师范大学出版社 2005 年版。

李其维、金瑜：《斯腾伯格三重智力论评述》，《心理科学》1994 年第 5 期。

李其维、金瑜：《简评一种新的智力理论：PASS 模型》，《华东师范大学学报（教育科学版）》1995 年第 4 期。

李其维、金瑜：《斯腾伯格成分理论评述》，《心理科学》1995 年第 6 期。

李亦园、杨国枢主编：《中国人的性格》，江苏教育出版社 2006 年版。

卢荣远、李凌、唐宁玉编著：《职业心理与职业指导》，人民教育出版社 1996 年版。

美国 APA 网站的相关规范与条例资料：http://www.apa.org。

美国教育研究协会、美国心理学协会、全美教育测量学会主编，燕娓琴、谢小庆译：《教育与心理测试标准》，沈阳出版社 2003 年版。

漆书青、戴海崎、丁树良编著：《现代教育与心理测量学原理》，高等教育出版社 2002 年版。

申荷永著：《沙盘游戏与心理疾病的治疗》，广东高等教育出版社 2006 年版。

沈德立著：《非智力因素的理论与实践》，教育科学出版社 1997 年版。

时勘主编：《把握你的职业发展方向》，中国轻工业出版社 2006 年版。

汪向东、王希林、马弘编：《心理卫生评定量表手册》（增订版），中国心理卫生杂志社 1999 年版。

王小英、张明著：《心理测量与心理诊断》，华北师范大学出版社 2002 年版。

吴明隆编著：《SPSS 统计应用实务——问卷分析与应用统计》，科学出版社 2003 年版。

吴增强主编：《多动症儿童心理辅导》，上海教育出版社 2006 年版。

吴正、张厚粲：《智力理论和智力测验的新发展》，《心理科学》1993 年第 3 期。

辛涛：《项目反应理论研究的新进展》，《考试研究》2005 年第 7 期。

杨国枢主编：《中国人的心理》，江苏教育出版社 2006 年版。

杨国枢著：《社会及行为科学研究法》，重庆大学出版社 2006 年版。

叶浩生著：《心理学史》，高等教育出版社 2005 年版。

詹承烈、梁友信、胡冰霜编著：《实用劳动人事心理学》，人民卫生出版社 2002 年版。

张厚粲、徐建平著：《现代心理与教育统计学》，北京师范大学出版社 2004 年版。

张日昇著：《箱庭疗法》，人民教育出版社 2006 年版。

郑日昌著：《心理测量》，湖南教育出版社 1987 年版。

郑日昌主编：《高考应试对策》，科学普及出版社 1993 年版。

郑日昌主编：《心理测验与评估》，高等教育出版社 2005 年版。

郑日昌主编：《领导素质测评》，华东师范大学出版社 2007 年版。

郑日昌主编：《心理测量与测验》，中国人民大学出版社 2008 年版。

郑日昌、蔡永红、周益群著：《心理测量学》，人民教育出版社 1999 年版。

郑日昌、陈永胜著：《实用考试心理学》，书海出版社 1989 年版。

郑日昌、陈永胜编著：《考试焦虑的诊断与治疗》，黑龙江科学技术出版社 1990 年版。

郑日昌、邓丽芳、张忠华、郭召良：《中国大学生心理健康量表的编制》，《心理与行为研究》2005 年第 2 期。

郑日昌、漆书青、马世晔著：《考试的教育测量学基础》，高等教育出版社 1990 年版。

[加拿大] J. P. 戴斯等著，杨艳云、谭和平译：《认知过程的评估——智力的 PASS 理论》，华东师范大学出版社 1999 年版。

[日] 吉沅洪编著：《树木—人格投射测试》，重庆出版社 2007 年版。

[英] C. 杰克逊著，姚萍译：《了解心理测验过程》，北京大学出版社 2000 年版。

[英] C. E. 斯皮尔曼著，袁军译：《人的能力：它们的性质与度量》，浙江教育出版社 1999 年版。

[美] L. B. 阿洛伊著，汤震宇等译：《变态心理学》，上海社会科学院出版社 2005 年版。

[美] L. R. 艾肯著，张厚粲等译：《心理测量与评估》，北京师范大学出版社 2006 年版。

[美] A. 安娜斯塔西、S. 厄比纳著，缪小春等译：《心理测验》，浙江教育出版社 2001 年版。

[美] J. M. 伯格著，陈会昌等译：《人格心理学》，中国轻工业出版社 2010 年版。

[美] R. F. 德威利斯著，魏勇刚等译：《量表编制：理论与应用》，重庆大学出版社 2010 年版。

[美] A. J. 杜布林著，王佳艺译：《心理学与工作》，中国人民大学出版社 2007 年版。

[美] D. L. 菲尔茨著，阳志平等译：《工作评价——组织诊断与研究实用量表》，中国轻工业出版社 2004 年版。

[美] E. 霍夫曼著，曾飚、艾晔译：《人才心理测评》，中国财政经济出版社 2002 年版。

[美] H. 加德纳著，沈致隆译：《多元智能》（修订版），新华出版社 2004 年版。

[美] R. 卡普兰等著，郑默、郑日昌译：《心理测验原理、应用与问题》，五南图书出版公司 1998 年版。

[美] W. 卡西欧、H. 阿吉尼斯著，吕厚超译：《人力资源管理中的应用心理学》，北京大学出版社 2006 年版。

[美] R. C. 里尔登等著，侯志瑾、伍新春等译：《职业生涯发展与规划》，高等教育出版社 2005 年版。

[美] R. M. 里赫曼著，高峰强等译：《人格理论》，陕西师范大学出版社 2005 年版。

[美] E. J. 马施著，孟宪璋等译：《儿童异常心理学》，暨南大学出版社 2004 年版。

[美] S. 迈克鲁姆等著，李剑锋译：《操作能力测评》，华夏出版社 2003 年版。

［美］K. R. 墨菲、C. O. 大卫夏弗著，张娜、杨艳苏、徐爱华译：《心理测验——原理和应用》，上海社会科学院出版社 2006 年版。

［美］L. A. 珀文、O. P. 约翰等著，黄希庭主译：《人格手册——理论与研究》（上下册），华东师范大学出版社 2003 年版。

［美］S. 普劳斯著，施俊琦、王星译：《决策与判断》，人民邮电出版社 2004 年版。

［美］奇凯岑特米哈伊著，夏镇平译：《创造性——发现和发明的心理学》，上海译文出版社 2001 年版。

［美］G. 萨克斯、J. W. 牛顿著，王昌海等译：《教育和心理的测量与评价原理》，江苏教育出版社 2002 年版。

［美］F. A. 施兰克著，李剑锋译：《认识能力测评工具》，华夏出版社 2003 年版。

［美］R. J. 斯腾伯格著，杨炳钧译：《认知心理学》，中国轻工业出版社 2006 年版。

［美］B. J. 斯腾伯格著，俞晓琳、吴国宏译：《超越 IQ——人类智力的三元理论》，华东师范大学出版社 2000 年版。

［美］A. 伍德沃克著，陈红兵等译：《教育心理学》，江苏教育出版社 2005 年版。

［美］Robert J. Gregory 著：《心理测量：历史、概述与应用》（英文影印版），北京大学出版社 2005 年版。

［美］Wayne Viney、D. Brett King 著：《心理学史：观点与背景》（英文影印版），北京大学出版社 2006 年版。

Aiken，L. R. （1985）. *Psychological testing and assessment*. Allyn and Bacon.

Anastasi，A. （1988）. *Psychological testing*. Macmillan.

Brown，F. G. （1982）. *Principles of educational and psychological testing*. Holt, Rinehart and Winston.

Cohen，J. （1988）. *Statistical power analysis for the behavioral sciences* （2nd ed.）. Lawrence Erlbaum Associates.

Douglas，J. A. （2001）. Asymptotic identifiability of nonparametric item response models. *Psychometrika*，66，531-540.

Douglas，J. A. & Cohen，A. （2001）. Nonparametric ICC estimation to assess fit of parametric models. *Applied Psychological Measurement*，25，234-243.

Dunlop，W. P.，Cortina，J. M.，Vaslow，J. B. & Burke，M. J. （1996）. Meta-analysis of experiments with matched groups or repeated measures designs. *Psychological Methods*，1，170-177.

Fan，X. (1998). Item response theory and classical test theory：An empirical comparison of their item/person statistics. *Educational and Psychological Measurement*，6，1-17.

Jodoin，M. G. & Davey，T. (2003). *A multidimensional simulation approach to investigate the robustness of IRT common item equating*. Paper presented at the annual meeting of the American Educational Research Association (AERA)，Chicago.

Junker，B. W. & Sijtsma，K. N. (2001). Item response theory in action：An overview of the special issue. *Applied Psychological Measurement*，25 (3)，211-220.

Kolen，M. J. & Brennan，R. J. (2004). *Test equating：Methods and practices* (2nd ed.). Springer.

Linden，W. J. & Hambleten，R. K. (1997). *Handbook of modern item response theory*. Springer-Verlag.

Lipsey，M. W. & Wilson，D. B. (1993). The efficacy of psychological，educational，and behavioral treatment：Confirmation from meta-analysis. *American Psychologist*，48，1181-1209.

Nunnally，J. C. (1978). *Psychometric theory*. McGraw-Hill.

Rosenthal，R. & Rosnow，R. L. (1991). *Essentials of behavioral research：Methods and data analysis* (2nd ed.). McGraw-Hill.

von Davier，A. A.，Holland，P. W. & Thayer，D. T. (2004). *The kernel method of test equating*. Springer-Verlag.

von Davier，A. A. & Wilson，C. (2006). Population invariance of IRT true-score. equating. In A. A. von Davier & M. Liu (Eds.)，*Population invariance of test equating and linking：Theory extension and applications across exams*. Educational Testing Service.

von Davier，A. A. & Wilson，C. (2007). IRT true-score test equating：A guide through assumptions and applications. *Educational and Psychological Measurement*，67 (6)：940-957.

Yu，C. H. & Osborn，S. (2005). Test equating by common items and common subjects：Concepts and applications. *Practical Assessment Research & Evaluation*，10 (4)，1-19.